AMV

Norbert Gierschner

Lockende Meerestiefen

Cousteau, Piccard, Beebe u. a.
berichten über ihre Tiefsee-Expeditionen

Mit 48 Abbildungen auf Kunstdrucktafeln

Albert Müller Verlag
Rüschlikon-Zürich · Stuttgart · Wien

Man kann das Streben nach Entdeckung dem Vogelschießen vergleichen. Wer die Krone abschießt, muß bedenken, daß die Schüsse seiner Vorgänger auch etwas dazu beigetragen haben, daß er einen Flügel abkriegt, oder gar die Krone.

G. Chr. Lichtenberg

Inhaltsverzeichnis

Prolog oder
Der Weg in die Tiefe

Tauchen im Altertum

Die Geschichte des Tauchens, des Abstiegs in das Meer, ist bereits Jahrtausende alt. Im «Kjökkenmöddinger», dem rund 6000 Jahre alten Küchenabfallhaufen vorgeschichtlicher Kulturen, entdeckten Historiker Muscheln, die nur Taucher emporgeholt haben konnten. Andere Funde von Perlen und verarbeitetem Perlmutt haben das gleiche Alter. Auch hier waren nur Taucher in der Lage, genügende Mengen der begehrten Perlmuscheln zu bergen.

Vor ungefähr 2000 bis 2500 Jahren erreichte die Taucherei ihren ersten Höhepunkt. In den klassischen griechischen Stadtstaaten und später im Römischen Reich entstanden regelrechte Tauchergewerbe. Ohne Taucherausrüstung schwammen geübte Männer hinab in die Tiefen. Mit angehaltenem Atem rafften sie Perlmuscheln zusammen, schnitten Schwämme, befestigten Tauwerk an versunkenem Gut. Nach zwei oder gar drei Minuten jagten sie wieder empor. Helfer zerrten die Taucher ins Boot. Keuchend lagen sie am Boden und schnappten nach Luft. Hatten sie sich von den Anstrengungen erholt, ging es wieder hinab. Vierzig-, fünfzigmal am Tag. Ein harter, mörderischer Beruf, der die Taucher nicht alt werden ließ.

Es ist kein Zufall, daß die Taucherei in jener Zeit und Region ihre erste Blüte erreichte. Erst die Massensklaverei ermöglichte den Aufschwung des klassischen Griechenlands. Die Sklaven wurden rücksichtslos ausgebeutet. Es entstand eine reiche Oberschicht. Die Sklavenhalter brauchten nicht mehr zu arbeiten und konnten daher kulturellen Beschäftigungen nachgehen. Auch die Körperpflege stand hoch im Kurs. Die reicheren Griechen und Römer trieben häufig Sport und pflegten ausgiebig zu baden, wodurch ein großer Bedarf an Schwämmen entstand. Immer mehr Bürger konnten sich auch erlesene Delikatessen wie bestimmte Muscheln, seltene Farbstoffe, beispielsweise das aus Schnecken gewonnene Purpur, und schöne Schmuckstücke wie Perlen und Korallen leisten. Schwämme, Austern, Purpurschnekken, Perlmuscheln und Korallen aber mußten aus dem Meer geborgen werden. Günstig war außerdem, daß das Mittelmeer klar und nicht zu kalt ist und den Taucher gefährdende Tiere recht selten sind. Vier Faktoren wirkten also zusammen: gesellschaftlicher Bedarf, das Artenvorkommen, ein relativ «menschenfreundliches» Meer und seine Nähe zu den meisten Stadtstaaten. Daher ist es kaum noch verwunderlich, daß in der Zeit der klassischen Sklavenhaltergesellschaften und im Mittelmeerraum der wahrscheinlich erste Ansturm auf die Tiefe einsetzte.

Taucherglocken

Aber wie das so ist: Die Jahre verrannen unter dem sich ewig wiederholenden Lauf der südlichen Sonne. Im Frühjahr stets fuhr der Wind von den Bergen herab, und die Wellen des Mittelmeeres raunten immer die gleiche Melodie. Doch die klassischen Kulturen zerfielen. Die Völker wanderten durch Europa auf der Suche nach neuem Lebensraum. Das Mittelalter zog herauf. Das Handwerk, die Geld- und Warenwirtschaft entwickelte sich. Fortschritte im Schiffbau, wie die Entwicklung der Kogge und später der Karweelbeplankung (anstatt übereinander nun glatt aneinandergefügte Planken), und neue Märkte machten den Seehandel gewinnbringender; also wuchsen auch die Flotten. Im 14. Jahrhundert verfügte beispielsweise die Hanse, eine Vereinigung norddeutscher Kaufleute, über rund 1000 Schiffe. Und aus den neueroberten Kolonien in Amerika begann Anfang des 16. Jahrhunderts ein Strom fast unermeßlicher Reichtümer nach Europa zu fließen. Die mit den Schätzen des Inka- und Aztekenreiches beladenen spanischen Silberflotten überquerten alljährlich in Geschwadern zu 50 bis 100 Schiffen den Atlantik. Mit der Anzahl der Fahrzeuge stieg aber auch die Rate der Schiffsverluste. Mit den damaligen technisch unzulänglichen Mitteln konnten die Schiffe jedoch kaum gehoben werden. So versuchte man wenigstens die Bergung wertvoller Ladungen und Ausrüstungen. Als einziges technisch akzeptables Tauchergerät stand zu dieser Zeit nur die Taucherglocke zur Verfügung.

J. Popper berichtet im Noth- und Hülfs-Lexikon (1811) über den Einsatz dieses Gerätes: «Eine große metallene Glocke ... hing zwischen zwey zusammengebundenen kleinen Schiffen an einem Balken, und konnte mit großen Gewichten, z. B. Kanonenkugeln, beschwert, in die Tiefe des Wassers hinabgesenkt werden. Unter die Glocke setzte sich ein Mensch auf eine kleine Bank oder Brett, welches quer in der Glocke befestigt war ... Indem der Mensch so in's Wasser hinabfuhr, wickelte er eine Rolle Bindfaden ab, wovon das eine Ende oben in dem Schiffe an eine kleine bewegliche Glocke oder Schelle befestigt war. Durch dieses Mittel war er im Stande, den Obenstehenden den Augenblick anzugeben, wo die große Glocke nicht weiter herabgelassen zu werden brauchte ... Der darin sitzende Mensch verließ nun, wenn er den Athem an sich halten konnte, seinen Posten, und suchte auf dem Grunde das, warum er sich dem Wasser und der seltsamen Maschine anvertraut hatte. Zuweilen kehrte er in die Glocke zurück, um Athem zu schöpfen, welches er begreiflich im Wasser nicht konnte.»

Einige Daten und Aktionen aus der Taucherglockenzeit zeugen für ihren regen Einsatz vor 300 bis 400 Jahren: 1535 ließ Francesco de Marchi im Nemisee (Italien) nach zwei römischen Prunkschiffen aus der Zeit des Römischen Reiches tauchen und einige Gegenstände bergen. Von 1663 bis 1665 bedienten sich der schwedische Oberst von Treuleben und der deutsche Bergungsexperte Peckell vielerlei Hebezeug und einer Taucherglocke, um aus der in 32 Meter Tiefe vor Stockholm liegenden WASA Wertgegenstände abzutragen. Nach überlieferten Zolldokumenten verkauften sie rund 50 geborgene Kanonen ins Ausland. 1677/78 bargen vor dem katalonischen

Hafen Capadaques (Spanien) zwei französische Soldaten aus zwei an Klippen gescheiterten Schiffen zahlreiche Silberbarren. 1687 hoben die Taucher des Kapitän William Phips Gold und Silber aus einem vor Santo Domingo, dem heutigen Haiti, gesunkenen Schiff.
Natürlich hatte die Taucherglocke unübersehbare Nachteile. Sie war schwer und unhandlich. Der Taucher war zu wenig beweglich. Er arbeitete meist nur von der Glocke aus mit an langen Stangen befestigten Werkzeugen. Die Luftblase in der Glocke wurde rasch unbrauchbar. In erster Linie verursachten Kohlendioxidansammlungen Atembeschwerden. Sauerstoffmangel stellte sich ein. Die Taucher klagten über Kopfschmerzen. Manche verloren in der Glocke das Bewußtsein und ertranken.
Verbesserungen, wie Verfahren zur Lufterneuerung, wurden ersonnen. Der bekannte englische Astronom Edmond Halley entwickelte Blasebälge. Auch erprobte er für größere Tiefen die 1664 von Peckell ausgearbeitete Methode zur Lufterneuerung mit auswechselbaren 160-Liter-Fässern. In die Fässer laufendes Wasser drückte Luft aus denselben durch Schläuche in die Glocke. Verbrauchte Luft konnte dagegen mit einem Absperrventil im «Dach» der Taucherglocke abgelassen werden. 1779 versah der französische Arzt Coulomb die Taucherglocke mit einer Luftschleuse. 1788 setzte sie der englische Ingenieur Smeaton erstmalig zur Fundamentierung eines Brückenpfeilers ein. Die Luftversorgung übernahm hier eine starke Pumpe. Aus der Taucherglocke war ein Caisson, ein im Bauwesen noch heute eingesetztes Gerät, geworden. Eine neue Entwicklung, die Erfindung und Verbesserung von Helmtauchergeräten – 1837/39 durch den nach England ausgewanderten deutschen Büchsenmacher August Siebe – verdrängte bis auf Sonderfälle die Taucherglocke endgültig aus dem Taucherwesen.

Regulatortauchergeräte

«Ich glaube, Herr Professor», sagte Kapitän Nemo, «daß ich Sie noch nicht genügend auf unseren Ausflug vorbereitet habe. Wenn der Mensch unter Wasser leben will, muß er seinen Bedarf an Luft bei sich haben. Bei Arbeiten unter Wasser tragen die Taucher eine wasserdichte Kleidung, und ihr Kopf steckt in einer metallenen Kugel. Die Luft wird ihnen von außen her durch Pumpen zugeführt, die verbrauchte Luft abgeleitet. Diese Taucherkleidung hat den Nachteil, daß der Mensch in ihr nicht frei ist. Er ist an die Pumpe gebunden, von der er die Luft durch einen Schlauch erhält. Das ist die Kette, die ihn fesselt. Wären wir so an die *Nautilus* gebunden, dann würden wir nicht weit kommen. Ein Franzose hat aber einen Apparat erfunden, den ich für unseren Gebrauch verbessert habe. Es ist ein Behälter, in dem sich unter starkem Druck zusammengepreßte Luft befindet. Er kann leicht auf dem Rücken getragen werden und ist durch Schläuche mit der Hohlkugel verbunden, die den Kopf schützt.»
Professor Arronax hörte aufmerksam zu. Das war ja interessant! Für einen vorzüglichen Einfall hielten es sicherlich auch die meisten Leser von Jules Verne, als 1870 sein Buch «20000 Meilen unterm Meer» erschien. Science fiction wurde schon immer gerne gelesen. Diesen Franzosen und sein Tau-

chergerät gab es aber wirklich. Fünf Jahre vor Vernes Schilderung, um 1865, konstruierten Rouquayrol und Denayrouze ihr sogenanntes Regulatortauchergerät. Auf der Pariser Weltausstellung von 1867 testete man dieses und Siebes Helmtauchergerät. Das Abschlußgutachten räumte dem Regulatortauchergerät den Vorrang ein.

Rasch fand das neue Gerät Verbreitung; nicht ohne Schwierigkeiten, ohne tragische oder heitere Zwischenfälle. Französische Schwammtaucher brachten die ersten Regulatorgeräte ins Ägäische Meer. Der Erfolg war im wahrsten Sinne des Wortes schlagend: Als die geübte Mannschaft in kürzester Zeit eine reiche Schwammernte einbrachte, revoltierten die einheimischen Taucher. Sie verprügelten die französischen Kollegen und zertrümmerten auch einige der Regulatorapparate: Maschinenstürmerei en miniature. Die Griechen benutzten noch die schweren Helmtauchergeräte des August Siebe oder tauchten gar wie seit Jahrtausenden nur mit angehaltenem Atem. Doch bei der Schwammernte gilt es, größere Tiefen und weite Flächen abzusuchen, und da waren ihnen die französischen Taucher mit den leichteren Geräten weit überlegen. Die Entwicklung ließ sich aber natürlich damit nicht aufhalten: Zehn Jahre später waren in Griechenland schon rund 300 Regulatortauchergeräte in Betrieb. 1885 hieß es auch in der Dienstanweisung für Taucher der deutschen Marine: «Der Rouquayrol-Denayrouzesche Taucherapparat ist als der vollkommenste unserer Zeit in der Kaiserlichen Marine allgemein eingeführt.»

Noch heute arbeiten die modernen Drucklufttauchergeräte (häufig auch, sprachlich nicht exakt, als Preßlufttauchgerät bezeichnet) im wesentlichen mit den gleichen Elementen und nach dem gleichen Prinzip. Allerdings vergingen nach der Erfindung weitere 80 Jahre, ehe sie der kanadische Ingenieur Gagnan und der französische Marineoffizier J.-Y. Cousteau entscheidend verbesserten. Aus dem Regulatorapparat wurde 1943 die «Aqua-Lunge»: ein leichtes, autonomes Drucklufttauchergerät mit einem Vorrat von 1500 bis 4000 Litern Atemluft, das Tauchzeiten von ein bis zwei Stunden erlaubte, und mit dem es sich relativ sicher bis in Tiefen von 40 Meter tauchen ließ.

Die Regulatorapparate konnten aber Siebes Helmtauchergeräte nicht verdrängen. Bei den schweren Helm- oder Schlauchtauchergeräten bilden der Helm und der Anzug ein geschlossenes System. Der Taucher wird über einen ständig in den Helm fließenden Luftstrom versorgt. Sein Anzug ist mit Brust- und Rückengewichten ausgerüstet. Der Taucher schwimmt nicht, sondern wird an einem Seil in die Tiefe abgesenkt. Mit seinen schweren Eisenschuhen kann er nur mühsam laufen, aber sehr fest am Grund stehen. Schwere Unterwasserarbeiten beispielsweise lassen sich mit Helmtauchergeräten meist besser ausführen als mit den Regulatortauchergeräten bzw. den modernen autonomen Drucklufttauchergeräten. Deshalb sind Helmtauchergeräte noch heute im Einsatz.

Fahrzeuge für Unterwasserenthusiasten

Nach dem Zweiten Weltkrieg nahm das sportliche Tauchen einen gewaltigen Aufschwung. Das autonome Drucklufttauchergerät bot die technischen Voraussetzungen. Die Schlüsselfiguren jenes Beginns waren Hans Hass und Jacques-Yves Cousteau. Der Wiener Zoologe Hans Hass führte bereits in den vierziger Jahren das Schwimmtauchen als Forschungsmethode in die biologischen Wissenschaften ein. Er benutzte damals noch ein (den Taucher leicht gefährdendes) Sauerstoff-Kreislauftauchergerät. Die Unternehmen von Hass begleitete eine rührige Publicity in Form von Presseberichten, Filmen und Büchern. Schon in den fünfziger Jahren schnallten sich – von Hass und Cousteau animiert – Tausende und aber Tausende das DTG auf den Rücken, um die Wunder der Tiefe zu bestaunen. Die Unterwasserwelt wurde «fashionable». Doch nicht alle Interessenten konnten selbst tauchen; sei es aus gesundheitlichen Gründen, sei es, weil man Unbequemlichkeiten oder Haie scheute. Die Folge: In Lagerschuppen, Hinterhofwerkstätten, Garagen und allerlei obskuren Orten schlosserten überwiegend Amateure eine ganze Armada einfachster Ein- und Zweimann-Tauchfahrzeuge zusammen. Die allgemeine Wirtschaftskonjunktur begünstigte diese Situation. Und schließlich lenkten auch die als Sensation aufgemachten Meldungen über die Bathyskaphe die Aufmerksamkeit der staunenden Öffentlichkeit auf nichtmilitärische Tauchfahrzeuge.

Die meisten Boote waren sehr einfach konstruiert. Ein von Bleiakkumulatoren und einem Elektromotor angetriebener Heckpropeller sorgte für den Vortrieb. Manövriert wurde über Seiten- und Tiefenruder. Je ein Wassertank oder eine spezielle Sektion im Bug und Heck dienten zur Regelung des Trimms und Auftriebs. Zum Atmen begnügte man sich mit der im Druckkörper befindlichen Luft. Ab und zu ließ der Pilot aus einer kleinen Druckgasflasche Sauerstoff in den Raum fließen. Kohlendioxidabsorber fehlten oft, entsprechende Meßgeräte immer. Einsetzender Kopfschmerz und steigende Atemfrequenz signalisierten nachdrücklich genug, daß die zulässige Tauchzeit schon etwas überzogen sei. Die Boote tauchten – wenn überhaupt – meist nur einen Sommer. Dennoch war diese letzte Epoche der Bastler in der Tauchfahrzeughistorie bedeutsam: Sie lenkte das Interesse der allzeit nach Marktlücken spähenden Industrie auf kleine Tauchfahrzeuge. Bald erschienen die ersten industriell gefertigten Sporttauchboote auf dem Markt: in den USA die *Amersub 300* (1961), in der Bundesrepublik die auch in den USA angebotenen S-Typen der Bremer Firma Eschholz (S-24, SM-64) und die *Tigerhai* (1963) der Firma Siverstar. Diese Fahrzeuge waren etwa drei bis sechs Meter lang, besaßen eine Masse von einer Tonne, waren äußerst spartanisch ausgerüstet und kosteten etwa soviel wie ein Mittelklasse-PKW.

U-Boote auf Angriffskurs

Schon immer wurde ein Großteil der Tauchfahrzeuge für militärische Einsätze entwickelt. Freilich: Bei manchen Konstruktionen vergangener Jahrhunderte entsteht leicht der Eindruck, der Erfinder habe das Boot nur zum Schein als Waffe deklariert, um eher Finanziers zu finden. Mit kriegstechnischen Entwicklungen waren schon immer Schatullen und Banktresore leichter zu öffnen als mit, wie Papin es ausdrückte, «Geschäften des Friedens» – sei es eine gefährlichere Holzkeule oder eine neue Kernwaffe. Die frühen Boote pflegten jedoch gewöhnlich nur die Insassen zu gefährden, nie aber den Gegner.

Diese Situation änderte sich erstmals während des amerikanischen Bürgerkriegs. Am 17. Februar 1864, kurz vor 21 Uhr, sichtete der diensthabende Decksoffizier Crosby in 90 Meter Entfernung ein sich direkt auf das Dampfschiff *USS Housatonic* zu bewegendes Objekt. Crosby: «Es sah wie eine vom Wasser bewegte Planke aus!» Er gab aber vorsichtshalber Alarm, ließ den Anker hieven und mit voller Kraft zurückfahren. Alle Mann stürzten an Deck. Zu spät. Bereits zwei Minuten nach der ersten Beobachtung rammte die *H. L. Hunley* den Torpedo mittschiffs in den Dampfer. Der Spierentorpedo explodierte. Die *Housatonic* sank sofort. Die Besatzung rettete sich auf die nach dem Untergang noch aus dem Wasser ragenden Masten. Erst am nächsten Morgen wurden sie gerettet. Fünf Mann blieben vermißt. Aber auch an den Kais von Charleston warteten die Konföderierten vergeblich auf die Rückkehr der *H. L. Hunley.* Erst bei der einige Jahre später erfolgten Hebung der *Housatonic* fanden Taucher das Tauchfahrzeug. Es lag 30 Meter von dem Schiff entfernt. Sein Bug war noch immer auf den Feind gerichtet. Mit 20 Kilogramm Schießbaumwolle und einem prächtigen Knall endete also 1863 jäh die Epoche ausschließlich harmloser Tauchfahrzeuge. In der zweiten Hälfte des 19. Jahrhunderts überschwemmten Tauchfahrzeugkonstruktionen die Marinebüros – durch die enorm gewachsenen technischen Möglichkeiten, wie der Erfindung der Dynamomaschine und der Verbrennungsmotoren, sowie durch die Industrialisierung. Geheimrat Busley berichtete 1900, daß «... der früheren preußischen, dann norddeutschen und jetzigen deutschen Marine nach Ausweis ihrer von mir durchforschten Akten vom Jahre 1861 ab bis heute nicht weniger als 181 verschiedene Unterseeboote zur Ausführung angeboten worden sind». Und das in nur einem Land! – Die Historie der U-Boote, der militärischen Tauchfahrzeuge, ist aber nicht unsere, sondern schon wieder eine ganz andere Geschichte. Die Zeittafel im Anhang gibt jedoch einen ungefähren chronologischen Überblick über einige wichtige Entwicklungen.

Forschungstauchfahrzeuge

Bis in die sechziger Jahre unseres Jahrhunderts bildeten Tauchfahrzeuge für Forschungen und Unterwasserarbeiten die regelbestätigende Ausnahme: 1929 baute der Japaner I. Nishimura ein nur für Fischereiforschungen und Inspektionen bestimmtes Tauchboot, von dem in Europa aber nichts weiter bekannt wurde. 1931 versuchte der Amerikaner Wilkins mit einem von der U.S. Marine ausgemusterten U-Boot den Nordpol zu erreichen. Er hatte es zu einem Forschungsfahrzeug umbauen lassen. Das Vorhaben scheiterte, glücklicherweise jedoch ohne Verluste an Menschenleben. Die *Bathysphere* von Barton und Beebe war kein Tauchfahrzeug. Dennoch ist ihr Einsatz – 1934 in der Tiefe von 923 Meter – eines der bemerkenswertesten For-

schungsvorhaben und ein so wichtiger Meilenstein beim Vorstoß in die Tiefe gewesen, daß ihr Wirken in keiner «Unterwasser-Historie» fehlen darf. Im folgenden Kapitel wird Beebe selbst von seinen Abenteuern berichten.
Mit der Konstruktion des ersten Bathyskaphen der Geschichte begann der Schweizer Professor Auguste Piccard kurz vor dem Beginn des Zweiten Weltkriegs. Das Bathyskaph hieß FNRS 2. Es lief 1948 vom Stapel, wies zahlreiche Mängel auf und kam nicht über einen unbemannten Abstieg auf 1380 Meter und einen bemannten auf 25 Meter hinaus. Anfang der fünfziger Jahre entstanden zwei weitere Bathyskaphe, in Frankreich die FNRS 3 und in Triest die *Trieste.* Am ersteren arbeitete A. Piccard als Berater mit, das andere entwickelte er selbst – assistiert von seinem Sohn Jacques. Beide Fahrzeuge liefen 1953 vom Stapel. 1960 erreichte die von der U.S. Navy aufgekaufte und modifizierte *Trieste* im Marianengraben die bisher größte Tauchtiefe: 10916 Meter. (24 Jahre später, im Frühsommer 1984, ermittelten japanische Wissenschaftler die tiefste Stelle des Marianengrabens. Sie liegt nur um acht Meter [10924] unter der von Piccard ermittelten Tiefe!)
Jacques-Yves Cousteau hatte sich bereits 1951 geschworen, ein kleines bewegliches Tauchfahrzeug in Dienst nehmen zu wollen. 1955 legte er mit seinen Mitarbeitern die Grundkonzeption fest. 1959 wurde es erstmals getestet. Auch in der ersten Hälfte der achtziger Jahre absolvierte dieses Boot, die SP 300 (bzw. SP-350, denn später wurde die zulässige Maximaltauchtiefe auf 350 Meter erhöht), noch so manche Tauchfahrt. Die SP 300 und die *Trieste* sind sicher die bekanntesten zivilen Tauchfahrzeuge der Welt. Die Piccards und Cousteau schildern in den folgenden Kapiteln die «Genesis» ihrer berühmten Boote. Anfang der sechziger Jahre ließ der Zeitungsmagnat und begeisterte Sporttaucher John Perry seine ersten Fahrzeuge vom Stapel: PC-3X (1961), PC 3A-1 (1962), PC-3B (1963). Als jenes Jahrzehnt zu Ende ging, war Perry der erfolgreichste Hersteller kommerzieller Tauchboote.
Bereits der Einsatz der relativ unbeweglichen Bathyskaphe zeigte, daß sich mit Tauchfahrzeugen so manches Problem der Meereskunde besser erforschen ließe. Schon während der 5. bis 10. Tauchfahrt der *Trieste* im Oktober 1956, im Tyrrhenischen Meer, befand sich der Wissenschaftler Pollini als Beobachter an Bord. Im Jahr darauf bekundete auch die U.S. Navy Interesse an Einsatzmöglichkeiten der *Trieste.* Das Office of Naval Research schloß einen Kontrakt mit Auguste Piccard über eine Serie von Tauchfahrten. Erstmals hatten, von William Beebe und seinen Begleitern abgesehen, amerikanische Wissenschaftler Gelegenheit, sich auch in größeren Tiefen «in situ» mit Unterwasserforschungen zu beschäftigen. Obwohl die *Trieste* eigentlich für derartige Einsätze ein recht ungeeignetes Fahrzeug ist, waren sich Ende 1957, nach 22 Abstiegen, die Fachleute einig, daß ein solches Bathyskaph der meereskundlichen Forschung wesentlich weiterhelfen würde. Nicht umsonst auch gelang es Mitte der fünfziger Jahre dem sowjetischen Allunions-Institut für Seefischerei und Ozeanographie, den Militäradministrationen überzeugend nachzuweisen, daß man ein U-Boot brauche, um die für die Nahrungswirtschaft wichtige Heringsforschung auf höherem

Niveau weiterführen zu können. Der Um- und Ausbau des von der sowjetischen Kriegsmarine eigens ausgemusterten Bootes erfolgte 1957/58. Die ersten Forschungsfahrten der *Severyanka* begannen 1959 und führten in die Barentssee und in den Nordatlantik.

In den folgenden Jahren entwickelte sich das Tauchfahrzeug zu einem nützlichen, wenn auch kostspieligen Instrument wissenschaftlicher Forschung. Seine Vorteile basieren vor allem auf Sachverhalten, die sich aus der direkten Anwesenheit des Menschen im Meer ergeben:

Tauchfahrzeuge ermöglichen eine unmittelbare visuelle Beobachtung, die auch durch die besten Fernsehanlagen und optischen Aufzeichnungsgeräte nicht möglich ist. Die Beobachtung ist besonders für die biologische Forschung von Bedeutung. Ein Vergleich mag deren Wichtigkeit verdeutlichen: Man stelle sich vor, wie es um das Wissen der Fauna eines beliebigen Landstrichs aussähe, wenn er nur nach dem beurteilt würde, was sich zufällig in von Flugzeugen herabgelassenen Netzen verfinge oder was auf dem Fernsehbildschirm erschiene. Aber auch dem kundigen Auge des Geologen vermag allein schon die optische Begutachtung der Bodenstrukturen etliche aufschlußreiche Informationen zu liefern. Der enthusiastische Bericht französischer Geologen im Kapitel «Expedition *Famous*» spricht gewiß für sich.

Gewisse Maßnahmen können unmittelbar vor Ort getroffen werden, wie fotografische Aufzeichnungen und Probennahme, sowie entsprechende Auswahl und Entscheidung. Die zu bergenden Objekte oder zu nehmenden Bodenproben können gezielt ausgesucht werden. Besitzt das Fahrzeug eine Taucherluke, so kann der Wissenschaftler in geringen Tiefen sogar selbst aussteigen oder einen Taucher entsprechend dirigieren, um weitere zweckdienliche Aktionen zu unternehmen.

Forschungsgeräte können direkt installiert und kontrolliert werden, der Versuchsaufbau ist leichter zu ändern, eventuell können sogar Reparaturmöglichkeiten vor Ort vorgenommen werden.

Vor allem diese drei Möglichkeiten waren es, die besonders in der ersten Hälfte der sechziger Jahre eine Reihe von Meeresbiologen und -geologen in helle Begeisterung über die Möglichkeiten von Tauchfahrzeugen ausbrechen ließ.

Homo Aquaticus?

Die erste Hälfte der sechziger Jahre läßt sich vielleicht auch als *die* Epoche der «Unterwasser-Euphorie» bezeichnen. Umfangreiche und weltweit betriebene meereskundliche Untersuchungen und Bestandsaufnahmen – besonders 1957 im Rahmen des Internationalen Geophysikalischen Jahres – hatten so manchen Wissenschaftler schlußfolgern lassen, daß das Meer eine fast unerschöpfliche Schatzkammer sei, wohlausgestattet mit Nahrung und Rohstoffen für Jahrhunderte. Es ist schwer abzuschätzen, was damals Ursache und was Auswirkung war, und inwieweit sich die verschiedenen Faktoren gegenseitig beeinflußten:

Wissenschaft und Technik nahmen einen enormen Aufschwung, es fand eine sogenannte technologische Revolution statt.

Das Wissen über das Meer wuchs rapid.
Die oberflächennahen Seegebiete waren nun mittels Drucklufttauchergeräten und den ersten zivilen Tauchfahrzeugen relativ leicht zugänglich.
Man unternahm verstärkte Anstrengungen in der «Unterwasser-Aufrüstung», d.h. es wurden vor allem mehr, bessere und tiefer tauchende U-Boote, neue Kernkraft-U-Boote und unter Wasser startende Raketen entwickelt.
Die Gründe für den letzten Punkt liegen auf der Hand. Noch 1968 klagte beispielsweise Kapitän Hendrix, der Kommandant eines kernkraftgetriebenen U-Boots, er befände sich in der Lage eines Piloten, der über die Rocky Mountains fliegt, aber nicht wisse, wie hoch deren höchste Gipfel sind und wo sie sich befinden. Nur die genaue Kenntnis der Ozeane, ihrer Topographie, Strömungsverhältnisse und Wasserschichtungen, der Schallausbreitung und anderer Faktoren gestattet den U-Boot-Befehlshabern eine sichere Navigation oder etwa ein «Verstecken» hinter schallreflektierenden Wasserschichten, um sich den Ortungsversuchen des Gegners zu entziehen. Es ist ein offenes Geheimnis, daß ein großer Teil von Resultaten der Meeresforschung auch oder gar zuerst von entsprechenden Marinestäben ausgewertet wird. Hinzu kommen zum anderen die zahlreichen militärtechnischen Aufgaben, angefangen von Erprobungen neuer Geräte, über die Bergung von Übungstorpedos und -raketen bis hin zur Installation submariner Überwachungs- und Versorgungssysteme.
Ein anderes Beispiel: Im April 1963 versank das Jagd-U-Boot *Tresher* bei Tauchversuchen im Atlantik. Der Tod von 129 Mann veranlaßte die U.S. Navy, ernsthaft der Frage nachzugehen, was im Fall von Havarien überhaupt für die Besatzung von U-Booten getan werden könnte. War doch die *Tresher* das dreizehnte U-Boot allein der USA, das in Friedenszeiten verlorenging. 522 Tote standen bereits auf den Verlustlisten. Eilends wurde eine Kommission zusammengestellt, die Deep Submergence Systems Review Group (DSSRG). Sie ermittelte, daß die Navy keine Möglichkeit habe, in gesunkenen U-Booten eingeschlossene Menschen zu retten, wenn die Fahrzeuge tiefer als 330 Meter lägen. Das war die Einsatzgrenze der antiquierten McCann-Rettungsglocke, die erstmals 1939 bei der Bergung von 33 Seeleuten aus dem in 73 Meter Tiefe liegenden amerikanischen U-Boot *Squalus* eingesetzt worden war. Ferner entdeckte die Kommission, daß die Mittel zur Lokalisierung in größeren Wassertiefen gesunkener Objekte äußerst primitiv und ihre Bergung nahezu aussichtslos war. 1964 wurde der von der DSSRG vorgeschlagene Plan zur Änderung dieser Situation angenommen und als separates Projekt innerhalb der meerestechnischen Aktivitäten der U.S. Navy bestätigt.
Anfang der sechziger Jahre also begann die Zeit der «Unterwasser-Euphorie». Tief- und Langzeittauchversuche lösten einander ab. In aller Welt entstanden Unterwasser-Stationen, in der Taucher Tage und Wochen im Meer verbrachten. Neue Forschungsschiffe liefen vom Stapel. Die ersten komplexen und automatisch arbeitenden Datenerfassungssysteme, die ersten Meeresbodenfahrzeuge und Unterwasser-Baumaschinen wurden konstru-

iert. Es begannen Versuche mit Unterwasserfarmen, zur Gewinnung mariner Bodenschätze. Wissenschaftler präsentierten in Millionen und Milliarden Tonnen bezifferte Vorkommen zu allen möglichen Reichtümern des Meeres, die es nur zu bergen galt. Eine Flut von Sachliteratur erschien auf dem Markt, die den nun anbrechenden Beginn der Eroberung und umfassenden Nutzung des Meeres verkündete. J.-Y. Cousteau schließlich postulierte den «Homo Aquaticus», den Menschen, der sich künftig mit flüssigkeitsgefüllten Lungen ganz dem Leben im neuen, dem siebten Kontinent widmen würde. Welch eine glänzende Zukunft für Innovationen und Investitionen in einen ganz neuen Zweig der Technik, der Meerestechnik.

Aufstieg und Fall

1964 glitten viele der berühmtesten zivilen Tauchfahrzeuge erstmals ins Wasser. Ihre Namen stehen in jeder Chronik: *Aluminaut, Alvin, Asherah, Deep Jeep* und *Moray* aus den USA, das erste Touristen-U-Boot *Auguste Piccard* aus der Schweiz, und die mehr einem konventionellen U-Boot ähnelnde japanische *Yomiuri.*

Im folgenden Jahr, 1965, wurden drei neue Tauchfahrzeuge fertig: Die *Deepstar 4000* in Teamwork zwischen Cousteaus Ingenieuren und Westinghouse, Perrys *PC 3A-2* und die *Pisces I.* Letztere entstand in Kanada. Drei Berufstaucher hatten sich Anfang der sechziger Jahre gedacht, vielleicht könne ein Tauchboot noch mehr, als nur Waffen, Unterwasserfans und Wissenschaftler befördern. Mit einem Tauchfahrzeug müßte sich doch auch ein Teil ihrer Unterwasserarbeiten besser und sicherer erledigen lassen, zum Beispiel die Ausführung von bis anhin nicht durchführbaren Aufgaben. Sie gründeten in Vancouver eine kleine Gesellschaft, die International Hydrodynamics Company (HYCO). Von Anfang an achtete man bei der HYCO auf einfache, erprobte Konstruktionsdetails und ein Minimum an Kosten. Die *Pisces I* war etwa fünf Meter lang, besaß zwei kugelförmige Druckkörper (der achterliche beherbergte die Maschinenanlagen), und sie konnte mit drei Personen an Bord 610 Meter tief tauchen. Die *Pisces I* avancierte mit zu *dem* Prototyp kommerzieller (wie überhaupt erfolgreicher) Tauchfahrzeuge. Nur Boote dieses Typs mit über einem Dutzend Nachfolger behaupteten sich später im wesentlichen gegen die übermächtige Konkurrenz von Perry. Als Feuerwerk und Kirchenglocken das neue Jahr (1966) einleiteten, waren die meisten der für die kommenden zwei Jahrzehnte bedeutsamsten Tauchfahrzeugtypen und Konstruktionsprinzipien entwikkelt.

Einen wesentlichen Meilenstein in der Tauchfahrzeuggenesis bedeutete weiterhin die *Deep Diver,* das erste zivile Tauchfahrzeug mit einer modernen Taucherkammer. Der amerikanische Erfinder E. A. Link konstruierte sie in Zusammenarbeit mit Perry. Marion C. Link, Gattin und Assistentin des Erfinders, wird im sechsten Kapitel darüber berichten. Auch Jacques Piccard als Initiator des 1968er Ereignisses – die Golfstromdrift der *PX-15* – kommt selbst im anschließenden Kapitel zu Wort.

Ende der sechziger Jahre wurden immer mehr und immer perfektere Tauch-

Abb. 1: *Tauchen vor gut zwei Jahrtausenden: Fresco im altägyptischen Templo de Deir el-Bahari. Auf dem Boot Kleopatra, dahinter Antonius. Kleopatra hatte den mit einem Luftsack ausgerüsteten Taucher angewiesen, einen Fisch an die Angel zu hängen …*

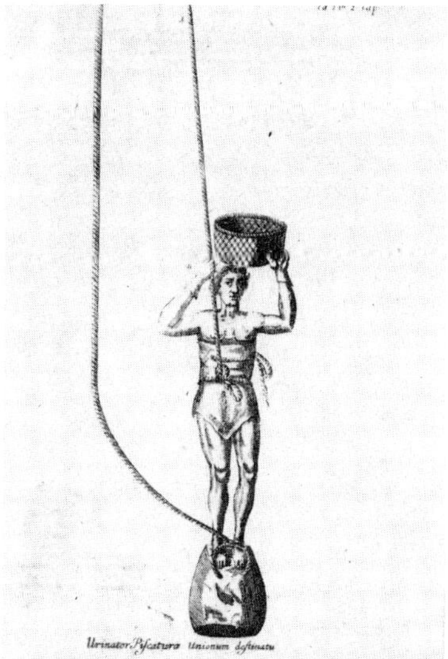

Abb. 2/3: Bereits seit Jahrtausenden tauchen Menschen fast ohne jedes Hilfsmittel hinab in das Meer, um eßbare Muscheln und Pflanzen, Perlmuscheln, Korallen und Schwämme zu bergen

Abb. 4: Immer wieder wurden schon vor Jahrhunderten Tauchergeräte ausgetüftelt; beispielsweise dieser Schlauch zum Luftschöpfen, veröffentlicht 1617 von R. Fludd. In der Regel ließen sich diese Geräte aber nicht einsetzen

Abb. 5: Die 1677 im Hafen von Cadaques zur Bergung von Silberbarren eingesetzte Taucherglocke. Panthot, ein französischer Arzt und Augenzeuge, berichtete, einer der Taucher hätte es mit Hilfe dieser etwa 4 Meter hohen Glocke bis zu zwei Stunden unter Wasser ausgehalten

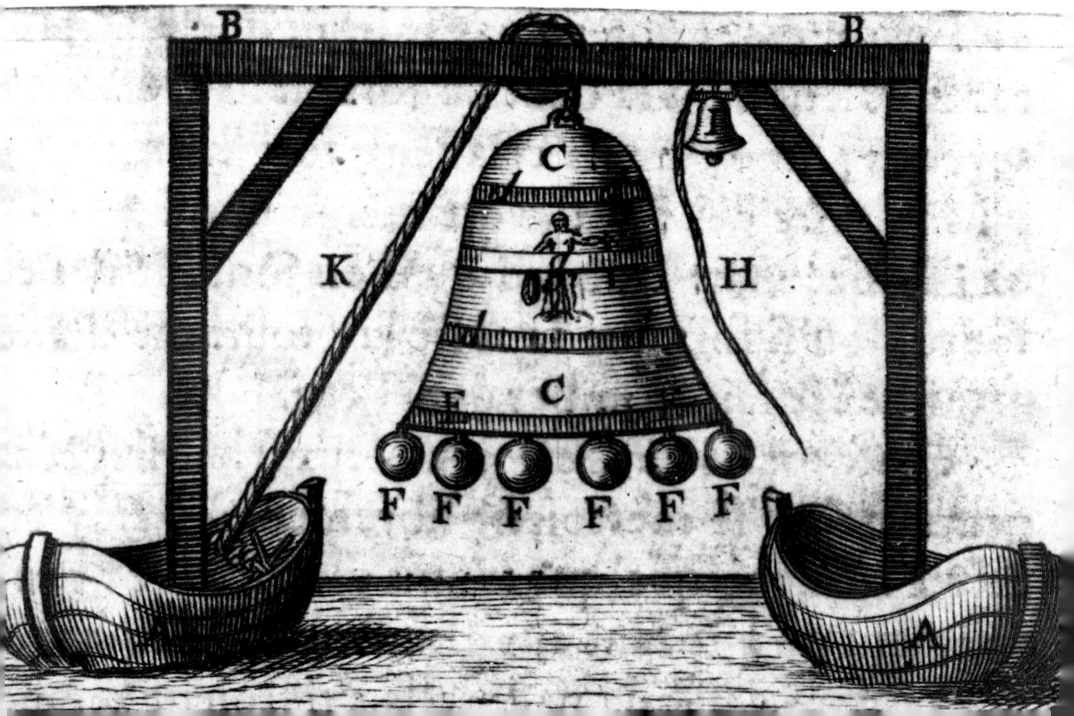

Abb. 6: Erst die Taucherglocke erlaubte längere Aufenthaltszeiten unter Wasser. Sie wurde spätestens seit dem 16. Jhd. bei Bergungsarbeiten eingesetzt. Auf die Möglichkeit, einen umgedrehten Kessel zum Luftschöpfen unter Wasser zu verwenden, wies bereits Aristoteles hin

Abb. 7: Die Taucherglocke als Senkkasten im Bauwesen: der Hydrostat Payernes (1846)

Abb. 8: 1832 setzte der amerikanische Maschinenbauer Condert im East River in etwa 5 Meter Wassertiefe das erste autonome Drucklufttauchergerät ein. Die Luft strömte dabei kontinuierlich aus dem Vorratsbehälter (b) über ein Ventil (d) und den Schlauch (e) in die Anzugsjacke (c)

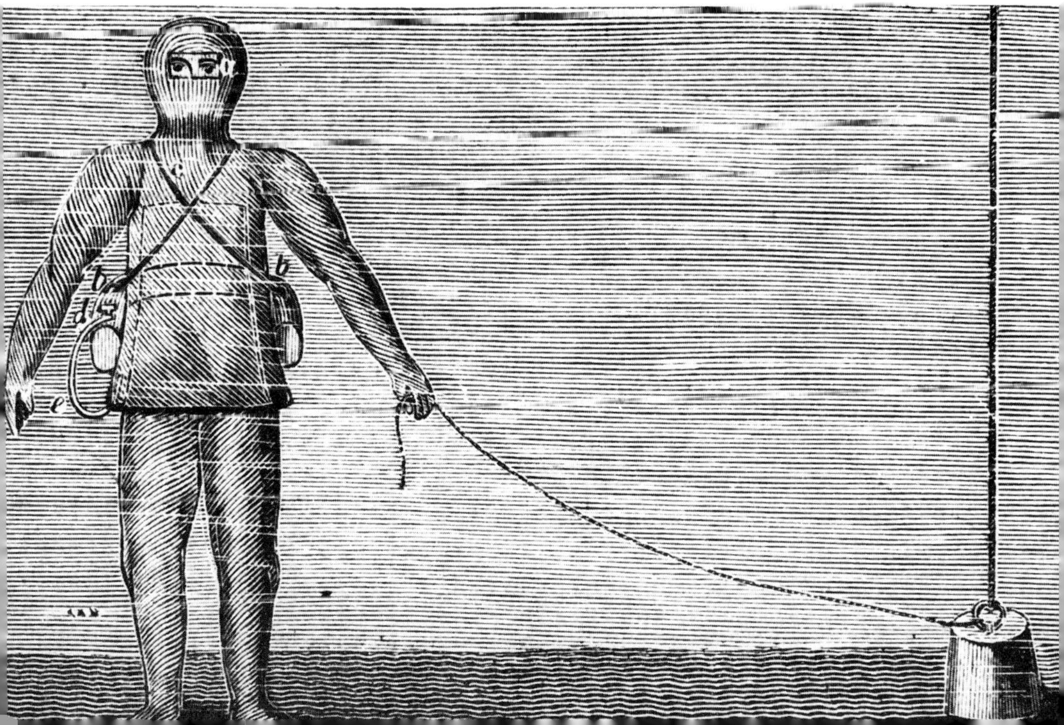

Abb. 9: Louis Boutau mit dem von A. Siebe erfundenen Helmtauchergerät, einer 9×12-cm-Plattenkamera und einem Magnesiumpulverblitz. Mit dieser Ausrüstung fertigte der französische Zoologieprofessor 1893 die ersten Unterwasserfotografien an

Abb. 10: Vielleicht ist diese Skizze aus einem Buch von R. Valturio (1488) die älteste Abbildung einer Tauchfahrzeugidee?

Abb. 11: Auch die Konstruktion des Mechanikers Klinger (1797) wurde nur zur Probe im Flachwasser der Oder benutzt. Sie ist eines der ersten Panzertauchergeräte

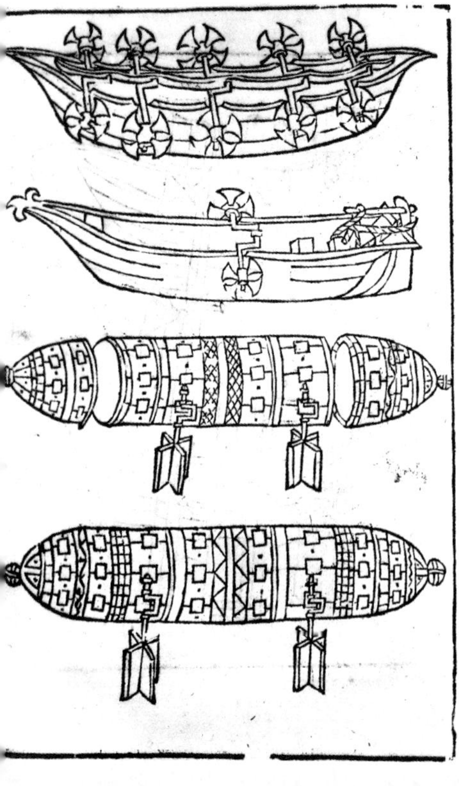

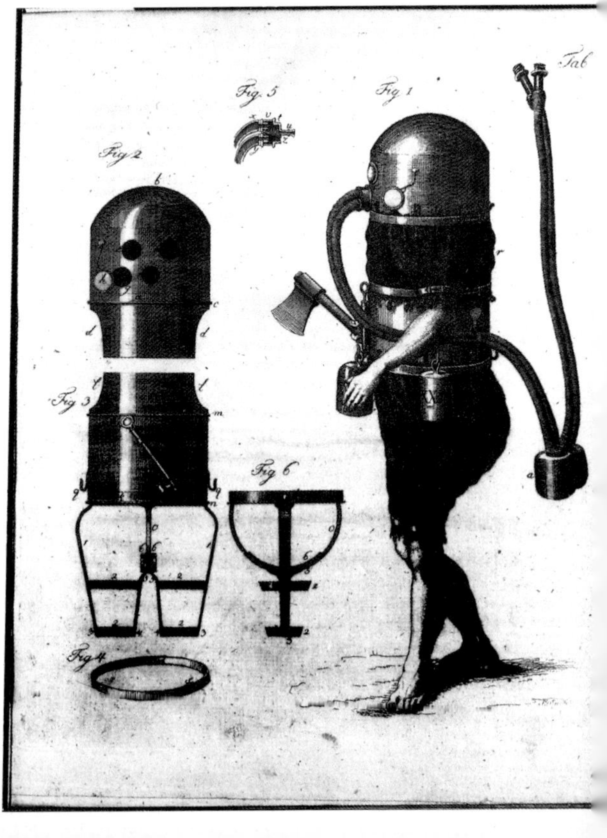

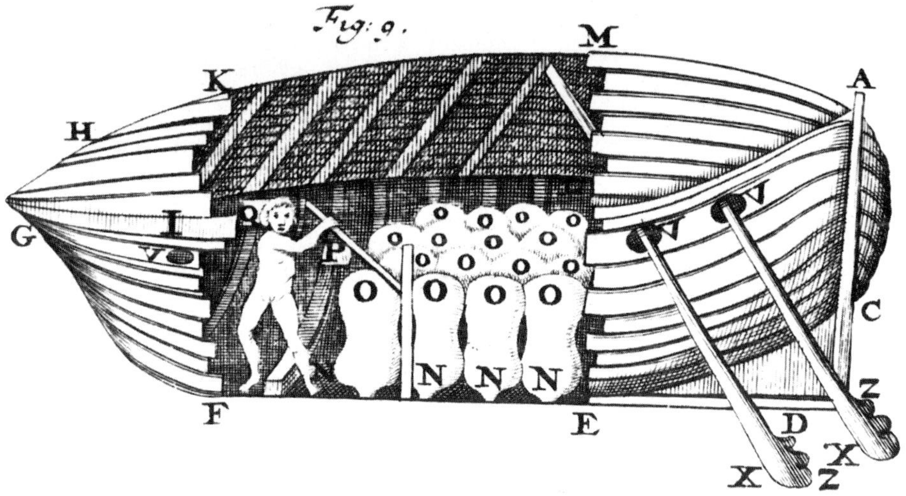

Abb. 12: So stellte sich 1680/81 der italienische Gelehrte J. A. Borello die Konstruktion eines Tauchfahrzeugs vor. Die Ziegenfellsäcke (N) sollten Ballastwasser aufnehmen. Bereits 60 Jahre vor Borello (um 1624) hatte aber schon der Holländer Cornelius von Drebbel in der Themse ein ähnliches, jedoch geeigneteres Boot mit Erfolg eingesetzt.

Abb. 13: Eines der von den Konföderierten um 1864 benutzten Tauchfahrzeuge. Sie wurden auch als DAVID bezeichnet. Die HUNLEY gehörte zu diesem Typ

Abb. 14: S. Lakes ARGONAUT JR., eine 1894 gebaute tauchende «Holzkiste auf Rädern» und eines der ersten oder gar das erste Meeresbodenfahrzeug

Abb. 15: Im Januar 1969 lief das erste kernkraftgetriebene Forschungstauchboot vom Stapel: die 42,7 Meter lange NR-1 der U.S. Navy

Abb. 16: In der Sowjetunion waren die ersten Forschungstauchfahrzeuge das umgebaute U-Boot SEVERYANKA und der hier abgebildete Bathyplan ATLANT-1, ein hinter Fischtrawler und Netz im Schlepp gefahrenes Einmann-Tauchfahrzeug von 4,5 Meter Länge. Tauchtiefe 100 Meter

Abb. 17: Anfang der 60er Jahre folgten die ersten CUBMARINES von Perry, hier die PC-3B (6,7 Meter lang, Tauchtiefe 180 Meter)

Abb. 18: Die berühmte ALUMINAUT, ein ganz aus Aluminium gebautes Boot von 15,5 Meter Länge und mit einer Tauchtiefe von 4570 Meter, die aber niemals erreicht wurde

Abb. 19: Mit der PC-8 führte Perry Anfang der 70er Jahre zwei wesentliche Neuerungen im Tauchfahrzeugbau ein: den Acrylglasbug und die als Standbeine ausgebildeten Batteriecontainer

Abb. 20: Nach der TOURS 64 DGK/300 und der MERMAID I das dritte Tauchboot der Bundesrepublik Deutschland: die 1972 für ein sardisches Konsortium vom Stapel gelassene TOURS 66 DGK/300 des Ingenieurkontors Lübeck (7,3 Meter lang, Tauchtiefe 300 Meter)

fahrzeuge fertig. Auf ihren Hüllkörpern standen berühmte Namen von großen Werften, Metallindustrien, Elektronikkonzernen, Luft- und Raumfahrtunternehmen. Sogar ein Automobiltrust war dabei: General Motors mit der *Dowb*. Wer nur irgendeine Möglichkeit sah, paradierte mit einem Tauchfahrzeug. Die Reichtümer des Meeres würden die Investitionen schon wettmachen. Allerdings: Mit einer simplen Entwicklung ließ sich die Konkurrenz kaum ausstechen. So entstanden immer pompösere Konstruktionen, ja technische Wunderwerke. Diese Boote mit ihren präzis berechneten, hochwertigen Druckkörpern, den raffinierten Propulsionsanlagen und komplexen Hydrauliksystemen, mit ihren vielseitigen Trimm- und Regelanlagen, ihrer ganzen Elektronik in Form von Bordrechnern, Steuergeräten, akustischen Augen, Ohren und Mündern kosteten aber auch immer mehr. Schon waren Summen in Millionenhöhe nichts Ungewöhnliches. Die *Deepstar 2000* kostete eine Million Dollar, die *Dowb* zwei, die *PX-15* drei, die *Beaver MK IV*, die *Sea Cliff* und *Turtle* je vier Millionen Dollar. Im Juni 1967 lief die *Deep Quest* vom Stapel. Baukosten: rund fünf Millionen Dollar!
1968 erreichte die Tauchfahrzeugwelle mit dreizehn fertiggestellten Booten pro Jahr ihren vorerst absoluten Höhepunkt; darunter befand sich auch die *Beaver MK IV*, das erste speziell für Arbeiten der Offshore-Industrie gebaute Tauchfahrzeug. Das Jahr verging mit diversen Überprüfungen der fertigen Boote, Tauchtests, kleinen Umbauten und dem Erarbeiten von Einsatzrichtlinien. In meerestechnischen Fachzeitschriften (auch sie waren Neuschöpfungen) erschienen die ersten großformatigen Anzeigen mit Aufzählungen von vielfältigen Einsatzmöglichkeiten der raffinierten Boote; freilich gegen horrende Leihgebühren. Die Hersteller waren natürlich gezwungen, all die durch den Bau verschlungenen Gelder mit Zins und Zinseszins wieder hereinzubringen. Das bedeutete: Charterkosten von täglich mehreren tausend Dollar! Bald war eine ganze, nach frischem Lack duftende Flotte startbereit und wartete vergeblich auf ihren Einsatz.
Eventuell in Frage kommende Industriezweige waren weder bereit noch in der Lage, die sehr hohen Chartergebühren zu zahlen. Auch den wissenschaftlichen Institutionen waren die Boote zu teuer, und ihr Einsatz war durch mangelnde Orientierungsmöglichkeiten zu sehr den Zufällen ausgesetzt. Noch gab es keine Möglichkeiten einer exakten Ortsbestimmung und Vermessung unter Wasser. Die Transponder konnten erst Anfang der siebziger Jahre in das Navigationssystem der Tauchfahrzeuge einbezogen werden. «Die Ausflüge der perfektesten Maschinen», meinten Riffaud und Le Pichon, «stellten nichts anderes dar als zufälliges Gefuchtel mit der Taschenlampe in der Nacht.»
Auch die Erdöl- und Erdgasindustrie besaß kaum Bedarf an Tauchfahrzeugen. Noch befanden sich die meisten Offshore-Anlagen in geringen Meerestiefen. Untersuchungen und Wartungen erledigten Taucher viel billiger. War doch einmal ein Boot erforderlich, etwa zur Besichtigung einer kilometerlangen Pipeline, benötigten die Inspektoren kein so teures, supermodernes Boot wie die *Deep Quest*. Das ließ sich genausogut mit den billigen PC-3-Typen von Perry erledigen.
Somit blieb – in der westlichen Welt – nur noch die U. S. Navy, ihre diversen

Laboratorien und jene wissenschaftlichen Institutionen, die sich die teuren Boote hätte leisten können. Doch auch hier flossen die Gelder Ende der sechziger Jahre spärlicher. Das Abflauen der Wirtschaftskonjunktur und die hohen finanziellen Belastungen der USA durch die Eskalation des Vietnamkriegs veranlaßten den Kongreß zu radikalen Sparmaßnahmen. Diesen Maßnahmen fielen auch eine ganze Reihe von Tauchfahrzeugen und Forschungsvorhaben zum Opfer.

Das erste Waterloo der zivilen Tauchfahrzeuge fiel in die Jahre 1969/70. Dutzende von Booten wurden außer Dienst gestellt, eingelagert, zum Verkauf angeboten sowie laufende Programme und Bauaufträge gestrichen. Schon bald überzog eine natürliche Patina – Staub, Rost und Möwengeklecks – die kurze, aber illusionsreiche Geschichte moderner, teurer Tauchfahrzeuge.

Im Reich der Eruptionskreuze

Die erste Tauchfahrzeugwelle unserer Zeit hatten europäische Avantgardisten ausgelöst: die Piccards und J.-Y. Cousteau. Und noch einmal war es die alte Welt, welche die Tauchfahrzeuge aus den roten Zahlen hob und ihnen zu neuem Glanz und vielen Einsätzen verhalf. Der Schlüssel hieß: Nordseeöl. Mitte der sechziger Jahre wurde es durch eine neue, effektivere Methode des Tauchens (dem sogenannten Sättigungstauchen) möglich, die Offshore-Anlagen in immer größeren Tiefen einsatzbereit zu halten; denn nur die ständige Betriebsbereitschaft erlaubte eine Amortisation der Millionenobjekte wie Unterwasser-Installationen und Bohrinseln. In der Regel ist die Unterwassertechnik so konstruiert, daß sie sich von der Oberfläche aus installieren und bedienen läßt. Doch kaum vermeidbare Havarien erforderten ohne Taucher eine langwierige Demontage, Bergung und erneute Installation; diese unproduktiven Zeiten hatten große finanzielle Einbußen zur Folge. Erschwerend wirkt sich zusätzlich die Abhängigkeit der Offshore-Industrie vom Wetter aus. Das Zusammenwirken beider Faktoren – Havarien und Schlechtwetter – kann schließlich zum Verlust der teuren und schwer ersetzbaren Unterwasserausrüstung und zum völligen Stillstand der Bohrtätigkeit führen. Taucher konnten nun defekte Anlagen oft schon am Grund reparieren oder auswechseln. Das bedeutete eine wesentliche Zeitersparnis. Auch bewahrte die regelmäßige Inspektion und Wartung meist vor größeren Schäden. Die Ölkonzerne erkannten deshalb sehr rasch, welchen Vorteil es bringt, ständig Taucher zur Hand zu haben. 1971 waren weltweit bereits 85% aller Taucherdienste in irgendeiner Form in der Offshore-Industrie beschäftigt. Und diese etablierten sich nun mit dem Vorrücken von immer mehr Bohr- und Förderanlagen in immer tieferes Wasser, auch in der Nordsee. 1968 leistete beispielsweise die Ocean Systems Incorporation, einer der mächtigsten Taucherdienste, vor Norwegen bereits Routinearbeiten in 130 Meter Tiefe.

Doch die Einsatzbedingungen beim Tauchen in der Nordsee sind hart: meist rauhes, stürmisches Wetter, hoher Seegang, kaltes Wasser, große Tiefen, schlechte Licht- und Sichtverhältnisse, starke Strömungen. Gefordert wurden aber teils mehrstündige Arbeiten, das Überwachen tiefliegender Instal-

lationen und kilometerlanger Pipelines, ausgedehnte Bodenuntersuchungen und -vermessungen. – Für Taucher eine harte, manchmal nicht lösbare Aufgabe. Erschwerend wirkte sich noch die horizontale Unbeweglichkeit der bei tieferen Taucheinsätzen unentbehrlichen Taucherkammern aus. Ließe sich da nicht ein Teil der Taucherarbeiten effektiver von Tauchfahrzeugen aus erledigen? Könnte sich unter diesen Bedingungen nicht ein kommerzieller Tauchbootservice lohnen? Die Vickers Shipbuilding Group aus Barrow-in-Furness, die unter anderem britische U-Boote baute, hatte sich in der Zeit der Tauchbootkonjunktur in Kanada ein Fahrzeug bestellt: die *PISCES II.* Dazu kaufte Vickers einen 37 Meter langen Hecktrawler und baute ihn als Mutterschiff um. Es erhielt einen der Situation angepaßten Namen: *Vickers Venturer* (Wagnis). Mit selbstfinanzierten Fahrten zur Personalschulung, Demonstrationen und mit einigen staatlichen Aufträgen ermöglichte Vickers der *Pisces II* die Fortführung ihrer Tauchoperationen. Vickers paßte das Boot den Nordseebedingungen an. Die Eignung des Fahrzeugs sprach sich herum. Ein Boot genügte dem emporschnellenden Bedarf bald nicht mehr. Die Erdölkonzerne konnten sich Tauchfahrzeuge leisten. Im April 1972 gründete Vickers mit zwei Teilhabern die Vickers Oceanics Ltd. (VOL), die erste Gesellschaft für den kommerziellen Betrieb von Tauchfahrzeugen. Das Offshore-Geschäft lief prächtig an. Ende 1972 war die *Pisces I* bereits 200, und die *Pisces II* 150 Tage im operativen Einsatz gewesen. 1973 geschah jene dramatische Havarie der *Pisces III,* über welche an anderer Stelle noch ausführlich die Rede sein wird. Die VOL investierte weiter, besaß 1975 bereits sechs Tauchboote, fünf Mutterschiffe, und übernahm in Zusammenarbeit mit der Oceaneering International auch Dienstleistungen im Taucherservice bis in 300 Meter Tiefe.
Weitere Tauchfahrzeugbetreiber erschienen auf dem Offshore-Markt, darunter mit den meisten Booten die in Marseille ansässige InterSub S.A. 1975 hielten mindestens acht Firmen für den Nordseeraum bis zu 18 Tauchfahrzeuge bereit. Die Direktoren von Perry und HYCO strahlten. Hatten sie bisher in schöner Regelmäßigkeit Jahr für Jahr meist nur ein Boot produziert, schoß 1975/76 die Kurve ihrer Stapelläufe steil empor.
Die Tauchfahrzeuge waren in der Offshore-Erdöl- und Erdgasindustrie vielseitig einsetzbar, beispielsweise für:
- Geologische Untersuchungen des Meeresgrundes, Probennahme und Kartierung, um Installationsmöglichkeiten technischer Anlagen am Grund, die Standfestigkeit von Plattformbeinen, das Halten von Ankern usw. beurteilen zu können,
- Beobachtungen, d. h. meist wurden Spezialisten zu den Unterwasseranlagen befördert, um Montagevorgänge, Havarien u. ä. begutachten zu lassen,
- Unterwasserarbeiten, welche häufig in einfacheren Hilfstätigkeiten beim Aufbau und der Wartung von Produktionsanlagen bestanden (z.B. Auswechseln von Ventilen und Korrosionsschutzanoden),
- die Inspektion und Überwachung, vor allem für die Überprüfung der Lage und Dichtigkeit von Pipelines,

- Bergungen, also Demontagen, Trennarbeiten, Legen von Sprengladungen, Befestigung von Bergungsseilen,
- Personentransfer, also Transport von technischem Personal und Material unter atmosphärischem Druck zu hermetisch abgekapselten Produktionssystemen am Meeresgrund, oder Taucher wurden unter Überdruck transportiert,
- den Taucherservice, d. h. Beförderung, Versorgung und Überwachung der Taucher vor Ort.

Nach kostspieligen Lehren, von denen die wichtigste vielleicht die ist, daß es keine «Universalboote» gibt, sondern daß Tauchfahrzeuge und Mutterschiff ein auf die vorgesehene Aufgabe genau abgestimmtes Gesamtsystem sein muß, hatte die Industrie das unbewaffnete Tauchfahrzeug vorerst wieder akzeptiert.

William Beebe (1877–1962)

Amerikanischer Zoologe und Tiefseeforscher. Von 1899 bis 1929 leitete Beebe mehrere wissenschaftliche Expeditionen, u. a. nach Guayana, Borneo, Panama, den Galapagos-Inseln und Trinidad. Zehn Jahre lang benutzte er während der Tierfangfahrten der New Yorker Zoologischen Gesellschaft auch Helmtauchergeräte, um die Unterwasserwelt tropischer Meere zu studieren. 1928 schloß er die Bekanntschaft mit dem Ingenieur Otis Barton, mit dem zusammen er die Bathysphere konstruierte. Von 1930 bis 1934 war diese Tauchkugel dreißigmal im Einsatz. 1934, auf ihrer 32. Tauchfahrt, erreichten die beiden Männer eine Tiefe von 923 Meter. Beebe und Barton waren damit die ersten und für viele Jahre auch einzigen Menschen, die sich in der geheimnisumwitterten Tiefsee selbst umschauen konnten. Mit ihrem Abstieg begann eine neue Etappe der Meeresforschung: Wissenschaftlern war nun der Aufenthalt bis zur Schwelle zur Tiefsee möglich geworden.

923 Meter unter dem Meeresspiegel

Vor einer Reihe von Jahren habe ich den größten Teil eines Abends mit dem Präsidenten Theodore Roosevelt zugebracht; wir erörterten die Mittel und Wege, die das Tiefseetauchen ermöglichen sollten. Ich besitze noch ein bekritzeltes Zettelchen mit einer Walze, die ich zeichnete, und einer Kugel, die Oberst Roosevelt entwarf; der eine war eben mehr für diese, der andere für jene Form. Wir legten mancherlei Einzelheiten fest, kamen aber in der Folgezeit nie wieder auf diese Frage zurück.

Im Lauf der Jahre 1927 und 1928 entwarf ich verschiedene Pläne für Tiefseewalzen, die stark genug waren, um tief ins Meer hinab versenkt zu werden, doch erwiesen sich alle wegen ihrer flachen Enden als unverwendbar. Mit jeweils zehn Meter Tiefe nimmt der Druck des Seewassers um eine Atmosphäre zu (ein Kilogramm pro Quadratzentimeter); also beträgt der Druck in einer Tiefe von einem Kilometer 100 Kilo pro Quadratzentimeter. Jede platte Fläche würde eingedrückt werden, wenn sie nicht sehr dick oder massiv verstärkt wäre.

Da nun für die gleichmäßige Verteilung des Drucks nichts so geeignet ist wie

eine Kugel, nahm der Gedanke einer vollkommen runden Kammer Gestalt an und wurde weitergesponnen. Vor Ende 1929 hatte Otis Barton eine Stahlkugel ersonnen und auch gebaut, die so geräumig und stark war, daß wir hineinschlüpfen, uns luftdicht verschließen lassen und uns am Leben halten konnten; in ihr konnten wir den Abstieg in die Tiefen des Meeres unternehmen und heil wieder nach oben kommen. Barton gebührt höchste Anerkennung für die Opfer an Zeit, Mühe und Geld, die er für diese Arbeit aufgewendet hat, während Kapitän John H.J. Butler die verschiedenen Einzelheiten der Kugel überdachte und das Entworfene verwirklichte. Ich vermochte nur eine geringe Menge nützlicher Anregungen beizusteuern, wohl aber ein unbegrenztes Zutrauen, unerschütterlichen Glauben und regste Anteilnahme an den wissenschaftlichen Ergebnissen des Unternehmens.
Im endgültigen Entwurf war die Kugel ein ganz einfaches Gerät. Sie war nicht mannshoch; sie maß nur 144 Zentimeter im Durchmesser, aber die Wände waren überall 3⅙ Zentimeter dick, und sie wog 6100 Pfund. Ein erstes Modell hatte zweimal so viel gewogen, wäre aber für alle Winden, die auf Bermuda aufzutreiben waren, zu schwer gewesen, und wurde daher verschrottet.
Es sollten drei Fenster angebracht werden – Zylinder aus Quarzglas von 20 Zentimeter Durchmesser und 7½ Zentimeter Dicke, die in Stahlbuchsen paßten, die der Mündung von ganz kurzen Kanonen ähnelten. Quarz wurde aus zwei ganz besonderen Gründen verwendet – es ist der stärkste durchsichtige Stoff, den wir kennen, und er läßt alle Wellenlängen des Lichtes durch. Im ganzen wurden fünf Fenster geschliffen. Barton gibt an, das erste sei gesprungen, als man versuchte, es in die Fassung einzuschleifen. Das zweite gab bei einer Innendruckprobe von 176 Pfund pro Quadratzentimeter nach. Höchstwahrscheinlich war der Rahmen vorn verbogen, und die sich daraus ergebenden Spannungen haben das Glas zum Platzen gebracht. Das dritte brach, als die Rahmenbolzen ungleichmäßig angezogen wurden. Die verbleibenden zwei indessen bestanden jede Prüfung mit Erfolg und zeigten, als wir später wirklich tauchten, nie das geringste Leck. Durch eines davon sollte ein Scheinwerfer ins Wasser hinausstrahlen, sobald wir uns weit unter dem Meeresspiegel befanden. Die dritte Fensteröffnung wurde mit einem Stahlklotz ausgefüllt. Alle Fenster kamen vor Tauchversuch Nr. 30 auf den Schrotthaufen.
Gegenüber den Fenstern befand sich der Eingang, höflich «Tür» genannt. Dieser runde, 360 Pfund schwere Deckel mußte mittels eines Flaschenzuges herauf- und heruntergehoben und mittels zehn großer Bolzen, die das Einsteigloch umrahmten, fest aufgesetzt werden; letzteres war gerade groß genug, um einen schlanken Menschenleib hineinzulassen. Als die Kugel später im Amerikanischen Naturgeschichtsmuseum zur Schau gestellt war, ging eine Dame von ziemlicher Körperfülle langsam um das Gerät herum und schaute durch die 35-Zentimeter-Tür; dann fragte sie den Aufseher: «Ist das hier das Ding, in dem die Leute ins Meer hinuntergetaucht sind?» «Ganz recht, gnädige Frau.» «Ja, wo in aller Welt ist denn die Tür?» Wer also mit

der Kugel tauchen will, muß nicht nur genügend Opfergeist aufbringen, um etwaigen Gefahren zu trotzen, sondern auch einen Leibesumfang haben, dessen größter Durchmesser unter 35 Zentimeter liegt!
Die Kugel sollte an einer einzigen, drallfreien Stahltrosse von 2¼ Zentimeter Durchmesser hinuntergelassen werden; die Bruchfestigkeit sollte für 29 Tonnen oder fast ein Dutzend solcher Kugeln reichen. Diese Trosse bestand aus einer Stahlseele und etwa hundert Litzen, die abwechselnd rechts und links geschlagen wurden, um im Wasser Drallfreiheit zu sichern. Die 1065 Meter, die sie lang war, wogen etwa zwei Tonnen, als sie versenkt wurde. Die Verbindung der Trosse mit dem Wirbelschaft oben auf der Kugel geschah durch Trennung der Litzenenden, bis sie sich zu einem Kegelstumpf verbreiterten, zwischen dessen Lücken Neusilber gegossen wurde. Dieser Kegelstumpf wurde dann in den entsprechend geformten Teil des Wirbelschafts eingezogen.
Dicht neben dem Wirbel wurde das elektrische Kabel, das die Licht- und Fernsprechdrähte enthielt, durch die dichtgepackte Stopfbüchse in die Kugel eingeführt. Diese war eine der wichtigsten Gefahrenstellen des Geräts. Sie hatte im Innern einen Messingdeckel und außen einen solchen aus rostfreiem Stahl; durch diese lief das Kabel. Eine besondere Liderung kam zwischen den äußeren und den inneren Deckel, die dann mit Hilfe von Schrauben festgezogen wurden. Das elektrische Kabel von 2¾ Zentimeter Durchmesser, stark isoliert, enthielt zwei Drähte für die Fernsprechanlage und zwei für das elektrische Licht.
Die so überaus wichtige Frage der Luftzufuhr sollte in der Weise gelöst werden, daß die Luft ganz nach Bedarf in der Kugel selbst erzeugt wurde. Sauerstoffflaschen mit selbsttätigen Ventilen sollten an den Wänden befestigt werden und über diesen Schalen stehen, auf denen Chemikalien in Pulverform zum Aufsaugen der Feuchtigkeit und der Kohlensäure ausgestreut werden sollten.
Als die große Metallkammer Gestalt annahm, mußten wir für sie einen endgültigen Namen finden. Wir sprachen beiläufig und ganz unrichtig von ihr als einem Tank, einem Zylinder, einer Glocke. Als ich eines schönen Tags den Namen eines Tiefseefisches hinschrieb – Bathytroctes – erschien mir die griechische Vorsilbe – «bathys», d. h. «tief» – recht passend für unser Gerät, und so prägte ich denn das Wort «*Bathysphere*» – Tiefseekugel –, und bei dem Namen ist es dann geblieben.
Im Frühjahr 1930 näherte sich die Kugel der Vollendung. Im April nahm ich meinen Mitarbeiterstab zur Versuchsanstalt auf der Insel Nonsuch mit, die uns die bermudische Regierung für meereskundliche Arbeiten zur Verfügung gestellt hatte. Zwei Jahre lang hatten wir das Tiefseeleben vor den Bermudainseln untersucht; die Arbeiten stellten die Hauptbetätigung meiner Abteilung für Tropenforschung unter der Schirmherrschaft der New Yorker Zoologischen Gesellschaft dar. Das Gelände und die Arbeitsweisen unserer Tiefseeschleppnetzfischerei schienen gut geeignet, Versuche persönlichen Vordringens in Tiefen weit unter dem Meeresspiegel anzustellen. Als mein Seedampfer, die «Gladisfen», schließlich in Betrieb genommen werden

konnte, war auch die Tiefseekugel seeklar. Barton und ich vereinigten dann unsere Streitkräfte, und wir fanden, daß unsere verschiedenen Beiträge zu dem Versuch tadellos zusammenstimmten. Barton brachte nach Bermuda die große Kugel mit, ferner 1065 Meter Stahltrosse, über 800 Meter gummiisoliertes elektrisches Kabel und die Menge des sonst benötigten Krimskrams. Ich konnte mit der Sieben-Tonnen-Winde und den Rollen des «Arcturus» aufwarten, mit der «Gladisfen», die uns hinaus auf See bringen sollte, und endlich mit meinem Mitarbeiterstab für das Handanlegen beim Unternehmen selber.

Ein gewaltiger Leichter mit offenem Deck, die «Ready», wurde gemietet, mit einem Mast, einem Ladebaum und zwei Kesseln ausgerüstet, die einen Dampfdruck von 7½ Atmosphären zum Betreiben der Winden erzeugten. Schließlich wurde die Tiefseekugel selber an Bord gehißt. Eine der Winden brauchten wir zur Bedienung des Aufzugs, der den Ladebaum hob und senkte, während die andern die Haupttrosse trug, an der die Kugel hing. Die Trosse läuft von der Winde zunächst zu einer Führungsrolle in der Nähe des Stevens, von da zu einem in der Nähe des Masts an Deck befestigten Flaschenzug, bis sie dann endlich über die Führungsrolle an der Spitze des Ladebaums geht; von dort hängt die Kugel herab, in Ruhelage an Deck, oder aber ins Meer versenkt. Ein Meterzähler zum Abmessen der weggefierten Trossenlänge ist am Ladebaum angebracht.

Der für die elektrische Beleuchtung verwendete Stromerzeuger war eine 100-Volt-Kohler-Maschine mit einer Leistung von 1500 Watt. Wir stellten sie nahe am Steven auf und verbanden sie mit der Kugel durch die 900 Meter Isolierdraht, der stets klar zum Wegfieren während der Tauchversuche an Deck aufgerollt lag. Die Entfernung zwischen Stromquelle und Tiefseekugel rief ein Sinken der Voltzahl hervor, so daß wir gezwungen waren, besonders angefertigte 90-Volt-Lampen zu verwenden. Wir richteten es so ein, daß die Taucher, sobald sie elektrisches Licht haben wollten, es anforderten; dann wurde der Dynamo angelassen. Die elektrische Lichtanlage sollte auch als Hilfssignalgerät dienen; bei Versagen der Fernsprechverbindung konnten dadurch Zeichen gegeben werden, daß das elektrische Licht mit Hilfe von Schaltern, von denen einer in der Tiefseekugel und einer im Stromerzeuger angebracht war, aus- und eingeschaltet wurde. Eine Kontrollampe wurde so in die Schaltung eingebaut, daß die Leute an Deck Bescheid wußten, wann unten Licht brannte.

Auch die Fernsprecher waren in Ordnung. Sie waren von der gewöhnlichen Art und von 16- oder 22-Volt-Trockenbatterien gespeist. Die Geräte waren mit Kopfhörern und Nackenklammern ausgestattet, so daß die Hände des Verbindungsoffiziers und des Tauchers jederzeit frei waren. Die Leitungsschnur selbst war mit dem Hauptelektrizitätskabel am Dynamo verbunden. Schließlich stellten wir die Materialien zusammen, aus der unsere Luft bereitet werden sollte, das Chlorkalzium (entwässert, porös, Siebnummer 8) zum Aufsaugen der Feuchtigkeit, den Natronkalk (Siebnummer 4–8) zum Aufnehmen der Kohlensäure, und vor allem die Sauerstoffflaschen. Zwei solche Flaschen sollten bei jedem Abstieg mit hinuntergenommen werden;

jede enthielt 363 Liter Sauerstoff unter einem Druck von 122 Atmosphären; eine davon, an der man ein Ventil mit einer Klammer vorgerichtet hatte, war sofort verwendungsfähig, während die andere in Reserve stand. Wenn die zwei Flaschen vollgefüllt sind, genügen sie, zwei Mann acht Stunden lang am Leben zu halten.
Wieder würfelte ich gegen unbeständiges Wetter, und wiederum gewann ich. Am Sonntag, dem 11. August, um 9 Uhr 30 vormittags, schaute ich vom Deck der «Ready» in die Runde und sah die lange, niedrige Dünung eines ruhigen Tages. Wir waren richtig innerhalb des Zauberkreises, zehn Kilometer südöstlich der Nonsuch-Insel, verlangsamten sofort die Fahrt, die Nase der Dünung zugekehrt, und schickten uns zum Tauchen an.
Vor über dreieinhalb Jahren war ich in eine Tiefe von 435 Meter hinabgestiegen, und hier stand ich nun auf demselben Leichter mit genau der nämlichen Tiefseekugel, keine zwei Kilometer von der gleichen Stelle entfernt, wo ich damals getaucht war. Eine gleiche Strecke nach Osten kennzeichnete den Ort eines neuerlichen Abstiegs in 670 Meter Tiefe. All die seltsamen Bilder, die ich schauen durfte, stehen mir jetzt genau so lebhaft vor Augen wie damals; doch beim Antritt dieses neuen Wagnisses kam es mir so vor, als seien die früheren Tauchfahrten nichts als erstaunliche Träume gewesen, und ich wüßte so gut wie gar nichts über die Welt der Lebewesen unterm Kiel. Wenn mir irgendwelche von diesen Gedanken damals durch den Sinn zogen, so müssen sie mich bloß kurz durchzuckt haben; denn ich hatte im Augenblick genug damit zu tun, mich über die ungemütlichen Bolzen mit so wenig Schaden wie möglich zu winden, mich in der Fensterseite der Tiefseekugel zusammenzurollen, mir das Fernsprechgerät umzuklemmen und all meine Instrumente und winzige, aber notwendige Habe auszubreiten.
Um 9 Uhr 41 vormittags platschten wir unter die Meeresoberfläche, und wie ich es so oft erlebte, kam der plötzliche Übergang aus einer goldgelben Welt in eine grüne unerwartet. Nachdem der Schaum und die Luftblasen das Glas verlassen hatten, waren wir in Grün gebadet; unsere Gesichter, die Flaschen, die Schalen, selbst die schwarzgestrichenen Wände waren grün getüncht. Vom Deck aus gesehen, stiegen wir indes in reines, tiefes Ultramarin hinab. Die einzige Andeutung dieses Farbenwechsels, die den Leuten an Bord sichtbar wurde, war das zunehmende Türkis der Tiefseekugel, als sie in etwa 30 Meter Tiefe allmählich verschwand.
Wir wurden einige Meter versenkt und baumelten da eine Weile, bis alles an Deck befindliche Gerät an die lotrechte Trosse dicht neben der Schiffsseite neu angepaßt war. Ich nutzte meinen letzten Blick auf die Oberwelt gründlich aus. Beim Hinausspähen konnte ich die Wasserdecke Falten werfen sehen; langsam hob und senkte sie sich, während hier und da, an diese Decke angesteckt, Büschel von Golfkraut hingen. Ich konnte kleine Punkte sehen, die sich dicht unterhalb des Tangs bewegten; zum erstenmal versuchte ich, und zwar mit Erfolg, ein schwaches Fernrohr durch das Wasser einzustellen. Es fiel mir nicht schwer, einen kleinen Meerhornfisch und einen fliegenden Fisch zu erkennen, der beim Schwimmen die halbausgebreiteten Flügel hinter sich herschleppte. Dann drehte sich die Kugel ein klein wenig, und der

Rumpf der «Ready» kam in Sicht. Sie sah diesmal noch mehr wie ein Korallenriff aus als damals vor vier Jahren; große Wimpel pflanzlichen und tierischen Lebens flatterten von ihr weg. Es mutet ganz unwirklich und gleichzeitig ungemein drollig an, einmal von unten aus den langsam rollenden Boden eines unverankerten Schiffs zu schauen, dessen Deck vor wenigen Minuten doch noch so fest und unerschütterlich erschienen war.

Die Sonne glutete auf das Meer hernieder; die Wasseroberfläche war ungewöhnlich ruhig; die Verhältnisse lagen für alles, was das Auge dem Hirn zuführen konnte, vortrefflich. Eine Frage kam durch den Fernsprecher; das Antworten klappte, und hinunter glitten wir durch die Fluten. Wieder wischte die erste Strecke für das Auge alle belebenden, warmen Farben des Spektrums aus; bald ward das Gelb im Grün verschluckt, und auch dieses schwand unmerklich dahin, als wir tiefer gingen; bei 60 Meter ließ sich unmöglich sagen, ob das Wasser grünlichblau oder bläulichgrün war. In dieser Tiefe stellte ich meine Augen auf die Wassermitte ein und sah deutlich kleine Lebewesen, Ruderfüßer und anderes Getier, dessen zahllose Schwärme die oberen Schichten bevölkern.

Bei 97 Meter trieb eine liebliche Kolonie Röhrenquallen vorbei, sechs Meter tiefer ein Lotsenfisch. Wenn Dutzende von Tiefseekugeln in Gebrauch sind, werden wir mehr über die lotrechte Verteilung der Fische erfahren, als wir jetzt wissen. Zum Beispiel waren meine nächsten Besucher ansehnliche Gelbschwänze und zwei blaugestreifte Grashechte, die mich, die einen bei 120 Meter, die andern bei 150 Meter, scharf ins Auge faßten. Das waren nun sogenannte Oberflächenfische, die vergnügt und munter in 150 Meter Tiefe lebten. Mehrere silberne Tintenfische hielten sich einen Augenblick in der Schwebe und stoben dann ab; bei 150 Meter schaute ein Paar Laternenfische, an denen sich aber keine Lichter zeigten, ohne Scheu die Tiefseekugel an. Bei 180 Meter erschien das Licht als ein dunkles, leuchtendes Blau, und schon diese Aneinanderreihung von Gegensätzlichem offenbart die Schwierigkeit der Beschreibung. Wie beim früheren Tauchen schien es leuchtend klar, doch war es zuwenig hell zum Lesen und Schreiben. Es gibt bei einem solchen Abstieg ganz bestimmte Stellen, die einem das Herz höher schlagen lassen. Die erste ist die, wo die ersten tierischen Blitze aufzucken. Das war bei 204 Meter; es kam uns so vor, als schlösse sich damit eine Tür zur oberen Welt. Das Grün, in der ganzen Natur die Farbe der Pflanzen, war schon lange aus unserem neuen Weltall verschwunden, gerade so wie die letzten Pflanzen des Meeres selbst weit über uns zurückgeblieben waren.

Bei 210 Meter war der Lichtstrahl aus unserer Lampe noch immer ziemlich matt; die Sonne hatte es noch nicht aufgegeben und tat ihr Bestes, ihre Macht zu behaupten. Bei 240 Meter glitten wir durch einen Schwarm von Kleinlebewesen, Ruderfüßern, Pfeilwürmern und ab und zu einem Wurm, der kein Wurm war, sondern ein Fisch, eines der unzähligen Rundmäuler oder Cyclothonen. 25 Meter weiter zog eine Schule von etwa 30 Laternenfischen vorüber, machte kehrt und kam zurück. Ich vermutete *Myctophum laternatum,* kann es aber nicht ganz genau sagen. Der Strahlenkegel vertrieb sie.

Bei 300 Meter sahen wir unsere Umwelt näher an. Die Stopfbüchse und die Tür waren trocken; das Geräusch des Gebläses störte die Unterhaltung durch den Fernsprecher nicht; die Feuchtigkeit wurde so gut beseitigt, daß ich kein Taschentuch über Nase und Mund zu halten brauchte, wenn ich dicht vor dem Glase sprach. Der Stahl wurde recht kalt. Ich versuchte, das Wasser zu benennen – schwärzlichblau, dunkelgraublau? Merkwürdigerweise wird das verschwindende Blau nicht durch Violett – das Ende des sichtbaren Farbenbandes – ersetzt. Dies ist anscheinend bereits verschluckt worden. Die letzte Andeutung des Blaus verliert sich in ein namenloses Grau und dieses schließlich in Schwarz, doch von der jetzt erreichten Stufe an versagt das Auge, und der Geist verweigert eine klargesonderte Farbenunterscheidung. Die Sonne ist geschlagen und die Farbe für immer verschwunden, bis endlich ein Menschlein in diese Tiefen vordringt und einen gelben elektrischen Strahl hier aufblitzen läßt, wo zwei Milliarden Jahre lang alles pechschwarz gewesen ist.

Ich ließ das Licht eine Zeitlang an, und bei 320 Meter strich plötzlich durch einen Schwarm kleiner Ruderschnecken «ein großer dunkler Leib, über 1,20 Meter lang» (so meldete ich hinauf). Ich schaltete aus, sah aber in leeren grauen Raum ohne eine Spur von Leuchten – der Fisch hatte sich aufgelöst. Später, als das Licht wieder an war, drei Meter tiefer, tauchte ein Lotsenfisch auf; er zeigte uns, wie leicht seinesgleichen sich einem Wechsel von über 30 Atmosphären – von zwei Pfund pro Quadratzentimeter an der Oberfläche zu 67 in dieser Tiefe – anpassen kann.

Die Lichter wurden nunmehr heller und zahlreicher, und bei 335 Meter sah ich mehr Fische und anderes Getier, als meine früheren Erfahrungen mich auf der ganzen Fahrt hätten erwarten lassen. Bei angeschaltetem Licht kamen mehrere dralle Beilfischchen heran und zogen hindurch; dann eine fünf Zentimeter lange, silberäugige Fischlarve; eine Qualle; dann plötzlich eine Erscheinung, der ich keinen Namen zu geben vermag, obwohl ich nachher noch andere sah. Es war ein Netzwerk von Leuchtendem, zierlich, mit großen Maschen, alles glühend und in Bewegung, beim Dahintreiben leise hin- und herschwankend. Dann zeigte sich verschwommen ein recht tiefgebauter Fisch, der gleich wieder verschwand; dann ein zehn Zentimeter langer Glasaal, der schräg nach oben schwamm, und so weiter. Das unablässige Telefonieren brachte mich ganz außer Atem, und ich freute mich ordentlich über dreißig Meter, die nur die blaue Schwärze und rege Funken zeigten.

Bei 365 Meter erfolgte eine Explosion, nicht am Fenster, sondern ein, zwei Meter davon entfernt; sie war so verblüffend, daß ich mir vornahm, scharf nach Wiederholungen auszuspähen. Die großen Fische kamen von neuem, und eine lose, offene Schule von Flossenfüßern und kleinen Garnelen zuckte vorüber. Die Schnecken waren schildförmig, wie ich wohl wußte; hatte ich doch Tausende in den Tiefseenetzen in Augenschein genommen. Ihre leeren Schalen bilden den größten Teil des Meeresgrundes hier herum. Auf einmal schoß in der Ferne ein kräftiger, glühender Streif von vielleicht 20 Zentimeter Länge hervor. Nicht die gewagteste Vermutung konnte eine solche

Erscheinung deuten. Da sandte das Gesetz des Ausgleichs mir als Ersatz einen klar herausstehenden, acht Zentimeter langen, schwarzen Angler dicht vors Fenster; er führte auf einem schlanken Fühler ein bleiches, zitronenfarbenes Licht. Alles andere entglitt meinem Auge; daher kann ich ihm nie einen Namen geben. Ein großer Nachteil bei dieser Arbeit in der Tiefseekugel liegt ja darin, daß der Geist ständig hinter der augenblicksschnellen Beobachtung nachhinkt. Zum Beispiel kam bei 396 Meter ein mittelgroßer, breitmäuliger Angler in Sicht, verschwand dann, und ich beschrieb gedankenlos einen 20 Zentimeter langen Glasaal, der wie ein durchscheinendes Weidenblatt anmutete, als mein Geist zum Angler zurückschoß und sich fragte, wie ich ihn gesehen hätte. Ich hatte keine vereinzelten Lichter auf Leib und Fühler wahrgenommen, und nun merkte ich, daß das Gebiß matt geglüht hatte und daß die beiden Fangzahnreihen leuchtend waren. Es ist ungemein verblüffend, in die Dunkelheit da draußen zu starren, plötzlich eine Erscheinung wahrzunehmen, das bloße äußere Drum und Dran in groben Zügen zu vermerken und dann mitten in der angestrengten Betrachtung eines ganz anderen Funkens oder Tiers wieder zurückgezwungen zu werden, um noch alle die besonderen Merkmale aufzunehmen, die dem Geist entgingen, aber einen Augenblick lang auf der Netzhaut eingeritzt waren. Über diesen Punkt hatte ich Miß Hollister am anderen Ende des Fernsprechers besonders gründlich unterwiesen, und so prasselte ständig ein wahres Feuer von Fragen auf mich hernieder, die meine Aufmerksamkeit besser einstellen und mein Gedächtnis aufmuntern sollten. Immer wieder machte ich, wenn eine solche Frage kam, vorsätzlich die Augen zu oder wandte sie ins Innere unserer Kugel; so konnte ich durch nichts draußen Vorgehendes irregemacht werden, während ich meine Erinnerung nach Einzelheiten des noch kaum aus meinem Auge Entschwundenen absuchte. Bei einigen wenigen Haltepunkten auf der Fahrt gestattete ich mir eine oder zwei Minuten Gefühlsschwelgerei; ich vergegenwärtigte mir das Wo und Wie unseres Aufenthalts, die Umgebung, die Tageszeit, den Druck, die Temperatur und dergleichen. Doch all die übrige Zeit erlaubte ich mir kein Ausruhen von der unmittelbaren Beobachtung und Weitermeldung. Die unfruchtbaren Ohs! und Ahs! meiner ersten paar Tauchfahrten standen mir noch allzu lebhaft in der Erinnerung. Kurz vor 425 Meter zogen zwei schwarze, etwa 45 Zentimeter lange Aale durch den Strahlenkegel – deutlich erkannte ich Serrivomer. Bei 425 Meter fielen mir meine Untersuchungen der letzten Zeit ein, denen ich entnahm, daß ich einen männlichen goldschwänzigen Seedrachen *(Idiacanthus)* mit einem großen Wangenlicht erblickte; doch bevor er entschwand, sah ich, daß er schwarz und beträchtlich größer als selbst das riesige Weibchen der Art war. So war er also gänzlich unbekannt.

Bei 457 Meter hing ich zweieinhalb Minuten in der Schwebe, und hier war mir der zweite denkwürdige Augenblick auf dieser Fahrt beschert: die sorgsame, genaue Beobachtung eines der Wissenschaft gänzlich neuen Fisches durch einen von uns oder uns alle beide; einen anderen Beweis seines Vorhandenseins als unser Wort müssen wir so lange schuldig bleiben, bis uns in leistungsfähigeren Netzen als den bisher bei unseren meereskundlichen Arbeiten benutzten dereinst Petriheil beschieden wird. Zuerst glitten vier schlanke, längliche Fische buchstäblich wie Pfeile durch das elektrische Licht; sie maßen etwa einen halben Meter. Ob es Aale waren oder nicht, werde ich nie erfahren. Dann kam eine Qualle so nahe, daß sie fast das Glas streifte. Endlich schwankte, ohne daß ich sah, wie er dahin gelangt war, ein großer Fisch hin und her, halb innerhalb des Strahlenkegels, halb außerhalb. Er hielt sich nur mit langsamem Flossenwedeln in der Schwebe. Ich sah, daß es etwas gänzlich Unbekanntes war, und ich tat zweierlei zugleich: Ich langte nach hinten, um Barton von seinen Lichtbildvorbereitungen zum Fenster zu zerren, damit er das von mir Geschaute sah und bestätigte, und ich mißachtete Miß Hollisters beharrliche Fragen, die mir in die Ohren klangen. Ich mußte ihr etwas hinaufbrummen oder zur Antwort geben; denn ich hatte bereits die fünf Sekunden überschritten, die bei allen unseren Tauchfahrten unsere Gefahrendauer des Schweigens darstellten. Doch die ganze Zeit über war ich in den Anblick des Fisches versunken; vom Kopf bis zum Schwanz musterte ich ihn durch die wortlose Kurzschlußarbeit der Wahrnehmung, die sich später in gesprochene und geschriebene Worte kleiden sollte und schließlich in ein Gemälde, das von dem durch den klaren Quarz Erschauten eingegeben war. Der seltsame Fisch war mindestens 60 Zentimeter lang, gänzlich ohne Lichter oder Glimmleuchten, mit einem kleinen Auge und ansehnlichem Maul. Als er später ein wenig zurückruckte, sah ich eine lange, ziemlich breite, doch anscheinend faserige Brustflosse. Zweierlei war höchst ungewöhnlich, einmal die Färbung, die in dem Licht unangenehm blaßgrünsteinfarben wie in Wasser eingeweichtes Fleisch – ungesund lederfarben – erschien. Sie war dieser schwarzen Tiefen würdig, so wie die blassen Sprossen von Pflanzen in einem Keller. Eine weitere Seltsamkeit war seine fast vollständige Schwanzlosigkeit; denn die Schwanzflosse war zu einem winzigen Stumpf oder Knopf zusammengeschrumpft, während die lotrechten Flossen an ihrer Statt hoch herausragten und sich weit unter den Leib erstreckten; auch sie waren farblos. Ich verpaßte die Afterflossen und Zähne, wenn überhaupt welche da waren, während so etwas wie Nasengruben- und Flossenstrahlzählung überhaupt nicht in Frage kam.

Es gibt eine kleine Familie Tiefseefische, die als *Cetomimidae* bekannt sind, und irgendwie hier hinein oder in ihre Nähe gehört diese seltsame Erscheinung. Nur drei Arten kennen wir; erst 24 Einzeltiere hat man bislang gefangen; 16 davon fanden sich in unseren eigenen Tiefseenetzen, die diese Gewässer abfischten. Ich habe den von uns gesehenen Fisch den Bleichen Segelflosser getauft und nenne ihn *Bathyembryx istiophasma,* was griechisch ist, und besagt, daß er aus Abgrundstiefen kommt und mit gespenstischen Segeln schwimmt. Obwohl ich bereits viele Tiefseeformen auf dieser Fahrt gesehen habe, so lag hier doch eine von bedeutenderer Größe vor, als sie uns je ins Netz gekommen war. Der Segelflosser war ganz Auge und Ohr; unverwandt beobachtete er unser sonderbares Gerät; anscheinend merkte er gar nicht, daß die hintere Hälfte seines Leibes in seltsamen Glanz gebadet war. Bei seinem Anblick wurden wir uns erneut bewußt, daß sich der

Aufwand an Geld, Zeit, Mühe und Sorge gelohnt hatte, um die Tiefseekugel auf die jetzige Höhe zu bringen. Inmitten namenloser Funken, unerklärter Leuchtentladungen und allzu früh abreißender flüchtiger Blicke auf merkwürdige Lebewesen war uns ja auch dann und wann hinreichend Gelegenheit geboten, einen ganz bestimmten neuen Fisch oder sonstigen Meeresbewohner unserer Kenntnis vom Leben der Tiefsee hinzuzufügen. Auf die Gefahr hin, die Systematik mit einem bloßen Namen zu belasten, habe ich mich entschlossen, einigen ganz wenigen deutlich geschauten Fischen besondere Namen zu geben. Ihr Aussehen muß allerdings eine Zeitlang durch eine bloße Zeichnung dargestellt bleiben, die unter meiner Leitung angefertigt wurde und die nur die Merkmale enthält, deren ich sicher bin. Ohne sichtlich stärkeres Flossenzittern entfernte sich mein Bleicher Segelflosser in die Dunkelheit weiter draußen, und als ich die letzten Einzelheiten hinaufgemeldet hatte, ließ ich uns weiter versenken. Dies ganze Buch würde nicht die ausführlichere Schilderung auch nur eines Bruchteils all der geschauten erstaunlichen Bilder und Gestalten fassen, und für alles in diesen Tiefen sind überschwengliche Worte am Platz.

Bei 497 Meter schwoll ein Licht vor unseren Augen zum doppelten Durchmesser an, bis es talergroß war; es schien von einem Tier auszustrahlen, das unregelmäßige Flecken matten Leuchtens auf dem Körper trug. Die Umrisse waren zu verschwommen, als daß ich sagen könnte, ob es ein Rückgrat hatte oder keins.

Bei 580 Meter war immer noch ein ganz schwacher mattgrauer Lichtschimmer vorhanden – 60 Meter tiefer als gewöhnlich – ein Beweis für die fast spiegelglatte Oberfläche und die ungemeine Klarheit des Tages hoch über uns. Bei 610 Meter wurde die Welt für immer schwarz. Diesen Augenblick sehe ich als den drittbedeutsamsten der Fahrt in die Tiefe an; da läßt man die Sonne, den Quell alles Lichts und aller Wärme auf Erden, hinter sich. Es ist nur ein gedanklicher Meilenstein, doch ein recht sinnfälliger. Wir hatten keine Vorstellung des Außendrucks, aber die Schwärze schien über uns hereinzubrechen.

Bei 610 Meter stellte ich eine sorgfältige Zählung an und fand, daß nie weniger als zehn oder mehr Lichter – blaßgelbe und blaßblaue – auf einmal sichtbar waren. 15 Meter tiefer sah ich wieder ein Netzwerk von Feuerfunken, das diesmal, vorsichtig geschätzt, eine Fläche von 60 mal 90 Zentimeter einnahm. Masche um Masche konnte ich im Dunkel verfolgen, doch nicht die leiseste Vermutung über die Ursache wagen. Es muß sich wohl um ein wirbelloses Lebewesen von solcher Zartheit und Vergänglichkeit handeln, daß seine Tiefenform völlig verlorengegangen ist, wenn wir es je ins Netz bekommen. 30 Meter weiter sah Barton zwei Lichter abwechselnd aufblitzen und verlöschen, die offenbar von der Willkür des Fisches abhängig waren.

In dieser Tiefe und dann wieder beim Aufstieg sah ich am äußersten Ende unseres Strahlenkegels eine große Gestalt dahinschwimmen. Schon bei früheren Fahrten hatte ich dies beobachtet, mich aber gescheut, es auch nur zu erwähnen; denn es kam mir allzusehr so vor, als sei infolge mangelhafter Beobachtung meine Phantasie mit mir durchgegangen. Doch da war die

Erscheinung schon wieder. Die Oberfläche sah nicht schwarz aus, und was sich dem Auge einen Augenblick lang an Umrissen bot, war gänzlich schleierhaft. Aber daß es sich um ein sehr großes Tier oder um sehr große Tiere handelte, von denen wir auf durch Jahre getrennten Fahrten fünf verschiedene Male flüchtige Blicke erhaschten, dessen sind wir sicher. Ob es nun Fische oder Kraken oder noch andere Tiere waren, vermögen wir nicht zu sagen.

Bei 700 Meter wurde irgendwelcher Ausruf von mir durch das Ersuchen von oben unterbrochen, ich möchte dem Sirenengeheul des Schleppers lauschen, das unsere neue Höchstleistung begrüßte; meine Antwort war: «Recht schönen Dank, aber schreiben Sie: Zwei sehr große Glasaale sind soeben durch das Licht gezogen, dicht beisammen, schnell dahinzitternd; Anmerkung: Wie kommen die Glasaale dazu, paarweise zu wandern?» Da gaben die Bewohner unserer nur noch schwach erinnerten oberen Welt ihre gutgemeinten Bemühungen, uns zu ehren, auf. Weiter ging es in die Tiefe, durch eine reiche, lichtergefüllte 730-Meter-Stufe auf 760 Meter, wo wir eine lange halbe Stunde Rast machten.

Ein Paar großer, kupferflankiger Säbelmäuler *(Gonostoma elongatum)* schwamm vorbei; der Gerippefisch *Sternoptyx,* einer der Faltenbrüste, erschien in einer Gruppe zu viert; ein Fisch, so flach wie ein Mondfisch, betrat den Strahl und entfloh, steil aufwärtsgeböscht, in Eile. Eine Ruderschnecke aus der Schar ihrer zahllosen Milliarden Gefährtinnen schwamm flügelschlagend vor meinem Glase hin und her. Dreimal waren in verschiedenen Tiefen Tiere gegen mein Fenster gestoßen und, so gänzlich sinnlos es sich anhört, dort zerplatzt, so unvermittelt, daß wir unwillkürlich mit dem Kopf zurückzuckten.

Wir erprobten die volle Stärke der 1500-Watt-Lampe, die die Tiefseekugel und ihr Fenster beträchtlich, doch nicht allzu gefährlich, erhitzte. Um 11 Uhr 17 drehte ich das Licht plötzlich an und sah ein seltsames Quartett von Fischen, deren Gattung oder Familie ich nicht habe ausfindig machen können. Gestalt, Größe, Farbe und eine einzelne Flosse sah ich klar, aber Tiefsee-Regenbogenhornfische ist die einzige Bezeichnung, die ich vielleicht noch verantworten kann, und dabei waren es möglicherweise gar keine Hornfische. Bei einer Länge von ungefähr zehn Zentimeter waren sie schlank und steif mit langen, scharfspitzigen Kiefern. Sie schwebten in der Mitte des elektrischen Strahls, als er zuerst angeknipst wurde, und die unerhörte Grelle berührte sie nicht im mindesten. Da standen sie nun – denn sie waren fast aufrecht gewandt – und ich konnte nur ein schwaches Wedeln mit einer Rückenflosse sehen. Gleichen Zwischenraum haltend und ständig aufwärts gekehrt, schwammen sie langsam in das äußerste Dunkel. Das Erstaunliche an ihnen war ihre unerwartete Zeichnung und Färbung. Kiefer und Kopf zeigten ein leuchtendes Scharlachrot, das hinter den Kiemen unvermittelt in ein helles, aber kräftiges Blau überging, und dies verlief unmerklich in ein klares Gelb an Hinterleib und Schwanz. Außer im Licht eines anderen Fisches oder in dem meines Scheinwerfers konnte ihre Farbenpracht sich nie entfalten, war also sicherlich eine nutzlose Beigabe.

Die Veränderung im Scheinwerferstrahl selbst von 300 Meter abwärts war merkwürdig. In den oberen Schichten war er schwach, aber ausgesprochen gelb, mit einer türkisgrünen Kappe am äußersten Ende des schrägen leuchtenden Schafts. Beim Tiefergehen änderte sich das Gelb in ein leuchtendes Grau, und das Türkisgrün kroch herunter, bis es in dieser größten Tiefe ganz ans Fenster reichte. Längs jeder Seite des scharf abgesetzten Strahls erstreckte sich eine breite Borte satten, samtenen Dunkelblaus, und unvermittelt daneben kam der schwarze Abgrund selbst. In zwei weitgetrennten Tiefen stellte ich sehr sorgsam auf den Regen kleiner Tiere ein, die durch das alleräußerste Ende des Lichts hin und her zogen. In beiden Fällen war der Brennpunkt derselbe, und ich brachte das Glas zur Oberfläche, ohne ihn geändert zu haben. Ich ging an Deck vom Bug zurück, bis dieser tadellos eingestellt war, und fand, daß das sichtbare Ende des Scheinwerferstrahls 13¾ Meter vom Fenster der Kugel entfernt war, anderthalb Meter mehr, als ich geschätzt hatte.
Die verschiedenen Knoten heller Lichter, die ich schilderte, treten bei jedem Abstieg auf, doch muß sich außerdem das Geschaute ja noch zur bewußten Empfindung formen. Zuerst nehmen wir jedes Licht mit frischen Sinnen wahr; es fällt uns nicht schwer, die entsprechende Meldung hinaufzugeben; wenn wir aber die meisten unserer Eigenschaftswörter verbraucht haben, wird es recht schwierig, Funken, Lichter und Dunkelheit ohne Eintönigkeit zu beschreiben. Es folgt eine immer vollständigere Abgeschiedenheit von der oberen Welt, ein Hineintauchen in neue Seltsamkeiten; ständig bieten sich dem Blick ungeahnte Bilder, bis unser Wortschatz erschöpft, unser Geist betäubt ist.
Über zwei Stunden waren vergangen, seit wir das Deck verlassen hatten; ich wußte, daß sowohl die Nerven meiner Mitarbeiter wie auch die meinen durch die ständige Anspannung und Belastung allmählich überreizt wurden. Meine Augen waren müde vom Aufblitzen immer neuer Lichter, von denen jedes einzelne so scharf beobachtet werden mußte, mein Geist war überladen von Bildern der ständigen Aufeinanderfolge von Fischen und anderem Getier und durch die erfolgreichen oder verkümmerten Versuche, sie zu bestimmen, bald frohgemut, bald niedergedrückt. So gab ich Anweisung zum Aufstieg.
Eine Minute später, bei 752 Meter, wurde meine ganze vorübergehend erschlaffte Aufmerksamkeit neu geweckt. Wieder war mir ein herrlicher Glückszufall beschieden. Ein Taustropp mußte zerschnitten werden, und in der kurzen Pause des Haltens, die auf meinen hastigen Befehl hin rasch verlängert wurde, kam ein neuer Angler aus dem weiten Weltmeer heran und verweilte so lange dicht vor meinem Fenster, daß ich seine wesentlichsten Merkmale ausmachen konnte. Ich nenne ihn den Dreisternigen Angler, *Bathyceratias trilynchus*. In vieler Hinsicht kommt er nahe an die wohlbekannten Gattungen *Ceratias* und *Cryptosparas* heran, doch der plattgedrückte Winkel des Mauls und die kurzen, gleichmäßigen Zähne waren ganz verschieden. Er war 15 Zentimeter lang, ausgesprochen eirund im Umriß, schwarz und mit kleinem Auge. Die Flossenstrahlen waren die üblichen; doch hatte er drei lange Fühler oder Fadenanhängsel, jeder mit einem

starken, blaßgelben Leuchtorgan an der Spitze. Das Licht wurde auf der Oberseite des Fisches deutlich zurückgeworfen. Vor der Rückenflosse waren zwei birnenförmige Organe, die genau so aussahen wie die der gewöhnlichen *Cryptosparas*.
Die paarigen Flossen habe ich nicht mehr mitbekommen. Kein Raketenflieger, der zum erstenmal auf eine Marslandschaft schaut, hätte mehr fiebern können als ich bei diesem Anblick.
Noch einmal rückte ich die schmerzenden Glieder zurecht, reckte und drehte mich, um die aufsässigen Muskeln zu beleben, und sah dem Kleingetier zu, das durch den Strahl nach unten glitt, als uns die Winde stetig aufwärts zog. Alles Merkwürdige wurde noch weiter durch den Fernsprecher nach oben gemeldet, doch war ich abgestumpft, ermattet. Plötzlich lehnte ich mich vor; ich stieß dabei den Kopf gegen den Stahl, verlor aber keine Sekunde der Beobachtung. Eine kleine Schule leuchtender Fische war gerade vorübergezogen, als – zum Glück in einem Augenblick des Haltens – ein neues, prächtiges Tier sich zeigte. Ich schrie hinauf, ich wollte hier noch länger verweilen – es war in 580 Meter Tiefe – und begann, in mich aufzunehmen, was ich sah: einen nahezu runden Fisch mit langen, mäßig hohen, fortlaufenden senkrechten Flossen, einem ansehnlichen Auge, mittelgroßem Maul und kleinen Brustflossen; die Haut war ausgesprochen bräunlich. Wir drehten uns ein paar Grad nach Backbord herum, was den Fisch in den dunkelblauen Halbschatten des Strahls brachte; da sah ich erst seine wirkliche Schönheit. Die Körperseiten entlang liefen fünf unglaublich schöne Lichtstreifen, einer davon quer durch die Mitte, dazu zwei geschweifte darüber und zwei darunter. Jeder Streif bestand aus einer Reihe großer, blaßgelber Lichter, und jedes davon war mit einem Halbkreis sehr kleiner, aber lebhaft purpurn glühender Lichtträger umgeben.
Der Fisch wandte sich langsam um und zeigte, Kopf voran, ein schmales Seitenbild. Wäre er mir an der Oberfläche und ohne Lichter erschienen, so hätte ich ihn ohne Frage einen Fahnenfisch (*Chaetodon*) oder Seebader (*Acanthurus*) genannt. Aber dies glimmleuchtende Tier war offenbar keiner von beiden, höchstens vielleicht ein entfernter Verwandter, der für das Leben in fünfhundert Meter angepaßt war. Der Name, den ich ihm gab, lautet *Bathysidus pentagrammus*, der Fünfstreifige Sternbildfisch. In meinem Gedächtnis wird er als eine der prächtigsten Erscheinungen weiterleben, die mir je zu schauen beschieden waren.
Bald nach meiner Rückkehr an die Oberfläche überprüfte ich meine durch den Fernsprecher übermittelten Angaben, besonders die über die verschiedenen neuen Fische, die sich mir in so herrlicher Weise dargeboten hatten. Ich fügte alle Einzelheiten hinzu, die mir noch einfielen. Dann begab ich mich mit unserer Künstlerin Frau Bostelmann in ein Gewirr von Malgerät, machte selber Kritzelversuche und verbesserte dann ihre fachmännische Zeichnung sorgfältig. Allmählich gewann der Fisch meiner Erinnerung Gestalt; seine Masse, die Größe, die Farbe, die Lichter und Flossen verflochten sich mit denen meines Gedächtnisses, und nun besitzen wir ein prächtiges, vollendetes Gemälde, das die Erscheinung wiedergibt, die sich mir am

11. August um 11 Uhr 52 vormittags 580 Meter unter dem Meeresspiegel des Atlantischen Ozeans vor dem Fenster bot.
Bei der nimmerendenden Aufregung angesichts der Fülle der Tiere hatte ich völlig vergessen, daß wir es ja auf 800 Meter hatten bringen wollen, und als man uns nun genau eine Stunde später an Deck daran erinnerte, daß wir es mit weiteren 35 Metern geschafft hätten, tat es mir nicht weiter leid. Eine menschengeschaffene Maßeinheit ist von weit geringerer Bedeutung als mein Dreisterniger Angler, den wir sonst sicher verfehlt hätten.
Was nun diesen besonderen Abstieg anbelangt, so traten wir die Heimreise aus der größten Tiefe von 765 Meter mit noch 45 Atmosphären Druck in der Sauerstoffflasche an und erreichten die Oberfläche gerade, als das letzte Gas aus dem Ventil herausgezischt war und die Zeigekugel sich zur Ruhe niedersenkte. Eine aufregende Geschichte für die Zeitungen war das aber weiter nicht, denn leider hatten wir noch ein zweites Ventil nebst voller Flasche gebrauchsfertig stehen. Wir waren über drei Stunden eingeschlossen gewesen, und als wir hinaustraten, war die Luft so frisch wie die an Deck; der Druck war überaus schwach, und wenn wir uns auch beide freuten, uns von der unausgesetzten Anstrengung zu entspannen, wenn auch unsere Beine und Füße völlig eingeschlafen waren, so hatte doch unser Gerätekram ohne Versager gearbeitet und stand zu neuem Abstieg bereit. Tatsächlich führten wir noch am selben Nachmittag ein einstündiges Konturentauchen an der Küste durch und kartierten etwa anderthalb Kilometer der Hänge Bermudas etwa 18 Meter unter Wasser. Als wir am Spätnachmittag die Einfahrt in den Hafen von St. Georges erreichten, dampfte die mächtige «Queen» der Furneßlinie auf der Ausfahrt dicht an uns vorüber. Sie sah die «2510» (Fuß, entspricht 765 Meter), die am Steven der «Ready» mit Kreide angemalt stand, und ließ uns durch Heulen mit der Dampfpfeife ihre Glückwünsche zukommen.
Den Sonntag verwandten wir dazu, unsere Aufzeichnungen zu übertragen und durch Einzelheiten zu ergänzen, die uns noch einfielen; auch machten wir alles für den nächsten Abstieg klar. Da wir der Meinung waren, die beste Erholung sei ein Wechsel der Tätigkeit, nahmen wir Montag, den 13. August, unsere Barkasse, die «Skink», und fuhren 15 Kilometer von der Küste ab zum Nordfelsen, dem letzten verlorenen Vorposten des alten Bermuda. Ich tauchte im Helm in 13 Meter am Rande eines prächtigen Riffs und hatte das erstaunliche Glück, alle die sogenannten gefährlichen Fische Bermudas – Haie, Pfeilhechte und grüne Muränen – auf einer Fläche von zwei Quadratmetern zu sehen.
Am anderen Tag stachen wir auf der «Gladisfen» in See und zogen Tiefseenetze über dieselbe Stelle, zu der ich vor wenigen Stunden in unserer Stahlkugel niedergetaucht war. Wie immer erfreuten uns der Anblick und das Befühlen der Wesen aus den eisigen Tiefen; gleichzeitig waren wir über die Magerheit der Fänge erstaunt, wußten wir doch, welch reges Leben in den von den Netzen durchfischten Tiefen flutete. Immerhin war jedes Netz mit herrlichen Tieren angefüllt, von denen viele unbekannt waren. Am allerschönsten war es, daß manche davon neu belebt wurden, wenn man sie auf der Stelle in eiskaltes Salzwasser tat.

Hier hatte wiederum John Tee-Van die Decksmaschinerie unter sich; Baß und Ramsey standen ihm dabei zur Seite. Ich bediente die Winde außer beim eigentlichen Anbordholen der Netze; dann beobachteten und vermerkten Miß Crane und ich die Bewegungen und Farben der lebenden und eben verendeten Tiere, die wir erbeutet hatten. Ein Paar 25 Zentimeter langer Säbelmäuler, wie ich sie beim letzten Abstieg in einer Tiefe von 760 Meter zu Gesicht bekommen hatte, lebte noch, und zum erstenmal erhielten wir einen schwarzen Vielfraß, *Chiasmodon niger,* der in seinem Gefäß wie toll herumschwamm. Zum Unterschied von seinesgleichen war sein Magen leer und dicht von einer seiner unglaublich mächtigen Mahlzeiten geschwellt. Eine andere Kostbarkeit war ein lebender, buntgefärbter, halbdurchsichtiger, stieläugiger *Dolichopteryx,* der langflossige Gespensterfisch, wahrscheinlich eine neue Art.

Es war der sechzehnte der ganzen Gattung, den Menschen erbeuteten, und der erste, der je lebendig ans Licht kam.

Tag für Tag blieb mir der Wettergott hold, und Mittwoch, der 15. August, bildete keine Ausnahme. Frühmorgens um 6 Uhr 45 trafen wir Vorbereitungen, um den Ankerplatz in St. Georges zu verlassen, der Leichter «Ready» mit der Tiefseekugel und uns, die «Gladisfen» als unser Schlepper. Drei Stunden später wurden Barton und ich weit draußen auf See über Bord in die Tiefe runtergelassen. Soweit wir nach Peilungen der Leuchttürme feststellen konnten, tauchten wir an der gleichen Stelle, in die wir vor vier Tagen hineingeplatscht waren.

Es war wohl die gleiche Stelle, doch keineswegs kam uns dasselbe Leben vor Augen. Alle paar Meter erlebten wir eine Überraschung, und wiederum war die Menge des Getiers völlig unerwartet, die Gesamtsumme der geschauten Lebewesen schier unglaublich. Bei 300 Meter sah ich deutlich die Umrisse einer Garnele und unterschied verschiedene ihrer blaßgrünen Lichter. Obwohl ich nicht arg lange bei den Dreißigmeterhalten verweilte, wenn die Taustropps angebracht wurden, so diktierte ich doch eine Seite Beobachtungen nach der andern. Ich benutzte das Licht so wenig wie möglich und schirmte sorgsam die Augen, so daß sie sich recht bald an das Dunkel angepaßt hatten. Ich schaute nach zwei oder drei Erscheinungen aus, die ich klären wollte. Große Melanostomiatiden, Drachenfische, mit ihren aufglühenden Lukenlichtern zeigten sich dann und wann, und zwar zu drei getrennten Zeiten; mehr als sonstwo erhaschten wir zudem im Scheinwerferstrahl flüchtige Blicke kleiner schillernder Ruderfüßer mit dem treffenden Namen Saphirkrebschen, die für uns die ganze Farbenbuntheit des Sonnenlichts erneuerten.

Ich sprach von drei bedeutsamen Augenblicken im Erleben eines Tiefseetauchers – dem ersten Aufblitzen tierischen Lichts, dem Hereinbrechen der ewigen Dunkelheit und der Entdeckung und Beschreibung einer neuen Fischart. Es gibt noch einen vierten. Er ist nicht an eine bestimmte Tiefe oder Erwartung gebunden; man erlebt ihn bald hier, bald dort – möglicherweise dicht unter der Oberfläche oder aber auch in der größten Tiefe oder endlich selbst dann, wenn man Tage nach dem Tauchen wach liegt, alles noch einmal überdenkt und wiedererlebt. Es ist meiner Meinung nach der allerwichtigste, weit mehr noch als die Entdeckung einer neuen Art. Ich meine die Erklärung irgendwelch geheimnisvollen Geschehens, der Auswirkung irgendwelch unerklärlichen Tuns, das sich vor unseren Augen abspielte, aber wie ein fein ersonnener Kniff eines Zauberkönigs des Verstehens spottete.

Ich erlebte solches auf diesem letzten Tiefenabstieg bei 512 Meter; da klärte sich vieles, was mir bislang ein vollständiges Rätsel gewesen war. Ich sah irgendein Tier von mehreren Zentimetern Länge auf das Fenster zustürzen, sich seitlich wenden und – zerplatzen. Diesmal waren meine Augen eingestellt und mein Geist wach; und bei dem Blitz, der so stark aufzuckte, daß er mein Gesicht und die innere Fensterschwelle erhellte, sah ich die große rote Garnele und den herausquellenden Flammenstrom. Dies war solch ein oben erwähnter vierter Augenblick; denn viele «verschwommene graue Fische», wie ich sie gemeldet hatte, lösten sich nunmehr zu fernen Lichtwolken auf, und all die früheren «Explosionen» gegen das Glas wurden verständlich. Beim nächsten Auftreten der Erscheinung zeigte sich die Garnele deutlich vor und während der Entladung; wieder einmal sahen wir, wie wertvoll es ist, wenn man bei der Beobachtung weiß, worauf man zu achten hat. Die Tatsache, daß eine Anzahl Tiefseegarnelen diese Schutzvorrichtungen besitzen, ist wohlbekannt, und ich habe ein Aquarium gehabt, das von der Ausscheidung hell aufleuchtete. Es ist das Tiefseegegenstück zu dem Tintenerguß einer Sepia an der Oberfläche.

Ehe diese Tauchfahrt zu Ende war, hatte ich meine Beobachtungen noch verfeinert. Ich hatte nämlich wahrgenommen, daß zwei ganz verschiedene Schutzwolken ausgestoßen wurden; eine löste sich augenblicklich in einen glühenden Nebel oder Schwaden auf, die andere zerplatzte in einzelne Funken, die einer winzigen Leuchtkugelröhre verblüffend ähnlich sahen. Beides erfolgte eine ganze Reihe von Malen am Fenster oder nahebei; doch war die letztere Erscheinung am überraschendsten.

Ein weiterer Fortschritt unserer Beobachtungsschulung in der Tiefseekugel erfolgte ganz unbemerkt und wurde uns rein zufällig zum Bewußtsein gebracht. Bei einem späteren Tauchen ging ich in 457 Meter Tiefe; Tee-Van, den ich mitgenommen hatte, staunte über meine Fähigkeit, Tiere zu bestimmen, die für ihn auf seinem ersten Abstieg in das dunkle Reich nur vereinzelte Lichter darstellten. Als wir unsere Beobachtungen verglichen, wurde mir klar, daß ich unwillkürlich gelernt hatte, das Licht so bald wie möglich unbeachtet zu lassen und nach links oder rechts davon zu schauen. Genau so, wie man die Spiralnebel in der Andromeda am klarsten sieht, wenn man ein wenig nach der einen Seite blickt, so blendet das plötzliche Aufzucken eines Lichts weniger, wenn man es mittelbar anschaut, und zugleich kommt dann auch sein Besitzer fast mit Sicherheit in den Blickpunkt. Noch ehe wir wieder zur Oberfläche zurückkehrten, hatte Tee-Van sich dies Verfahren zu eigen gemacht; bei den folgenden Bestimmungen blickten wir uns Auge in Auge.

Bei 549 Meter sah ich einen kleinen Fisch mit beleuchteten Zähnen; das Licht kam von unten, mit deutlichen schwarzen Zwischenräumen; drei Meter unter ihm erschienen meine Lieblingsseedrachen, *Lamprotoxus,* die mit dem leuchtenden grünen Bug. Nur sechzehn dieser Fische hat man bis jetzt gefangen; sieben davon kamen in unseren eigenen Netzen herauf. Die größte gemessene Länge beträgt etwa 20 Zentimeter, während hier vor mir vier verschiedene Tiere standen, die alle doppelt so lang waren und sehr wahrscheinlich eine neue Art darstellten. Der grüne Seitenstreif glühte auf, doch der lange Kinnfühler war ganz unsichtbar; sicher strahlte er kein Licht aus. Bei 640 Meter blitzten zwei große Fische auf, die insgesamt annähernd einen Meter maßen, und wurden dann eins mit der Dunkelheit ringsum – ein schmerzlich kurzer Blick, der mich sehnsüchtiger als je nach größeren und besseren Netzen verlangen ließ.

Bei 747 Meter kam für den Bruchteil einer Sekunde ein sehr großer dunkler, aber nicht undeutlicher Umriß vor meinen Blick, und bei 762 Meter zuckte eine zierlich beleuchtete Rippenqualle vorbei. Unvermittelt machte der große Fisch kehrt, und diesmal sah ich seinen vollständigen, schattenähnlichen Umriß, der durch das äußerste Ende des Scheinwerferstreifs glitt. Sechs Meter hat er allermindestens gemessen, und tiefgebaut ist er auch gewesen. Der ganze Fisch war einfarbig, und ich konnte nicht einmal ein Auge oder eine Flosse wahrnehmen. Für die meisten meiner «größenbewußten» Zeitgenossen würde dies *Seeungeheuer* vermutlich die beachtlichste Merkwürdigkeit der Forscherfahrt darstellen. An Gestalt zeigte er ein langes tiefes Eirund; er schwamm anscheinend ganz mühelos, und er kehrte nicht zurück. Das ist alles, was ich über ihn aussagen kann, und wenngleich seine ungewöhnliche Größe mich so erregte, daß ich über 100 Meter lang ständig angestrengt nach Spuren desselben Fisches oder aber seiner Genossen Ausguck hielt, so vergaß ich ihn doch im Lichte (in buchstäblicher Bedeutung des Wortes!) kleinerer, aber deutlicherer und nicht minder eigenartiger Tiere.

Worum es sich bei dem großen Tier gehandelt hat, vermag ich nicht zu sagen. Zuerst möchte ich wohl auf einen kleinen Wal oder Grind tippen. Diese Vermutung ist gar nicht so abwegig. Wir wissen, daß den Walen eine besondere chemische Anpassung des Blutes eigen ist, die es ihnen ermöglicht, anderthalb Kilometer und mehr zu tauchen und dann heraufzukommen, ohne zu zerspringen. Die Kleinigkeit von 747 Meter wäre also gar nichts für einen ähnlich ausgerüsteten Wal. Oder – weniger wahrscheinlich freilich – es war ein Walhai, von dem man Tiere kennt, die eine Länge von 12 Meter erreichen. Doch was es auch gewesen ist, das seltsame Geschöpf erschien und verschwand so unerwartet und zeigte sich so verschwommen, daß man es eben nur als ein großes lebendes Tier bestimmen konnte.

Was die Größe eines Tiefseefisches anbelangt, so hat Alexander der Große bis heute immer noch den Vogel abgeschossen, wenn wir in der äthiopischen Fassung des Pseudo-Kallisthenes hören, daß er aus seinem Glaskäfig hinausschaute und von einem Engel des Herrn ein Ungeheuer vorgeführt bekam, das bei rascher Fahrt drei Tage und drei Nächte brauchte, um vor ihm vorbeizuschwimmen! Immerhin kann sich das von mir geschaute Tier auch schon sehen lassen. Doch im Ernst; es zeigt, wieviel für den Erforscher der Tiefen noch übrigbleibt.

Jeder, der von einem Flugzeug hoch über der Erde eine andere Maschine irgendwo in der Nähe unmittelbar davor genau zu erkennen versucht hat, wird verstehen, wieviel schwieriger noch es ist, in dieser sich nach allen drei Richtungen des Raums hin erstreckenden höllischen Finsternis sich plötzlich auf ein Tier einzustellen, das 15 Zentimeter vor dem Gesicht oder aber in 13 Meter Entfernung auftaucht. Immer wieder sind Blitz und Besitzer verschwunden, ehe das Auge sich neu einstellen kann.
Barton sah keine Spur des großen Tiers, das ich schilderte, obwohl ich ihm meine Entdeckung zurief und ihn sofort ans Fenster brachte. Kurz danach, als wir beide hinausschauten, erblickte er den ersten lebenden *Stylophthalmus,* den je ein Mensch zu Gesicht bekam; mir selbst ist er vollständig entgangen, obwohl er keine 30 Zentimeter vom Fenster entfernt gewesen sein muß. Dies ist einer der merkwürdigsten Tiefseefische, mit den Augen an den Enden langer Sehrohrstiele, die fast ein Drittel so lang sind wie der gesamte Leib. Daß ich den Fisch versäumte, war mir eine um so schmerzlichere Enttäuschung, als ich mich vor kurzem mit diesen seltsamen Geschöpfen näher beschäftigt und in der Tat ihre ganze Familie gestrichen hatte; bewies ich doch, daß es die Larven der goldschwänzigen Schlangendrachen, *Idiacanthus,* waren.
Den nächsten Fisch von ungewöhnlicher Größe sahen wir bei 884 Meter. Er war nicht ganz 90 Zentimeter lang, ziemlich schlank, mit vielen leuchtenden Flecken am Körper und einem verhältnismäßig großen, blaßgrünen, halbmondförmigen Licht unter dem Auge. In der Nähe schwammen fünf Laternenfische, die von allen anderen, die ich gesehen hatte, abwichen. Sie bewegten sich so langsam, daß ich mich vor ihrem Verschwinden vergewissern konnte, daß sie zur Gattung *Lampadena* gehörten.
Um 11 Uhr 12 kamen wir in 923 Meter Tiefe langsam zur Ruhe, und ich wußte, daß es nicht weiter ging; die Trosse an der Winde war fast ganz ausgesteckt. Vor ein paar Tagen war mir das Wasser in 760 Meter schwärzer erschienen, als man sich träumen kann, doch jetzt empfand es das gleiche Hirn als schwärzer denn schwarz. Es kam uns so vor, als ob alle künftigen Nächte in der oberen Welt vergleichsweise nur als Grade von Zwielicht gelten dürften. Ich konnte nie wieder das Wort «schwarz» mit Überzeugung gebrauchen.
Ich schaute hinaus und beobachtete ein gelegentliches vorüberziehendes Licht; zum erstenmal wurde mir deutlich, wie völlig das sogenannte Glimmleuchten fehlte, mit dem wir an der Oberfläche vertraut sind. Dort wird ein ganz gewöhnlicher Fisch infolge der Rückstrahlung der Lichter unzähliger winziger Tiere und Pflanzen, die im Wasser schweben, beim Einherschwimmen leuchtend. Hier aber besteht jedes Licht für sich und ist oft unmittelbar von der Willkür des Besitzers abhängig. Ein Riesenfisch konnte am Fenster vorbeistieben und doch, wenn er keine Beleuchtung besaß, ungesehen bleiben. Meine Augen paßten sich diesen Tiefen derart an, daß ich mich gar nicht irren konnte; das Pechschwarz des Wassers wurde nur durch Funken und Blitze und stetig glühende Lampen von ansehnlichem Durchmesser unterbrochen, von den verschiedensten Farben und von unendlicher Man-

nigfaltigkeit, was Größe und Anordnung anbelangt. Doch nie wurden sie durch schwächeren Nebel oder eine Milchstraße von Getier getrübt oder dahinter oder hindurch geschaut. Die gelegentlichen flüchtigen Schutzwolken der Garnelen hoben sich darum um so stärker als ungewöhnliche Erscheinungen heraus und haben mit dem in Rede stehenden Vorgang nichts zu tun. Wenn das Oberflächenlicht hauptsächlich von Leuchttierchen und einzelligen Pflanzen ausgestrahlt wird, so ist die Erklärung seines Fehlens hier in der Tiefe ganz leicht; denn alle Oberflächenformen dieser Gruppen sind viel, viel weiter oben bereits ausgestorben. Eine zweite Merkwürdigkeit, die mir auffiel, als ich zusammengerollt in bald einem Kilometer Tiefe in der Tiefseekugel saß, war das Unvermögen unseres kräftigen Scheinwerferlichts, irgendwelche Tiere herbeizulocken. Einige flüchteten bei seinem Aufblitzen, andere erschienen gänzlich unbetroffen, doch nicht ein einziger Ruderfüßer oder Wurm oder Fisch ließ sich im Strahlenkegel häuslich nieder oder drängte sich ans Steuerbordfenster, dem das Licht entquoll. Wir ließen manchmal den kleineren Scheinwerferstreif drei Minuten hintereinander an; das Plankton, das in allen Teilen des Strahlenkegels reichlich vorhanden war, hatte also genügend Zeit, seinen Einfluß zu merken und entsprechend zu handeln. Der Ursache dafür muß weit eingehender nachgespürt werden, als ich es habe tun können. Ein Umstand, der hier mitspricht, ist zweifellos nicht nur das Fehlen des Wechsels von Tag und Nacht, sondern die ewige Abwesenheit allen Lichts außer dem tierischen.

Selbst in dieser völligen Schwärze empfand ich die Reinheit des Wassers, sein Freisein von Sinkstoffen und Trübung; wir waren ja 10 Kilometer vom Lande und 1500 Meter vom Meeresgrund entfernt. Es gab also keine Lichtzerstreuung, keine Höfe, keine Brechung. Wenn sich Funken oder größere Lichter bewegten, waren sie so deutlich, als ob sie regungslos ständen. Aber die Rückstrahlung war spürbar, etwa auf das Auge oder die Haut von einem unterhalb des Auges oder seitlich aufleuchtenden Lichtträger her, oder aber auf mein Gesicht, wenn eine Garnele dicht davor zerplatzte.

Ab und zu fühlte ich ein leichtes Zittern und ein anscheinendes Lockerwerden der Trosse. Man meldete mir, eine Kreuzdünung habe sich entwickelt, und wenn das volle Gewicht der Tiefseekugel und der Trosse auf der Winde lastete, lasse Kapitän Sylvester ein paar Zentimeter aus, um die Spannung zu vermindern. Es seien nur noch etwa ein Dutzend Törns der Trosse auf der Spule übrig, und eine volle Hälfte der Trommel zeige ihren nackten Holzkern. Wir baumelten in 923 Meter Tiefe, und ob wir heraufkommen wollten? Das wollten wir.

Mochte ich auch mehr von gründlicher Beobachtung als von Höchstleistungen halten, so mußte ich doch zugeben, daß diese letzte Tiefe, die wir erreicht hatten, eine entschiedene Zunahme der Zahl großer Fische zeigte – über ein Dutzend von einem bis sechs Meter erblickten wir – und damit ging eine größere Zahl von Lichtern Hand in Hand, wenn ihr Durchmesser an sich auch keine Größenzunahme zeigte. Ab und zu, wenn die Lichter am dichtesten waren und die Wasserfläche vor mir von Lebewesen zu wimmeln schien, spähten meine Augen in die Ferne dahinter, und ich dachte an die lichtlosen Geschöpfe, die mir auf ewig unsichtbar blieben – die einen mit Augen, die für das Steuern durchs Leben auf das Aufglühen der Lampen anderer Tiere angewiesen waren, die andern, die seltsamsten Bewohner der tieferen Meeresschichten, vom Tage der Geburt an bis zum Tode blind, ohne andere Helfer im Kampf um Nahrung und Genossen und gegen Feindestücke als die klugen Sinnesorgane in der Haut oder die langen rankenartigen Strahlen ihrer Flossen.

Ehe wir die Heimfahrt antraten, mußte ich es aufgeben, eigene Aufzeichnungen zu machen, so klamm waren meine Finger von dem kalten Stahl der Fensterschwelle; und der Sitzwechsel von meinem Kissen auf den Metallboden war wie das Sichniederlassen auf einer Eisscholle. Was den Druck betrifft, so schien kein Grund vorzuliegen, warum wir nicht gerade so gut im Taucherhelm draußen so wie jetzt drinnen verweilen könnten. Ich dachte an eine Gondel 18 000 Meter hoch in der Stratosphäre mit einem Druck von einem sechstel Pfund pro Quadratzentimeter; da erfuhren wir durch den Fernsprecher, daß wir in diesem Augenblick unter einem Druck von 191 Pfund pro Quadratzentimeter standen. Jedes Fenster hielt über neunzehn Tonnen Wasser zurück, während insgesamt 7016 Tonnen von allen Richtungen her auf die Tiefseekugel als solche eindrangen. Ja, wir hatten deutlich gehört; wir waren bereit, uns sogleich emporziehen zu lassen.

Bei 887 Meter vernahm ich einen metallischen scharfen Ton durch den Fernsprecher, fragte, was es sei, und bekam eine nichtssagende Antwort. Später hörte ich, daß eins der Leittaue, das beim Aufwickeln der eingeholten Trosse auf die Trommel benutzt wurde, mit fürchterlichem Knall gerissen war – ein wahnsinniger Schreck für jedermann an Deck, bis man merkte, daß es ein Tau und nicht die Trosse war. Im Kugelinnern waren wir doch jederzeit am besten dran.

Immer wenn ich unter die letzten Lichtstrahlen versinke, strömen mir Bilder und Gleichnisse zu. Doch während dieses ganzen Berichts habe ich mit Fleiß die Dutzende von «Als Obs» zurückgedrängt, die mir in den Sinn kamen. Je abenteuerlicher die Lage, desto gebieterischer scheinen sich Vergleiche aufzuzwingen. Ewig wahr, wirklich würdig und dem Geist für immer verhaftet bleibt nur der eine: Vergleichbar diesem wundersamen Reich der Tiefe ist einzig der nackte Raum selbst, weit draußen jenseits des Luftmeers zwischen den Sternen, wo das Sonnenlicht sich an keinen Staub und Abfall der Erdenluft zu klammern vermag, wo die Schwärze des Raums, die leuchtenden Planeten, Kometen, Sonnen und Sterne wirklich nahe verwandt der Welt des Lebens sein müssen, wie sie dem Auge des ehrfurchtsvoll erschauernden Menschleins im freien Meer in 900 Meter Tiefe erscheint.

Auguste Piccard (1884–1962)

Schweizer Physiker, Professor für Experimentalphysik. Piccard war in Belgien und später in der Schweiz tätig. In den zwanziger Jahren beschäftigte er sich mit Ballonflügen für wissenschaftliche Forschungen. 1932 stiegen Piccard und sein Assistent Kipfer mit dem selbstkonstruierten Ballon von Zürich aus in die Stratosphäre auf (16 940 Meter).
Mit Interesse hatte Piccard die Berichte von Beebe gelesen. Doch eine an Seilen gefesselte Tauchkugel konnte nicht die Lösung sein für den Abstieg in die Tiefsee. Das Seil war ein gefährliches und unangenehmes Handicap, das überdies in größeren Tiefen bereits durch die Last seiner eigenen Masse reißen würde. Piccard schwebte schon seit langem eine Art Unterwasserfreiballon vor. Wie er seine Idee umsetzte, lesen wir in seinem Bericht über

Die Entstehung des Bathyskaphs

Wenn man die Vorteile des Freiballons der Luftfahrer gegenüber dem Fesselballon kennt, so kommt man notwendigerweise zu der Frage: Ist es nicht möglich, den Unterseefesselballon in einen Unterseefreiballon zu verwandeln? Diese Umwandlung ist tatsächlich möglich, und sie wurde durch den Bau des Bathyskaphs verwirklicht. Die Idee des Bathyskaphs ist sogar ziemlich alt.
Ich war Student im ersten Jahr der Eidgenössischen Technischen Hochschule in Zürich, als der Zufall mir das schöne Buch in die Hand gab, welches Carl Chun über die ozeanographische Expedition der «Valdivia» (1808–1899) geschrieben hat. Netze, die einige tausend Meter hinuntergelassen wurden, brachten die Tiefseefauna an Bord des Expeditionsschiffes. Man arbeitete Tag und Nacht. Als man ein Netz in dunkler Nacht heraufzog, wurden die an der Reling lehnenden Forscher durch den wunderbaren Anblick einer Unzahl phosphoreszierender Tiere und Tierchen überrascht. In dieser märchenhaften Pracht gab es Fische mit wirklichen Scheinwerfern. Nur zu schnell aber verblaßten alle diese Lichter und erloschen bald gänzlich. Um diese Fische in ihrer gewohnten Umgebung zu beobachten, gibt es nur ein Mittel: Wir müssen selber hinuntersteigen in die dunklen Tiefen des Ozeans.

Es muß möglich sein, so sagte ich mir, eine wasserdichte Kabine zu bauen, die dem Meeresdruck standhält, und, mit Fenstern versehen, dem Beobachter erlaubt, eine neue Welt zu entdecken. Diese Kabine würde schwerer als das durch sie verdrängte Wasser sein, gerade wie ein Freiballon-Korb schwerer als die durch ihn verdrängte Luft ist. Genau wie im Falle des Freiballons müßte also die Tauchkabine an einem großen Behälter hängen, der mit einer Flüssigkeit gefüllt werden würde, die spezifisch leichter als Wasser ist. Hiermit war die fundamentale Idee des Bathyskaphs geboren ...
Der junge Student ist Ingenieur geworden, dann Physiker. Der Gedanke, eine Tiefsee-Erkundung im Freiballon auszuführen, hat mich nie verlassen, ohne daß ich noch für viele Jahre, ernstlich an die Verwirklichung des Traumes meiner Jugend dachte. Dann wandte ich mich dem Studium von Radioaktivität und kosmischen Strahlen zu.
Der Erfolg meiner Ballonaufstiege bewies einmal mehr, daß das, was theoretisch möglich, auch praktisch ausführbar ist. Zehn Jahre später klopfte ich wieder an die Tür des Fonds National, der meine Ballonversuche unterstützt hatte. In Gedanken hatte ich den Stratosphärenballon in einen Tiefseeballon zurückverwandelt, und ich kam, die nötigen Mittel zu erbitten, um meinen Bathyskaph nun endlich zu verwirklichen. Die Kredite wurden mir bewilligt, erst um ein Hochdrucklaboratorium auszurüsten, und dann, um den Bathyskaph selbst zu bauen. Hochdruckversuche waren notwendig, um viele Einzelheiten des Tiefseebootes an Modellen zu studieren. Es war im besonderen notwendig, die Festigkeit der Kabine durch Druckversuche an Modellen kleinen Maßstabes zu untersuchen. Besonders wichtig und schwierig war die Konstruktion der Fenster, durch die die Insassen die Außenwelt beobachten sollten. Ferner mußten zuverlässige Mittel gefunden werden, um die vielen elektrischen Leitungen durch die Wandung der Kabine hindurchzuführen. Für alle diese Versuche mußte ein kleines Hochdrucklaboratorium eingerichtet werden.
Als die wichtigsten vorläufigen Versuche abgeschlossen waren, hätte ich gerade mit der Konstruktion des Bathyskaphs beginnen können, als der Zweite Weltkrieg jäh alle meine Arbeiten unterbrach.
Ende 1945 habe ich mich wieder an den belgischen Fonds National de la Recherche Scientifique gewandt mit der Bitte, meine Kredite zu erneuern. Gleichzeitig habe ich ihm meine Absicht mitgeteilt, Herrn Max Cosyns als Hilfskraft beizuziehen, wie schon bei der zweiten Fahrt des Stratosphärenballons FNRS. Der belgische Nationalfonds hat in sehr großzügiger Weise die erbetenen Kredite bewilligt, aber daran die ausdrückliche Bedingung geknüpft, daß Herr Cosyns, der belgischer Nationalität ist, ebenfalls als Leiter am ganzen Unternehmen teilnehme und dabei alle Rechte und Verantwortungen mit mir auf völlig gleicher Stufe teile. Diese Aufteilung der Führung war vielleicht aus politischen Gründen berechtigt. Für die praktische Ausführung der Arbeit aber hat sie sich auf die Dauer nicht bewährt. Ein Unternehmen wie das vorliegende braucht einen verantwortlichen Führer. Da dieser nicht die ganze Arbeit selber leisten kann, muß er sich natürlich von guten, sachverständigen Mitarbeitern helfen lassen. Er muß

ihre Arbeit koordinieren. Der endgültige Entschluß aber sollte immer bei derselben zentralen Stelle gefaßt werden ...
Ich habe den nach meinem Prinzip gebauten Tiefseebooten die Bezeichnung *Bathyskaph* gegeben (zusammengesetzt aus den griechischen Worten für Tiefe und für Schiff). Zur Erinnerung an den ersten Stratosphärenballon FNRS und aus Dankbarkeit für den belgischen Fonds National de la Recherche Scientifique haben wir dem ersten Bathyskaph den Namen FNRS 2 gegeben. Nach seinem Umbau durch die französische Marine erhielt er den Namen FNRS 3. Der von mir und meinem Sohn in Italien gebaute Bathyskaph wurde *Trieste* getauft, da die Anregung zu seinem Bau in Triest entstanden ist.

Die FNRS 2

Alle unsere Tauchversuche sollten in der Gegend der Kapverdischen Inseln stattfinden. Dort hatte der Aviso «Elie Monnier» mit dem Echolot die für uns passenden Stellen ausgesucht. So fuhren wir also von Dakar nach dieser Inselgruppe. Am Morgen des 21. Oktober 1948 warf die «Scaldis» ihren Anker etwa anderthalb Kilometer vor der Insel Boa-Vista, an einer Stelle, wo das Echolot einen sehr gleichmäßigen, schwach geneigten Grund festgestellt hatte.
Obgleich wir nicht ausgezogen waren, um diese Inselgruppe zu untersuchen, wurden doch alle verfügbaren Feldstecher und Fernrohre auf die nahe Küste gerichtet. Das Klima ist hier außerordentlich trocken, ein eigentliches Wüstenklima. Seit drei Jahren hatte es nicht mehr geregnet, wenigstens wurde uns das so berichtet. Auf den ersten Blick erkennt man, daß die Insel sehr wasserarm sein muß. Ganz vegetationslos ist sie aber nicht. Die Angabe, daß es hier nur alle paar Jahre regnet, scheint mir etwas übertrieben. Die Bevölkerung lebt wohl hauptsächlich vom Fischfang. Da wir auf keiner der Inseln an Land gegangen sind, so kann ich über die Bewohner nicht viel berichten. Es scheint sich um eine Mischung von Portugiesen und Negern zu handeln, die hier in recht ärmlichen Verhältnissen lebt. Wir hatten einige Male Besuch von Fischern, die mit ihrer Barke an die «Scaldis» herankamen und mit uns Tauschhandel trieben. Gegen Zigaretten konnte man frische Eier und sogar ein Huhn erhalten.
Mit dem Fernrohr beobachteten wir die Insel. Mich interessierte am ersten Tag ein schöner großer See. Obgleich der Wind recht schwach war, strichen mächtige Wogen über die blaue Fläche. Das war doch verdächtig. Nach einigen Stunden konnte man deutlich sehen, daß die Seeufer ihre Lage änderten. Der See wurde größer und dann wieder kleiner. Am nächsten Tag war er verschwunden. Wie ist das möglich auf einer Insel, auf der das Wasser fehlt? Des Rätsels Lösung lag nahe. Im See war kein Tropfen Wasser. Alles war vorgetäuscht durch die Spiegelung der heißen Luft, eine Fata Morgana ...

Am 26. Oktober kam – nach einigen Vorbereitungen – der große, lang ersehnte Moment. Wir stiegen die Treppen hinunter bis auf den Boden des Schiffes. Professor Monod und ich kletterten in die Kabine durch das Mannloch, dessen Durchmesser 43 cm beträgt. Es war 15 Uhr. Dann wurde die schwere Tür herangebracht. Sie hängt an einer kleinen Laufbrücke, die oben auf dem Deck der «Scaldis» auf zwei Schienen rollt. Ein letzter Gruß und die Tür wird in das Mannloch geschoben und von außen befestigt. Nun waren wir von der Außenwelt abgeschlossen. Natürlich hatte ich eine telephonische Verbindung mit dem Schiff verlangt. Die Apparate waren da. Die nötigen Leitungen waren durch eine Bohrung in der Kabinenwand verlegt. Ein isoliertes Kabel war vorhanden. Bis zu Tiefen von 50 m sollte die Verbindung behalten werden. Das alles war sehr schön. Ich habe aber durch dieses Telephon nie ein Wort weder sprechen noch hören können. So kann es geschehen, wenn man nicht alles selber beaufsichtigt und kontrolliert. Als bei 40 m Tiefe vor Castellammare die Kabine den Meeresgrund entlangtrieb, hatten wir beständig telephonische Verbindung mit unserer Mannschaft, so daß mein Sohn die Operation vom Innern der Kabine aus leiten konnte. Wenn man aber gar nicht weiß, was die anderen machen, so erscheint die Zeit manchmal recht lang.
Wir sind also in unserem Raum eingeschlossen. Ich schließe den Hahn des Apparates, der die Menge Sauerstoff kontrollieren wird, der uns umgibt. Durch unsere Fenster schauen wir hinaus. Plötzlich merken wir, daß wir steigen. Die Winde des Ladebaums hebt uns langsam hoch. Wir sehen das Deck der «Scaldis» unter uns. Die Situation hat eine unverkennbare Ähnlichkeit mit einem Start zur Stratosphäre, mit dem kleinen Unterschied, daß unser Aufstieg schon nach 10 m unterbrochen wird. Nun schwenkt uns der Kran seitlich hinaus. Unter uns ist noch das Deck der «Scaldis», jetzt die Reling, jetzt das blaue Meer. Und dann steigt neben uns die Bordwand in die Höhe. Das Wasser ist ganz nahe. Jetzt sind die Fenster unter Wasser. Dieser Anblick ist wunderbar schön. Obgleich die Fenster unmittelbar unter der Oberfläche des Wassers sind, ist alles blau. Blaues Licht flutet in die Kabine. Doch was ist los? Die Fenster geben wieder den Blick in die Luft frei. Da die «Scaldis» langsam schaukelt, sind wir abwechselnd über und unter Wasser. Natürlich sind wir ungeduldig, tiefer zu gehen. Aber Ungeduld nützt nichts. Wenn wir nur wüßten, warum wir hier hängen bleiben. Aber das Telephon ist beidseitig stumm. Hätte ich es doch selber vor der Fahrt kontrolliert! Später wurde mir berichtet, es sei irgend etwas vergessen worden. Endlich hören wir wieder die Dampfmaschine der Winde. Dieses Mal geht es abwärts. Etwa 2 m tief. Da noch kein Benzin im Schwimmer ist, sind wir natürlich viel zu leicht. Der größte Teil des Schwimmkörpers ist noch über Wasser. Nun werden offenbar die Schlauchverbindungen für Benzin und Kohlensäure hergestellt. Stunden vergehen. Wir hören nur das dumpfe Gemurmel unseres Drägerapparates. Da endlich, endlich ein neues Geräusch. Es ist der Motor unserer Benzinpumpe. Der Benzinmotor treibt die Pumpe, die das Benzin aus den Tanks der «Scaldis» in den Schwimmkörper der FNRS 2 hinüberbefördert. Nun sinken wir langsam. Es ist merkwür-

dig, wie gut man vom Innern der Kabine hört, was draußen passiert. Unterdessen blicken wir in das blaue Meer.
Wie lange Jahre habe ich diesen Augenblick ersehnt, durch unser kleines Fenster hinausblicken zu können! Die eine der Plexiglasscheiben habe ich noch vor dem Kriege machen lassen. Daß es noch zehn Jahre dauern werde, bis ich durch ihre 15 cm Plexiglas das Meer betrachten könne, hätte ich 1938 nicht gedacht. Aber auch jetzt im Jahre 1948 ahnte ich nicht, daß weitere fünf Jahre vergehen sollten, bis das gleiche Fenster einem menschlichen Auge den Blick in die wirkliche Tiefsee gestatten werde. (Am 6. und 12. August 1953 sind die französischen Offiziere Houot und Willm mit der Kabine der FNRS 2 auf 750 und 2100 m hinabgestiegen, und mein Sohn Jacques und ich konnten einige Wochen später mit einer neuen Kabine auf 1080 und 3150 m gelangen.)
Der Lärm der Pumpen ist erloschen, also ist das Benzin auf die FNRS 2 hinübergeleitet worden. Aber wir müssen weiter warten. Ich sehe deutlich neben uns unter Wasser die Bordwand der «Scaldis». Das Tageslicht nimmt ab. Es geschieht nichts. Haben die da oben uns vergessen? Wenn wir nur das Telephon benützen könnten! Stunden vergehen. Die großen Scheinwerfer der «Scaldis» beleuchten uns. Wieder besucht uns ein Taucher. In der Kabine brennt das elektrische Licht. Der Froschmensch blickt herein und ist erstaunt, zu sehen, daß wir Schach spielen. Es ist doch besser, Schach zu spielen, als nichts zu tun. Da wir den Besucher nicht bemerkt haben, zieht er unsere Aufmerksamkeit auf sich, indem er auf die Kabine klopft. Wir schauen hinaus. Endlich eine Nachricht! Auf einem kleinen Holzbrettchen, das er vor das Fenster hält, stehen Buchstaben. Wir können sie lesen: «Sie werden jetzt gleich tauchen. Bleiben Sie nicht zu lange unten und manövrieren Sie nicht!» Also endlich sollen wir absteigen. Daß wir nicht zu lange unten bleiben sollen, ist doch selbstverständlich, aber was bedeutet «nicht zu lange»? Vielleicht nicht länger, als man gewöhnlich in einem Bathyskaph unten bleibt? Da es aber der erste Abstieg eines Bathyskaphs ist, so will das auch nichts heißen. Und manövrieren sollen wir nicht, wir dürfen also unsere Propeller nicht laufen lassen. Das ist schade. Ich hatte mich darauf gefreut, die Wirkung des Propellers zu beobachten, sobald wir in Bodennähe im Gleichgewicht wären. Was der Zweck dieses Verbotes war, haben wir auch später nicht feststellen können. Niemand wußte auf der «Scaldis» etwas davon, und auf der «Elie Monnier» hatte man es auf das Brett geschrieben, weil eine Stimme es von der «Scaldis» aus herübergerufen hatte. Also jetzt sollen wir endlich sinken. Man belastet uns. Es ist 22 Uhr. Plötzlich ruft Monod: «Wir sind unten!» Die FNRS 2 ruht auf dem Grund des Meeres. Eine große Fläche ist durch die Lichter der «Scaldis» beleuchtet. Wir sind zwar nur 25 m tief. Aber es ist der Grund des Meeres. Er ist flach, wie es das Echolot hatte vermuten lassen, und wie es uns die Froschmenschen gemeldet hatten. Wer aber hier Seeanemonen, Korallen, Muscheln und Perlen erwartet hätte, müßte enttäuscht sein. Kein Lebewesen ist sichtbar. Nur grauer Schlamm, wie ein Acker gefurcht (das sind Schlammwellen, welche die Bewegung des Wassers erzeugt hat). Einzelne dunkle Flecken sehen wir.

Aber auch Professor Monod kann sie nicht deuten. Ein phosphoreszierender Fisch zieht vorbei. Monod klärt mich auf. Der Fisch selber phosphoresziert nicht, er ist aber mit leuchtenden Algen bewachsen. Wir lassen den Apparat laufen, welcher die kosmischen Strahlen zählt. Wir hören das Zählwerk. Es schlägt merklich langsamer an als an der Oberfläche. Da wir die Motoren nicht laufen lassen dürfen, und da wir weiter hier unten nichts zu tun haben, beschließen wir nach einer Viertelstunde, die uns vorgeschriebene Grenze zwischen gering und zuviel liege wohl bei fünfzehn Minuten. Mit anderen Worten: Wir beschließen zu steigen. Also Ballast abgeben! Zwölf größere Blechgefäße hängen an ihren Elektromagneten. Sie sind mit Eisenschrott gefüllt. Wir haben einen Druckknopf. Jedesmal, wenn man mit dem Finger daraufdrückt, soll ein Magnet loslassen, und wenn wir genügend entlastet sein werden, dann müssen wir steigen. Es ist eigentlich wie in einem modernen Fahrstuhl. Sehr einfach. Ich drücke einige Male auf den Knopf und jedesmal sehen wir einen Behälter sich von der unteren Seite des Schwimmkörpers lösen und langsam auf den Boden fallen. Dann plötzlich sinkt der Boden vor uns. Dieses Manöver habe ich jahrelang so oft in Gedanken ausgeführt, daß es mir jetzt ganz merkwürdig vorkommt, es wirklich zu erleben. Wir steigen, und nun soll man dort oben das Benzin in die «Scaldis» hinüberbefördern und uns heben. Wieder vergehen Stunden um Stunden. Endlich hören wir die Dampfwinde arbeiten. Dann taucht mein Fenster aus dem Wasser. Ich sehe die «Scaldis». Alle Mann stehen an der Reling und blicken zu uns herab. Ich erkenne meinen Sohn, der die anderen um einen Kopf überragt. Wie gerne hätte er mich begleitet! Wenn man ihm in dieser Nacht gesagt hätte, in fünf Jahren könne er in einem Bathyskaph, dessen Bau er leiten werde, mit mir über 3000 m tief tauchen!

Wir steigen weiter. Jetzt sind wir auf der Höhe des Decks. Jetzt etwas höher. Jetzt schwenkt der Kran. Unter uns ist der tiefe Schiffsraum. Es ist wichtig, daß wir nicht seitlich anschlagen. Daher halten uns viele Matrosen an seitlich befestigten Tauen. Nun beginnt der langsame Abstieg. Ich sehe die Kameraden auf der Treppe hinabsteigen. Wir sind unten, und um 3 Uhr morgens wird die Tür geöffnet. Alles ist gut gegangen, aber viel zu langsam. Zwölf Stunden waren wir eingeschlossen. Wir sind natürlich müde, aber vollkommen gesund. Der Drägerapparat hat gut gearbeitet. Am 27.5.1931 hatte uns der gleiche Apparat siebzehn Stunden lang erlaubt zu leben, als wir in der FNRS Gefangene der Stratosphäre waren.

Da die FNRS 2 selber uns befriedigt hat, können wir nun an die Verwirklichung der nächsten Programmpunkte denken. Ich hatte beabsichtigt, bei der ersten wirklichenTauchfahrt mit einem unserer Biologen, oder wenn Cosyns es wünschte, mit ihm auf etwa 1000 m Tiefe hinabzusteigen. Von Anfang an war vorgesehen, mit der bemannten Kabine keine Tiefen anzustreben, die größer als zwei Drittel derjenigen Tiefe wären, die vorher in unbemannter Fahrt erreicht worden wäre. Mit anderen Worten: Die klassische Ingenieurregel sollte angewendet werden, die bei einer Abnahmeprüfung eine Überlastung von 50% vorschreibt. Für die Fahrt auf 25 m brauchte diese Regel natürlich nicht angewendet zu werden. Es galt also jetzt, eine Tiefe von 1500 m

mit dem unbemannten Bathyskaph zu erreichen und das Tiefseeboot aus dieser Tiefe glücklich wieder heraufzubringen. Für diesen Versuch wurde uns durch die «Elie Monnier» eine günstige Stelle in der Nähe der Insel Fogo bezeichnet, die zur Gruppe unserer Kapverdischen Inseln gehört.
Für mich und für mehrere unserer Kameraden, die noch nie einen Vulkan aus der Nähe gesehen hatten, war der Anblick dieser Insel an und für sich schon ein Erlebnis. «Fogo» heißt, wenn ich richtig unterrichtet bin, auf portugiesisch «Feuer». Ein «feuerspeiender Berg», wie er in den Schulbüchern steht, überragt das kleine Eiland. Es ist ein auffallend regelmäßiger Kegel, dessen Höhe uns mit 2838 m angegeben worden ist. Leider schläft er jetzt. Ein fast hundertjähriger Dornröschenschlaf, denn die letzte Eruption fand 1857 statt. Gern hätten wir ihn in Tätigkeit gesehen, in bescheidener Tätigkeit natürlich, denn längs des ganzen Ufers erkennen wir vereinzelte Hütten und an einer Stelle sogar eine wirkliche Siedlung. Mächtige Lavaströme, zu grauem Gestein erstarrt, bezeichnen die Stelle, wo in den letzten Jahrhunderten vernichtendes Feuer den Berg heruntergeflossen ist. Zwei Jahre nach unserem Besuch berichteten die Zeitungen, daß eine gewaltige Eruption die Insel heimgesucht habe. Wir sind leider einige Jahre zu früh gekommen, denn unsere kleine Flotte, die «Le Croix de Lorraine», «Le Verrier», «Elie Monnier» und «Scaldis» hätte sicherlich wertvolle Hilfe leisten können ...

1380 Meter Tiefe
Am 3.11.1948 werden die Vorbereitungen zur Tauchfahrt getroffen. Das Kontaktmanometer wird auf eine Tiefe von 1400 m eingestellt. Wie die meisten Wecker ist auch unsere Kontaktuhr nicht für Langschläfer gebaut. Man kann nur Zeiten einstellen, die kürzer sind als zwölf Stunden, da das Kontaktrad eine Umdrehung in zwölf Stunden ausführt. Die Uhr wird daher am frühen Morgen auf 16.40 Uhr eingestellt, gerade ehe man das Mannloch der Kabine schließt. Die weiteren Vorbereitungen nehmen viel Zeit in Anspruch. An der vorgeschriebenen Stelle und bei einer Wassertiefe von 1600 m wird die FNRS 2 gehoben und über Bord geschwenkt. Um 13.00 Uhr ist sie im Wasser, später als wir gedacht hatten, aber bis 16.40 Uhr haben wir noch genug Zeit. Die «Elie Monnier» kontrolliert mit dem Echolot die Tiefe und meldet uns plötzlich, daß wir nur 900 m Wasser unter uns haben. Ob ein Navigationsfehler vorlag oder ob wir durch die Strömung sehr stark gegen die Insel abgetrieben worden sind, ist Nebensache. Aber nun müssen wir die FNRS 2 an eine tiefere Stelle schleppen. Da wir die Kontaktuhr nicht mehr anders einstellen können, wird die Zeit knapp. Man sagt, ein Unglück komme selten allein. Heute war es so. Kaum beginnt die Schleppfahrt, da reißt die Stahltrosse der «Scaldis», an der unser Bathyskaph geschleppt wird. Ein neues Kabel muß aus der Reserve geholt werden, und die abtreibende FNRS 2 muß wieder eingefangen werden. Dann erst können wir sie schleppen, bis die «Elie Monnier» eine ausreichende Tiefe meldet. Die Zeit wird sehr knapp. In höchster Eile werden die letzten Vorbereitungen getroffen. Die FNRS 2 ist etwas zu leicht. Neuer Ballast muß herangebracht werden.

Jetzt ist die Zeit äußerst knapp. Endlich, endlich, um 16.00 Uhr, sinkt das Tiefseeboot in sein Element, aber um 16.40 Uhr wird es seinen Ballast loslassen! Daran können wir nichts mehr ändern. Also muß es innerhalb von vierzig Minuten die angestrebte Tiefe erreichen. Wir kennen seine Geschwindigkeit nicht genau. Im Moment, da das Boot verschwunden ist, sagt mir Kapitän Laforce: «Im Kriege habe ich mehrere Schiffe sinken sehen, genau wie ihre FNRS 2. Keines ist wieder aufgetaucht.» Das war nicht sehr ermutigend. Ich hatte aber Vertrauen zu den Instrumenten. Was ich befürchtete, war, daß die Zeit zur Fahrt auf die vorgeschriebene Tiefe nicht ausreichend sei und daß der Bathyskaph unverrichteterdinge zurückkomme ... Alle Mannschaften halten gespannt Ausschau. Sie denken nur an die Gefahr, daß das Boot überhaupt nicht mehr aufsteigt. Ich bin auf dem Oberdeck der «Scaldis» mit einem Fernrohr und warte auf das Erscheinen der Radarantenne, die die FNRS 2 um 2 m überragt und mit ihren beiden rechtwinkligen Aluminiumscheiben von weitem erkennbar sein soll. Die Radarantenne war angebracht worden, um den Fregatten zu erlauben, das Tiefseeboot auch auf große Distanz und bei schlechter Sicht aufzufinden. Langsam drehe ich das Rohr. Verschiedene unserer Barken sind im Wasser. Aber was ist denn das dort für ein Schifflein? Dorthin wurde doch niemand geschickt. Die FNRS 2 kann es nicht sein, denn es hat keine Antenne. Plötzlich erkenne ich die orangerote Farbe des Decks unseres Tiefseebootes. Die Antenne war beim raschen Aufstieg abgebrochen worden. Es ist 16.29 Uhr. Die Kontaktuhr hat noch nicht eingreifen können.

Jetzt lautet die brennende Frage: Hat das Tauchboot in 29 Minuten einen vertikalen Weg von 2,8 km zurücklegen können? Dann ist alles gut. Oder ist Wasser in die Kabine gedrungen? Dann hat die Alarmvorrichtung funktioniert und es ist vorzeitig unverrichteterdinge zurückgekommen. Das werden wir wissen, wenn wir die Kabine betreten können und das registrierende Manometer gesehen haben. Unterdessen umschwimmen einige Froschmänner der «Elie Monnier» die Kabine. Was sie berichten, ist nicht gerade ermutigend. Man sieht durch eins der Fenster auf seiner Innenseite einige Wassertröpfchen. Also war eine Fuge nicht dicht. Es genügt aber sehr wenig Wasser, um eine Scheibe zu netzen. Noch ist also nicht alle Hoffnung verschwunden. Sobald die FNRS 2 wieder ihren Platz unten im Schiffsraum der «Scaldis» eingenommen hat, werden wir wissen, was geschehen ist. Vorher nicht.

Das Tiefseeboot wird an die «Scaldis» herangebracht. Unterdessen ist die tropische Nacht mit überraschender Eile eingetreten. In der Dunkelheit sind alle Arbeiten schwieriger. Das Anlegen der dünneren Leitung, die zur Zufuhr der Kohlensäure in den Schwimmkörpern bestimmt ist, gelingt sehr schnell. Der schwere Schlauch aber, durch den das Benzin in die «Scaldis» geleitet werden soll, kann nicht an den Schwimmer angeschlossen werden. So sehr die Matrosen sich bemühen, es gelingt ihnen nicht. Die See ist zu bewegt, der Schlauch zu schwer. Die Wellen fegen immer wieder über den ganzen Bathyskaph hinweg. Die beiden Matrosen haben alle Mühe, sich zu halten, um nicht ins Meer gespült zu werden. Ein großer Haifisch schwimmt

Abb. 21: Die BATHYSPHERE taucht wieder auf. Beebe und Barton verweilten über drei Stunden in ihrem Innern

Abb. 22: Das erste Bathyskaph der Geschichte, die FNRS 2

Abb. 23: Erst die TRIESTE, das zweite Bathyskaph der Piccards, erreichte den gewünschten Erfolg und avancierte zu einem der bekanntesten Tauchfahrzeuge der Welt

gemächlich um das Boot herum. Obgleich die Lehre sagt, daß die Haie nur ausnahmsweise den Menschen angreifen, ist die Lage recht ungemütlich. Schließlich meldet man uns, daß einer der beiden Matrosen nur sehr schlecht schwimmen kann. Das genügt! Ehe ein Unglück passiert ist, werden die beiden Matrosen wieder an Bord der «Scaldis» gehievt. Da keine Rede davon sein kann, das Tiefseeboot mit seinem Benzin in die «Scaldis» zu heben, so beschließen wir, es in die geschützte Bucht von Santa Clara zu schleppen. Aber wir dürfen nur sehr langsam fahren. Die FNRS 2 ist ja gar nicht gebaut, um geschleppt zu werden. Die Wellen schlagen an die Planken. Wir hören das dünne Eisenblech knacken. Es tönt wie Theaterdonner, der ja auch durch Schütteln eines Bleches erzeugt wird.
Ich habe das Gefühl, daß der Schwimmkörper langsam tiefer ins Wasser versinkt. Nachts und bei dem ziemlich starken Wellengang kann man das nicht so genau sehen. Das würde bedeuten, daß Benzin ausfließt. (Nachträglich wurde festgestellt, daß kein Leck vorhanden war.) Dann wird die FNRS 2 immer schwerer werden, und bald wird sie auf immer verschwinden. Da ist zu einer langen Untersuchung keine Zeit zu verlieren. Hier kann nur eine Operation retten: Wir müssen das Benzin opfern, indem wir Kohlensäure in die Behälter einblasen und das Benzin ins Meer ausfließen lassen. Natürlich muß man dabei die Brandgefahr vermeiden. 30000 Liter Benzin sind keine Kleinigkeit. Also sofort strenges Rauchverbot, was mich weiter nicht stört. Ich teile unseren Entschluß durch das drahtlose Telefon dem Radiooperateur der «Elie Monnier» mit. Die Kohlensäure wird durch den dünnen Schlauch eingeleitet. In hohen Springbrunnen entweicht das Benzin. Da braust das Motorschiff «Elie Monnier» heran mit funkensprühendem Auspuff. Mein Bericht war nicht rechtzeitig von der Radiokabine auf die Kommandobrücke übermittelt worden. Auf unseren heftigen Zuruf entfernt sich der Aviso, ehe ein Unglück passiert ist. Aber der Augenblick war kritisch. Es tut uns leid um das kostbare Benzin. Nun sind weitere Tauchversuche unmöglich. Übrigens ist der äußerste Termin erreicht, für den uns die «Scaldis» zur Verfügung steht. Bald ist alles Benzin ausgeblasen. Die FNRS 2 steigt dabei höher und höher. Jetzt verkündet die heftig austretende Kohlensäure, daß der Schwimmkörper entleert ist. Nun sollten wir die Haken des Krans an den Ösen des Bathyskaphs befestigen, um ihn herübernehmen zu können. Aber alle Versuche und Anstrengungen der Matrosen sind umsonst. Die beiden Haken sind zu schwer. «Scaldis» und FNRS 2 schaukeln viel zu sehr. Wir befürchten, daß die schwingenden Haken die Matrosen verletzen und müssen den Versuch aufgeben. Also steuern wir die Bucht von Santa Clara an. Dort werden wir ruhiges Wasser finden. Unterdessen kämpft des Tiefseeboot verzweifelt mit den Wellen. Ich bin sicher, hätte es reden können, so hätte es verlangt, in die ewige Ruhe des Meeresgrundes geführt zu werden. Dort unten hatte es sich noch vor wenigen Stunden heimisch gefühlt.
Ununterbrochen hören wir in der dunklen Nacht das Jammern der Bleche unseres Tiefseebootes. Um Mitternacht begebe ich mich auf die Kommandobrücke und frage den Kapitän, wo wir sind. Wir sind noch immer an der

gleichen Stelle. Die Strömung treibt uns mit der gleichen Geschwindigkeit ab, mit der wir fahren dürfen! In der zweiten Hälfte der Nacht bessert sich die Situation, und wir können etwas aufholen. Je näher wir nun an die Insel herankommen, desto schwächer wird die Strömung. Auch die Wellen nehmen ab, und wir kommen schneller vorwärts. Endlich am frühen Morgen sind wir in der geschützten Bucht, und die FNRS 2 wird ohne Schwierigkeiten auf unser Lastschiff geladen. Man kann sich denken, mit welcher Eile wir das Mannloch geöffnet haben. Auf den ersten Blick erkennen wir, daß nur wenig Wasser eingedrungen ist, jedenfalls nicht genug, um die Alarmvorrichtung zu betätigen. Also ist Hoffnung vorhanden, daß die vorgeschriebene Tiefe erreicht worden ist. Ich krieche als erster hinein und lese die Registrierung des Manometers ab. 1380 m sind erreicht. Der Unterschied von 20 m zwischen dem Kontaktmanometer und dem Registrierinstrument ist belanglos. Also hat der automatische Pilot seine Pflicht getan. Aber woher kam das Wasser in die Kabine? Die Richtung verschiedener Spritzer zeigte uns den Schuldigen. Eine Verbindungsmuffe des Druckrohres, das zu den Manometern führt, hatte sich etwas gelöst. Wenn der automatische Pilot zwei Hände und einen Schlüssel gehabt hätte, so wäre es für ihn eine Kleinigkeit gewesen, die Verbindung fest anzuziehen. Hier sei schon erwähnt, daß die gleichen Verbindungen an der *Trieste* nie einen Tropfen Wasser durchgelassen haben, auch als wir auf 3000 m Tiefe waren. Überhaupt konnte man nachträglich bedauern, daß keiner von uns an dieser Probefahrt teilgenommen hat. Dann hätte die Presse von einem Erfolg sprechen können, denn damals hielt noch Professor Beebe mit 923 m den absoluten Tiefenrekord. Wir waren aber nicht auf der Rekordjagd, und daß eine bewohnbare Kabine auf 1380 m abgestiegen ist, bedeutet doch technisch gesprochen gerade soviel, wie wenn ein Mensch oder ein Meerschweinchen eingeschlossen gewesen wäre.

Ich möchte hier noch erwähnen, daß vor der Fahrt zwei Offiziere der «Elie Monnier» gebeten haben, als Freiwillige zu tauchen. Ich hatte aber die damit verbundene Verantwortung nicht übernehmen wollen. Ich bin Ingenieur und kenne meine Pflicht. Eine gegossene Kabine muß einem Probedruck mit 50% Überbelastung ausgesetzt worden sein, ehe man ihr Menschenleben anvertraut. Die Freiwilligkeit ändert daran gar nichts. Mit dieser unbemannten Tauchfahrt auf 1380 m waren die Versuche von 1948 mit der FNRS 2 abgeschlossen ...

Mit zwiespältigen Gefühlen kann man auf diese Expedition zurückblicken. Nicht alles hat geklappt. Der volle Erfolg war uns versagt. Aber, das möchte ich hier wiederholen, umsonst war die Arbeit nicht. Die beiden Tiefseeboote FNRS 2 und *Trieste,* die im Herbst 1953 nacheinander Tiefen von 1000, 2000 und 3000 m erreicht haben, verdanken ihre Entstehung den Erfahrungen, die wir 1948 mit der FNRS 2 gemacht haben. Die FNRS 3 konnte sogar die Kabine und die Instrumente der FNRS 2 übernehmen.

Ich möchte hier ausdrücklich betonen, daß die schon genannten Gründe den Abbruch der Expedition unumgänglich gemacht haben. Die Beschädigungen der zu schwach gebauten Hülle der FNRS 2 hätten, entgegen einer verbreiteten Meldung, nach behelfsmäßiger Reparatur weitere Fahrten nicht unmöglich gemacht.

Die FNRS 3

Wir haben gesehen, welche große und liebenswürdige Hilfe wir in Dakar bei den französischen Behörden und der Marine gefunden haben. Während der Reise nach den Kapverdischen Inseln und besonders bei den Versuchen begleitete uns die «Elie Monnier» mit den Fregatten «Croix de Lorraine» und «Le Verrier», und es war ganz natürlich, daß wir mit den französischen Seeoffizieren die Lehren zu ziehen trachteten, sowohl aus den gelungenen wie auch aus den mißlungenen Versuchen. Daß die FNRS 2 umgebaut werden müsse, war allen klar. Da sich besonders die Operation des Anbordnehmens nach dem Aufstieg als schwierig erwiesen hatte und da hier die Ursache der Mißerfolge zu suchen war, wurde das alte Projekt wieder besprochen, das ich schon im Jahre 1938 erwogen und zurückgestellt hatte, nämlich den Bathyskaph von einem geschützten Hafen aus mit seiner Benzinfüllung an den Tauchort zu schleppen. Das erforderte und erlaubte gleichzeitig den Bau eines viel schwereren und festeren seetüchtigen Schwimmkörpers, für dessen Form und Bau man sich soviel wie möglich an den erprobten Typ eines Schiffsrumpfes anlehnen konnte. Eine solche Konstruktion bot, außer den bedeutend höheren Kosten, keine besonderen Schwierigkeiten, mit einer wichtigen Ausnahme allerdings: Sie verlangte, daß die Besatzung auf hoher See durch einen besonderen Schacht in die Kabine hinabklettern und daß die Tür der Kabine geöffnet und geschlossen werden könne, solange die Kabine unter Wasser war.
Nachdem wir nach Belgien zurückgekehrt waren, stellte sich dem belgischen Fonds National de la Recherche Scientifique, Cosyns und mir die prinzipielle Frage, ob die Versuche aufzugeben oder fortzusetzen seien. Ich wünschte natürlich eine Fortsetzung der Versuche, da ich der Meinung war, die durchgeführte Expedition habe bewiesen, daß das Prinzip des Bathyskaphs gut sei. Der belgische Nationalfonds aber mußte auf die öffentliche Meinung und auf die Presse Rücksicht nehmen. Er war angeklagt, bedeutende Mittel an ein Unternehmen gewendet zu haben, das von Anfang an zu vollem Mißerfolg verurteilt war, hauptsächlich, weil ich als Schweizer kein Seemann sei. Das Ergebnis langer Unterhandlungen war, daß im Jahre 1950 ein Vertrag zustande kam zwischen dem belgischen Fonds National de la Recherche Scientifique, dem französischen CNRS (Centre National de la Recherche Scientifique) und der französischen Marine. Diesem Vertrag entsprechend übernahm die französische Marine den Umbau des Bathyskaphs unter Verwendung der belgischen Tiefseekabine der FNRS 2. Der belgische Fonds National gab abermals eine bedeutende Summe an das neue Unternehmen, während Dosyns und ich mit dem Titel «wissenschaftlicher Berater» beehrt wurden. Die ganze Verantwortung für den Bau übernahm die französische Marine. Der Bathyskaph sollte nominell Eigentum des

Fonds National bleiben, bis er einige Tauchfahrten auf größerer Tiefe durchgeführt haben werde. Dann sollte er in den Besitz der französischen Marine übergehen.
Als bleibende Bezeichnung wurde der Name FNRS 3 festgesetzt. Anfangs wurde ich nun mehrmals als Berater nach Toulon zugezogen, wo die neuen Pläne ausgearbeitet wurden. Ich glaube, dort wertvolle Ratschläge gegeben zu haben, da das Arsenal von Toulon naturgemäß über keine ausgebildeten Experimentalphysiker verfügte. Die Arbeit in Toulon ging aber nur sehr langsam vorwärts und befriedigte mich je länger je weniger. Ich hatte mir meine Mitarbeit anders vorgestellt. Da trat Anfang 1952 eine überraschende Wendung ein. Aus Triest wurde angefragt, ob ich mich als leitender Physiker und Ingenieur am Bau eines italienischen Bathyskaphs beteiligen wolle. Es freut mich, an dieser Stelle ganz besonders Herrn Professor Diego de Henriquez, Triest, für die großzügige Hilfe zu danken, mit der er unsere Arbeiten unterstützt hat.
Man wird begreifen, daß die Aussicht, mit niemandem die Verantwortung an der Projektierung und an der Konstruktion eines neuen Bathyskaphs teilen zu müssen, für mich sehr verlockend war. Ich kam damit wieder in die Lage, in der ich vor dem Kriege gewesen war, als der belgische FNRS mir allein die Kredite bewilligt hatte. Die Tiefseeforschung konnte nur gewinnen, wenn zwei Tiefseeboote statt eines einzigen gebaut wurden. In Toulon hatte ich sowieso nicht mehr viel zu tun, weil ich so ziemlich alle meine Vorschläge den französischen Seeoffizieren mitgeteilt hatte. Ich orientierte sofort die französischen Marinebehörden. Das Arsenal von Toulon, das unsere erste Kabine mit meinen Instrumenten erhalten hatte und diese ohne jede Änderung verwenden konnte, setzte den Bau des Schwimmkörpers und der übrigen Einrichtungen fort. Von nun an widmete ich mich mit meinem Sohne Jacques ganz dem italienischen Bathyskaph, der den Namen *Trieste* erhielt. Hier mußten Konstruktionsfirmen gefunden, Schwimmkörper und Kabine mußten gezeichnet und ausgeführt werden. Man weiß, daß die FNRS 3 und die *Trieste* fast gleichzeitig im Sommer 1953 vollendet wurden ...

Die Trieste

Tauchfahrt auf 3000 Meter

Endlich kam der Tag, wo die *Trieste* – nach einem ersten Tauchtest – ihrem Element übergeben werden konnte. Wieder wurde der Schwimmer mit Benzin gefüllt, und mit Spannung verfolgten wir die Wetterlage. Die letzte Woche war das Wetter tadellos schön gewesen. Hätten wir am Samstag, dem 26. September, ausfahren können, so hätten wir die Tauchfahrt auf 3000 m am Sonntagmorgen unter denkbar günstigen Bedingungen durchführen können. Aber trotz aller Anstrengungen waren wir nicht weit genug, um im voraus unsere Ausfahrt auf den Samstag festzulegen. So baten wir die italienische Marine, uns am Sonntagnachmittag abzuholen. Von der Werft aus konnten wir schon von weitem die «Tenace» erkennen, die den Golf von

Neapel durchquerte. Sie nahm die *Trieste* ins Schlepp, und bei völliger Windstille und glatter See konnten wir um 15 Uhr den Hafen von Castellammare verlassen. Wir sollten am anderen Morgen früh an der ausgesuchten Tauchstelle eintreffen. Wenn man von Castellammare di Stabia ausfährt, um größere Tiefen aufzusuchen, hat man keine große Wahl. Will man sich mit etwas über 1000 m begnügen, so findet man jenseits von Capri eine geeignete Mulde. Hat man aber höhere, oder besser gesagt tiefer gerichtete Ambitionen, so muß man schon die große Grube des Tyrrhenischen Meeres aufsuchen. Die Seekarten geben jenseits der Insel Ponza an einem Punkte eine Tiefe von 3600 m an. Die geloteten Punkte sind leider ziemlich spärlich. Es scheint aber, daß auf der einen Seite dieses tiefsten Punktes des Tyrrhenischen Meeres sehr viel geringere Tiefen angetroffen werden können, auf der anderen Seite aber scheint der Boden, soweit man aus der Karte schließen kann, viel langsamer und regelmäßiger anzusteigen. Um nicht Gefahr zu laufen, unvermutet auf geringer Tiefe zu stranden, haben wir jenseits der tiefsten Stelle ein Gebiet gewählt, in dem alle eingezeichneten Punkte Tiefen angeben, die zwischen etwa 3100 und 3300 m liegen. Diesen Punkt haben wir in der Nacht vom 27. auf den 28. September angesteuert. Er liegt bei 40° 33' 30" nördlicher Breite und 12° 53' 10" östlicher Länge. Über Nacht kam aber eine schlimme Überraschung: Das Wetter schlug um. Unsere «Tenace» wurde heftig hin- und hergeschaukelt, und als wir mit dem ersten Morgenschein an Ort und Stelle eintrafen, war die Hoffnung gering, an diesem Tage tauchen zu können. Wohl ließ sich mein Sohn auf die *Trieste* übersetzen, wohl ließ man Öl auf das Wasser fließen, wohl suchte die «Fenice» das Tiefseeboot zu schützen, indem sie sich quer zum Seegang davorlegte. Nichts half. Die Wellen schlugen in einem fort über die *Trieste* hinweg und erreichten sogar den oberen Teil des Kioskes. Es wäre unter diesen Bedingungen nicht möglich gewesen, das Tiefseeboot zum Tauchen klarzumachen. Schweren Herzens mußten wir den Versuch aufgeben. Die Jahreszeit war nun schon so weit vorgeschritten, daß wir gar nicht mehr sicher waren, noch im Jahre 1953 wieder tauchen zu können. Wenn es sich aber um die Wetterlage handelt, muß man die Hoffnung nie ganz aufgeben.

Ponza

Wir beschlossen daher, an diesem Tage nicht nach Castellammare zurückzufahren, sondern Zuflucht im näher gelegenen kleinen Hafen der Insel Ponza zu suchen und dort wenigstens während einiger Tage besseres Wetter abzuwarten. Die *Trieste* wurde wieder von der «Tenace» ins Schlepp genommen, und wir nahmen Kurs auf die Insel. Der hohen Wellen wegen durften wir nur langsam fahren. Das Wetter besserte sich. Vor uns erschienen, zuerst in weiter Ferne, dann näher und näher, die Umrisse der Insel. Allmählich legten sich die Wellen. Wir kamen in den Windschutz der Insel. Steil fallen die Ufer von den Bergen ins Wasser herab. Den Ufern vorgelagert sind mächtige Riffe und schöne Felsen, die kerzengerade aus dem Wasser ragen. Ein interessantes Spiel der Erosion. Wir fahren ein kleines Stück der Küste entlang, wenden um ein Vorgebirge, und dann erblicken wir zwischen den hohen Felsen eine Lücke, die Einfahrt in den Hafen. Der Hafenkommandant kommt uns entgegen und fährt dann mit einigen unserer Offiziere und meinem Sohn an Land, um einen günstigen Platz für die *Trieste* zu finden. Obgleich sie nur eine Wasserverdrängung von 110 m^3 hat, beträgt doch ihr Tiefgang gegen 6 m. Sie muß daher in einiger Entfernung vom Kai verankert werden.

Ponza ist eine merkwürdige Insel, die viele Überraschungen bietet. Das Klima ist außerordentlich trocken. Quellen fehlen fast vollständig. Das Wasser muß in großen Tankschiffen von Neapel hergebracht werden. Dementsprechend ist von Landwirtschaft kaum die Rede. Unter den Kulturen spielt die Agave eine große Rolle. Ihre dicken Blätter werden getrocknet und dienen als Brennmaterial. Auf den aufsteigenden Hügeln um die Hafenbucht sind die Häuser einer reizenden Stadt gruppiert, die vor Sauberkeit tatsächlich glänzt. Wovon lebt die Bevölkerung? fragen wir den Sindaco, der uns bei der Landung freundlich empfängt. Nun, die Fischerei und der Fang der Langusten, die in ganz Europa berühmt sind, bringen viel ein. Die Fremdenindustrie hat eine eigenartige Struktur. Viele kleine, sympathische Restaurants längs des Kais. Die Fremden wohnen aber fast alle in Privatzimmern bei den Einheimischen. Man wohnt dort so angenehm wie in einem guten Hotel. Daß man zur Einnahme der Mahlzeiten einige Schritte gehen muß, schadet unter diesem gesegneten Klima gar nichts. Eine richtige Einnahmequelle für die Insel bildet – die Auswanderung. Von den 15000 Bürgern von Ponza leben 8000 in New York! Sie bleiben ihrer schönen Heimat treu, und da sie offenbar intelligent und arbeitsam sind, schicken sie den Zurückgebliebenen manche harte Dollars. Wenn sie können, verbringen sie die Ferien in ihrer Heimat, und wenn sie sich nach einer erfolgreichen Tätigkeit in den Ruhestand zurückziehen, so ist Ponza um einen begüterten Einwohner reicher. Ähnliche Verhältnisse findet man im Tessin: In abgelegenen Bergdörfern stehen schöne Patrizierhäuser. Ein glücklicher Auswanderer blieb der Heimat treu und hat sich hier niedergelassen nach vollbrachtem Werk.

Mein Sohn und ich sind Gäste der Munizipalität. Das Wetter bessert sich langsam, wir hoffen, am 30. September in die Tiefe des Tyrrhenischen Meeres tauchen zu können. Am 29. September unternimmt daher mein Sohn mit Herrn Traetta, Ingenieur bei der Navalmeccanica, noch im Schutz der Insel Ponza einen kleinen Abstieg auf 15 m Tiefe mit der *Trieste,* um zu sehen, ob alles in Ordnung ist und um die Bedienungsmannschaft noch etwas einzuüben. Alles geht gut. Das Wetter scheint sich weiter zu bessern. Am Abend fährt die Korvette «Fenice» an unseren Tauchpunkt zurück und berichtet, daß der Wellenschlag dort nicht zu stark ist.

Der Abstieg

Also fahren wir um Mitternacht wieder aus und kommen am 30. September frühmorgens an die gewünschte Stelle. Ruhig ist die See zwar noch nicht, und die Meteorologie kündet für die nächsten Stunden erhöhten Seegang an. Schon fegen die Wellen wieder über das Deck der *Trieste.* Daß wir ganz trocken auf unseren Bathyskaph übergesetzt worden sind, wäre zwar eine Übertreibung. Aber alles geht gut. Da man ja in der Tiefseekabine gegen Wind und große Kälte geschützt ist, schaden uns einige tüchtige Spritzer nichts.

Obgleich das Tauchen für uns nichts Neues mehr ist, bleibt es doch immer ein schönes, eindrucksvolles Erlebnis. Wir wissen, daß wir jetzt mehr als 3000 m Wasser unter uns haben, und wir sind entschlossen, den Grund zu berühren. «Sie sinken – ganzes Deck unter Wasser – halber Kiosk – gute Reise – wir schalten aus.» Wieder knackt das Telephon. Wir sind allein. Nun beginnt ein herrlicher Abstieg. Für uns: das Vertrauen in unser Schicksal. Der Allmächtige wird uns doch nicht gerade heute verlassen und die Naturgesetze umstoßen, auf denen wir unser Unternehmen aufgebaut haben. Was könnte uns passieren? Erdbeben, Meteorite, Sturm. Nichts reicht in unsere Wüste des ewigen Schweigens herunter. Meeresungeheuer? Ich glaube nicht daran, und wenn sie auch kämen, sie würden sich die Zähne stumpfbeißen an unserem Stahlpanzer. Sollte uns eine große Krake mit Saugnäpfen unten halten wollen? Wir können genug Ballast opfern, um einen Auftrieb von 10 t zu erzeugen. Dem würden auch die starken Fangarme, die dem «autilus» gefährlich wurden, nicht standhalten. Dennoch war ich bewegt. Ich fürchtete, daß durch irgendein Mißgeschick unser Ballast wieder zu früh gelöst werden könnte. Bei dem starken Wellengang wäre es unmöglich, auf hoher See einige Tonnen Schrot von der «Tenace» nach der *Trieste* zu überführen, und ob das Wetter in diesem Herbst eine neue Ausfahrt erlauben würde, können wir nicht wissen. Aber alles klappt. Die elektrischen Kontakte halten gut. Das Schaukeln des Tiefseebootes hört auf. Es ist in seinem Element, der Welt der ewigen Ruhe, schon weit unter allen Wellen. So fährt ein Schiff in seinen Hafen. So startet ein Freiballon beim Sturm. Ruhe. Eine kleine rote Lampe leuchtet auf. Lange kurz – lang kurz – lang kurz. Es ist das Morsezeichen des neuen Tachometers. Also sinken wir. Hinter unseren Fenstern verblaßt das Tageslicht. Die beiden Barographen zeichnen eine gleichmäßig schräge Linie. Wir sinken. Die letzten bläulichen Schimmer an den Fenstern sind erloschen. Die ersten kleinen geheimnisvollen Leuchttierchen huschen vorüber. 923 m. So tief waren Beebe und Barton am 15. August im Jahre 1934. Wir sinken. 1080 m. So tief waren wir, als wir vor fünf Wochen auf den Grund stießen. Heute haben wir unter uns noch mehr als 2000 m Wasser. Wir sinken etwas schneller. Die rote Lampe beschleunigt ihren Takt, und die Kurven der Barographen werden steiler und steiler. Sollen wir Ballast abgeben? Wie ein Gespenst verfolgt mich die Befürchtung des Überwerfens. Ein Ballonführer, der zuviel Ballast ausgibt, weiß, daß er trotzdem wieder auf die Erde zurückkommen wird. Wären wir heute hier unten, um die Tierwelt zu beobachten, sicher hätten wir gesucht, durch Ballastabgabe das Gleichgewicht herzustellen. Unbeweglich im Wasser zu schweben, das hätte schöne Beobachtungen ermöglicht. Die großen Leuchtfische hätten keine Angst vor einem unbeweglichen Fremdkörper gehabt. Wir hätten ihre Leuchtkraft bewundert, vielleicht hätten wir sie sogar mit einem Scheinwerfer überraschen können, um sie auf der fotographischen Platte zu verewigen. Aber dazu sind wir heute nicht abgestiegen. Wir wollen, wir müssen beweisen, daß unsere *Trieste* tiefseetüchtig ist. Wir haben keinen Zoologen an Bord, der die Fische beschreiben und identifizieren könnte. Was mein Sohn, der Nationalökonom, was ich, der Ingenieur-Physiker, sehen könnten, hätte wissenschaftlich keinen großen Wert. Außerdem haben wir, was das Wichtigste ist, keine Zeit zu verlieren. Wenn der Wetterdienst sich nicht geirrt hat, so wird sich die Lage dort oben in den nächsten Stunden verschlechtern. Also fassen wir den Entschluß, vorläufig das zu tun, was am einfachsten ist: Wir machen gar nichts, sondern lassen den Ereignissen ihren natürlichen Lauf.

Die rote Lampe blitzt weiter, der Barograph verlängert seine Kurve – wir sinken. 1360 m, so weit hatte sich 1948 Barton am Kabel heruntersinken lassen. 1380 m, so weit hatten wir die FNRS 2 einige Wochen vorher allein in den Atlantik hinuntergeschickt. Sie war glücklich zurückgekommen. Wir werden es ihr nachmachen. Aber noch haben wir nicht die Hälfte des Weges zurückgelegt, der heute auf unserem Programm steht.

Als Sven Hedin einmal in Tibet vordringen wollte, versperrten ihm die Eingeborenen den Weg. Das heilige Land darf kein Fremder betreten. Das ist Gesetz. Geistesgegenwärtig erfand Sven Hedin ein anderes Gesetz: Uns ist es verboten, unverrichteter Dinge zurückzukehren, also müssen wir weiter. Gesetz gegen Gesetz! Das schöne europäische Gesetz imponierte den einfachen Bergbewohnern. Der Forscher durfte weiterziehen.

Auch wir müssen weiterziehen. Die Zeit erscheint uns nicht lang. Abwechselnd schaut der eine von uns durchs Fenster. Der andere beobachtet die Instrumente, kontrolliert die Drägerapparatur, die uns eine gesunde Atmosphäre garantiert. Die großen, mit Natronkalk gefüllten Patronen sind durch die Absorption der Kohlensäure warm geworden. Zuerst nur der vordere Teil, dann die Mitte. Die warme Stelle verschiebt sich langsam gegen den Ausgang. Der Eingang der Patronen ist jetzt schon kalt. Hier ist also das Alkali schon mit Kohlensäure gesättigt. Wenn nur noch das Ende der Hülsen warm sein wird, dann müssen wir sie erneuern. Im «Keller», das heißt unter dem Fußboden, haben wir Reservematerial für den Fall, daß sich unsere Tauchfahrt verlängert. Heute brauchen wir es nicht. Wir sinken weiter, immer mit etwas beschleunigter Geschwindigkeit.

2100 m sind erreicht. Bei dieser Tiefe hatte die FNRS 3 mit unserer ersten Kabine und mit den französischen Marineoffizieren Houot und Willm vor einigen Wochen, am 12. August, kehrtgemacht, ohne den Grund zu berühren. Vor uns liegen noch mehr als 1000 m Wasser. Ich denke an die schöne Devise von Santos-Dumont: «Por mares nunca d'antes navegados.» (Durch Meere, die noch nie befahren worden sind. Aus den Lusiaden von Camoes.) Also weiter. Jetzt endlich sind wir im Neuland oder richtiger im «Neuwasser». Ähnliche Gefühle hatte ich am 27.5.1931, als ich mit Kipfer in die Stratosphäre vorstieß. Und doch, wie anders ist die Welt hier. Die Stratosphäre kennen wir alle. Wir erblicken Sonne, Mond und Sterne durch die Stratosphäre hindurch. Hier aber sind wir in der ewigen Finsternis. Noch kein menschliches Auge hat je versucht, diese Dunkelheit zu durchbohren.

Wir sinken weiter. Sollen wir jetzt Ballast abgeben, um unsere Geschwindigkeit zu vermindern? Es wäre besser gewesen, uns etwas zu entlasten. Aber die gleichen Gründe wie am 26. August veranlassen uns, noch zu warten. Wir haben ja noch 1000 m Wasser unter uns. Bald aber sind es nur noch 500 m. Wir sinken ja mit einer Geschwindigkeit von über 1 m/sec. Gespannt warten wir auf die Manometer. Nun sind wir 3000 m unter dem Meeresspiegel. Jetzt ist es die höchste Zeit, mit der Ballastabgabe zu beginnen. Aus beiden Silos lassen wir den Ballast ausfließen, etwa 2 kg/sec.

Auf Grund bei 3150 Meter

Zu spät. Plötzlich fühlen wir einen ganz schwachen Stoß. Der Bathyskaph neigt sich etwas nach vorn. Die vier Manometer zeigen übereinstimmend 325 kg/cm². Daraus schätze ich die Tiefe auf etwa 3150 m. Wir sitzen wieder fest. Wir sind nicht ganz so tief im Schlamm versunken wie am 26. August. Das große Fenster des Vorzimmers ist noch frei vom Schlamm. Durch das Fenster der Türe können wir schräg hinaufschauen. Wir sehen die Mündung des hinteren Ballastsilos. Aber das vordere Fenster, das sich für die Beobachtung viel besser eignet, ist verdeckt. Also ist wieder keine Beobachtung des Meeresgrundes möglich. Schade. Wir hätten etwas früher mit der Ballastabgabe beginnen sollen. Das nächste Mal werden wir es sicherlich besser machen. Erwähnt seien hier nur ein paar Stichworte: Eichung des Tachometers, Bestimmung der Ausflußgeschwindigkeit des Ballastes, Beziehung zwischen Überlast und Geschwindigkeit, Wirkung der Trägheit. Nur nach genauer Bestimmung dieser Größen werden wir die Tauchfahrt vollkommen beherrschen. Zu meiner Entschuldigung darf ich darauf hinweisen, daß dies alles für uns noch unbekannte Größen waren. Das Wichtigste ist aber: Uns fehlte noch alle Erfahrung. Der Ballonführer macht ein halbes Dutzend Fahrten, ehe er das Pilotenpatent erhält. Auf mehreren Fahrten muß er vom Prüfungsführer begleitet sein. Er stützt sich daher auf eine lange Erfahrung. Er kann die Literatur studieren: «Der Freiballon», «Die Kunst des Ballonfahrens» usw. Uns fehlt noch all diese Routine. Aber schlimm ist die Situation trotzdem nicht. Nur schade wegen der fehlenden Aussicht. Da nichts anderes als die Struktur des Schlammes zu sehen ist, entschließen wir uns zum Aufstieg. Wir wollen also wieder aufsteigen, ohne mehr als 3100 m erreicht zu haben.

«Also nur 3100 m?» hat man mich später gefragt. «Warum haben Sie sich nicht eingerichtet, tiefer zu tauchen? Das Meer ist doch 10 000 m tief!» Hier fällt mir ein Wort ein von Akléh-Ben-Nafy, einem Nachfolger Mohammeds. Entlang der ganzen nordafrikanischen Küste hat er seine Reiterscharen geführt, vorbei an den Säulen des Herkules. Vor ihm, in Richtung der untergehenden Sonne, erstreckt sich der unendliche Ozean. Er treibt sein Pferd in die Fluten, schwingt seinen krummen Säbel und ruft: «Allah ist Zeuge, daß nur das Meer mich hindert, weiter zu reiten und immer neue Länder und Völker durch Feuer und Schwert zum Glauben des Propheten zu bekehren!» Uns hielt heute die Erde davon ab, tiefer zu tauchen und weitere Abschnitte des Weltmeeres in den Bereich der wissenschaftlichen Beobachtung einzureihen. Die *Trieste* könnte viel tiefer tauchen; die Schwierigkeit besteht darin, mit ihr an der Oberfläche Stellen zu erreichen, die eine größere Tiefe aufweisen. Im ganzen Tyrrhenischen Meer weist die Seekarte nur einen Punkt auf, der noch 400 m tiefer ist. Warum wir dort nicht tauchen wollten, wurde schon gesagt. Wieder geben wir Ballast ab. Langsam neigt sich unsere Kabine. Ich vermute, daß der Seegrund hier recht uneben ist. Wahrscheinlich war die Mündung des vorderen Silos ganz nahe dem Grund. Der ausfließende Ballast hat einen kleinen Hügel gebildet, und als der Hügel die Mündung erreichte, hörte der Ausfluß auf. Zum Glück war der andere Silo frei. Wenn beide verschlossen gewesen wären, hätten wir einen der Elektromagneten ausschalten müssen, um einen der Silos mit seinem ganzen Inhalt zu opfern. Da sitzen wir also unbeweglich auf Grund. Wir sehen aus einem Behälter den Ballast ausfließen. Wir müssen recht schwer gewesen sein, oder hielt uns der Schlamm so fest? Denn minutenlang geschieht gar nichts. Diese Ruhe ist fast unheimlich.

Der Aufstieg

Da, Bewegung vor den Fenstern! Wir steigen. Wieder recht schnell. Das scheint zu beweisen, daß auch dieses Mal der Schlamm uns festgehalten hat. Über diesen Aufstieg ist hier nicht viel Neues zu berichten. Wieder sehen wir unsere alten Freunde, die Leuchttierchen. Wieder nimmt die Geschwindigkeit langsam zu. Wieder begrüßen wir die ersten Spuren des Tageslichtes. Es wird heller und heller. Plötzlich werden wir nach allen Richtungen hin- und hergeschaukelt. Wir sind oben, und das Meer ist, wie erwartet, noch bewegter als beim Abstieg. Die *Trieste* war 2 Stunden und 45 Minuten unter Wasser geblieben.

Bei den früheren Aufstiegen hatten wir den Einsteigschacht nicht selber entleert. Da wir unsere Druckluft sparen wollten, hatten wir gewartet, bis die Druckluftleitung der «Tenace» an unsere Leitung angeschlossen werden konnte. Heute wollen wir zeigen, daß wir mit den Bordmitteln den Schacht ausblasen können. Kaum sind wir oben, so lassen wir die Luft aus unseren Gasflaschen in den Schacht fließen. Das Wasser des Schachtes wird dadurch heruntergedrückt und steigt aus dem Entleerungsrohr in die Höhe. Wenn jetzt das Gummiboot in der Nähe ist, so muß man den Springbrunnen sehen, wie wenn ein Wal auftaucht. Sowie der Schacht leer ist, hören wir drei Schläge auf Deck. Das Zeichen, daß das Boot uns erreicht hat. Aber warum läutet das Telephon nicht? Wir steigen durch den Schacht hinauf und öffnen den oberen Schachtdeckel. Aber was ist das? Ein wahrer Hagel von Schrotkörnern fällt auf uns herunter. Das ganze Deck ist mit Ballast überstreut. Salvio ist gerade damit beschäftigt, die Telephonbuchse zu leeren. Sie war voll Schrot; darum hatte er den Stecker nicht sofort einstoßen können. Des Rätsels Lösung ist bald gefunden; als wir vor der Landung Ballast abgaben, war unsere Geschwindigkeit größer als die Fallgeschwindigkeit der einzelnen Ballastkörner. Wohl sahen wir den Ballast in vollem Strahl hinunterfließen. Ein solcher Strahl löst sich aber beim Fallen auf. Einmal getrennt, sinken die einzelnen Körner langsamer als wir, sie bleiben zurück und bilden oberhalb des Bathyskaphs eine große Wolke. Wenn dann schließlich das Boot auf Grund sitzt, fällt die Wolke langsam herunter. Es regnet Eisenschrot. Da die horizontalen Geschwindigkeiten sehr gering sind, so fällt ein wesentlicher Teil des Ballastes auf das Deck des Bootes. Die meisten Körner rollen dann von dem runden Deck herunter. Aber in jeder Höhlung oder ebenen Stelle bleiben sie liegen, ebenso an den Magneten. Der Freiballon liefert auch hier das genaue Analogon. Wenn man im sinkenden Ballon den Inhalt eines Sandsacks in einem Male auswirft, fällt der Sand zuerst als geschlossene Masse. Diese löst sich rasch auf und bildet unter dem Ballon eine große Wolke. Wegen seiner Trägheit sinkt der Ballon zuerst weiter und fällt durch die Wolke. Sobald dann die Entlastung zur Geltung kommt, bleibt der Ballon stehen oder steigt sogar wieder, und jetzt fällt ein feiner Sandregen auf den Ballon, und da auf verschiedenen Höhen die horizontalen Geschwindigkeiten des Windes etwas verschieden sind, hauptsächlich aber auch wegen der Luftwirbel, die der steigende Ballon erzeugt, bekommt auch der Ballonkorb seinen Teil.

Jetzt sind wir also im Kiosk der *Trieste*, über dessen Deck die Wellen schlagen. Ein kleines Boot legt an, wir springen hinüber und fahren zur «Fenice». Das Boot schwingt auf und ab, hin und her. Es ist gar nicht leicht, den richtigen Augenblick zu erkennen, um die Leiter an der Bordwand der Korvette zu erfassen und sich hinüberzuschwingen. Ist man erst einige Sprossen gestiegen, ohne daß Füße und Beine zwischen Boot und Leiter eingeklemmt wurden, so ist es leicht, auf das Schiff hinaufzuklettern. Dieses Übersetzen bei hohem Seegang war jedenfalls für mich schwieriger und gefährlicher als die Tauchfahrt auf 3000 m Tiefe.

Auf der Korvette werden wir auf das freundlichste von Admiral Girosi und der Presse empfangen. Die erste Frage, die uns die Reporter stellen, lautet natürlich: «Wie tief waren Sie?» «3150 m», melde ich. Nun kommen die Gratulationen zu unserem Rekord. Später haben wir dann ein Telegramm von der Besatzung der FNRS 3 erhalten, in dem uns die französischen Offiziere Houot und Willm zum Rekord gratulierten. Obgleich ich nie den Rekorden nachgelaufen bin, können wir doch stolz sein auf die Leistung unserer *Trieste*.

Zu der angegebenen Tiefe von 3150 m möchte ich noch folgendes bemerken: Unsere beiden Zeigermanometer haben in sehr guter Übereinstimmung einen maximalen Druck von 325 kg/cm² angezeigt. Unter Wasser von normaler Dichte würde dieser Druck bekanntlich einer Tiefe von genau 3250 m entsprechen. Nun muß man aber berücksichtigen, daß die Dichte des Meerwassers größer ist als die Dichte reinen Wassers von 4°C. Um die genaue Tiefe zu finden, müßte man den Salzgehalt und die Temperaturen des Meerwassers in allen Tiefen kennen und dann aus vorhandenen Tabellen unter Berücksichtigung des Druckes seine mittlere Dichte berechnen. Wenn man nun den in kg/cm² gemessenen Druck mit 10 multipliziert und durch die mittlere Dichte dividiert, erhält man die gesuchte Tiefe. Da mir die nötigen Unterlagen und der Rechenschieber fehlten, hatte ich nur eine Überschlagsberechnung ausgeführt und das Resultat absichtlich eher zu klein als zu groß angegeben. So war ich zu einer Tiefe von 3150 m gelangt. Später habe ich dann die Rechnung etwas genauer gemacht und dabei ein ähnliches Resultat gefunden.

Wir hätten jetzt die Expedition abschließen und Kurs auf Castellammare di Stabia nehmen können. Mein Sohn wollte aber in den nächsten Tagen noch eine kleine Fahrt auf einige hundert Meter Tiefe mit de Sanctis unternehmen, um festzustellen, ob Kinoaufnahmen mit unserer Beleuchtung möglich sind. Wir baten daher den Admiral Girosi, uns wieder nach Ponza zu führen. Der Sindaco von Ponza hatte uns auf der «Fenice» begleitet, und nun konnte er durch Radio nicht nur das Ergebnis unserer Fahrt und unsere Ankunft melden, sondern auch die Bevölkerung der Insel zu unserem Empfang aufbieten. Bei den Italienern im allgemeinen und bei den Bürgern von Ponza ganz besonders ist der Weg vom Herzen zur Tat sehr kurz, und das zeigte sich in schönster Weise, als wir einige Stunden später im Hafen von Ponza einfuhren und anlegten. Der Abschied von der «Fenice» war ein schöner Beweis, wie hoch in Italien die Wissenschaft eingeschätzt wird. Man weiß, daß auf den Kriegsschiffen die Zeremonien beim Abschied eines Gastes genau seinem militärischen Grad angepaßt sind. Als wir das Schiff verließen, stand die Mannschaft angetreten auf Deck, und der Admiral sagte einem der Offiziere eine Nummer. Ich glaube, es war sechs. Als der Offizier erstaunt entgegnete: «Ja, das ist ja für einen Admiral!» lautete die Antwort: «Allerdings, die Forscher sind es doch wert.» So verließen zwei Schweizer Landratten bei sechsfachem Salutpfiff die Korvette. Die Notabilitäten der Insel empfingen uns auf dem Kai, und unter einem aus allen Fenstern fallenden Blumenregen begleiteten sie uns zu unserer Wohnung. Am Abend waren wir Gäste des Gemeinderates bei einem vorzüglichen Essen, bei dem natürlich die berühmten Langusten von Ponza nicht fehlten. Früh verabschiedeten sich sodann die Behördenmitglieder. Sie hätten, sagten sie uns, noch eine Sitzung, auf der ein wichtiges Geschäft zu erledigen sei. Diese Nacht fanden nach allen Anspannungen der letzten Tage zwei glückliche frischgebackene Ehrenbürger von Ponza die wohlverdiente Ruhe. Das war die Geschäftsordnung der Sitzung gewesen.

Aus französischer Sicht freilich besitzen die Ereignisse um das erste Bathyskaph einen geringfügig anderen Verlauf und Stellenwert als in den Schilderungen des Erfinders. Überdies: Die FNRS 3 wurde von französischen Marineoffizieren fertiggestellt und eingesetzt.

George Houot und Pierre Willm

werden im folgenden selbst die Geschichte der FNRS 3 erzählen. Houot war damals Leutnant zur See, Kapitän und Nachfolger Cousteaus auf dem Forschungsschiff «Elie Monnier». 1951 wurde er mit der Fertigstellung der FNRS 3 beauftragt.
Nach der Abkommandierung Gempps, dem technischen Leiter der Marinewerft von Toulon und auch zuständig für den Bau der FNRS 3, übernahm 1952 Pierre Willm die Mitarbeit bei der Fertigstellung des Bathyskaphs. Willm war Schiffbauingenieur. Er begleitete Houot, den Kommandanten der FNRS 3, auf allen Tauchfahrten; auch im Februar 1954 ...

4000 Meter tief

Die Vorarbeiten (G. Houot)

Zu Beginn des Jahres 1951 näherte sich meine Kommandantenzeit ihrem Ende. Jeden Morgen rechnete ich damit, in der Zeitung den Namen des Glücklichen zu finden, der meinen Posten auf dem Aviso «Elie Monnier» übernehmen würde. Dieses Schiff war der Tiefseeforschungsgruppe zugeteilt; auf ihr wurden die Taucher der Gruppe ausgebildet. Mir waren während dieser Zeit eine Reihe hochinteressanter Aufgaben auf dem Gebiet der Meereskunde zugefallen.
Das Personalamt in Paris konnte mir von heute auf morgen meine Versetzung mitteilen. Dann würde ich vielleicht in der gleichen Zeitungsspalte lesen: «Der Korvettenkapitän Georges Houot wird mit Wirkung vom ... auf die ... versetzt.»
Was für neue Aufgaben auch meiner harren mochten, mich reizten sie nicht. Für mich war die Zeit auf der «Elie Monnier» die schönste meiner bisherigen

Laufbahn gewesen. Durch meinen Vorgänger, Korvettenkapitän Cousteau, und den Leiter der Forschungsgruppe, Fregattenkapitän Tailliez, hatte ich die Freuden des Unterwasserschwimmens kennengelernt und schätzte den zugleich sportlichen und wissenschaftlichen Charakter meiner Arbeit, die ich nun an einen anderen abtreten mußte. Ich würde nicht mehr mit Luftbehälter und Atmungsapparat in fünfzig bis sechzig Meter Tiefe tauchen, nicht mehr in der Messe mit Wissenschaftlern und Fachgelehrten zusammensitzen, die sich ab und zu für kurze Zeit auf der «Elie Monnier» aufhielten. Wenn Professor Bourcart von der Sorbonne wieder an Bord des Avisos kommen sollte, um seine Untersuchungen der unterseeischen Schluchten fortzusetzen, würde ein anderer, einer meiner Kameraden, bei ihm sein, während ich an Bord eines Kreuzers wohl wieder lernen mußte, im Meer nur die Oberfläche zu sehen, die zwar ihre Reize hat, aber ohne Beziehung zu der Welt unter ihr ist – wenn man mich nicht überhaupt in ein Büro schickte!
Der Wunsch, mit der Tiefseeforschungsgruppe in Verbindung zu bleiben und weiterhin auf dem Gebiet der Meereskunde zu arbeiten, brachte mich auf einen Gedanken.
Und der Bathyskaph? Ich brauchte nur die Tür des Messeraums zu öffnen und nach oben zu schauen, um auf der Werft die Silhouette der FNRS 2 zu sehen, mit der Professor Piccard und Professor Cosyns die Geheimnisse des Meeres hatten ergründen wollen. Die kleinen Modelle, die von der Teilnahme der «Elie Monnier» an der Unglücksfahrt von 1948 zeugten, hingen nicht mehr an der Decke, wie in den ersten Monaten meiner Kommandantenzeit. Nach kurzem Ruhm war das seltsame Tauchboot, über dessen Vorzüge und Nachteile wir von Zeit zu Zeit noch sprachen, in Vergessenheit geraten. Nur einige Spezialisten schenkten ihm noch Beachtung.
Am 9. Oktober 1950 war zwischen Frankreich und Belgien ein Vertrag geschlossen worden, der die Werft in Toulon mit dem Entwurf eines neuen Bathyskaphs oder besser mit dem Umbau der FNRS 2 betraute. Dabei sollten Professor Piccard und Professor Cosyns technische Berater werden. Genannt war auch Korvettenkapitän Cousteau, dem es zu verdanken war, daß sich die Marine für den Bathyskaph interessierte, dessen Probefahrten 1948 gescheitert waren. Ein Absatz des Vertrages gab mir zu denken. Er sah die spätere Ernennung eines Marineoffiziers vor, der – so glaubte ich zwischen den Zeilen zu lesen – dieses sonderbare Unterwasserfahrzeug führen sollte. In Gedanken sah ich mich schon in der Kabine sitzen, in das Studium der Fragen vertieft, mit denen ich mich zwei Jahre lang beschäftigt hatte. Wie würden wohl die berühmten unterseeischen Schluchten durch das Kabinenfenster aussehen, die parallel zu den Ausläufern des Kap Cépet (vor Toulon) im Meer verliefen?
Geschichte und Grundprinzip des Fahrzeugs mit dem altertümlichen Namen «Bathyskaph» waren mir recht gut bekannt. Die Tiefseeforschungsgruppe interessierte sich schon seit mehreren Jahren für diese Konstruktion, bei der ein Druckkörper von einem mit Benzin gefüllten Schwimmkörper getragen wird, so daß das Ganze leichter ist als Wasser – im Grunde also ein «U-Luftschiff» mit Ballon und Gondel.

War die Idee richtig durchdacht? Aus den Berichten von Cousteau und Tailliez, die der Piccard-Cosyns'schen Expedition auf der «Elie Monnier» beigewohnt hatten, ging hervor, daß die FNRS 2 damals einen Materialschaden nach dem anderen gehabt hatte. Dank ihrer Berichte konnte ich mir in Ruhe über die Konstruktionsschwächen der Motoren, Scheinwerfer, des Kompasses und sogar der Elektromagneten für den Ballast klarwerden. Die Mehrzahl dieser Apparate hatte versagt, sobald das kleine belgische Tauchboot ins Wasser gesetzt worden war. Die Zwischenfälle, von denen Cousteau berichtete, schienen zwar eher komisch gewesen zu sein, aber er schilderte auch das traurige Ende der Fahrt; da man den Bathyskaph nicht an Deck eines Schiffes hieven konnte, mußte man ihn auf hoher See ins Schlepp nehmen, was seinem Bau nicht entsprach. Bei der Ankunft im Hafen war nichts von dem Schwimmer übriggeblieben. Das Wasser hatte den zerbrechlichen Rumpf zerfetzt und so vielleicht den Menschen ein trauriges Schicksal erspart.

Ich kannte Gempp, den technischen Leiter der Werft. Da die U-Boote der Werft von Toulon ihm unterstanden, hatte man ihn nach dem Vertrag von 1950 mit dem Entwurf und Bau der FNRS 3 beauftragt. Ich teilte ihm meinen Wunsch mit, mich um den vorgesehenen Posten zu bewerben.

«Fahren Sie nach Paris und tragen Sie dort Ihr Anliegen vor», riet er mir.

Jeder Offizier meines Alters hat ein paar Kameraden beim Personalamt in Paris. Der Mann, an den ich mich eines Morgens im März wandte, sah mich zunächst höflich an, hörte dann anscheinend interessiert meinem Vortrag – dem ersten, den ich über den Bathyskaph hielt – zu, aber o weh! Die Stellenbesetzungen sind genauestens ausgetüftelt – ich auf diesen Posten? Nicht daran zu denken! Die ganze weise aufgebaute Rangordnung vom Fähnrich bis zum Admiral und Chef des Admiralstabes würde in ihren Grundfesten erschüttert, wenn man meinen Wunsch erfüllte!

«Nein, mein Lieber, tut mir leid», sagte er. «Du kommst auf die ‹La Fayette›, die demnächst zum Ausbau in die Vereinigten Staaten geht. Und sei damit zufrieden!»

Überzeugt, daß über die Besetzung des Bathyskaphs eines Tages auch hier entschieden und mein Kamerad sich dann meiner erinnern würde, fuhr ich nach Toulon zurück.

In der nächsten Zeit bekam Gempp mich oft zu sehen. Die U-Boote nahmen ihm zwar den größten Teil seiner Zeit, doch arbeitete er trotzdem an den Gewichtsberechnungen der FNRS 3 weiter. Jeder Körper, der schwimmen soll, unterliegt dem Gleichgewichtssatz: Der Auftrieb muß gleich dem Eigengewicht des Bootes sein, also gleich dem Gewicht der von ihm verdrängten Wassermenge. Das ist das Prinzip des Archimedes, das er angeblich in der Badewanne entdeckt haben soll. Bei dem Bathyskaph bewirkt der Unterschied zwischen dem Gewicht der verdrängten Wassermenge und dem Eigengewicht des Tauchens und Auftauchen des Bootes.

Gempp wußte, wie schlecht es der FNRS 2 ergangen war. Er war sich darüber im klaren, daß der Schwimmkörper im Meer großen Belastungen ausgesetzt ist, und wollte erreichen, daß der Rumpf bei noch so schwerem

Seegang längere Zeit ins Schlepp genommen werden kann. Die Größe dieses Behälters hängt jedoch von den genauen Eigenschaften seines Inhalts, des Tragbenzins, ab.
Ich blätterte in den Niederschriften der Konferenz, die die Unterzeichner des Vertrags am 17. Januar in Gegenwart von Professor Piccard in Paris abgehalten hatten, und studierte den bereits umfangreichen Briefwechsel zwischen dem Gelehrten und den verschiedenen technischen Dienststellen, denen der Entwurf des zukünftigen Bathyskaphs übertragen worden war. Dabei sah ich, daß nicht einmal die Frage des Tragbenzins entschieden war. Und doch schien Professor Piccard es eilig zu haben. Er rechnete mit der Gefahr eines neuen Weltkrieges und fürchtete, daß bei seinem Alter ein Aufschub von einigen Jahren seine Pläne zunichte machen könnte. Er hatte daher vorgeschlagen, eine Schweizer Firma mit dem Bau eines Tauchboots zu beauftragen, zu dem er die Entwürfe liefern wolle. In drei Monaten sei alles bereit, sagte er. Bei der Zusammenkunft im Januar hatte man dies Angebot abgelehnt, da es den Vertrag praktisch nichtig gemacht und das Unternehmen der Kontrolle der französischen Kriegsmarine entzogen hätte. Außerdem hätte zuviel Eile zu den gleichen Fehlern geführt wie 1948: Die Konstruktion wäre ungenügend durchdacht und das Schiff zu früh ausgebracht worden, «schnell zusammengebastelt», wie Professor Piccard selbst von der FNRS 2 gesagt hatte.
Wie sollte man in drei Monaten einen Schwimmkörper fertigstellen, wenn nicht einmal seine technischen Einzelheiten festgelegt waren? Und wie verhielt es sich überhaupt mit den physikalischen Eigenschaften des Tragbenzins? Ehe Gempp noch seine Untersuchungen der so wichtigen Fragen abgeschlossen hatte, schlug Professor Piccard am 10. Februar in einem Brief an das Schiffsbauamt vor, das Benzin durch Paraffin oder Lithium zu ersetzen. Außerdem bestritt er in seinem Schreiben die Richtigkeit der Cosyns'schen Angaben über den Volumenverlust des Benzins bei Kälteeinwirkung.
«Im vorigen Monat waren die zwei Professoren hier in Toulon», berichtete Gempp. «Das Modell des Schachts in seiner natürlichen Größe hat ihnen immerhin gefallen. Sie sollten sich die Skizze einmal ansehen. Kommen Sie!»
Ich folgte seiner Aufforderung und besichtigte auch die Kabine. Sie stand in einem Werkschuppen der Maschinenbauabteilung.
Die Stahlkugel lag auf einem Stapelbock und machte mir wenig Eindruck. Wie die Flickstelle eines Freiballons zeichnete sich ein runder Fleck darauf ab und zeugte von einem Zwischenfall beim Bau. Die Röntgenuntersuchung hatte eine Unregelmäßigkeit im Metall ergeben, und die Ingenieure hatten daraufhin ein Stück rund um die nicht einwandfreie Stelle herausgeschnitten und es untersucht, wobei sich herausstellte, daß kein schwerwiegender Fehler im Stahl enthalten war. Auch die Röntgenstrahlen muß man erst auswerten! Es blieb also nichts anderes übrig, als einen Stahlzapfen anzufertigen und das Loch zu verschließen. Wenigstens wußte man nach diesem Schreckschuß, daß der Hauptteil der FNRS 2 aus hochwertigem Material bestand.

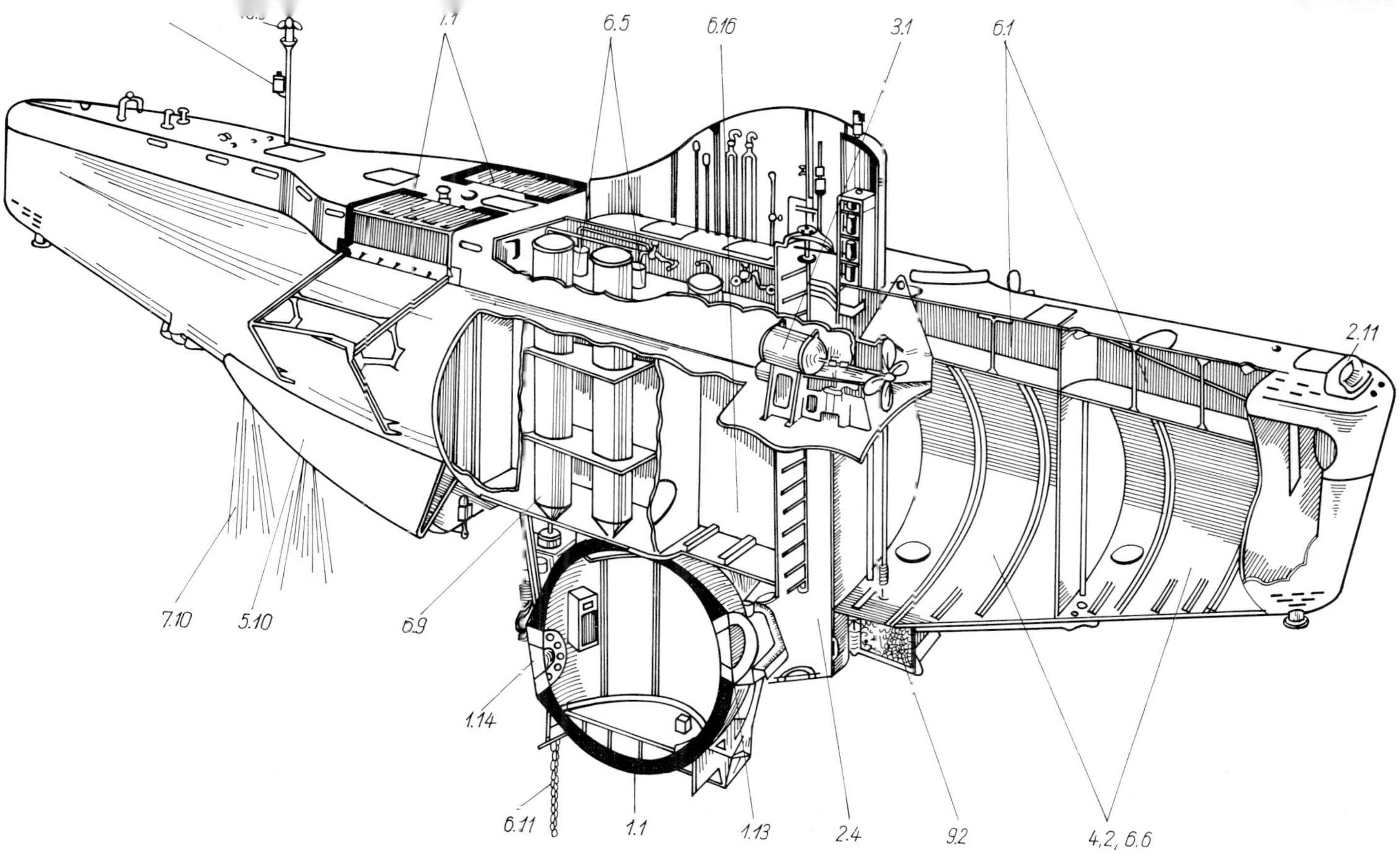

Abb. 24: Blick in die FNRS-3: 1.1 Druckkörper, 1.13 Luke, 1.14 Fenster, 2.4 Einstiegsschacht (SAS), 2.11 Schlepphaken, 3.1 Elektromotor, 4.2 Benzintank, 5.10 Schlingerkiel, 6.1 Tauchzellen, 6.5 Manövriertank, 6.6 Auftriebsstoff (Benzin), 6.9 Ballastsilo, 6.11 Schleppkette, 6.16 Ausgleichsraum, 7.1 Hauptakkumulatoren, 7.10 Außenscheinwerfer, 8.1 Kompaß, 9.2 abwerfbarer Ballast, 10.9 Log

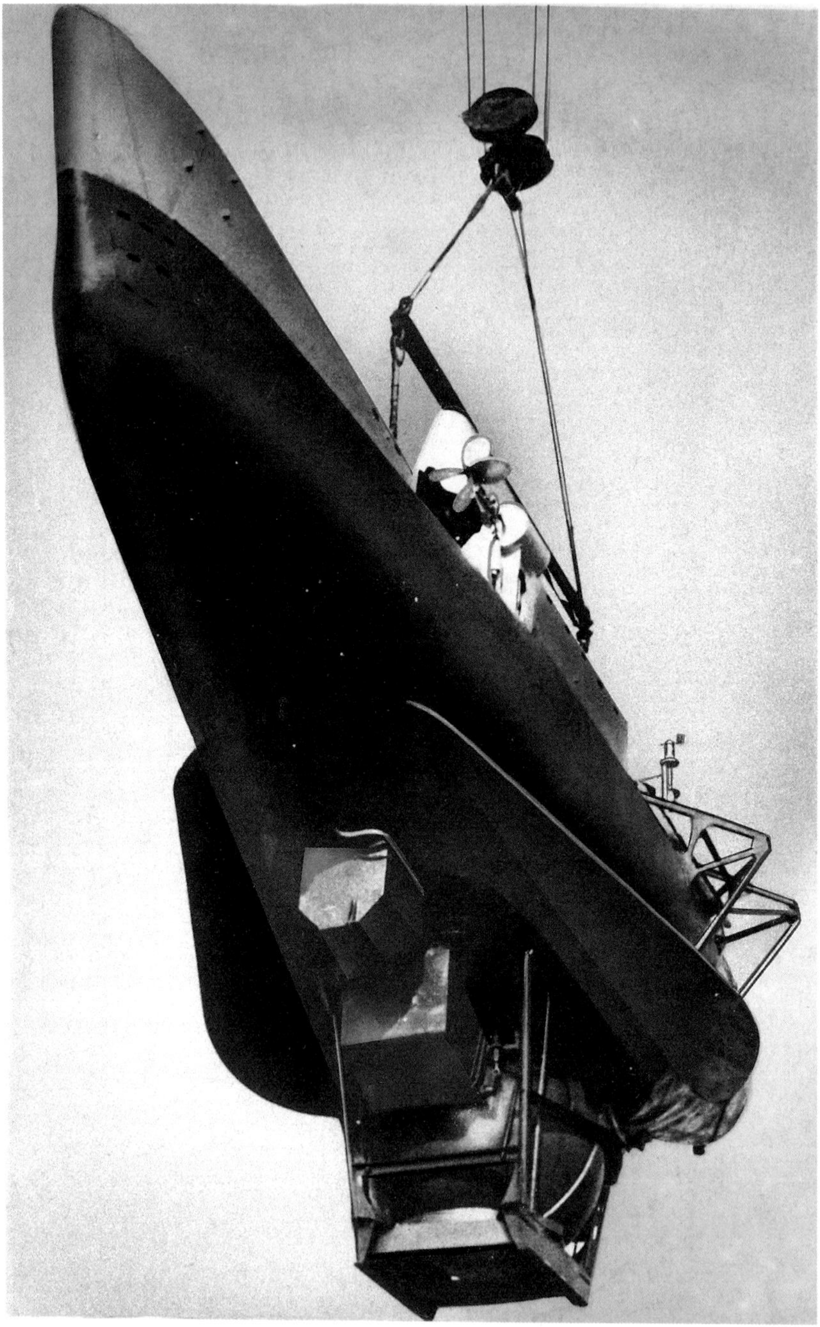

Abb. 25: FNRS-3, von achtern gesehen

Im rechten Winkel zur Narbe entdeckte ich die Tür: Ich konnte mich nur mit Mühe hindurchzwängen, denn sie hat nur 38 Zentimeter Durchmesser. Um die Wandung des Fensters zu schützen, das selbst in einem anderen Schuppen untergebracht war, hatte man eine Metallplatte vor die Rundung gehängt, vor der ich, von Tiefseeungeheuern träumend, stand. Ob ich eines Tages solche Wesen zu Gesicht bekäme? Vielleicht, vorausgesetzt, daß sie überhaupt vorhanden waren, und daß man mir den Posten gab.

Da kam im Juli die sehnlichst erwartete Nachricht: Die Marine beauftragte mich, den Bau der FNRS 3 zu Ende zu führen. Wie weit war man denn eigentlich? Zu Beginn des Sommers war Gempp mit seinen Entwürfen nach Brüssel zu dem Schweizer Gelehrten gefahren. Dieser sprach sich unter anderem gegen eine Aufteilung des Schwimmkörpers durch unbewegliche Schotten aus. Immerhin wurde man sich über Einzelfragen einig. Die Werft in Toulon machte sich Professor Piccards Idee zu eigen, für die Dichtungen an den Austrittstellen der Leitungen aus der Kabinenwand konische Hülsen aus Plexiglas zu verwenden, da dieses Material große Biege- und Bruchfestigkeit besitzt. Dagegen erklärte sich der Professor mit der Verwendung der Pyrotenaxkabel einverstanden, die wir seit langem bei der Marine benutzen. Inzwischen stellte die Werft Versuche mit verschiedenen Arten von Elektromagneten und mit Eisenschrot an, der als Tauchballast dienen sollte. Wie der Pilot eines Freiballons Sandsäcke abwirft, um die Abstiegsgeschwindigkeit zu mindern, so würden wir einen Schrotregen in das Meer rieseln lassen.

Seit Juli suche ich einen Arbeitsraum. Einer meiner Kameraden, der Leiter der Forschungsgruppe, läßt mich freundlicherweise bei sich unterschlüpfen. Mit zwei Kadetten der Reserve, die die wissenschaftliche Abteilung des Schiffbauamts dem Bathyskaph zugeteilt hat, richte ich mich in einer Ecke des chemischen Labors ein. Jedem das Seine zu seiner Zeit. Da Gempp mit der Ausarbeitung der Hauptfragen fertig ist, nehme ich mir die Einzelheiten vor. Als erstes versuche ich, für die Wasserstandsmesser in den Kammern des Schwimmkörpers eine brauchbare Lösung zu finden. Das eindringende Wasser drückt das Benzin zusammen, und sein Volumen hängt von der Tiefe ab. Dem armen Pharmazeuten, der das Labor leitet, machen wir mit unserem Eindringen in sein Reich viel Kummer, aber er trägt ihn, ohne zu klagen. Seine Retorten sucht er sich in einem Gewirr von elektrischen Leitungen zusammen und versucht, den Benzindämpfen zu entkommen, die aus dem Bottich mitten im Raum aufsteigen.

In den Tagen um den 10. Oktober bleibe ich dem Labor fern, denn Professor Piccard hält sich einige Tage bei uns auf. Ich hatte bisher nie Gelegenheit zu einer Begegnung mit ihm gehabt. Nun sitzt er neben mir am Arbeitstisch, und ich staune, wie lebendig sein Geist ist. Seine beiden Hände scheinen kaum auszureichen, als er in die Pläne zeichnet, die wir ihm vorlegen. Er weiß für jede Einzelheit eine in meinen Augen allerdings eher geniale als praktische Lösung. Als ich andeute, daß die Ausführung auf Schwierigkeiten stieße, unterbricht er mich energisch: «Aber das sind doch Klempnerfragen!» Ich gestehe zu meiner Schande, daß diese Besprechungen mir unendlich lang scheinen. Als eingefleischter Raucher sehne ich mich nach einer Zigarette und versuche ungeduldig, auf die Uhr Piccards zu schauen, gebe es aber verwirrt auf: Er hat an jedem Arm eine! Die rechte gibt Greenwich an, die linke Normalzeit, und ich bleibe so klug wie zuvor. Glücklicherweise ist es nicht kalt, und so kann ich ab und zu am offenen Fenster ein paar Züge machen, ohne daß der Tabakgeruch unseren Gast stört. Aber Gempp, dem es genau so geht, gönnt mir keine Ruhe: «Schnell», flüstert er mir zu, «jetzt geht es wieder um die beweglichen Schotten.»

Ich kehre an den Tisch zurück und nehme energisch gegen diese Konzeption des Inneren unseres Schwimmkörpers Stellung. Doch selbst, wenn man sich nach ein paar weiteren Sitzungen in diesem Punkte unserer Ansicht anschließen sollte, wird das Treffen doch zu Ende gehen, ohne daß man sich über die Frage des Röhrensystems geeinigt hat. Soll jede Kammer unmittelbar mit dem Meer oder mit der Nachbarkammer durch eine Leitung mit Ventilverschluß verbunden werden?

Kurz, ein Jahr nach der Unterzeichnung des Abkommens wissen wir über die Form des Schwimmkörpers Bescheid, aber nicht über seine Abschottung.

Drei Monate später kommt Professor Piccard wieder nach Toulon, und die Sitzungen vom 15. bis zum 18. Januar verlaufen sehr angenehm. Wird das Jahr 1952 dem Bathyskaph Gutes bringen? Es scheint, als ob unsere Vorschläge Anklang fänden! Nun heißt es auf diesem Wege weitergehen und die Pläne in die Tat umsetzen. Den Grund der schönen Harmonie ahnen wir allerdings nicht!

Knapp zwei Wochen später trifft uns wie ein Blitz aus heiterem Himmel eine Pressenotiz: «Professor Piccard, der vor kurzem in Triest eingetroffen ist, beabsichtigt, die Werft dieser Stadt mit dem Bau eines neuen Bathyskaphs zu betrauen.» Nach und nach dringen erstaunliche Einzelheiten durch, die den Beziehungen ein Ende machen: In Terni hat man bereits mit dem Bau einer Kabine begonnen, und Castellammare baut einen Schwimmkörper. Erst kürzlich hatte uns der Professor gesagt, wir wollten «ausgehend von der alten Kabine ein Tauchboot bauen, das auf 4000 Meter, also in mittlere Meerestiefen, tauchen kann.» Hat er nun jenseits der Alpen Kühneres im Sinn?

Wie dem auch sei, von diesem Tage an wittert die Presse die Möglichkeit eines Konkurrenzkampfes. Der gleichzeitige Bau zweier Tauchboote nach gleichen Grundprinzipien reizt die Phantasie und läßt an ein Wettrennen denken. Auf die Plätze – fertig – los! Den Zeitungen nach sind wir weit von rein wissenschaftlichen Interessen entfernt. Auf Grund des Abkommens von 1950 hatte es ein Jahr lang so ausgesehen, als ob die Marine und der Schweizer Professor aus den vor den Kapverdischen Inseln und Dakar gemeinsam gewonnenen Erfahrungen gelernt hätten und in Zusammenarbeit die FNRS 3 für Tauchfahrten bis zu 4000 Metern auszurüsten vermöchten.

Nun bleibt uns nichts anderes übrig, als den Bau nach unserem eigenen Gutdünken fortzusetzen; die Zeit der langen Erörterungen ist vorüber. Das macht jedoch die Arbeit im einzelnen nicht leichter. Um ein Boot beurteilen zu können, probiert man es am besten aus. Wir aber müssen alle Versuche ins Laboratorium verlegen.

Metteil zum Beispiel, einer meiner Kadetten, tauchte in einem fort Widerstände in ein Benzingefäß, schaltete den Strom ein und raufte sich die Haare, weil die Ergebnisse sich ständig widersprachen.
Clément, mein zweiter Assistent, hatte sich die Frage der Vereisung vorgenommen. Beim Auftauchen konnte es vorkommen, daß das Meerwasser in den Leitungen einfror, die durch die Benzinbehälter liefen. Nach einem längeren Aufenthalt in großen Tiefen würde die Temperatur des Benzins etwa der seiner Umgebung entsprechen und demnach zwei oder drei Grad betragen. Während des Auftauchens würde das Meerwasser aus den Behältern zurückfließen und das Benzin sich durch die Ausdehnung noch mehr abkühlen. Ein Eispfropfen in einem der Rohre hätte eine Explosion zur Folge. Clément hatte den Auftrag, das Verhalten eines durch ein mit Mutterlauge gefülltes Gefäß laufenden Rohres zu untersuchen. Dabei kam er eines Tages schlecht weg. Er stellte fest, daß Gempp nicht da war. Da er sich Material für seine Arbeiten besorgen wollte, klopfte er an die Bürotür eines anderen Ingenieurs.
«Ich hätte gern zwanzig Kilo grobes Salz.»
«Zwanzig Kilo grobes Salz? Was soll das?»
Der Mann glaubte an einen schlechten Witz und warf den armen Clément wutschnaubend hinaus. Solche lustigen Zwischenfälle kamen häufig vor, denn man hielt uns damals noch für Dilettanten oder zumindest für nicht ganz ernst zu nehmende Leute.
Dagegen machte ich selbst einige Tage später in der Ingenieursmesse ein recht saures Gesicht, als Gempp auf meinen Tisch zukam und mir mitteilte: «Der erste Ingenieur der Werft in Saigon ist erkrankt. Ich fahre nach Indochina. Der junge Willm übernimmt die U-Boote.»
Und in seiner ironischen Art, hinter der er sich so gern versteckt, fügte er hinzu: «Der Werftleiter weiß noch nicht, wem er den Bathyskaph geben soll.»
Das Fähnlein der Aufrechten war ohnedies schon klein genug, und der Abgang des Wichtigsten von uns und seine Ablösung durch einen erst vor sechs Monaten aus der Marineingenieurschule entlassenen jungen Mann schien mir geradezu eine Katastrophe. Gempps Versetzung konnte unser Vorhaben zum Scheitern bringen!
Wer würde sich jetzt beim Schiffsbauamt für den Bathyskaph einsetzen, dieses zugleich einfache und komplizierte Schiff, das nicht einmal militärischen Zwecken diente und dessen Stapellauf den Schaulustigen nichts bieten würde!
Die Woche darauf teilte mir Gempp mit, daß ich mich künftig an Willm zu wenden hätte. Ich mußte vor allem wissen, ob der junge Leutnant seinen verantwortungsvollen Posten gern übernommen hatte. Ob er etwa auch fixe Ideen hatte? Würde er unsere Beschlüsse wieder umwerfen?
«Sie sollten ihn vielleicht kennenlernen», schlug Gempp vor und rief ihn an.
Ich sehe die Szene noch vor mir. Ein hochgewachsener junger Mann mit hageren Zügen kommt in mein Büro. Hinter der dicken Hornbrille sehen mich lebhafte und intelligente Augen an. Was der Neue sagt, klingt trocken, aber einige seiner Worte verraten die Begeisterung und Liebe zu seiner

Arbeit. Er lächelt kaum. Das Zusammensein mit einem solchen Gefährten wird wohl nicht immer einfach sein, aber er scheint seine Sache ernst zu nehmen.
Etwas beruhigt kehre ich nach dieser Begegnung in meine Behausung zurück.
Achtundvierzig Stunden später gelingt es Willm, zugeknöpft wie zuvor, mich endgültig zu seinen Gunsten umzustimmen. Wir unterhalten uns über das Programm für die Versuche und kommen anschließend auf das Meer zu sprechen. Das Thema ist günstig. Ich beobachte von der Seite, wie er reagiert. Was mag er von den Kabeln denken, die überall herumhängen, und von der Unordnung in meinem Büro? Solange ich alles so lasse, finde ich immer, was ich suche.
«Ich werde Ihnen ‹923 Meter unter dem Meeresspiegel› leihen», sage ich zum Abschluß unserer Unterredung.
Nach einigem Suchen finde ich das Buch von Beebe, das natürlich unter einem Wust von Papieren begraben liegt. Willm nimmt es an sich, blättert darin, sieht sich die Photographien und die Skizzen der ersten Tauchapparate mit Interesse an und zieht sich dann in seiner nervösen Art zurück, Beebes denkwürdige Odyssee unter dem Arm. Wenn es ihr gelingt, seine Begeisterung für die Tiefsee zu entfachen, dann ist, wie mir scheint, der Bathyskaph gerettet.

Stapellauf (P. Willm)

Die Belüftungsanlage hatte sich bewährt. Houot war die ganze Nacht in der Kabine gewesen. Von nun an begann ein intensives Arbeiten. Vieles war noch nachzuprüfen, ehe wir die FNRS 3 vom Stapel lassen konnten. Die U-Boot-Kommandanten hatten sich schon darüber beklagt, daß ich so selten auf ihren Schiffen erschien. War ich in ihren Augen ein Deserteur? Trotz ihrer offensichtlich schlechten Laune merkte ich, wie sie das Problem des Tiefseeboots fesselte. Es war kein Verrat an ihnen, daß ich mich mit ihm abgab. Mein Ziel war klar: Es handelte sich darum, die ersten 200 bis 300 Meter unter dem Meeresspiegel, das Reich der U-Boote, zu durchstoßen und in noch unbekannte Tiefen vorzudringen. Die U-Boot-Männer wußten, daß ich mich, wenn ich zurückkam, wieder um ihre Schiffe kümmern würde.
Ab Montag, den 18. Mai, nahmen wir mit der Tiefseeforschungsgruppe die Versuche wieder auf, die das einwandfreie Arbeiten der Wasserstandsmesser in den mittleren Kammern sicherstellen sollten.
In diesem Zusammenhang muß ich den Aufbau des riesigen Benzinbehälters etwas näher erklären, der den Schwimmkörper des Bathyskaphs bildet. Durch Schotten mit Absperrventilen wird er in eine Anzahl Kammern mit begrenzter Aufnahmefähigkeit geteilt. Entsteht an einer Stelle ein Leck, so kann auf diese Weise nur sehr wenig Benzin verlorengehen. Durch ein Rohrsystem sind die Kammern mit dem Meer verbunden. Beim Sinken des Bathyskaphs drückt das Seewasser auf das Benzin und treibt es in die

einzelnen Kammern, kann aber selbst nur in die Mittelkammern eintreten. Die Besatzung muß eine ständige Kontrolle über die eingedrungene Wassermenge und somit über die Zunahme des Gesamtgewichts des Bootes haben. Als Meßgeräte hatten wir abwechselnd kleine Schwimmer und elektrische Widerstände erfolglos ausprobiert. Schließlich wählten wir Kondensatoren. Es war ein langwieriges und kniffliges Unternehmen, sie zu eichen. Wir mußten dafür eine zylinderförmige Kammer von drei Meter Höhe bauen, die teilweise mit Benzin gefüllt und in ihrem unteren Teil mit einem Behälter mit Meerwasser verbunden wurde. Neben dieser «falschen Kammer» war eine Leiter aufgestellt, die Houot nun dauernd hinauf- und hinunterkletterte. Metteil und Clément halfen ihm dabei. Würde er es mit Geduld und Ausdauer schaffen, die Apparate zu eichen, für die eine der Schalttafeln unserer FNRS 3 vorgesehen war?

Inzwischen beschäftigte ich mich in der Werft damit, Eisenschrot durch die genau abgepaßte Mündung einer Art Sandstreuer laufen zu lassen. Durch Abgabe dieses Ballastes kann die Besatzung der Bathyskaphs eine Gewichtszunahme ausgleichen, die durch das Eindringen einer bestimmten Meerwassermenge in die Mittelkammern entsteht. Wenn der Auftrieb nach dem Archimedischen Prinzip die Überhand über das Eigengewicht des Bootes bekommen und es zur Oberfläche zurückbringen soll, braucht man nur ein paar zusätzliche Kilo der kleinen Metallkugeln ausfließen zu lassen. Mitten auf der Werft von Vauban steht auf einem Gerüst der Schrotkasten oder «Silo», wie wir ihn nennen. An seinem unteren Teil ist ein Elektromagnet angebracht, der von seiner kleinen Akkumulatorenbatterie gespeist wird. Mit der Stoppuhr in der Hand lasse ich 30 Sekunden lang Schrot auslaufen und messe dann den Sand im Silo. Im strahlenden Sonnenschein dieser Maitage laufen wir um diesen Miniatur-Eiffelturm herum, und zuweilen denke ich daran, welche Aufregung so ein Schrotregen bei den Bewohnern der Tiefsee verursachen wird.

Am Wochenende sind Houots und meine Versuche abgeschlossen: Die Kondensatoren befriedigen vollauf, der Schrotmesser in dem Silo ebenfalls. Wir brauchen also den Schrotmesser nur noch vierfach auszuführen und die entsprechenden Meßgeräte in die Kabine einzubauen.

Die technischen Zeichner treffen auch schon ein und machen die erforderlichen Skizzen. Houot kommt und betrachtet die Arbeit fachmännisch. Die Geschäftigkeit rings um die so gut wie vollendete FNRS 3 ist sehr ermutigend. Die Elektriker legen die Leitungen für die Scheinwerfer, die Mechaniker haben immer noch ein paar Anschlüsse anzubringen, die Maler schwingen ihre Spritzpistolen und bekleckern die Werft mit ihrer braunen Farbe. Dann übermalen sie die Rostschutzschicht mit einem schönen «Unterseegrün». Die ganze Unordnung könnte einem Angst einjagen, doch bekommt unser Bathyskaph dabei mehr und mehr das Aussehen eines richtigen Tiefseeboots, und in unserem Logbuch steht groß der Tag X, an dem das Schiff vom Stapel laufen wird!

Dienstag, den 2. Juni, ist alles fertig für dieses große Ereignis. Schon bei Sonnenaufgang kommt der Mistral auf und läßt uns spüren, daß wir in

Toulon sind. Er pfeift über die Reede. Wollen die Götter uns eine erste Warnung schicken und den Stolz im Keim ersticken, der in uns aufsteigt? Die Vorbereitungen gehen trotzdem weiter.
Der große Werftkran rollt heran und bezieht seine Stellung über der Baustelle. Seine mächtigen Ausleger, die sich 30 Meter über den Boden erheben und ihm eine Tragfähigkeit von 25 bis 50 Tonnen geben, ruhen zwar fest auf den Lagern, doch werden die Windstöße es dem Kran sicherlich schwermachen, die genaue Richtung einzuhalten. Besser wäre es, das Boot erst später ins Wasser zu setzen. Da es jedoch vorher gewogen werden muß, beginnen wir einstweilen hiermit.
In den vorangegangenen zwölf Monaten hatten wir zwar das Gewicht jedes einzelnen Teils genau berechnet, der in die FNRS 2 eingebaut wurde, doch jetzt muß es sich zeigen, ob die Summe stimmt. Nach meinen Schätzungen müßte sie bei 28640 Kilo liegen. Eine Laufgewichtswaage ist 18 Meter über der Erde zwischen dem Haken des Krans und dem Balken angebracht, unter dem die FNRS 3 aufgehängt werden soll. Um das Laufgewicht in Betrieb zu setzen, habe ich die Feuerwehr der Werft herangeholt. Ihre große Leiter ist bereits ausgefahren. Ein schriller Pfiff ertönt. Der Kranführer dort oben in seiner kleinen Kabine setzt die Schiebewiderstände in Bewegung. Das Ganze, Haken, Waage und Balken, senkt sich zum Bathyskaph. Zwei Männer eilen herbei und machen die Stricke an den Ringen fest, die wir zu diesem Zweck angebracht haben. Der lange Stahlleib des Schwimmers und die Kabine, die von nun an untrennbar mit ihm verbunden ist, lösen sich mühelos von ihrer Unterlage. Heute geht die Reise nicht weit: ein Anheben um etwa 20 Zentimeter genügt. Da oben zwischen Himmel und Erde schlägt die Waage aus. Auf den obersten Sprossen der Leiter bedient der Feuerwehrmann den Laufkörper und ruft zu mir herunter:
«28600 Kilo!»
Die Zahl kommt meiner so nahe, daß ich unwillkürlich zurückbrülle:
«Sind Sie sicher?»
«Kommen Sie doch selbst herauf!» schreit er von oben.
Die neugierige Menge, die die Szene verfolgt, schaut zu mir herüber. Ich möchte ihr aber doch lieber kein Schauspiel geben: 18 Meter sind eine ganz nette Höhe!
Wieder ein paar Pfiffe, und der Kranhaken senkt sich und lockert das Seil. Kurz vor 19 Uhr liegt der Bathyskaph wieder auf seinem Stapel. Aber der Mistral bläst heftiger als zuvor, und die Reede ist aufgewühlt.
«Über Nacht läßt der Wind immer nach», sagt Houot. «Warten wir ab bis morgen früh um acht!»
Er täuscht sich nicht. Mittwoch, den 3. Juni, ist der Himmel wolkenlos, und der Wind hat sich ganz gelegt. Es wird keine große Feierlichkeit werden. Einige Persönlichkeiten von Rang, Konteradmiral Caron, Leiter der Werften und des Marinebauwesens im Gebiet der Marinestation Toulon, und Lafont, der Direktor der Werft, tauchen zwischen den Arbeitern auf. Vom Flugzeugträger «Arromanches», der auf dem Trockendock im ersten Bassin der Werft liegt, kommen noch an die hundert weitere Zuschauer herüber.

«Titan», der große Kran, rollt wieder heran. Ich beantworte stolz die Fragen der erlauchten Gäste, die dieses ungewöhnliche Fahrzeug beunruhigt. Ein Pfiff, und die Neukonstruktion erhebt sich 50 Zentimeter über die Erde. Sofort stürzen die Maler herbei und machen die letzten Pinselstriche. Die Stellen, die auf den Böcken auflagen und daher bis jetzt nicht gestrichen werden konnten, bekommen nun auch die schöne, grüne Farbe. Die Wände eines Benzinbehälters läßt man besser nicht rosten.

Nun steigt der Bathyskaph langsam vier oder fünf Meter über die Erde. Aller Blicke folgen ihm, und zahlreiche Journalisten zücken trotz des Verbots ihre Kamera. Oben vom Kran aus filmt ein Bildberichter der Marine das Ereignis. Wer weiß, ob diese nicht eines Tages in ihren Lichtspieltheatern die Geschichte unseres Bathyskaphs vorführen wird, der sich jetzt majestätisch in der Luft bewegt und kurze Zeit stillhält, als wolle er sich bewundern lassen. Da fliegt etwas von der Kabine des Kranführers herunter und schlägt auf dem Kai auf – der Verschluß der Kamera! Das hätte einen Unfall geben können! Aber ein Filmstreifen ist schließlich kein allzu großer Verlust.

Die Oberfläche des Bassins ist schmutzig, aber ruhig. Unmerklich rollt das Seil ab, und die schwere Masse am Balken senkt sich langsam auf das Element, zu dem sie bald gehören wird. Die Kabine taucht zuerst ein, ihr Bullauge blickt uns noch einen Augenblick lang an und verschwindet. Aus dem Schwimmer steigen Blasen auf: Das Meerwasser fließt in die Kammern, die ihm künftig offenstehen werden.

Der eigentliche Bau ist damit abgeschlossen. Ich fühle, wie für Houot in diesem Augenblick seine Rolle als Kommandant beginnt. Bis jetzt hatten er und ich mit Hilfe der Wissenschaft nur ein wunderbares Spielzeug gebaut. Nun muß sich zeigen, was man damit machen kann. Der Bathyskaph, dies Metallgebilde, auf dem wir heute morgen noch lustig herumgeklettert sind, lebt nun wirklich, ist ein Schiff; um es betreten zu können, müssen wir warten, bis die Männer von der Hafenleitung im Motorboot heranbrausen, es ins Schlepp nehmen und an eins der Werftflöße bringen.

Die Sache zieht sich hin, und nach und nach verläuft sich die Menge. Houot und ich können es kaum erwarten, an Bord zu gehen. Sobald es soweit ist, stürze ich nach vorn, schiebe die Leute beiseite, die gerade die Laufplanke gelegt haben, und eile hinüber. Houot kommt ebenso ungestüm hinterher und steigt nach mir den Eingangsschacht hinab. Zum erstenmal ist der enge Schacht von einem grünen Licht erfüllt, dessen Schein den Eindringling bewegt von der Tiefe träumen läßt und auf den Abstieg in die Kabine vorbereitet. Auch mich beeindruckt diese Beleuchtung stark.

Drei Meter über mir werden die Beine von Houot sichtbar. Er steigt die Leiter herunter. Ich betrete als erster die Kabine und sehe sofort nach dem Fenster. Sein Innendurchmesser beträgt nur zehn Zentimeter, aber die konische Form des Plexiglasblocks gibt dem Beobachter ein Blickfeld von 90 Grad. Vor unseren Augen zieht ein kleiner Fischschwarm hin und her. Die Meerestiere machen Bekanntschaft mit diesem bizarr geformten Neuling. Aber wir sind nicht hier, um uns künftige Abenteuer auszumalen. Wir machen uns also an die Arbeit und prüfen, ob die Wand um das Fenster

wasserdicht ist. Sie ist besonders stark belastet, da sich hier alle Röhren und Kabel treffen. Durch zehn Bohrlöcher, jedes 20 Millimeter im Durchmesser, führen sie nach außen und schwächen die Wand. Doch sickert kein einziger Wassertropfen durch, und die Kupferdrähte und Röhren sind an ihren Austrittstellen aus den Stahlmanschetten nicht einmal feucht.
«Ausgezeichnet», sage ich tiefbefriedigt.
«Die Kabine ist schon getauft», meint Houot, «jetzt kommt die FNRS 3 dran.»
«Taufe im engsten Familienkreis!» Er stimmt meiner Antwort zu. Houot ist kein Mann, der leicht aus der Ruhe zu bringen wäre. Es wurde weder eine Rede gehalten, noch die Marseillaise gesungen. Wir hätten eine Patin suchen und ihr einen Strauß überreichen können mit der Bitte, eine Flasche Champagner am Vordersteven zu zerschlagen – kurz, wir hätten die Sache ganz groß aufziehen können. Aber der Bathyskaph ist bis jetzt nur ein Versuch und wird vielleicht sogar ein paar Schlappen erleiden.
Als wir wieder nach oben kommen, sehen wir, daß nur die Männer noch da sind, die weiterarbeiten sollen. Der Mistral singt uns in die Ohren und furcht das Becken. Etwas oberhalb des Schleusentors flattert die Trikolore am Mast der «Arromanches», die vor wenigen Wochen aus Indochina zurückgekehrt ist. Mag der Wind pfeifen, er stört uns nicht mehr. Bewegt steigen Houot und ich die Stufen des Beckens hinauf.
Mehr als ein Jahr lang war unsere Arbeit von nur einem Gedanken bestimmt: Wann wird die FNRS 3 im Wasser sein? Nun ist es soweit, sie schwimmt, und gut sogar! Es ist alles gegangen, wie wir es uns gedacht hatten.
Houot verabschiedet sich, und beide gehen wir in unsere Büros.

In 4050 Meter Tiefe (G. Houot)

... Ziemlich zeitig am Abend gibt der Funk den letzten Wetterbericht durch. Er lautet günstig, und so beschließen wir, uns etwas schlafen zu legen. Die Kojen stehen quer zur Schiffsachse. Bei jedem Schlingern stoßen Kopf oder Füße gegen die Wand. Ich kann nicht schlafen und mache lieber die Lampe an, um zu lesen. Über mir wälzt sich mein Kamerad von einer Seite auf die andere. Er ist ebenso unruhig wie ich. Die Nacht will kein Ende nehmen. Ich lausche auf die Schiffsschraube. Solange sie sich dreht, bin ich beruhigt, denn dann ist beim Bathyskaph alles in Ordnung.
«Es ist 6 Uhr 30, Herr Kapitän!» Der Posten klopft laut an die Tür.
Jetzt, wo Willm und ich gerade fest eingeschlafen waren! Aber nun heißt es schnell anziehen. Bringt uns der Tag die Erfüllung unserer monatelangen Erwartungen?
In der Messe steht der Kaffee bereit. Wir werfen einen Blick auf das Meer. Hinter uns hat die «Tenace» angehalten und schlingert in ziemlich hohem Seegang, während uns die stattlichere «Beautemps-Beaupré» auf Steuerbord überholt. Ortolan teilt mir die Ergebnisse der Lotungen mit:

«4050 Meter unter dem Kiel, aber der Grund fällt leicht ab.»
Willm reicht mir die Aufstellung der Morsezeichen, die wir für die Ultraschallsendungen dieser Tauchfahrt vereinbart haben. Wir sehen sie gemeinsam durch. Tailliez macht die Kamera fertig, mit der er den Abstieg der FNRS 3 in die Tiefsee filmen will. Der 16-Millimeter-Film ist für die Archive der Tiefseeforschungsgruppe bestimmt. Während wir schnell etwas zu uns nehmen, besprechen wir die Lage.
Eine kleine Sensation: In kurzer Hose, Pullover und Leinenschuhen erscheint der Kadett Michaudon in der Messe. Vor lauter Freude, daß er nun Cabarrous Posten hat, ist er schon fix und fertig.
Willm stopft Pläne, Photoapparat und Marschverpflegung in seine Aktentasche. Dann folgt er mir auf die Schanz, und mit Ortolan rauchen wir die «letzte Zigarette».
Das Schlauchboot ist ausgebracht, und zwei Mann erwarten uns darin:
«Alles klar.»
Ein Händeschütteln, dann trägt eine Welle das Boot aufwärts, und ich springe hinein. Willm folgt, und zuletzt plumpst Michaudon mit dem Werkzeugsack herunter.
«Abstoßen!» Das Boot entfernt sich von der «Elie Monnier», schaukelt von Welle zu Welle, und unsere Shorts werden ganz naß. Schon haben wir die 100 Meter bis zum Bathyskaph geschafft.
«Los, Willm, und schnappen Sie die Leine!»
Der Ingenieur des Bathyskaphs hockt vorn im Boot und zeigt wieder einmal, daß er ein guter Sportsmann ist. Er schnellt ab, springt auf das Heck der FNRS 3 auf und fängt die Leine auf. Michaudon folgt. Ich reiche ihm Werkzeugsack und Tasche und erklimme dann auch den Schwimmer. Dabei werde ich bis zum Gürtel naß. Wir stehen alle drei in den Wellen, die über Deck schlagen. Willm steigt in den Turm und öffnet den Schachtdeckel, der zum Glück gegen den Seegang geschützt ist. Währenddessen treibt Michaudon an Steuerbord eine Gymnastik anderer Art. Er liegt platt auf Deck, die Nase fast auf und zuweilen in der See. Er klappt die Welle herunter, an deren Ende die Schraube sitzt, und sichert sie mit dem Bolzen. Ohne diese Sicherheitsvorrichtung würden die Schraubenflügel unter dem Seegang leiden. Michaudon steht auf, geht nach Backbord und macht sich dort an die gleiche Arbeit.
Der Schacht ist vollkommen trocken. Willm hockt vor der Kabinentür und dreht den Schraubenschlüssel. Ich biete ihm zwar ein paarmal an, ihn abzulösen, aber er setzt sein mühseliges Werk wortlos fort, drückt die Tür auf und verschwindet in der Kabine. Am Telephon meldet er sich wieder:
«Alles in Ordnung, sogar das Gefäß.»
«Hallo – haben die Elektromagneten Strom?»
Die Taucher sind soeben angekommen und stellen einen Augenblick ihre Bootshaken neben mir ab. Ob sie wieder ein paar Haie abwehren müssen, wie vor der Leerfahrt?
«Elektromagneten haben Strom», antwortet Willm, «Stromstärke normal.»
Piovano und die anderen Taucher warten auf unsere Befehle. Ich helfe

Michaudon und dem Matrosen Pierret, vorsichtig den Taustopper zu lösen, der die Fallkette hält. Wenn sie zu schnell ins Wasser fällt, kann die Achse des Hebels verbiegen, der von dem Elektromagneten gehalten wird. Ihre langen Bootshaken nach vorn gerichtet, verschwinden die Taucher unter der Oberfläche. Jede Welle hüllt den Bathyskaph in Gischt, so daß wir die Schwimmer nicht an den aufsteigenden Luftbläschen verfolgen können. Willm hat seine Aktentasche im Turm liegenlassen. Ich schaffe sie in die Kabine, da ich im Augenblick nichts Besseres zu tun habe. Aber als ich wieder an Deck komme, erscheint ein Taucher mit leeren Händen an der Oberfläche.

«Der Bolzen des hinteren Backbordsilos geht nicht ab, Herr Kapitän! Man hat ihn in Dakar schlecht eingesetzt. Sobald wir ihn zu lösen versuchen, läuft der Schrot aus.»

Er ist vor lauter Anstrengung ganz außer Atem.

«Sagen Sie Piovano, er soll die anderen wieder heraufkommen lassen.»

Ich rufe Willm an. Wir können unmöglich tauchen, wenn der Ballast in einem Silo blockiert ist. Der Sicherheitskoeffizient ist dann zu gering. So hängt das Unternehmen an ein paar Schrotkörnern, die sich zwischen den Weicheisenring und die Wicklung geklemmt haben! Dadurch ist die Öffnung zu groß für den Strom und die Magnetwirkung nicht mehr stark genug.

«Wenn ich die Körnchen herauskratze, rutschen andere nach.»

Natürlich! Ich schlage Willm auf die Schulter:

«Wie gut, mein Lieber, daß Sie eine Tonne Schrot auf die ‹Elie Monnier› haben bringen lassen!»

«Sehen Sie!»

Er lächelt triumphierend. Es grenzt aber auch fast an ein Wunder, daß ihm dieser Gedanke ein paar Stunden vor dem Auslaufen in Dakar noch gekommen ist. Denn gewöhnlich nehmen wir nur fünf bis sechs Schrotsäcke auf der «Elie Monnier» mit. Wenn dann der Bathyskaph zu leicht ist, helfen diese 200 bis 300 Kilo beim Untertauchen. Aber Samstagmorgen hatte Willm kurz vor der Abfahrt 20 Säcke an Bord bringen lassen. Ich hatte mich noch über seine übertriebene Vorsicht gewundert, aber keinen Einspruch gegen diese Schrulle meines Kameraden eingelegt, da die Säcke ja niemanden störten. Was wäre sonst aus unserem 15. Februar geworden? Sicher hätte die Tauchfahrt auf 4000 Meter gar nicht stattgefunden!

Nun können wir dank Willm einen heldenmütigen Beschluß fassen: Wir lassen den Silo leerlaufen, den Bolzen abschrauben, den Weicheisenring zurechtrücken und den Silo wieder füllen.

Ich rufe zunächst Ortolan an und erkläre ihm die Lage.

«Ich schicke das Schlauchboot jedesmal mit zwei Sack, bis Sie Ihre Tonne haben», antwortete er.

Das Boot der «Tenace» hilft dabei. Gut, daß wir so zwei Fahrzeuge haben! Ich weiß, daß der Transport schwierig wird. Unter dem Bathyskaph gibt es ebenfalls harte Arbeit. Le Trône, ein junger Taucher, der das «Handwerk» erst kürzlich erlernt hat, macht sich mit Piovano daran, den Silo zu leeren. Mit viel Mühe lösen die beiden den Bolzen. Dann tauchen sie abwechselnd,

um nicht zu viel Sauerstoff aus ihren Flaschen zu verbrauchen, und sehen nach, ob der Schrot ausrieselt. Zuerst kommen die Körnchen nur spärlich, dann immer schneller.
«Der Silo ist leer», teilt Piovano mir endlich mit. «Wir putzen die Öffnung noch aus.»
Er taucht wieder zu Le Trône hinunter.
Willm wartet in der Kabine auf unsere Weisung, den Strom wieder einzuschalten. Diesmal sperrt der Elektromagnet richtig. Nun noch den Hebel herunter, und der Silo kann wieder gefüllt werden.
Das Schlauchboot legt mit zwei Säcken am Bathyskaph an. Oder besser: Es tanzt am Bathyskaph entlang. Ich nehme ein Tau, und die Matrosen binden den ersten Sack daran.
«Vorsicht, Herr Kapitän, daß er nicht aufplatzt!» ruft der Matrose Pierret mir zu.
Mit einer Hand halten wir uns an dem Strecktau, mit der anderen lassen wir das dicke Paket vor unsere Füße «springen». Willm bringt es nach hinten und schüttet den Inhalt in den weitgeöffneten Silo. Michaudon läßt den zweiten Sack nachfolgen. Ich sehe, wie sich die beiden wieder aufrichten und die leeren Säcke ins Meer werfen. Willm schimpft:
«Diese Idioten! Sie haben einen Sack ins Wasser fallen lassen!»
Wir richten unsere ganze Aufmerksamkeit auf die «Elie Monnier». Die beiden Matrosen, die dort das Schlauchboot wieder laden, haben den Sack verloren. Zunächst bin ich wütend darüber, aber kann man ihnen bei dem Seegang einen Vorwurf machen?
Die zweite Ladung kommt längsseits. Wieder hieven wir einen Sack auf Deck. Michaudon und Willm greifen zu. Hau-ruck! den nächsten! Da rutscht uns das Tauende aus den Händen. Alle drei beugen wir uns vor, ihn zu halten. Zu spät! Er verschwindet zwischen Schlauchboot und Bathyskaph. 50 Kilo Eisen saufen schnell ab ... die sind eher als wir in 4000 Meter Tiefe! Ich werde mich hüten, noch einmal etwas über die Ungeschicklichkeit der anderen zu sagen! Aber die Arbeit ... von vier Säcken zwei verloren! Jetzt haben wir bestenfalls noch 900 Kilo. Ich frage Willm, was er dazu meint.
«Ich habe den Bathyskaph gleich etwas mehr belastet, damit es nicht an einem oder zwei Säcken hängt», sagt er leicht spöttisch. «100 Kilo weniger machen nicht viel aus. Im Notfall lassen wir etwas Benzin ab.»
«Dann wird es also klappen, wenn wir nicht noch mehr Säcke ins Meer werfen!»
Wir geben jetzt doppelt acht. Inzwischen haben wir auch heraus, wie es am besten geht. So bringen wir den Rest glatt an Bord. Ich sehe auf die Uhr und knurre:
«Das hat uns eine Stunde gekostet! Jetzt können wir nicht so lange auf Grund bleiben!»
«Wenn wir erst bei 2000 Meter bremsen, können wir 30 Minuten herausholen», schlägt Willm vor, ehe er in der Kabine verschwindet, wo er sich um die Belüftung kümmert, den Tiefenschreiber anstellt und die elektrische Kontaktuhr aufzieht.

Ehe ich ihm folge, muß ich noch die Bolzen von den Außenbatterien abnehmen. Platt auf Deck liegend schraube ich sie los. Ich bin zwar leidenschaftlicher Taucher, aber wenig erbaut, daß mir die Wellen den Kopf waschen, wenn ich es am wenigsten erwarte. Die zwei letzten Taucher sind abgesprungen, und nur Michaudon ist noch an Deck. Ich drücke ihm die Hand. Dann zwänge ich mich in den Schacht und schließe den Deckel. Die beiden Fenster erscheinen kaum durchsichtig. Sie verbreiten ein mattes Smaragdgrün. Mit dem Handrad drehe ich den Schachtdeckel fest zu.

«Es ist ja erst 9 Uhr 45, also haben wir reichlich Zeit ...», murmle ich vor mich hin, während ich die Leiter hinunterklettere und dabei schnell nachsehe, ob der Hahn des Schachtmanometers offen ist. Dann steige ich in die Kabine und ziehe die 250 Kilo schwere Tür zu. Mit dumpfem Krachen schließt sie sich.

«Schnell, damit wir endlich tauchen!» drängt Willm.

Er hat es begreiflicherweise eilig. Auf Deck war das Schlingern noch auszuhalten, aber hier werden wir fast unerträglich hin- und hergeschüttelt. Nach den Kraftanstrengungen mit den Säcken haben wir nun wirklich genug.

«Geben Sie den Schraubenschlüssel her! An die Arbeit!»

«Und die 16 Schrauben!»

«16 Stück! Wirklich genial von dem Fabrikanten!»

«Es ginge sicher auch mit viel weniger!»

«Damit können wir uns jetzt nicht abgeben.»

So schwatzen wir bei der Arbeit. Willm geht an das Telefon:

«Hallo, Michaudon, die Tür ist zu, werfen Sie das Schleppseil los!»

Es knackt im Lautsprecher. Dann hören wir Ortolan:

«Hallo, Bathyskaph! Hier ‹Elie Monnier›. Letzte Lotungen: ‹Elie Monnier› 4050, ‹Beautemps-Beaupré› 4080.»

Wir sind also nicht abgetrieben.

«Das Schleppseil ist los», meldet Ortolan weiter.

Jetzt kann der Abstieg beginnen. Wir nehmen beide unseren Block zur Hand. Lieber verlassen wir uns auf die Aufstellung, die wir in Ruhe im Büro gemacht haben, als hier im Bathyskaph lange nachzudenken. Auf dem Block steht, in welcher Reihenfolge wir vorgehen müssen: Ventile eins und zwei öffnen. – Bis 50 Kilo Druck pumpen.

Nachdem das Öldruckventil geschlossen ist, weist Willm Michaudon telefonisch an, die Hähne der Luftkammern zu öffnen. Wir hören, wie er über Deck geht. Dann pfeift es im Telefon:

«Alle Hähne auf», meldet er.

«Öffnen Sie das Schachtventil.»

Mit dem Schraubenschlüssel bearbeitet er das Gestänge des unteren Ventils.

«Ist auf», verkündet er.

«Gut! Dann verschwinden Sie! Bis nachher!» gibt Willm zurück.

Nun hält lediglich der leere Schacht den Bathyskaph noch an der Oberfläche; wir brauchen nur das Öldruckventil zu öffnen, und der Abstieg beginnt.

«Hallo, ‹Elie Monnier›, hier Bathyskaph. Wir sind tauchklar. Geben Sie uns Bescheid, sobald Ihre Leute außer Reichweite sind.»

Die Wartezeit wird uns lang.
«Hallo, Bathyskaph, Sie können tauchen!»
Das lassen wir uns nicht zweimal sagen.
«Ventil eins und drei», gibt Willm an.
Ich eile an das Türfenster. Es ist schon unter Wasser. Durch den Funk teilt man uns wie sonst mit:
«Ihr Deck taucht unter ... das Wasser reicht bis an den Turm ... der Turm ist halb unter Wasser.»
Das Niederdruckmanometer läuft an, und der Zeiger steigt auf 5 Meter 50. Der Bathyskaph ist also schwer genug. Der Zeiger des Logs schlägt ein paarmal unregelmäßig aus: Die Wellen haben die Flügel des Apparats in Bewegung gesetzt.
«7 Meter ... 8 Meter ... 9 Meter ... 10 Meter», liest Willm ab. Ich notiere, 10 Uhr 08, Verbindung zur Oberfläche hört auf. Nun ist es geschafft, und alle Mühen von heute morgen sind vergessen. Schon schwankt die Kabine nicht mehr, kein Rollen ist mehr zu spüren. Nun geht es vier Kilometer in die Tiefe. Die Freude über unseren Abstieg, die «Ruhe nach dem Sturm», vor allem aber das Gefühl, daß wir nun von der Welt losgelöst sind, lassen alle Sorge schwinden. Jetzt kann uns kein Mensch mehr helfen, weder Befehle noch Ratschläge erreichen uns. Der Gedanke, allein Herr über unser Schicksal zu sein, berauscht uns. So fuhren einst Seeleute zu unbekannten Gestaden aus. Sie aber hofften noch, dort ihresgleichen zu finden, während ich mich mit Willm in eine Welt vorwage, in der nur eine eigenartige Tierwelt lebt und wo noch nie ein Mensch auch nur einen Augenblick gewesen ist.
Ich hocke vor dem Fenster und beobachte, wie das Smaragdgrün allmählich eine Saphirfärbung annimmt.
«40 Meter ... 50 Meter. Das Niederdruckmanometer hat voll ausgeschlagen», teilt mir mein Kamerad mit.
Das große Manometer über mir löst das Instrument ab und steht bereits auf zehn Kilo Druck. Wir sind also 100 Meter tief und sinken 30 Zentimeter in der Sekunde.
Um 10 Uhr 15 zeigt der Scheinwerfer, daß in 120 Meter Tiefe die «Suppe» ziemlich dick ist. Wir sehen schnell die Blitzlichtgeräte und die anderen Beleuchtungsapparate nach – alles in Ordnung.
Nun kommt Willm an das Fenster. Um 10 Uhr 30 sendet die FNRS 3 planmäßig: «B ... B ... B ... O. 2 ... O. 2 ...» (hier Bathyskaph, alles in Ordnung, 200 Meter) nach oben.
Ich bringe mein Ohr dicht an den Hörer, aber die 200 Meter zwischen uns und der Oberfläche sind wie eine Watteschicht. Für ein paar Sekunden sind unsere Gedanken dort oben, und wir bedauern unsere Kameraden, die sich Sorgen um uns machen auf ihrem Schiff, das weiter schlingert und stampft. Wie fern sind sie für uns!
«Ob sie unsere Sendungen hören?» fragt Willm.
«Vielleicht. Jedenfalls haben sie Vertrauen in unser Boot.»
Wir auch, aber der Unterschied ist der, daß wir hier unsere Arbeit tun, während sie nur auf dem Meer zu warten haben. Ungewißheit ist immer

beunruhigend. Ortolan steht bestimmt auf der Brücke und zögert, sich von dem grün schillernden Fleck zu entfernen, der mit jeder Welle größer wird. «Großer Faden mit Leuchtpunkten. Röhrenquallen. Das Wasser ist nicht sehr klar.» Ich schreibe Willms Bemerkungen mit. Eben habe ich selbst über seine Schulter weg das Meer gesehen. Es scheint wirklich trüber als sonst zu sein. Das Planktongewimmel hebt sich von sehr dunklem Grund ab. «Hören Sie, bei dieser Geschwindigkeit sehe ich aber nicht viel!» bemerkt Willm. «Bleiben sie nur solange am Fenster, bis ich mich umgezogen habe, dann können Sie das auch tun.»

Als ich trockene Sachen anhabe, denke ich daran, wie ich platt auf Deck gelegen habe. In der Kabine ist man eben doch besser aufgehoben. Vorsichtig zieht Willm sich um. Dann lachen wir uns an: So ist es doch gemütlicher! Ich setze mich auf die große Kiste, die Kamera und Filme enthält. Wenn uns der Doppelscheinwerfer nicht im Stich läßt, können wir vielleicht am Grund filmen. Noch ein Verkehrshindernis liegt auf dem Fußboden: ein Notfunkgerät mit einem Drachen, der durch ein 100 Meter langes Kabel mit dem Sender verbunden ist.

Sollten wir an unvorhergesehener Stelle auftauchen, kann uns das Peilgerät des Wasserflugzeugs schnell ausmachen.

Ich nehme wieder den Bleistift zur Hand.

«10 Uhr 40. 400 Meter. Ein paar Röhrenquallen.»

«Es regnet!»

Wer von uns hat diese alberne Bemerkung gemacht, die ich da treu und brav aufschreibe? Wir sehen zur Decke. Durch den Druck werden die beiden Halbkugeln der Kabine dichter aufeinandergepreßt, und aus der Fuge quellen ein paar Tropfen hervor.

Ich lese den Kompaß mehrmals ab. Der Bathyskaph dreht sich während des Abstiegs, aber nur langsam: bis jetzt, in 700 Meter Tiefe, um 30 Grad.

Um 11 Uhr erhalten wir auf unser «O. 7 ... O. 7 ... » (alles in Ordnung, 700 Meter) keine Antwort. Sicher kreist das Wasserflugzeug schon über dem Tauchort. Willm schaltet bald einen zweiten Scheinwerfer ein, dann wieder erhöht er nur die Spannung des ersten, der das klare Wasser bis tief unter die Kabine erleuchtet.

«Glauben Sie, daß hier kein Plankton mehr ist ... daß das Leben plötzlich aufgehört hat, oder sind die Tierchen nur so klein, daß wir sie nicht sehen?» frage ich.

«Keine Ahnung.»

Ich schreibe jedenfalls auf: «1000 Meter, keine Lebewesen mehr.»

Die Manometer steigen langsam an. Von dem einen tropft regelmäßig Öl herunter. Willm holt einen Schraubenschlüssel. Wir ziehen die Verschraubung der Stopfbüchse ein paarmal vorsichtig an. Das Rohr darf dabei nicht beschädigt werden, lieber verzichten wir darauf, das kleine Rinnsal zu beseitigen. Der einzige Schaden, den es anrichten kann, ist eine Ölhaarwäsche für den Beobachter vor dem Fenster.

11 Uhr 30. Die Manometer zeigen 2000 Meter an. Noch 100 Meter, dann sind wir tiefer als je zuvor.

«Erinnern Sie sich an unsere Tauchfahrt am 14. August vor Toulon, Willm? Wie weit das schon zurückliegt, nicht?»
«Damals hat man uns noch für Wundertiere gehalten.»
«Wohl nicht ganz zu Unrecht. Wo doch nie zuvor ein Bathyskaph mit Besatzung 2000 Meter tief getaucht war ...»
«Nicht einmal 500! Jetzt müssen wir unseren Rekord verdoppeln. Wir können ohne weiteres eine Tonne Ballast abgeben. Wollen wir nicht etwas bremsen?»
Statt zu antworten nehme ich meine Uhr und gebe das Zeichen. Nach 100 Sekunden läßt Willm den Knopf los.
Das hat zwar nicht lange gedauert, aber ich komme nun mit meinem Funkspruch an die Oberfläche etwas zu spät.
Es ist 11 Uhr 32. «O. 20 ... 20 ...» (alles in Ordnung, 2000 Meter) gebe ich durch.
Da auf der «Elie Monnier» ständig jemand am Ultraschallgerät ist, wissen sie nun oben, daß wir jetzt tiefer sind als bei der letzten Fahrt. Draußen gibt es wieder «Suppe» zu sehen. Ich verstärke die Spannung des Scheinwerfers und sehe ein Gewimmel von winzigen Planktonteilchen. Wahrscheinlich haben wir die Tierchen vorhin nicht erkannt, weil wir angenommen haben, daß sie größer wären.
Um 12 Uhr sind wir 3000 Meter tief. Ein Kilometer in 30 Minuten, das ist zugleich viel und wenig! Zum genauen Beobachten fahren wir zu schnell, im Hinblick auf die 1000 Meter, die noch unter uns liegen, geht es uns zu langsam. Dennoch beschließen wir, zu Ehren der erreichten Tiefe etwas zu bremsen. Willm läßt eine weitere Tonne Schrot aus den Silos laufen. Die Fahrtgeschwindigkeit nimmt zwar merklich ab, aber noch nicht genug. Nach einer weiteren Ballastabgabe von 20 Sekunden kommt das Boot zum Stillstand. Der Logzeiger fällt auf Null, und der Tiefenschreiber verzeichnet einen Absatz.
Schnell einen Blick durch das Fenster. Das Meer ist regungslos. Rote Krabben mit langen Fühlern eilen wie flüchtige Punkte vorbei. Weiße Tupfen schnellen im Zickzack durch das unbewegte Wasser. Ich notiere im Logbuch: «Manche haben es sehr eilig.»
Sickert auch kein Wasser durch? Wir sehen nach. Kabel und Röhren sind vollkommen dicht. An den Fenstern ist auch nichts Beunruhigendes zu entdecken. Wir wissen, daß sie 9000 Meter aushalten würden. Die beiden Kabinenhälften liegen durch den starken Druck fest aufeinander; es «regnet» schon lange nicht mehr. 590 Tonnen drücken die Tür in ihre Füllung, und man könnte ohne weiteres die 16 Schrauben abnehmen; im Vergleich zu dem Außendruck leisten sie minimale Arbeit. Dabei liegt das letzte Viertel unseres Abstiegs noch vor uns!
Wir sind mit unserer Untersuchung fertig und lauschen nun. Schon öfters haben wir bei unseren Tauchfahrten rieselnde Laute gehört, deren Ursache wir nicht kannten. Heute durchbricht nur das Pfeifen der Sauerstoffflaschen und das Schnurren der Transformatoren die Stille. Diese vertrauten Geräusche machen unsere Kabine zu einem gemütlichen, ruhigen und sicheren Obdach.

Die Außentemperatur des Wassers beträgt 5 Grad, das Benzin in den Kammern hat sich auf 13 Grad abgekühlt. Dadurch sinken wir von selbst wieder. Nach drei Minuten steigt der Logzeiger von neuem.
«Fließt Ihre Suppe wieder aufwärts?» fragt Willm.
Ich drehe mich um und schimpfe:
«Hören Sie, Ihre Suppe geht mir langsam auf die Nerven. Zugegeben, daß ich diesen unseligen Ausdruck erfunden habe, aber sagen Sie ‹Plankton› oder was immer Sie wollen, nur nicht ‹Suppe› oder gar ‹Fischsuppe›, wie dieser südfranzösische Pressemann, der seinen Pariser Kollegen übertrumpfen wollte!»
Willm macht nicht den Eindruck, als sei er nach dieser Standpauke erschüttert. Er beugt sich über ein Stück Papier und kritzelt ein paar Zahlen darauf. Nun holt er sogar in vollendet gespielter Gleichgültigkeit seinen Rechenschieber heraus! Immer wieder muß ich über ihn staunen. Er ist mit Leib und Seele Ingenieur und denkt einfach an alles.
«Vor 13 Uhr kommen wir nicht auf Grund», bemerkt er.
«Macht doch nichts! Der Erfolg ist uns so gut wie sicher, die Manometer steigen langsam: 3000 ... 3200 ... Wir haben ja Zeit. Und wir sind die ersten hier unten!»
«Drei Kilometer tief – was ist das schon!»
«Immerhin haben die Menschen diese zugleich uralte und neue Welt Jahrtausende unberührt gelassen!»
«Wenn wir so weiter philosophieren, vergessen wir womöglich noch unser eigenes bescheidenes Dasein!»
Willm steht auf und hält mir den Drägerapparat hin. Hat der Kohlensäuregehalt der Kabine seit Beginn des Abstiegs zugenommen? Ich klappe den Deckel auf, tränke das Filterpapier mit ein paar Tropfen Kalilösung, schließe den Kasten wieder und halte ihn waagrecht in der Hand, weil wir keine ebene Stelle in der Kabine haben, wo man ihn hinstellen könnte. Der Ölstand in dem Glasrohr steigt und bleibt bei «1%» stehen. Die Kalipatronen saugen die Kohlensäure also ganz wie vorgesehen auf. Wir werden bestimmt nicht ersticken.
Die Benzintemperatur fällt weiter bis auf zehn Grad. Willm schreibt meine Bemerkungen auf: «12 Uhr 27. 3300 Meter. Viele Lebewesen, darunter ein paar Garnelen und Röhrenquallen.»
Eigentlich sind meine Tierbezeichnungen doch sehr gewagt. Ich bin weder Biologe noch Spezialist für Tiefseefauna. Willm sollte lieber schreiben: «Röhrenquallenförmige Körper.»
Schon 3500 Meter! Wir nähern uns dem Grund. Wenn die FNRS 3 senkrecht hinabgetaucht ist, sind es noch 550 Meter. Zwar ist der Meeresboden nach den Lotungen der «Elie Monnier» plan, aber es gibt vielleicht Felsen und kleine Hügel auf der riesigen Ebene unter dem Bathyskaph. Also wollen wir lieber vorsichtig sein. Es wäre recht unangenehm, wenn ein Felsen uns aufspießte oder wir auch nur im Schlamm steckenblieben.
«Schalten wir das Echolot ein.»
Wir lassen nacheinander die beiden Schalthebel herunter, und das Surren des

kleinen Motors gesellt sich zu den vertrauten Geräuschen. Die Skala leuchtet auf, und der Zeiger läuft über das Papier. Er zeichnet die Sendungen in kleinen Strichen auf, aber kein Echo erreicht unseren Empfänger.
«Wir sind noch zu weit vom Grund», meint Willm.
«Ja, aber wir wollen trotzdem bremsen.»
Während ich 20 Sekunden auf den Knopf drücke, beschreibt Willm mir einen Quallenschwarm.
«Die Tiere sind nicht sehr groß.»
«Was zeigt das Manometer an?»
Mein Kamerad dreht sich um:
«3800!»
Hat nicht eben das Echolot einen schwachen Strich aufgezeichnet? Da – wieder! Der Stift bleibt auf dem Papier und hinterläßt eine Spur. Dann entsteht eine fortlaufende Linie. Diesen einmaligen Augenblick müssen wir festhalten! Sogleich schreibe ich auf: «12 Uhr 55. Grund in 200 Metern angepeilt.»
Die Kurve neigt sich: 180 Meter ... 160 Meter ... Wir sinken ziemlich schnell. Rasch lassen wir erst 25, dann 15 Sekunden Ballast ab. Um 400 Kilo erleichtert bewegt sich der Bathyskaph nur noch unmerklich abwärts. Ohne das Echolot, das den allmählich schwindenden Abstand vom Grund anzeigt, könnte man glauben, das Boot stehe still.
«130 Meter ... Aber es ist 13 Uhr!» sagt Willm.
Um mit der Meldung nicht zu spät zu kommen, gehe ich schnell an die Ultraschallmorsetaste.
«O. 40 ... O. 40 ...» sende ich aus. Wieder und wieder drücke ich auf die Morsetaste. Der Rhythmus gibt unsere Freude wieder.
Als ich aufhöre, haben wir wirklich 4000 Meter erreicht.
Empfangen sie oben unsere Sendung? Ich stelle mir Ortolan und Michaudon am Hörer vor. Die Nachricht wird wie ein Lauffeuer von der «Elie Monnier» zur «Tenace» und zur «Beautemps-Beaupré» gehen!
Die Besatzung des Bathyskaphs ist bei dem Manöver der «Landung». Willm hält durch das Fenster nach dem Grund Ausschau, während ich 10 Sekunden lang Ballast abgebe. Wie unendlich langsam wir sinken!
Um 13 Uhr 10 sind es noch 40 Meter. Die Temperatur des Wasser beträgt drei Grad, das Benzin kühlt sich weiter ab und erhöht das Gewicht des Bathyskaphs. Wir sind schon über 4000 Meter hinaus.
«Ich sehe den Grund!» ruft Willm. Damit entlädt sich unsere übergroße Spannung. Ich bitte ihn, mich an das Fenster zu lassen. Wenn wir doch zwei Beobachtungsposten hätten! So kann mein Kamerad den Meersboden nicht mehr sehen. Er gibt statt dessen auf das Echolot acht.
«20 Meter ... 15 Meter ... 10 Meter!»
Die Fallkette ist aufgekommen. In ein, zwei Sekunden kommt das Boot zum Stillstand. Der Bathyskaph hält sich über seiner Kette vollkommen im Gleichgewicht und krönt so unsere drei Jahre lange Arbeit.
Ich reiße die Augen auf, um besser zu sehen, was die Tiefe birgt. Ein großer Lichtkreis von sieben bis acht Meter Durchmesser fällt auf sehr feinen und

weißen Sand ... Wie vor drei Wochen in 750 Meter Tiefe weist der Boden lauter kleine Unebenheiten und Hügelchen auf. Kleine Erhöhungen wechseln mit Rillen ab. Ich erkenne Löcher. Wie merkwürdig sieht die Erde hier aus!
«Da sind Fußspuren!» rufe ich aus.
Willms Lachen hallt in der Kabine wider, als er getreulich mitschreibt:
«Geben Sie mir Bescheid, wenn der Himalajamensch der Tiefsee kommt!»
Ich hätte mir ja denken können, daß diese Antwort kam.
«Schauen Sie doch selbst!»
Ich überlasse ihm das Fenster. Begierig legt er die Stirn an das Plexiglas und dreht sich nicht einmal um, als ich ihm vorschlage, die Motoren anzustellen. Wir sind noch fünf Meter über dem Grund, das müssen wir ausnutzen! Ich hebe den Deckel, unter dem der Schaltkasten liegt, und bewege die Hebel.
«Beide Motoren große Fahrt voraus!»
«Der Grund gleitet unter uns weg», sagt Willm.
Aber es ist 13 Uhr 30 ... wir müssen die Oberfläche verständigen, daß es uns in 4000 Meter Tiefe gut geht.
«O. 40 ... O. 40 ...»
Unsere Kameraden dort oben können sich unmöglich vorstellen, wie wir uns freuen. Da unter uns ist der Grund, der uns die Wassermassen vergessen läßt, die uns von der Oberfläche trennen. 50 000 Tonnen lasten auf unserer Behausung, aber wir merken es nicht. Nach einer 200 Kilometer langen Seefahrt und einem vier Kilometer tiefen Abstieg sind wir wieder auf sicherem, festgefügtem Boden! Er nimmt das unbestimmte Angstgefühl von uns, das uns trotz unserer Vorfreude während des Abstiegs verfolgt hat. Wir haben es uns zwar nicht mit Worten eingestanden, aber die Tauchfahrt war doch etwas unheimlich. Hinter nachtschwarzen Wänden, in deren Mitte wir hinabgesunken sind, hat sich eine feindliche Welt verborgen. Auf diesem Fleckchen Erde da unter uns fühlen wir uns heimisch, wenn es auch tief unten im Meer liegt.
Ich schalte die Motoren aus und gehe an Willms Platz vor dem Fenster. Durch die Abkühlung des Benzins ist die FNRS 3 noch schwerer geworden. Bald kommt der Kiel auf Sand, der kaum ein Meter unter mir liegt. Fasziniert betrachte ich eine Seeanemone, die wie eine Vision aus dem Sande aufgestiegen ist. Unter der Strömung beugt sich ihr Stiel ein wenig. Welch seltsamer Anblick! Wenn ich nicht genau wüßte, daß es ein Tier ist, würde ich schwören, es sei eine Blume ... oder zumindest eine Pflanze. Auf dem etwa 30 Zentimeter langen Stiel entfaltet sich der vier bis fünf Zentimeter breite und wohl handhohe Blütenkelch. Wie eine Tulpe! In Wirklichkeit aber ist es ein Haufen kleiner Tierchen, die aufeinander am Grund festsitzen. Ich hole schleunigst meinen Fotoapparat, schalte ihn mit dem Blitzlichtgerät zusammen, stelle ein und knipse. Wenn nur die Aufnahme gelingt und wir die Fotographie von unserer 4050-Meter-Fahrt in den Atlantik mit hinaufnehmen können!
Dann überlasse ich Willm die «Tulpe» und spanne einen neuen Film ein. Dabei unterhalten wir uns.

«Der Grund scheint bewohnt zu sein», sagt Willm, «aber man kann nicht sehen, von wem.»
«Auch bei 700 Metern hat es eine Weile gedauert, bis die Krebse kamen! Gedulden Sie sich ein wenig ... Wenn sie aus ihrem Bau hervorkommen, sind sie bestimmt nicht zu übersehen!»
«Richtige Höhlen!» gibt Willm zurück. «Da – ein Hai! Er kommt näher!»
Diese Tiere wollen uns anscheinend jedesmal besuchen, wenn wir auf Grund kommen, und Willm fängt sofort mit der Beschreibung an.
«Der hier sieht nicht gefährlicher aus als seine Artgenossen im Mittelmeer ... Ein gutmütiger Dickkopf! Die Haie an der Oberfläche sehen anders aus.»
Sicher ist die Bezeichnung «Hai» unangebracht. «Aus der Familie der Haie» wäre biologisch wohl richtiger. Aber die Taufe unseres Besuchers werden wir anderen überlassen.
«Geben Sie mir den Apparat! Das Tier hat ein riesiges Maul, und seine Schwanzflosse geht langsam hin und her ... Es bewegt sich nicht, das Licht scheint es nicht zu stören.»
Willm ist begeistert, aber bis ich den Film eingespannt habe, ist der «Seestreicher» schon fort. Schwimmt er um die FNRS 3 herum? Ich nehme an, daß er wieder zu den Seinen zurückgekehrt ist. Was mag er von dieser seltsamen Begegnung denken? Erzählt er seinen Genossen davon, die ihn womöglich für verrückt oder zum Spökenkieker erklären? Ob er eine Berühmtheit unter den Haien wird, als einziger, der lebende Menschen gesehen hat?
«Nun haben wir kein Bild von ihm, wie schade! Aber geben Sie mir das Logbuch!»
Willm entwirft aus dem Kopf eine Skizze.
Es wird kalt in der Kabine. Die Temperatur ist auf zehn Grad gesunken. Aber der Raum ist so beschränkt, daß wir uns nicht bewegen können. Also ziehen wir Wollpullover an. Geduld, vielleicht kommen noch andere Besucher!
Plötzlich läßt ein kurzes Grollen die Kabine erzittern. Da oben im Schwimmkörper geht etwas vor ... Willm dreht sich herum. Wir sehen uns an. Keiner sagt ein Wort. Wir vergegenwärtigen uns schnell die Lage, da halten wir den Atem an: Wieder das Geräusch! Ist es nicht lauter als vorhin? Und auch anhaltender? Die Kabine zittert. Unser Schweigen sagt mehr als Worte, aber ... das Fenster! Es ist Nacht draußen.
«14 Uhr 06», bemerkt Willm, «die Batterien sind abgefallen.»
So ist es, und um 1200 Kilo leichter steigt der Bathyskaph nach oben. Gegen diese Aufwärtsbewegung sind wir machtlos.
«Wie schade!» entfährt es mir.
«Das war zu früh! Wir hätten es noch gut ein bis zwei Stunden auf dem Grund ausgehalten! Warum haben die Magneten hier versagt?» fragt Willm.
Das war eben Pech – oder die Strafe für unseren Wagemut?
«Immerhin ein sehr großer Erfolg!» Und zum Trost füge ich hinzu: «Die Sicherheitsvorrichtungen funktionieren jedenfalls.»

Willm hat die betreffende Sicherung für die Außenbatterien herausgeschraubt: Sie ist durchgebrannt. Wir müssen warten, bis wir in Dakar sind. Dort werden wir herausbekommen, warum diese plötzliche Überspannung eingetreten ist und unserem Aufenthalt in 4050 Meter Tiefe vorzeitig ein Ende gemacht hat.
Mein Freund sieht tieftraurig aus. Ich begreife, daß Materialschäden ihn als Ingenieur treffen. Der Verlust unserer Batterien ärgert ihn. Auch mich, aber ich messe dem Zwischenfall auf dieser wunderbaren Fahrt keine so große Bedeutung bei. Zweimal war die FNRS 3 über 4000 Meter tief! Liegt nicht eine herrliche Zukunft vor uns?
«Lassen Sie's gut sein, Willm, wir werden Ihre Batterien ersetzen! Wissen Sie, daß wir seit 7 Uhr morgens nichts gegessen haben? Wie wäre es, wenn wir mal nachsähen, was uns der Koch mitgegeben hat?»
Ich öffne die Tasche, aber erst nach einer Weile und nur zögernd antwortet Willm:
«Es ist meine letzte Tauchfahrt.»
Sofort ärgere ich mich über mich selbst. Ich hätte daran denken sollen, daß mit dieser Siegesfahrt für Willm die herrlichste Zeit zu Ende ist, in der wir so oft gemeinsam getaucht sind. Der Ingenieur hat die lange Reihe der Probefahrten zu gutem Ende gebracht. Nun muß er dem Benutzer weichen. Zwar macht ihm die FNRS 3 bestimmt noch manche Arbeit, das mag er mir glauben, aber er kann sich nun nie mehr zum Fenster hinabbeugen und den Ausblick genießen oder einen Hai anlachen, der als gutmütiger Wächter der Tiefe herankommt. Nie mehr wird er rufen: «Da ist das Ungeheuer!» wenn ein Krebs unser Fahrzeug in Augenschein nimmt.
Ich errate, was in meinem Kameraden vorgeht, aber mir fällt nichts ein, was ich ihm sagen könnte. Er nimmt das belegte Brötchen, das ich ihm hinhalte, und wendet sich wieder dem Fenster zu. Ich mache ihm den Platz nicht streitig, denn ich fühle mit ihm. Künftig werde ich mit anderen tauchen. Mit Wissenschaftlern, die hochinteressante Forschungen anstellen. Ich freue mich darauf, ihre Arbeit zu verfolgen und durch sie das Meer besser kennenzulernen. Aber sie sind doch nur Passagiere und keine Besatzung!
Ich sehe, daß es 14 Uhr 33 ist. Wieder habe ich die Meldung vergessen! Schnell schalte ich das Funkgerät ein:
«O. 27 S ... O. 27 S ...» (alles in Ordnung, 2700 Meter, wir steigen).
Auf dem Türabsatz versinke ich wieder in Gedanken. Ja, die alte Besatzung des Bathyskaphs wird aufgelöst, nachdem wir zwanzig Monate zusammen gekämpft, Freud und Leid und auch Angst geteilt haben ... gerade vorhin noch! Zu solch einem Gefährten hatte ich volles Vertrauen; kennt er doch die FNRS 3 bis ins letzte, errät, wie sie reagiert, wo ihre schwachen Punkte liegen und was man mit ihr machen kann. In Zukunft bin ich allein ...
«Mein Gott, hat das Benzin sich abgekühlt! Ein Grad noch! Meerwassertemperatur drei Grad.»
Willm ist wieder der alte. Er schreibt die Angaben der Meßgeräte auf.
«Ja, das Benzin dehnt sich eben ständig aus.»
Gemächlich essen wir fertig und leeren die Flasche.

«Sie werden schon noch hin und wieder tauchen», sage ich.
«Was sollte der Anlaß dazu sein?»
Ich bin sicher, daß Willms Gegenwart und unser gemeinsames Aufhorchen bei ungewöhnlichen Geräuschen mir fehlen werden. Scherzhaft antworte ich: «Sie werden mir doch wohl helfen, ein paar Batterien im Roten Meer oder im Stillen Ozean loszuwerden! Sie haben ja vorhin gesehen, wie kinderleicht das ist!»
Willm lächelt. Er hat mir Vorwürfe gemacht, als ich die Batterien vor Kap Cépet verloren habe. Jetzt bin ich gerechtfertigt.
Die Minuten vergehen, aber uns eilt es nicht. Diesmal vergesse ich nicht, mich zu melden. Um 15 Uhr sende ich «O. 13 S... O. 13 S... » (alles in Ordnung, 1300 Meter, wir steigen). Wenn sie über uns sind, hören sie uns bestimmt und fahren zur Seite.
In der Kabine wird es immer kälter, obgleich das Thermometer 11 Grad anzeigt. Wir sind ziemlich müde. Das Wasser draußen hat fünf Grad, das Benzin hingegen kühlt sich weiter ab. Seine Temperatur ist auf null Grad gesunken.
Wir bewegen uns 50 Zentimeter in der Sekunde im Dunkeln nach oben. Unsere Geschwindigkeit ist seit Beginn des Aufstiegs ziemlich gleich geblieben; in 20 Minuten 1000 Meter. Um nicht ganz untätig herumzusitzen, prüfe ich den Kohlensäuregehalt der Luft nach: zwei Prozent, also etwas mehr als vorhin. Ich öffne eine Schachtel, hole vier Patronen heraus und hänge sie an die Wand.
Willm ist wieder an dem Fenster. Von neuem ist er begeistert:
«Unglaublich! Hier sind noch mehr Sternschnuppen als im Mittelmeer! Ich kann die Körperform dieser Lebewesen nicht erkennen, aber wie sie leuchten! Es sieht aus wie Schnee.»
Ich sehe auf die Thermometer: Um 15 Uhr 15 beträgt die Temperatur des Wassers sieben, die des Benzins minus ein Grad. Wir haben einen richtigen Eisschrank über uns.
Das Manometer fällt ständig. 200 Meter unter der Oberfläche. Willm sagt mir, daß er einen der Scheinwerfer auf noch dunklem Hintergrund erkennen kann. Wir nähern uns wieder dem Reich des Lichtes, und die Leuchtfische haben uns Lebewohl gesagt.
Um 15 Uhr 20 läuft das Niederdruckmanometer an. Sofort steigt der Zeiger auf 40 Meter und fällt dann auf 30 ... 20 ... 10 ... Wir nähern uns rasch der Oberfläche.
Um 15 Uhr 22 dringt smaragdgrünes Licht durch das Fenster. Die Kabine schwankt erheblich. Daran erkennen wir, daß wir oben sind.
«Dort unten war es viel schöner!» stellen wir beide zugleich traurig fest.
Aber was hilft's? Ich sehe auf unsere Merktafel. «Ventile vier und fünf öffnen. Bis 50 Kilo Druck pumpen, dann beide Ventile schließen.»
Während ich die Kabinenventile zudrehe und das Luftventil des Schachts öffne, schaltet Willm das Funkgerät ein.
«Hallo, ‹Elie Monnier›, hallo, ‹Tenace›! Hier spricht Bathyskaph! Antworten Sie! Ich höre.»

Sofort kommt es durch den Lautsprecher: «Hallo, Bathyskaph! Hier ‹Elie Monnier›! Wir hören Sie ausgezeichnet. Haben alle Meldungen empfangen. Das Wasserflugzeug kreist über Ihnen. Ich nehme Kurs auf Ihr Boot. Glückwünsche von uns allen!»
Dann gratuliert uns die «Tenace».
Inzwischen habe ich das Luftablaßventil geöffnet. Ich drehe das Handrad herum, und schon steht das Quecksilber des Druckmessers zwölf Zentimeter hoch. Das Wasser entweicht stetig nach oben.
Das dauert eine Viertelstunde. Währenddessen funken unsere Kameraden ununterbrochen zu uns herüber. An der Oberfläche, von der uns noch die Panzertür und ihre 16 Schrauben trennen, herrscht eitel Freude. Ortolan berichtet, daß nach unserer Nachricht von 13 Uhr der Sekt in Strömen geflossen ist. Willm erzählt, daß die Batterien abgefallen sind, was ihm gutmütigen Spott einträgt.
Der Schacht ist leer. Wir schließen die Ventile und teilen uns in die Arbeit mit dem Schraubenschlüssel. Ich drücke die Tür auf. Im Schacht ist es scheußlich kalt. Bei dem Entweichen der Luft ist die Temperatur auf nahezu null Grad gesunken. Aber wir sind schnell oben. Dreimal drehe ich an dem Schachtverschluß und drücke dann den Deckel hoch. Das Tageslicht hat mich wieder.
Michaudon ist schon im Turm. Herrlich ist es an der frischen Luft!
Die Taucher halten sich bereit, um die Bolzen wieder anzuschrauben. Sie sollen sich beeilen, damit Willm den Strom abstellen kann! Da kommt er, die Tasche unter dem Arm, den Schacht herauf. In knapp 200 Metern Entfernung hält die «Elie Monnier», während die «Tenace» rückwärts an uns heranfährt, um uns ins Schlepp zu nehmen. Auf der anderen Seite schlingert die «Beautemps-Beaupré» beträchtlich. Die Journalisten stehen an der Reling. Am Himmel kreist das Wasserflugzeug, und unsere FNRS 3 ist der Mittelpunkt all dieser Geschäftigkeit.

«Die FNRS 3 – das wissen Willm und ich genau – ist nur ein Grundmodell, ein einäugiges, plumpes, halblahmes Untier. Aber sie soll zum Bau neuer, vollkommenerer Tauchboote dienen, mit denen die Menschen noch weiter vordringen können. Sie hat den Anfang gemacht und wird sich ihr Reich bis in 4000 Meter Tiefe mehr und mehr erobern.» Mit diesen Sätzen schlossen Houot und Willm ihren Bericht über das erste Bathyskaph, das mit Menschen an Bord in die Tiefsee hinabfuhr. – Freilich, für die nahe Zukunft der Menschen ungleich wichtiger sind die oberflächennahen Wasserschichten der Meere, Tiefen von wenigen hundert Metern, das Gebiet des Schelfs. Einer der Männer, der bei den Versuchen mit der FNRS 2 und der FNRS 3 mit dabei war, sich für sie einsetzte, diese Fahrzeuge aber auch besonders aufmerksam und kritisch beobachtete, hieß

Jacques-Yves Cousteau

Der französische Marineoffizier und Meeresforscher wurde 1910 in Saint-André geboren. 1930 besuchte er die Seefahrtsschule und trat 1933 in die französische Kriegsmarine ein. 1936–1939 unternahm er erste Tauchexpeditionen im Mittelmeer. 1941 drehte Cousteau seinen ersten Unterwasser-Dokumentarfilm. Mitarbeit in der Résistance. 1943 entwickelte er in Zusammenarbeit mit dem kanadischen Ingenieur E. Gagnan die «Aqualunge», das erste wirklich autonome Drucklufttauchergerät. 1945 gründete Cousteau in Toulon die der Marine unterstellte Forschungsgruppe «Group de Recherches Sous-Marines». Er war Kommandant des Forschungsschiffs «Elie Monnier». Ab 1951 wurde er von der Marine beurlaubt und unternahm Reisen mit dem Forschungsschiff **Calypso**. *1952–1953 barg die Mannschaft der* **Calypso** *im Mittelmeer aus 40 Meter Tiefe die Reste eines antiken Weinfrachters. 1955 drehte Cousteau den weltberühmt gewordenen Film «Die schweigende Welt». 1957 wurde er zum Direktor des Ozeanographischen Museums von Monaco berufen.*

Cousteau fand bald heraus, daß ein schwerfälliges, teures Bathyskaph für seine Zwecke – die Erforschung des Schelfmeeres – völlig ungeeignet war. Er dachte an ein kleines, wendiges Boot für geringe Tiefen, an

Tauchende Untertassen

Der Mittelpunkt der Geschäftigkeit auf dem Tauchdeck war ein großes, gelbes Tiefseegerät aus Stahl. In ihm waren Jean Mollard und André Laban damit beschäftigt, an verschiedenen sich genau gegenüberliegenden Stellen Dehnungsmesser anzubringen, um festzustellen, wie es sich unter Druck verformen würde. Währenddessen montierte Saôut dreieinhalb Tonnen schwere Gewichte, die es später sinken lassen sollten. Die *Calypso* lag vor der Küste bei Cassis. Es war das Jahr 1957, und wir trafen Vorbereitungen, um den Schiffsrumpf Nr. I des Tiefseegeräts zu testen. Bereits vor sechs Jahren hatte ich mir geschworen, ein solches Tiefseegerät zu bauen. Die O.F.R.S. hatte an dem Entwurf und der Konstruktion gearbeitet, seit dieses Unterwasser-Forschungslaboratorium gegründet worden war.
Der Schiffsrumpf hatte einen Durchmesser von zwei Metern und war ein Meter fünfzig hoch. Er besaß zwei Fenster und oben eine Luke. Heute wollten wir das unbemannte Gerät in sechshundert Meter Tiefe im Rahmen einer Versuchsreihe mit fortschreitenden größeren Tiefen hinablassen und hofften, daß es eine Tauchtiefe bis auf neunhundertfünfzehn Meter überstand. Emile Gagnan hatte nämlich diese Tiefe als Grenze errechnet, unterhalb welcher der Druck es zerquetschen würde. Wenn es standhalten würde, wollten wir es zur Arbeit bis in dreihundert Meter Tiefe einsetzen, wodurch wir dem kleinen Forschungsunterseeboot eine dreifache Sicherheitsgrenze nach unten gaben. Maurice Léandri ließ von der Winde sechshundert Meter Draht ab. Wir ließen den Rumpf fünfzehn Minuten unten, dann zogen wir ihn wieder hoch. Laban beugte sich über den Schiffsschnabel und meldete: «Es kommt dreißig Meter unter dem Meeresspiegel in Sicht.» Er runzelte die Stirn. Es lag Mistral in der Luft, und stellenweise kam eine Dünung auf, die er an den wechselnden Umlaufgeschwindigkeiten des Windenmotors spüren konnte. «Langsamer, Léandri», rief er. Er ließ seinen Arm fallen. «Halt! Jetzt ist es noch viereinhalb Meter unter Wasser.» Falco kletterte mit einem Kabel und einem Haken die Tauchleiter hinab, an dem er den hängenden Ballast befestigte, damit der Schiffsrumpf leichter war, wenn er an Bord gehievt wurde.
Eine stärkere Welle hob das Heck der *Calypso*. Als sie in das Wellental zurückfiel, wurde das Hebekabel schlaff und sprang von der Rolle. Das Schiff tauchte auf, und das Kabel riß wie eine Geigensaite. Das lose Ende schnellte zu dem Mann an der Winde zurück. Falco tauchte ins Meer und sah, wie unser kostbares gelbes Ei verschwand. Die See war hier über tausend Meter tief.
Glücklicherweise war Léandri durch das zurückschnellende Kabel nur leicht verletzt worden. Henri Plé schaltete das Radargerät ein und peilte an drei Stellen die Küste an, um den Ort zu bestimmen. Die niedergeschlagenen Calypsoianer fuhren ohne unser Tiefseemodell und die teuren Dehnungsmesser nach Hause. In Marseille richtete die O.F.R.S. bereits ein Schwesterschiff her, weil sie darauf vertrauten, daß das erste Tiefseeschiff den Druck-

test gut überstehen würde. Aber jetzt konnten wir kaum mit Schiff Nr. 2 weitermachen, ehe wir nicht sehr viel mehr als die Wiederbeschaffungskosten ausgegeben hatten, um die durch den Druck zerquetschten Überreste heraufzuholen und festzustellen, welcher Teil zuerst nachgegeben hatte. Ich war bereit, die Strafe für zwei Schiffe und ein besonderes Kabelschleppnetz zu bezahlen, aber zuerst schickte ich Laban mit der *Calypso* hinaus, damit die Suchboote die genaue Vermessung eines Gebiets von sechsundzwanzig Quadratkilometern mit dem Unterwasser-Ortungsgerät bekamen, dessen Mittelpunkt der Ort des Verlustes war.

Als er die Echogramme zurückbrachte, bemerkte ich auf allen Registrierbändern eine deutliche Aufzeichnung, die das von Plé mit Radar fixierte Gebiet halbierte. Es war eine dicke schwarze Stelle, gut neun Meter über dem Meeresgrund. Das Ballastkabel des Schiffs Nr. I war gut neun Meter lang. Das Modell war also nicht zerstört worden, sondern trieb in etwas mehr als tausend Meter Tiefe vor Anker! Es hatte den dreifachen Sicherheitsfaktor sogar noch übertroffen. Wir konnten mit Schiff Nr. 2 weiterarbeiten, ohne das andere hochzuholen. Ich zeigte auf den schwarzen Punkt und sagte zu Laban: «Chef, eines Tages werden wir mit einem ähnlichen Boot, das noch tiefer hinabtauchen kann, dem unglücklichen Baby einen Besuch abstatten.» Seitdem hat das Echolot der *Calypso* das Schiff Nr. I viele Male aufgespürt. Es trieb noch immer unter Wasser vor Anker, als dieser Bericht geschrieben wurde.

Mollard, der Konstrukteur, und sein O.F.R.S.-Team arbeiteten achtzehn Monate lang daran, um Schiff Nr. 2 zu vervollkommnen und die Forderungen zu berücksichtigen, die ich ihnen gestellt hatte, damit das wissenschaftliche Unterseeboot in der Lage war, das gesamte kontinentale Schelf zu erforschen, das heute das wichtigste Gebiet der Ozeane ist. Das Schelf ist die unter Wasser liegende Randzone eines Kontinents. Es dehnt sich so weit aus und verläuft wie die abfallende Linie der kontinentalen Böschung nach unten, an deren Ende die wirkliche ozeanische Umwelt beginnt. Der Küstenabhang erstreckt sich im allgemeinen in eine Tiefe von hundert Faden (hundertdreiundachtzig Meter) und umfaßt ungefähr acht Prozent der ozeanischen Fläche auf der Erdkugel, was dem Gebiet von Asien entspricht. Das kontinentale Schelf ist bereits Schauplatz der Schleppnetzfischerei, der biochemischen Meeresalgenindustrie, der Erdöl-, Naturgas-, Schwefel- und Diamantengewinnung. Ja, es ist fast so etwas wie ein anderer Kontinent.

Verschiedene Regierungen haben auf diesen Bereich vor den Küsten Anspruch erhoben, aber er ist nie von Menschen besetzt worden. Es gab einmal eine Zeit, da mußte man seinen Fuß auf ein Gebiet setzen und eine Fahne hissen, wenn man es für sein Land annektieren wollte. Heute machen die Politiker das mit einem Federstrich. Aber auch dem kann keine Besetzung oder Erschließung des Schelfs folgen: Hermetisch abgeschlossene militärische Unterseeboote wären ohne Nutzen, und wegen der verhältnismäßig geringen Tiefe wären Bathyskaphen, die man darauf ansetzte, eine Verschwendung.

Als ich in der Zeit, in der das Fahrzeug für kontinentale Schelfe entwickelt wurde, darüber mit Laban sprach, empfahl ich ihm: «Stecken Sie alles, was Sie können, in die Stromerzeugung und die Hilfsmittel an der Außenseite des Schiffsrumpfes; das ist die wichtigste Lehre, die uns der Bathyskaph erteilt hat. Kümmern Sie sich nicht um die Geschwindigkeit. Tempo ist bei einem Forschungsunterseeboot nicht notwendig. Wir wollen beweglich sein, scharfe Wendungen machen und mühelos schweben können und eine perfekte Gleichgewichtslage haben. Sorgen Sie dafür, daß die Männer etwas zu sehen bekommen und es bequemer haben als bei der unglücklichen knienden Haltung im Bathyskaph. Sie sollen sich auf Matratzen auf den Bauch legen können. Geben Sie ihnen eine neuartige Schiffsausrüstung: Stereo- und Filmkameras mit Blitzlichtgeräten, ein Tonbandgerät und schwenkbare Greifer, mit denen man draußen Forschungsproben nehmen kann. Werfen Sie die klassischen Vorstellungen von Unterseebooten über Bord, und gehen Sie davon aus, was wir gebrauchen.»

Laban und Mollard steckten die O.F.R.S. mit ihrer Begeisterung an. Jacques Roux und Armand Davso fertigten hölzerne maßstabgetreue Modelle von verschiedenen Schiffsrumpfformen an und testeten sie auf ihre dynamische Stabilität in Windkanälen. Die O.F.R.S. entschied sich anstelle von Propellerschrauben für Wasserdüsen, obwohl Düsen bei einem unterseeischen Fahrzeug noch nicht erprobt waren. Nachdem sie sich bei der Rumpfform für ein abgeplattetes Rotationsellipsoid (Körper, dessen Schnitte mit Ebenen Ellipsen sind und dessen zwei der drei aufeinander senkrechten Hauptachsen gleich lang sind) entschlossen hatten, fertigte Alexis Sivirine ein maßstabgetreues Pappmachémodell des Düsenunterseeboots an, damit wir daran ausprobieren konnten, wie wir die Stromerzeugungsapparate und die Instrumente plazieren konnten. Als wir uns das Modell ansahen, hatten wir alle den gleichen Gedanken: «Es sieht genau wie eine fliegende Untertasse aus einem *comic strip* aus!» Das ist der Grund, warum wir das Ding auf gut Glück *la soucoupe plongeante,* die «tauchende Untertasse», oder *DS-2 (Diving Saucer),* nannten.

Als die *DS-2* fertig war, besaß sie an den beiden Bugflanken Zugdüsen – und hatte sozusagen «Vorderradantrieb». Die Düsenöffnungen drehten sich zusammen oder einzeln auf einer senkrechten Achse und gestatteten dadurch jede Schräglage beim Herauf- und Hinabtauchen und auch das Zurücksetzen. Die Pumpe am Heck, die für die Düsen bestimmt war, stieß das Wasser durch flexible Plastikschläuche aus. Der Steuermann konnte jeden Schlauch abklemmen und dadurch den Wasserstoß abschwächen, um Wendungen zu machen. Wenn er eine Düse umdrehte, konnte sich die Untertasse um ihre eigene Achse drehen. Er konnte das Unterseeboot nach oben oder unten kippen, indem er Quecksilber zwischen den Vorder- und Achtertanks, die der Gleichgewichtsregulierung dienten, hin und her pumpte. Wir verwendeten nur ein Minimum an elektrischen Antriebs- und Steuergeräten und bauten statt eines Servomechanismus eine zentrale hydraulische Anlage ein. Die Ingenieure setzten die Energie- und hydraulischen Anlagen in einen gefluteten äußeren Hohlraum, der das Ganze wie ein Gürtel umgab und mit Fiberglas umkleidet war, das die strömungsmechanischen Eigenschaften des

Fahrzeugs unterstützte und es gegen Zusammenstöße noch mehr absicherte. An der Steuerbordseite des Bugs brachten wir eine Edgerton-Tiefseekamera an, die mit einem Blitzlichtgerät auf der anderen Seite synchron geschaltet war. Damit wir bequemer eine Filmrolle auswechseln konnten, befand sich die Filmkamera innen im Schiffsrumpf und war so zwischen den beiden Mannschaftsfenstern angebracht worden, daß sich vor ihrem Objektiv ein kleines Bullauge befand. Der Scheinwerfer für die Filmkamera war an der Außenwand an einem hydraulisch einziehbaren Holm angebracht. Ein anderes hydraulisches Glied, das einen Ellbogen und ein wie Daumen und Zeigefinger geformtes Gelenk besaß, konnte ausgefahren werden, um Muster abzuschneiden, zu pflücken und sie durch eine Klappe mit einem Federscharnier in einen Sammelkorb zu legen.

Die tauchende Untertasse besaß zehn Augen. Drei bestanden aus halbkugelförmigen optischen Fenstern in der Kugel, damit wir sehen konnten, was sich über uns befand. Der Steuermann und der Pilot hatten je ein Fenster, um nach vorn schauen zu können. Zwei Fenster waren für die fotografischen Geräte bestimmt. Die anderen drei waren für den Umsetzer des Unterwasser-Ortungsgeräts vorgesehen, dessen Richtstrahlen nach oben, unten und nach vorn gingen, damit der Steuermann auch über die Dinge Bescheid wußte, die er nicht selbst sehen konnte. Seine Matratze war so eingebaut, daß er in einem Halbkreis von der Instrumententafel umgeben war. Die Instrumente zeigten ihm den Luftdruck, den Öldruck, die Tiefe, die elektrische Spannung, die Anzeige des Kreiselkompasses, den Sauerstoffdruck und den Prozentsatz an Kohlendioxid an. Auch das Tonbandgerät stand in Reichweite. Der in einem Tank gespeicherte Sauerstoff reichte für zwei Männer vierundzwanzig Stunden aus. Unsere Sicherheitsanlage hatten wir absichtlich so konstruiert, daß sie mit der Hand bedient werden mußte, damit sie auch arbeitete, wenn unsere Energiequellen vollkommen ausfielen. Mit Hebeln konnten wir fünfundzwanzig Kilo Roheisen und den etwa zweihundert Kilo schweren Notballast, der unter dem Schiffsrumpf hing, abwerfen. Der Ballast für die genaue Gleichgewichtsregelung, der das Unterseeboot in ausgeglichener Schwimmlage hielt, bestand aus einem Fünfundfünfzig-Liter-Tank, der zwischen den beiden Männern stand und in den sie Wasser pumpen konnten, wenn die *DS-2* zu leicht war, und aus dem sie es wieder herauspumpen konnten, wenn sie zu schwer war.

Mollard hetzte sich vergeblich ab, um die Konstruktion rechtzeitig für die Atlantikkreuzfahrt der *Calypso* im Jahre 1959 zur Aktion «Unterseeische Gebirge» fertigzustellen. Er trennte sich vom sicheren Boden des Festlandes, um auf unserer Fahrt über den Atlantik noch an der *DS-2* zu arbeiten. Während wir übrigen auf See mit dem Hinablassen der Instrumente oder den Berechnungen im Kartenhaus beschäftigt waren, arbeiteten vier zu Tode erschöpfte Wesen – Mollard, Laban, Jacques Roux und unser Funkingenieur Bernard Marcellin – Tag und Nacht im Achterraum an der seltsamen gelben Kugel mit den großen silbernen Augen. Sie hatten sie immer noch nicht fertig, als wir in New York zur Teilnahme am Internationalen Ozeanographischen Kongreß einliefen.

In der großen Stadt erlöste der *Empire State Underwater Council* meine Männer und ermöglichte ihnen einen Landurlaub, da er Führungen veranstaltete, um amerikanischen Tauchern die *Calypso* zu zeigen. Ich stand hinter einer Menschenmenge, die sich um die tauchende Untertasse drängte, und lauschte dem Führer, einem dienstfreien New Yorker Polizeibeamten, der erklärte, wie das Ding in dreihundert Meter Tiefe arbeitete. Mich schauderte, und ich hoffte ehrlich, daß er recht behielt. Bis jetzt war die *DS-2* noch keinen halben Meter unter Wasser gewesen.
Ich blieb während einer Reihe von Höflichkeitsbesuchen in den Staaten in diesem Stadium der Ungewißheit. Die *Calypso* war bei der *Woods Hole Oceanographic Institution* an der Außenseite neben dem legendären Forschungsschiff *Atlantis* vertäut. Als wir sie überquerten, um zum Quai zu gehen, sagte ich: «Saôut, wir befinden uns an Deck eines ozeanographischen Schiffes, das mehr Seemeilen zurückgelegt hat und auf mehr Stationen war als je ein anderes Schiff in der Geschichte. Wir werden lange brauchen, bis wir dieses wissenschaftliche Schiff eingeholt haben.» Als die *Calypso* nach Washington fuhr, wo sie Gast der *National Geographic Society* war, erschien auf den Titelseiten der Zeitungen ein Foto der tauchenden Untertasse. Mir wurde bei dem Rummel um das unerprobte Tauchgerät unbehaglich. Es war jedoch niemandes Schuld. Wir konnten die tauchende Untertasse nicht verstecken.
Als wir endlich wieder frei waren, brachten wir die *DS-2* zu dem nicht tiefen puertorikanischen Schelf, wo wir feststellten, daß die See sehr bewegt und das Wasser trübe war. Aber wir hatten jetzt lange genug gewartet. An einer einigermaßen ruhigen Stelle am westlichen Ende vor der Küste der Insel machte die *DS-2* ihren ersten Tauchversuch in vierundzwanzig Meter tiefem Wasser. Bei diesem vorsichtigen Versuch wurde das Fahrzeug mit Übergewicht für fünfzehn Minuten an einem Kabel hinabgelassen, um die Undurchlässigkeit des Rumpfes, die Sauerstoffzufuhr, die Kohlendioxidabsorption und die Arbeit der Steuerung und der Energieanlagen zu testen. Wenn irgend etwas dabei schiefging, gestattete diese Tiefe Falco und Mollard eine unbehinderte Flucht, und wir konnten das Schiff leicht wieder bergen. Als wir es zurückholten, stiegen sie wie die Teufel grinsend aus der Luke. Mollard sagte: «Ich hätte mir nie gedacht, daß es so sein würde.»
Ich fragte: «Was meinen Sie mit so?»
Er sagte: «Es ist das erste Mal in meinem Leben, daß ich unter Wasser gewesen bin.»
Beim zweiten Tauchversuch sank die *DS-2* auf dreißig Meter Tiefe. Falco und ich waren noch nicht ganz bereit, die tauchende Untertasse vollkommen freizugeben. Ein falsches, vollkommen unzeitgemäßes Gefühl für Sicherheit veranlaßte uns, sie an einer Boje mit einem hundert Meter langen, losen Nylonkabel festzubinden. Im Tauchplan war für Falco vorgesehen, daß er sich bis etwa einen Meter über dem Meeresboden herabließ, seine Schwimmlage ausglich und kurze Strecken zurücklegte, um während des fünfundvierzigminütigen Tauchversuchs die Energieleistungen und die Steuerungen zu testen.

Jeder an Bord beobachtete die Boje. Gegen Ende des Tauchunternehmens wackelte sie ein wenig, was ich auf den Wind oder eine Strömung zurückführte. Nachdem fünfundvierzig Minuten verstrichen waren, tauchte das Unterseeboot nicht auf. Die Männer begannen ihre Flossen anzuziehen und die Druckmesser an die Aqualungen zu klemmen. Ein paar Minuten vergingen. Die Boje hörte auf zu wackeln. Ich stellte ein Bergungstauchteam zusammen. Gerade als ich so weit war, die Leute ins Wasser zu schicken, brüllte ein Beobachter am Schiffsschnabel: «Sie kommt hoch!»

Ein Schwimmer sprang ins Wasser und befestigte das Windenkabel. Wir schwangen die *DS-2* auf ihr Deckgerüst und versammelten uns neugierig und freudig erregt um sie, als sich der Lukengriff drehte. Falco kam brüllend heraus: *«Ça c'est de la bagnole!»,* was übersetzt bedeutet: «Was für ein Rumpelkasten!» Er sagte: «Sie trudelt. Die Steuerungen sind schuld daran.» Er übergab mir das Tonbandgerät. Ich legte das auf Band gesprochene Logbuch auf ein Magnetbandgerät und ließ es über die Schiffsfunkanlage abspielen, damit die Calypsoianer überall auf dem Schiff die Geschichte hören konnten.

Mit dem leisen Sausen der Pumpen und dem Surren der Motoren als Begleitmusik begannen die Männer zu sprechen. Der sonst einsilbige Mollard redete wie ein Maschinengewehr. Er rief vor Verwunderung bei den Anblicken, die sich ihm boten, Falco abgedroschene Phrasen zu. Der Steuermann erklärte ihm die Dinge und unterbrach ihn von Zeit zu Zeit mit Logbucheintragungen, die der wirkliche Zweck der Tonbandaufnahme waren. «Ich pumpe Quecksilber nach vorn», sagte er. «Der Bug neigt sich. Ich pumpe Quecksilber nach achtern.»

Mollards Stimme fiel ein: «*Zut alors*! Was sind das für Fische?»

Falco sagte: «Sie ist jetzt über dem Meeresgrund. Die Quecksilbergleichgewichtsregulierung reagiert schnell. Diese Fische sind bloß Stachelmakrelen.»

«Jetzt kreuzen wir mit einem Knoten Geschwindigkeit etwa einen Meter über dem Meeresboden», fuhr der Steuermann fort. «Unterwasser-Ortungsgerät okay. Vor uns taucht eine große Koralle auf. Ich stelle die Steuerborddüse ab, um dem Hindernis auszuweichen.»

Mollard sagte: «Gut ausgewichen!»

Falco sagte: «Ich nähere mich einer sandigen Stelle. Die *DS* ist leicht wie eine Feder. Ich werde sie kippen, so daß wir nach unten blicken. Ich pumpe Quecksilber nach vorn. Der Bug neigt sich nach unten. Fünfundvierzig Zentimeter von unseren Augen entfernt befindet sich sandiger Grund.»

«Schauen Sie sich das an!» brüllte Mollard.

«Ein kleiner Kopf schießt aus dem Sand hervor», sagte Falco. «Es ist ein kleiner Silberfisch, der aus dem Sand hervorkommt und auf seinem Schwanz steht. Er blickt uns an. He, er gräbt sich mit seinem Schwanz wieder ein und ist unter dem Sand verschwunden. Hier kommt er wieder raus.» Falco sprach seine Gedanken laut aus: «Wir werden von diesem Ding aus das Verhalten von Fischen beobachten können, die ein Taucher nie zu sehen bekommt.»

Falco begann wieder mit seiner Kreuzfahrt. «Was ist das für ein Riesenfisch?» fragte Mollard.

«Ein Zackenbarsch», erwiderte der Steuermann. «Wir wollen ihm folgen. Er schwimmt gegen die Strömung. Das können wir auch.»
Mollard sagte: «Wollten Sie nicht mit dem Fisch nach rechts drehen?»
Falco antwortete: «Dazu haben Sie das da doch hier eingebaut, nicht wahr? Aber der Steuermechanismus ist ein wenig starr.»
Der Ingenieur sagte: «Ich weiß, woran es liegt. Wir werden es heute abend richten.»
«Wir bewegen uns nicht», sagte Falco.
Mollard erwiderte: «Die Düsen sind in Betrieb, und der Motor läuft gut.»
Während einer kleinen Gesprächspause gab das Tonband deutlich das Summen des Motors wieder.
Falco sagte: «Ich weiß, was los ist. Die Leine, die wir hinter uns herziehen, hat sich irgendwo verwickelt.» Die tauchende Untertasse war durch ihr eigenes «Sicherheitskabel» unten festgebunden. Obwohl Falco wußte, daß wir Taucher hinabschicken würden, wenn er überfällig wurde, und daß er nur sitzen und warten mußte, drehte er und schwebte längs der Leine zurück und löste sie erfolgreich von einem Korallenstumpf. Er sagte: «Wir müssen uns für immer von den Kabeln befreien.» Ich stimmte darin mit ihm überein. Wir hatten einen Fehler gemacht. Unsere Sicherheit beruhte auf dem Freisein von Kabeln.
Dieses trübe Wasser genügte mir nicht, und ich durchforschte die Seekarten von den Antillen, ob wir dort nicht eine Zuflucht vor dem Passat fanden, der die Gegend bei den Puerto-Rico-Gründen unter Wasser aufwühlte. Ich fand zwischen Guadeloupe und einem Inselchen, das Pigeon hieß, eine Meerenge, die windgeschützt aussah und geeignete Tiefen zwischen zwanzig und neunzig Metern hatte. Wir fuhren nach Guadeloupe. Das Wasser dort war ausgezeichnet und bis auf vierzig Meter in der Tiefe durchsichtig.
Wir ankerten über einem zwanzig Meter tiefen Plateau, und jeder holte sich eine Tauchermaske, um einen Blick nach unten zu werfen. Die Lebensformen auf dem Grund der Karibischen See waren ziemlich verschieden von denen, die wir früher gesehen hatten. Aber die Fauna wies fast die gleiche Fülle an Arten wie im Roten Meer auf. Große Hornkorallen und viele Schwammarten wuchsen auf dem weißen sandigen Meeresgrund bei der Pigeoninsel.
Wir stellten ein Programm von acht Tauchversuchen zusammen – alle sollten nicht tiefer gehen, als Männer mit Aqualungen tauchen können, falls irgend etwas schiefging. Wir wollten, daß Falco sein Gerät beherrschte, ehe wir uns tiefer wagten. Guadeloupe wurde gleichzeitig zur Versuchsstrecke eines Modellfahrzeugs und zur Fahrschule seines ersten Führers. Falco kreuzte zweimal frei unter einem Schwarm aufmerksamer menschlicher Fische über das Plateau. Wir beobachteten, wie er eine sich schnell steigernde Fertigkeit als kontinentaler Schelfnavigator entwickelte. Während die *DS-2* gegen eine leichte Strömung ankämpfte, ließ er sie etwas steigen und landete direkt auf einem ein Meter achtzig hohen Korbschwamm. Falco ließ sie dort wie auf dem Deckgerüst zwei Minuten lang stehen, dann stieß er sie mit Hilfe der Düsen ab und fuhr weiter.

Wir fragten uns, ob die Motorengeräusche die Fische von der *DS-2* fernhalten würden. Taucher wissen, wie leicht Fische durch ein Geräusch erschrekken und wie schnell sie selbst vor der leichten Druckwelle eines stärkeren plötzlichen Flossenschlags den Rückzug antreten. Aber die unterseeischen Bewohner tauchten direkt vor der summenden und pfeifenden Untertasse auf. Schwärme von Stachelmakrelen und Kreolenfischen umkreisten sie in etwa ein Meter Entfernung. Nur selten kommen sie einem Taucher so nahe. Sie begreifen, daß ein Mensch wahrscheinlich ein böses Lebewesen ist. Aber dieses große gelbe Ding schien trotz seiner Geräusche die Fische zu beeindrucken, wie es uns beeindruckte. – Es war ein Lebewesen des Meeres mit großen intelligenten Augen, das nichts als freundliche Absichten hatte. Wenn ein neues Geräusch begann, fuhren die Fische einen Augenblick zurück, aber sie umkreisten die Untertasse weiter.
Im Norden senkte sich unsere geringe Tiefe in einem Winkel von dreißig Grad zu einer tiefer gelegenen Ebene auf sechsundsiebzig Meter herab. Wir fuhren dorthin, um die noch verbliebenen Versuche in flacherem Wasser zu machen. Ich zügelte die bohrende Versuchung, mich selbst an Falcos Seite zu setzen. Aber wenn der *DS-2* irgend etwas zustoßen sollte, gehörte es zu meiner Verantwortung, über Wasser zu bleiben und die notwendigen Entscheidungen zu treffen. Ich hatte die Absicht, den abschließenden Tauchversuch in dreihundert Meter Tiefe zusammen mit Falco zu machen, aber bis dahin gehörte ich auf Deck.
Der dritte Mann, der mit nach unten ging, war André Laban, der Chef des Laboratoriums, das die *DS-2* gebaut hatte. Dann sagte ich zu Dr. Edgerton: «Wollen Sie gern mit der DS tauchen?»
Er sagte: «Meinen Sie wirklich? Mein lieber Mann, wie gern täte ich das!»
Ich fand, daß er es verdient hatte, als erster Wissenschaftler mit der tauchenden Untertasse hinunterzukommen, genauso wie er sich den ersten entsprechenden Abstieg mit der FNRS 3 verdient hatte.
Edgertons Tauchlogbuch lautete folgendermaßen: «Jetzt sinken wir langsam hinab, wir sind frei von Kabeln. Über uns können wir durch die optischen Bullaugen in dem außerordentlich klaren Wasser die *Calypso* vor Anker liegen sehen. Falco setzt die Düsen in Betrieb. Wir beginnen zu fahren. Wie ein Flugzeug schweben wir zu der Stelle, wo das Riff in tieferes Wasser abfällt. Wir atmen guten, reinen Sauerstoff ein. In einer Untertasse zu sein ist nicht anders als in einem Auto zu sitzen, nur daß wir es bequemer haben und uns auf unseren Matratzen räkeln, wie's die Römer bei einem Bankett taten.
Falco entdeckt eine Schwadron zehnarmiger Tintenfische, die in tadelloser Marschordnung über den Grund schwimmen. Aber sie befinden sich außerhalb unseres Kamerabereichs. Er drosselt die Düsen, und das Unterseeboot geht langsam in einem Unterwassergarten nieder, wobei die Korallen leicht knirschen. Ein vielfarbiger Fischschwarm umkreist uns. Eine besondere Schönheit, ein großer blaugelber Engelsfisch, schwimmt langsam vor der Kamera vorbei. Ich wünschte, er wäre weiter weg, damit ich ihn ganz aufs Bild bekomme, aber er besteht auf einer Nahaufnahme. Dieses ungezwungene Verhalten der Fische ist ganz normal.»

Das wesentlichste bei der DS-2 war ihre absolut ausgeglichene Schwimmlage. Bevor wir sie tauchen ließen, führten wir eine malerische Wiegezeremonie durch, deren Resultate wir auf einer Schultafel notierten. Wir stellten nacheinander Falco, seinen Begleiter und die CO_2-Absorptionsanlage, das Tonbandgerät, die Kameras und die Weinflaschen auf eine Badezimmerwaage. Wenn ihr Gesamtgewicht zu dem Bruttogewicht der *DS-2* addiert worden war, wußten wir, wieviel Wasserballast gebraucht wurde, und füllten ihn in den korrosionsbeständigen Tank der Untertasse. An der Außenseite wurden zwei stromlinienförmige, fünfundzwanzig Kilo schwere Blöcke aus Roheisen mechanisch am Bauch des Unterseeboots festgehalten. Das eine war das Sinkgewicht, das der Untertasse die negative Schwimmkraft zum Sinken gab. Wenn Falco es abwarf, war der Gleichgewichtszustand der Untertasse hergestellt. Das andere Roheisen war das Aufstiegsgewicht, das er abwarf, damit das Schiff für die Rückkehr zur *Calypso* leichter wurde. Das Tauchunternehmen begann auf Deck, wenn die Untertassenbesatzung sich selbst einschloß, indem sie von innen die Luke zuschraubte. Rigger schäkelten einen Flaschenzug mit drei Spitzen an Rackklampen oben auf dem Schiffsrumpf. Über eine in die Untertasse gelegte Telefonleitung kündigte der Steuermann an, wann er bereit war, und wir begannen die DS ins Wasser zu setzen. Das Versenken und Hieven des kleinen Unterseeboots wurde mit Hilfe eines hydraulischen Neuntonnenkrans, des Jumbo, bewältigt, der sich am Heck auf der Backbordseite der *Calypso* befand. Die üblichen Ladekräne, die ihre Lasten an langen Kabeln aufhängen, konnten für diese Arbeit nicht benutzt werden. Wenn die *DS-2* an einem Kabel schwebte, würde sie das Achterdeck des Mutterschiffs zertrümmern. Als wir weit und breit nach einem geeigneten Kran suchten, stießen wir auf Jumbo, der eigentlich dafür vorgesehen war, schwere Autowracks von der Straße wegzuräumen. Wir bauten das Modell für seinen ersten Gebrauch an Bord eines Schiffes etwas um. Der Jumbo konnte seine Gelenke verkürzen und verlängern sowie seinen «Rüssel» in den Achterraum strecken, um die Untertasse ohne die Hilfe eines verbindenden Kabels aufzunehmen. Er konnte die Untertasse ins Wasser setzen und sie dabei die ganze Zeit fest im Griff behalten.

Jumbos Elefantentreiber, Maurice Léandri, schwang die *DS-2* ins Meer, und ein Mann mit Tauchermaske, «der Topgast», stieg ins Wasser, um den Flaschenzug loszumachen. Zwei Kabel blieben noch am Schiff, die Telefonleitung und das Sicherungsseil aus Nylon. Ich rief Falco an: «Ist alles überprüft?» Wenn die Antwort *«Oui, Commandant»* lautete, machte der Topgast die beiden letzten Kabel los und stellte sich auf das Unterseeboot, damit sein zusätzliches Gewicht es zum Sinken brachte. Wie es immer bei Fahrten mit Unterwasservehikeln der Fall ist, war die schwierigste Phase der Augenblick des Übergangs von der Luft ins Wasser. Der Topgast spazierte für eine kurze Zeit auf dem Wasser, während die Luft aus der Fiberglasverkleidung herausratterte. Falco unterstützte ihn, indem er die Düsen arbeiten ließ, um die Luft aus den Rohren auszustoßen. Allmählich versank der Topgast, bis er schwamm und unter sich sah, wie die tauchende Untertasse in der Bläue kleiner wurde.

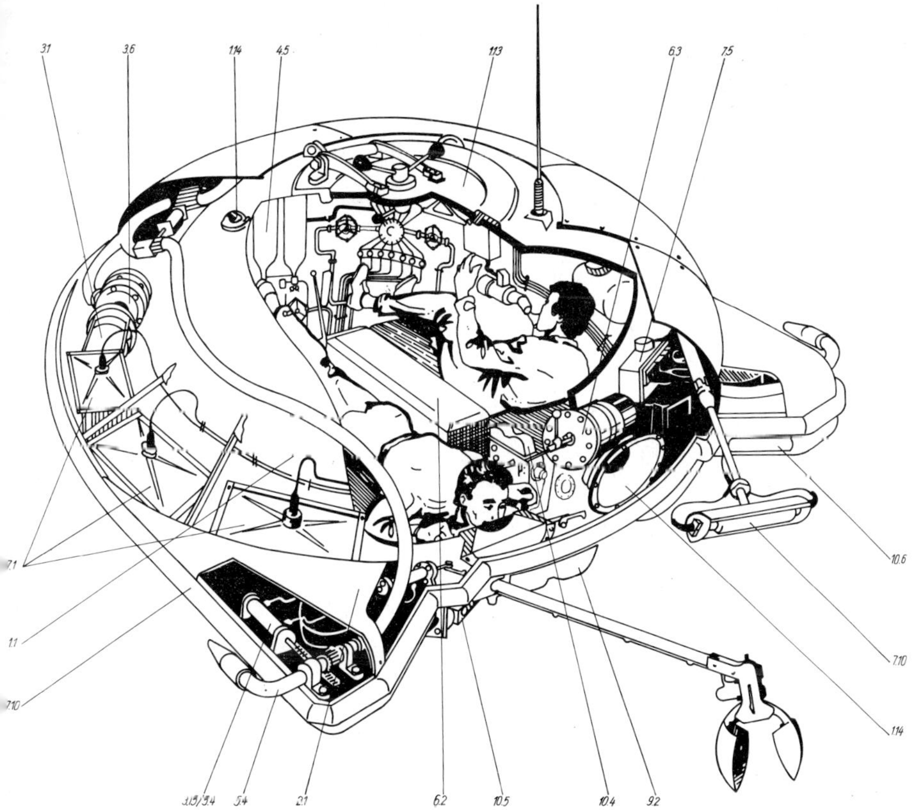

Abb. 26: Aufbau der SP 300: 1.1 Druckkörper, 1.13 Luke, 1.14 Fenster, 2.1 Hüllkörper, 3.1 Elektromotor, 3.6 Wasserstrahlpumpe, 3.15 Schwenkvorrichtung, 4.5 Sauerstoffbehälter, 5.4 Wasserstrahldüse, 6.2 Regelzelle, 6.3 Trimmzelle, 7.1 Hauptbatterie, 7.5 Elektroschaltbrett, 7.10 Außenscheinwerfer, 9.2 abwerfbare Ballastmasse, 10.4 Filmkamera, 10.5 Fotokamera, 10.6 Elektronenblitzgerät

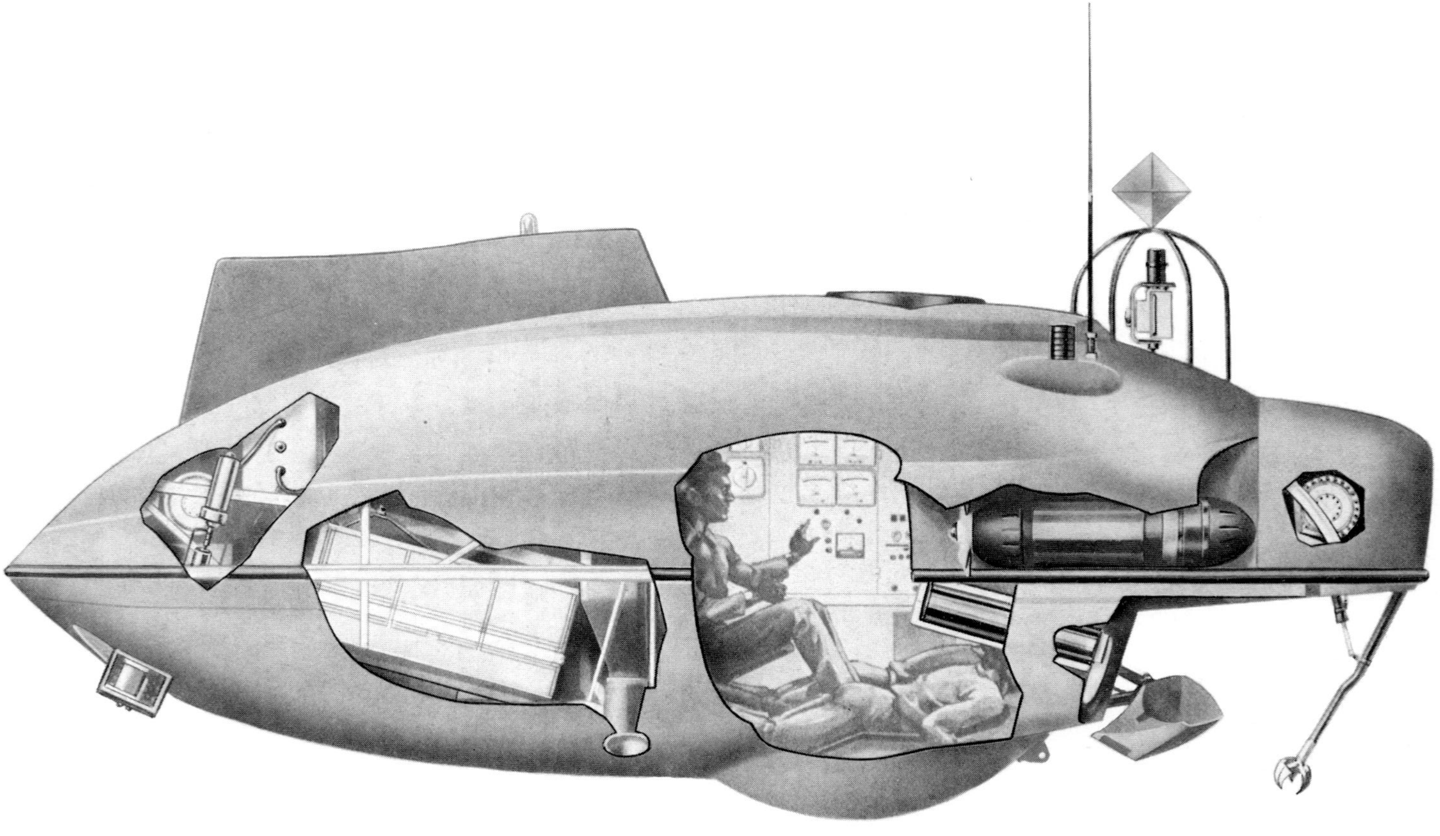

Abb. 27: Die CYANA (SP 3000) ist die dritte Entwicklung der von Cousteau inspirierten französischen Tauchfahrzeuge. Das Boot ist 5,7 Meter lang und kann 3000 Meter tief tauchen. Stapellauf 1970. Mitte der 70er Jahre tauchte die SP 3000 für die CNEXO im Rahmen des Forschungsprogramms FAMOUS

Bei diesen Versuchen tauchte Falco ohne Kraftantrieb hinab; er sank nur mit Hilfe des Sinkgewichts. Wenn seine Augen und das Unterwasser-Ortungsgerät ihm sagten, daß er noch viereinhalb Meter vom Grund entfernt war, warf er dieses Gewicht ab. Die Triebkraft trug das Unterseeboot noch weiter, bis es sich sanft auf den Grund setzte. Dort stellte sich Falco auf normale Schwimmfähigkeit um. Wenn das Boot leicht war, schob er einen Hebel hin und zurück und pumpte mit jedem Schwung ein wenig Wasser in den mittleren Tank, der das Gewicht regulierte. Wenn es zu schwer war, schaltete er die elektrische Ausstoßpumpe ein, die in zwanzig Sekunden einen Liter herauspumpte. Diese Minuten der Justierung waren keineswegs eine Verschwendung; denn sie sicherten der *DS-2* eine vollkommene Manövrierfähigkeit.

Dann setzte Falco die Düsen in Betrieb, stellte die Öffnungen nach unten ein und stieg auf. Die *DS-2* hatte eine Spitzengeschwindigkeit von anderthalb Knoten, aber wir fuhren selten so schnell und brauchten sie kaum; denn hohe Geschwindigkeit ist der Feind der Beobachtung. Die Freude am Reisen mit dem Auto ist verlorengegangen, seitdem das Tempo die Gegend nur noch verzerrt erkennen und die Landschaft zu Postkarten werden ließ. Die tauchende Untertasse glich eher einem Forscher, einem Spaziergänger, einem bedächtigen Genießer kleiner und großer Schauplätze. Sie ließ uns sechs Stunden Zeit, um die Dinge in der Tiefe genau zu studieren.

Einmal, als die *DS-2* auf dem Weg nach unten war, traf ich die Hälfte der *Calypso*-Mannschaft dabei an, wie sie mit Tauchermasken auf dem Dach des Versuchsfelds herumschwärmte und beobachtete, wie Falco die *DS-2* nach unten brachte. Wir konnten deutlich das Summen des Propellermotors und das Rasseln der Ölpumpen unterscheiden, die sich automatisch einschalteten, wenn der hydraulische Druck auf dreißig Atmosphären gefallen war. Wir konnten auch hören, wie die Pumpe stoppte, wenn der Druck auf achtzig Atmosphären stieg. Wir hörten das Pfeifen des Elektronenblitz-Umformers und das Surren der Filmkamera. Wir waren sehr aufgeregt, wenn Falco seine Slalomfahrt nah an einem Abhang von dreißig Grad Gefälle hinuntermachte. In einer Tiefe von dreißig Metern konnten wir noch sehen, wie der ein Meter fünfzig lange Ausleger des Filmscheinwerfers ausgefahren wurde und das Licht den Grund überflutete. Wenn die *DS-2* bei vierzig Meter Tiefe unserer Sicht entschwand, waren die Geräusche noch immer zu hören. Sie gaben einen Anhaltspunkt für die fortschreitende Tauchentfernung. Und ein erkennbarer Gruß der unsichtbaren Maschine kam mit jedem Blitz der Elektronenkamera nach oben.

Wenn die *DS-2* von der Dunkelheit verschluckt wurde, war das jedesmal ein bewegender Augenblick für mich. Sie verschwand aus dem Sichtbereich der *Calypso* wie ein Waljunges auf seinen ersten Ausflügen ohne Mutter. Falco übersah nichts bei seinen Untersuchungen, keinen der Arbeitsvorgänge der tauchenden Untertasse. Es war so, als hätten wir eigentlich bei der Konstruktion des Geräts nichts damit zu tun gehabt, sondern hätten sie am Strand gefunden und lernten jetzt ihre Eigenschaften kennen. Manchmal, wenn er außer Sichtweite war, stellte Falco die Motoren ab, um in der Stille seine

Beobachtungen anzustellen, und er hielt sich dabei so lange auf, daß ich nach den Tauchern rief. Aber bevor sie hinuntergingen, hörten wir immer wieder, wie das Antriebssystem des Unterseeboots zu arbeiten begann.
Bei den letzten beiden Testen in geringer Tiefe entfernte sich Falco so weit vom Schiff, daß wir seinen Geräuschen nicht mehr folgen konnten. Ich setzte oben Ausgucker ein, weil ich erwartete, daß er in einiger Entfernung wieder auftauchen würde. Es war jedoch ganz egal, wie weit er weg war; sein Unterwasser-Orientierungssinn, den er bei Tausenden von freien Tauchunternehmen entwickelt hatte, brachte ihn immer wieder zurück, oft über Strecken unbekannten Geländes, und er schoß neben dem Schiff nach oben. Er kündigte seine Rückkehr an, indem er siebeneinhalb Meter hohe weiße Wassersäulen nach oben schleuderte. «Da kommt sie rauf!» brüllten die Ausgucker beim Anblick des zwei Fontänen ausstoßenden Wals. Dank diesem Trick vertrauten wir darauf, daß wir eine Untertasse auch entdecken konnten, wenn sie weiter weg an die Oberfläche kam.
Beim neunten Tauchversuch war vorgesehen, die Manöver der *DS-2* zu filmen. Mit meinem Assistenten Jacques Ertaud, einer Filmkamera, einem großen weißen Teller und einem Fettstift tauchte ich in fünfzig Meter Tiefe hinab. Ich schrieb meine Anweisungen für jedes Manöver auf die Platte und hielt sie vor Falcos Fenster. Die Untertasse gehorchte sofort wie eine alte, erfahrene Schauspielerin. Wir hatten so viel Spaß bei dem Unternehmen, daß mir die Luft ausging und ich schnell auftauchen mußte, um mir eine neue Aqualunge zu holen. Ich traf die *DS-2* wieder in dreiundzwanzig Meter Tiefe, um die letzte Filmfolge aufzunehmen – das Abwerfen des Aufstiegsgewichts.
Ich befand mich nah an ihrem Bug, als von der Untertasse eine laute, hohl klingende Explosion zu hören war. Ich tauchte zu Falcos Bullauge und blickte hinein. Sein Gesicht war vom Fenster verschwunden, ebenso das von Mollard. Es war vollkommen dunkel drinnen. Bohrende Angst durchdrang mich. Vielleicht war innen die zusätzliche Silberzinkbatterie explodiert.
Dann erschien im linken Bullauge wieder Falcos Gesicht. Er machte mit dem Daumen eine Bewegung nach oben. Den Männern fehlte nichts. Falco verzog das Gesicht, um mir klarzumachen, daß er nicht wußte, was schiefgegangen war. Als die Explosion erfolgte (erzählte er mir später), hatten er und Mollard sich gerade vom Fenster zurückgezogen, um den Voltmesser zu beobachten. Während Falco und ich uns mit Hilfe der Daumenzeichensprache verständigten, sah ich, daß aus der äußeren Verkleidung Ströme von Gasblasen herausschossen. Das konnte nur bedeuten, daß durch Kurzschluß in den äußeren Nickel-Kadmium-Batterien ein Brand entstanden war. Ich brauchte dem Steuermann nichts auf meinen Teller zu schreiben, damit er begriff, was geschehen war. Er warf das Aufstiegsgewicht ab, und ich schwamm vor der Untertasse nach oben, wobei ich immer wieder nach unten auf das sich ausdehnende Band der Blasen blickte. Ich kletterte schnell an Bord und übernahm den Kran Jumbo, während der Topgast rasch den Flaschenzug befestigte. Als ich die *DS-2* auf das Deckgerüst setzte, stieß sie wütend Rauchwolken aus. Die Matrosen spritzten Kohlendioxidschnee auf

die Batterien. «Halt!» brüllte ich. «Wir müssen die beiden erst rausholen.» Falco und Mollard stiegen aus der Untertasse aus. Der Steuermann kletterte sofort mit nackten Füßen auf die heißen Platten und begann die Verkleidung abzureißen. Der CO_2-Schaum war dem Feuer nicht gewachsen. «Weg von ihr», sagte ich, «ich stecke sie wieder ins Wasser.» Ich tauchte die *DS-2* ins Meer und löschte den Brand.
Wir standen mit grimmigen Gesichtern um die Untertasse herum, als Papa Blitz die Trümmer der Kurzschlußbatterie entfernte. Es sah nach einem schrecklichen Rückschlag aus. Die außerordentlich teuren, revolutionären Batterien waren ein wesentlicher Bestandteil der Konstruktion gewesen. Sie waren leichter als Bleibatterien und sollten ein sehr großes Speichervermögen haben. Man hatte uns versichert, daß sie durch einen normalen Kurzschluß nicht zerstört werden können. Wir hatten sie in mit Öl gefüllten Fiberglasbehältern eingebettet. Aber jetzt sah es so aus, als seien die Behälter schlechte Wärmeleiter und als habe das Öl durch die Hitze der Batterien den Siedepunkt erreicht.
Die Zukunftsaussichten waren bestürzend. Direkt nach den *DS-2*-Tests war vorgesehen, daß Professor Jacques Forest die *Calypso* für biologische Studien bei den Kapverdischen Inseln übernehmen sollte; deshalb konnte das Schiff nicht sofort mit dem Unterseeboot nach Frankreich zurückkehren. Ich beschloß, die Plastikbehälter nach Marseille zu fliegen. Simone, Mollard und ich gingen in Guadeloupe von Bord und ließen das verstümmelte Unterseeboot nicht gebrauchsfertig in seinem Gerüst zurück. Innerhalb von drei Wochen stellte die O.F.R.S. Messingbehälter mit Gasauspuffrohren für die Batterien her, und wir flogen mit ihnen zu den Kapverdischen Inseln. Die Lichter gingen im Achterraum der *Calypso* an, und die vier sich nicht geschlagen gebenden Ingenieure schufteten in erstickender Hitze, um die neuen Behälter einzubauen.
Wir wählten Baia Do Inferno, eine Bucht der Santiago-Insel, aus, um das Gerät in dreihundert Meter Tiefe zu testen. Für mich war es ein vertrauter Tauchgrund. Zum erstenmal war ich in der Inferno-Bay kurz nach dem Krieg getaucht und hatte sie Professor Piccard als Prüfgrund für den ersten Bathyskaph im Jahre 1948 vorgeschlagen. Falco und Mollard führten mit der tauchenden Untertasse ein sehr erfolgreiches Tauchunternehmen in geringer Tiefe durch. Dann ließen wir sie leer in vierhundertfünfzig Meter hinab. Als sie ohne Zwischenfall wieder auftauchte, sagte ich zu Falco: «Jetzt ist es soweit, daß wir mit ihr dreihundert Meter tief tauchen können.» Er lächelte in Vorfreude. Ich auch. Ich würde mit ihm zusammen meine erste Fahrt in einer tauchenden Untertasse machen.
Ich hatte das Tauchen mit der Untertasse so lange Zeit in meiner Phantasie erlebt, daß die Vorbereitungen zu meinem ersten Abstieg reine Routine gewesen waren. Ich öffnete die Sauerstoffventile und drehte das Gebläse an. Falco deckte die beiden CO_2-Absorber ab und setzte die hydraulische Anlage in Betrieb. «Okay, wir sind bereit», sagte er. Ich gab die Meldung telefonisch an Laban durch, der meinen Platz als Tauchleiter übernommen hatte. Er setzte uns ordnungsgemäß ins Wasser. Falcos Gesicht hatte vom

Licht des blauen Ozeans, der sich um die Wände der Untertasse kräuselte, einen bläulichen Schimmer.
Um Energie zu sparen, ließ der Steuermann die Untertasse nur mit Hilfe der Schwerkraft sinken. Dann warf er das Sinkgewicht ab und landete weich auf einem Gefälle aus dunkelgrauem Sand in dreißig Meter Tiefe. Er stieß ein wenig überschüssigen Wasserballast aus, setzte die Düsen in Betrieb und pumpte Quecksilber in den Vordertank, so daß das Boot sich der Schräge des Abhangs darunter anpaßte. Wir starteten in gerader Linie an ihm entlang in die Tiefe. Der Grund schien aus unfruchtbarem vulkanischem Staub zu bestehen. Es war kaum ein Fisch zu sehen.
In achtzig Meter Tiefe kam die *DS-2* aus eigenem Entschluß zum Stillstand und blieb auf ihrem Platz, als wäre sie in Aspik eingebettet. «Nehmen Sie kein Wasser auf», bat ich ihn. «Wir liegen in einer warmen Wasserschicht, die sich über einer dichten kalten Schicht befindet. Lassen Sie sie sich erst abkühlen, dann bekommen wir sie wieder in den richtigen Sinkzustand.» Wir zogen Pullover an. «Von jetzt an sind wir auf uns selbst gestellt», sagte ich zum Steuermann. «Die Taucher können uns nicht helfen, wenn etwas schiefgeht.» Falco blickte mich gelassen an. Er war in keiner Weise wegen unserer Isolierung beunruhigt. Nachdem die *DS-2* sich auf die Wassertemperatur eingestellt hatte, sanken wir weiter nach unten.
In hundertzehn Meter Tiefe berührte die Untertasse den Abhang. Falco hatte sie nicht dort aufgesetzt; sie hatte lediglich an Auftrieb verloren und wälzte sich über die vulkanische Asche. Er schaltete den Motor aus. Wir lauschten, um festzustellen, was bei der *DS-2* nicht stimmte. Von draußen hörten wir Geräusche, die wie ein Schluckauf klangen. Dann brauste es, als ob Wasser in einem Teekessel kochte.
Falco sagte: «Wieder die Batterien!»
Ich sagte: «Los, rauf an die Oberfläche.» Er warf das Aufstiegsgewicht ab. Die Untertasse stieg zögernd inmitten einer sich vergrößernden Spur von heißen Blasen auf. Die Nadel des Voltmessers schwankte heftig und bestätigte uns, daß wir in einer Hauptbatterie einen Kurzschluß hatten. In den Batteriebehältern aus Messing hatte sich Gas entwickelt, und der Druck hatte sie gesprengt. Falco sagte: «Sehen Sie, wir sinken wieder!» Durch das Bullauge sah ich, wie sich Plankton nach oben bewegte. Die *DS-2* befand sich in einer kritischen Situation.
Aber bei unserer Konstruktion war mit einer derartigen Panne gerechnet worden. Ich riß das Sicherungsband am Notaufstiegshebel herunter und betätigte ihn. Dadurch wurde der zweihundert Pfund schwere Notballast, der sich unter der Untertasse befand, abgeworfen. Wir hörten das Geräusch des Aufpralls nicht, aber er war ganz bestimmt abgefallen. Die Untertasse kippte ihr Heck um fünfunddreißig bis vierzig Grad nach oben und schoß zur Oberfläche herauf. Wir aßen ein mit kaltem Huhn belegtes Brot und tranken etwas Wein dazu.
Es war klar, daß unsere modernen Batterien zu gefährlich waren. Die *Calypso* fuhr in ihren Heimathafen Marseille zurück, damit wir dort das Problem, wie wir sie ersetzen könnten, lösen konnten. Die tauchende

Untertasse war unter Wasser zu Hause, aber wir hatten noch eine schwere Zeit vor uns, bis es so weit war, daß sie dort auch blieb.

Raum ohne Sonne

Wir ersetzten die modernen Batterien der tauchenden Untertasse durch konventionellere und verbesserten das elektrische System. Am 2. Februar 1960 unternahmen Falco und ich in der Bucht von Ajaccio, Korsika, den vorgesehenen Tauchversuch in dreihundert Meter Tiefe. Unsere mit dem Unterwasser-Ortungsgerät vorgenommenen Vermessungen zeigten, daß das Festlandschelf und die Böschung der Bucht mit vielen hohen Felssäulen besetzt waren, was für Falco eine ideale Teststrecke ergab.

Wir gingen die vorgeschriebene Überprüfungsliste vor dem Tauchversuch durch, schlossen uns in der *DS-2* ein und wiesen den Tauchleiter, *Commandant* Jean Alinat, über das Telefon an, uns auszusetzen. Wir sanken sehr schnell; aus irgendeinem Grund hatten wir deutlich Übergewicht. Wir befanden uns in einundzwanzig Meter Tiefe inmitten einer heftigen Brandung, die die *DS-2* hin und her warf und gegen die Felsen schlug. Ihre sie umgebenden Gummipuffer bewahrten die außen gelegenen elektrischen Anlagen davor, daß sie beschädigt wurden. Falco schaltete einen höheren Gang ein, um aus der Brandung herauszukommen. Obwohl die DS noch immer sehr schwer war, brachte er sie auf höhere Touren und damit von den Felsblöcken weg. Er ließ sie auf eine sandige Stelle in dreißig Metern Tiefe sinken, wo wir uns unter der Brandung befanden und landeten, um den Wasserballast auszugleichen. Das war mein zweites Tauchunternehmen mit der DS-2, und ich fühlte mich bei Falco absolut zu Hause. Draußen schwammen mehrere Calypsoianer um uns herum. Ich dachte: «Wir werden euch gleich weit hinter uns zurücklassen. Wir sind auf dem Weg in Gegenden, die ihr mit euren Aqualungen nie erreichen werdet. Ihr werdet bald auftauchen und wahrscheinlich einen Aufenthalt zur Druckentlastung machen müssen, während wir weiter nach unten tauchen und bei normalem Druck atmen.» Falco schaltete den Motor ein und setzte sich ab. Als der letzte Taucher winkte und sich wieder der Oberfläche zuwandte, seufzte der Steuermann der tauchenden Untertasse und sagte: «Endlich!»

Wir hatten bis jetzt noch keinen Kreiselkompaß in der *DS-2* eingebaut. Das kritische Testunternehmen hing vollkommen von Falcos Orientierungssinn ab. Wir waren vom nördlichen Strand der Bucht hinuntergestiegen; der Rand des Festlandschelfs lag im Süden. Während der ersten Phase des Abstiegs konnten wir an den auf dem Grund tanzenden Sonnenstrahlen schätzen, wo Süden war. Dann richteten wir uns nach einem Muster auf dem Grund, das aus Reihen von toten Wasserpflanzenblättern und -wurzeln bestand, die ungefähr die Küstenlinie nachzeichneten. Dadurch daß wir sie in rechten Winkeln überquerten, wurden wir zur Abfallinie des Schelfs geleitet. Als wir tiefer in das dichte Dunkel kamen, führte uns unser Kurs in ein sandiges Tal, das so aussah, als läge es in einem rechten Winkel zum

nördlichen Strand. Auf beiden Seiten des blassen Grundes befanden sich die Felssäulen, die wir mit dem Unterwasser-Ortungsgerät festgestellt hatten. Sie zeichneten sich in der Dämmerung dunkel wie Kirchturmspitzen am Abend ab.
In einhundertfünfzehn Meter Tiefe ging der Grund in Schlamm über, und die kathedralenartigen Säulen waren in der Trübung kaum zu sehen. Eine halbe Stunde verging. Das Tageslicht war nahezu abgefiltert. Wir schalteten die Positionslampen ein. Falco kurvte schwebend dicht über dem Grund, der glatt und ganz leicht geneigt war. Ich überlegte, wie weit wir uns von der *Calypso* entfernt hatten. Der Steuermann fuhr weiter.
Nach einer weiteren Fahrt von fünfzehn Minuten über der uninteressanten schiefen Ebene näherten wir uns einer scharfen schwarzen Horizontlinie. «Das Ende des Schelfs», sagte ich, «und der Anfang der Festlandböschung. Wir befinden uns in hundertdreiundzwanzig Meter Tiefe. Wir wollen nah am Rand anhalten.» Falco landete einen halben Meter von der Kante entfernt. Der Boden wies starke Knicke wie gefaltetes Papier auf. Wir blickten ehrfürchtig auf die Böschungslinie, es wurde uns schwindelig dabei. Ich war im Bathyskaph weit tiefer gewesen, aber das hier war wie eine Ballonfahrt bei Nacht. Falco war nie vorher so tief gewesen und hatte nie auf einem Meeresgrund geweilt, der jenseits seiner gewohnten Reichweite war. Wir waren über die Vertrautheit der tauchenden Untertasse mit diesem Tiefland begeistert. Ehe wir uns vom Rand des Schelfs entfernten, ruhten wir uns aus und überprüften unsere Ausrüstung, was der ersten Überquerung des unglaublichen Randes seine eigentliche Bedeutung gab. Ich fragte Falco: «Ist alles okay?»
«Oui, Commandant», sagte er.
«Gut, dann wollen wir aufbrechen», schlug ich vor.
Falco nahm die Fahrt mit den Düsen wieder auf und glitt über die Kante. Er schob den Hebel für den Quecksilberballast nach vorn, und die Untertasse glitt an der Böschung entlang nach unten; sie war fünfunddreißig Grad nach vorn geneigt und bewegte sich sehr nah am Grund entlang. In der totalen Finsternis leuchtete im Licht der Positionslampen ein rosa Eberfisch auf, der zurückprallte wie ein Insekt, das im Dunkeln einem Auto begegnet.
Längs des öden Modders kamen wir an Reihen roter und weißer Würmer vorbei, die vom Grund aufragten wie Kakteen. Falco setzte seine Düsen stärker in Betrieb, damit wir uns ungefähr einen halben Meter über der Festlandböschung in der Schwebe halten konnten. Die Untertasse streifte den Grund, und ein paar Schlammklumpen rollten den Abhang hinunter. Sie wirbelten graue Wolken hoch, die sich ausbreiteten. Die tiefe Bank war sehr weich. Damit wir unsere klare Sicht behielten, mußten wir sehr darauf achten, daß wir sie nicht berührten oder mit unseren Düsen aufwühlten. Während wir darüber sprachen, kreuzte vor unserem Bug sehr schnell ein Hundshai vorbei, der nur zweieinhalb bis fünf Zentimeter über dem Schlamm schwamm, ohne ihn irgendwie hochzuwirbeln. Was hatte dieser dämliche Hai, das wir nicht besaßen? Wahrscheinlich brachte er dieses Kunststück mit Hilfe seiner besonderen Schwanzform fertig. Ein Hundshai

hat praktisch an seinem Schwanz kein Unterteil, aber die obere Hälfte ragt wie bei einem Düsenflugzeug hoch, dadurch treibt er das Tier vorwärts, ohne den Schlamm aufzurühren.
Rechts an der Grenze unseres Sichtbereichs erblickte ich eine markante rechteckige Form. Eckige Gegenstände sind im Meer etwas Fremdes. Es mußte ein von Menschen angefertigtes Ding sein. «Steuern Sie fünfzehn Strich nach Steuerbord», sagte ich. Wir kamen an das Ding heran. Im Schlamm lag ein fast vollkommenes neunzig Zentimeter mal ein Meter fünfzig großes Rechteck aus weißen Kieselsteinen. Eine Einfriedung wie diese mußte einen Besitzer haben. Schon bald erspähte ich ihn. Es war ein grau- und rosafarbener Oktopus, der sich in einer der Ecken so in die Erde eingegraben hatte, daß nur zwei große Augen zu sehen waren. Als Falco die Untertasse wieder hob, dachte ich über die Oktopusfarm nach. In diesem Hunderte von Metern großen Gehege gab es nämlich keine Kieselsteine. Warum hatte das Lebewesen eine so mühsame Schlepperei auf sich genommen, nur um diesen öden Hof einzuzäunen?
Wir waren jetzt schon eine ganze Weile nach unten geglitten. Obwohl unsere Liegesitze bequem waren, begann ich ein Gefühl wie ein Yogiamateur zu bekommen, der zu lange auf dem Kopf gestanden hat. Es war eine Erleichterung, als ich Falco sagen hörte: «Wir werden bald dreihundert Meter erreicht haben.» Als die Nadel des Tiefenmessers die vorgesehene Tiefe anzeigte, stoppte Falco die Motoren, und die *DS-2* setzte sich auf den hinteren Notballast. Die Kabine ließ sich ausgeglichen nieder. Wir stellten alle technischen Anlagen ab, und tiefe Stille senkte sich auf uns herab. Wir konnten deutlich unser Herz klopfen hören.
Die Untertasse wurde von zwei Stößen erschüttert. «*Merde!*» sagte Falco. «Jetzt geht es wieder mit den Batterien los.»
«Aber nein», sagte ich, «das waren nur ein paar Gasblasen, die aus den Löchern der neuen Batteriebehälter entwichen sind. Diese Stöße sind gut. Sie bedeuten, daß die Batterien okay sind.»
Es war fünfzehn Uhr dreißig – zwei Stunden waren vergangen, seit wir den Abstieg begonnen hatten. Wir überprüften wieder alle Anlagen. «Alles ist normal. Wir haben noch massenhaft Ampere übrig», sagte Falco. Er schaltete zwei neue Kohlendioxidabsorber ein. Ich entkorkte eine Flasche Wein, und wir prosteten uns auf das erfolgreiche Tauchunternehmen zu.
Wir machten innen und außen alle Lichter aus und waren von ewiger Nacht umgeben. Nach einer Weile erblickten wir beide durch die Bullaugen in siebeneinhalb Meter Entfernung ein schwaches, blasses Leuchten. Es rührte sich nicht. Es war kein Tier, es war eine Erscheinung. Als wir die Scheinwerfer wieder einschalteten, war dort nichts zu sehen.
Ich sagte: «Wir wollen wieder zurückfahren und dabei versuchen, soviel wie möglich zu sehen.» Falco pumpte Quecksilber nach achtern, wendete und begann in Zickzackschwankungen nach oben zu steigen. Neunzig Meter weiter oben erblickte ich mehrere rechteckige Polypengärten – eine ländliche Siedlung dieser schlauen Wesen.
In hundertfünfzig Meter Tiefe kamen wir wieder zu den Kirchturmspitzen.

Falco, der in gehobener Stimmung war, beschloß, seine Fähigkeiten als Steuermann der tauchenden Untertasse zu beweisen. Er schaltete die Düsen auf höchste Schubkraft und schwebte direkt auf einen Felspfeiler zu. Mit den Düsen zusammen ließ er auch die Quecksilberpumpe arbeiten. Er übersprang die Spitze und glitt auf der anderen Seite in einen schmalen Cañon hinunter. Er sagte: «Haben Sie bemerkt, wie die DS mehrere Meter, nachdem man eine Wendung gemacht hat, schlingert? Nun, ich habe eine Möglichkeit gefunden, scharfe Kurven zu fahren.» Er schoß auf einen Felsen zu. Als er fast auf ihm angelangt war, machte er eine Drehung von hundertachtzig Grad. Der Stoßdämpfer am Heck berührte den Felsen und gab uns einen so starken Gegendrall, daß wir uns jetzt auf dem umgekehrten Kurs befanden. Falco begann diesen Billardeffekt für Wendungen in spitzem Winkel auszunutzen. Ich war ganz aufgeregt bei der Vorführung dieses Tricks, den die Fahrer bei Autorennen mit alten Serienwagen anwenden und den ich in hundertfünfzig Meter Tiefe erlebte.
Meine Augen sahen sich an der Aussicht satt. Es war das erstemal, daß ich bei diesen unteren Felsen war, die zweimal so tief liegen, als man mit Aqualungen tauchen kann. Ich schaltete den Dreitausend-Watt-Filmscheinwerfer an, und wir erblickten eine vollkommen neue Farbskala. Die tiefsten Aqualungen-Tauchunternehmen mit Lampen hatten uns bei den ersten dreißig Metern durch Grün, Blau und Gelb geführt und dann in eine dunkle, orangefarbene Schicht, die, je tiefer wir kamen, rot und dann braun wurde. Das Braun erstreckte sich bis zur Sicherheitsgrenze für Taucher mit komprimierter Luft, die bei neunzig Meter liegt. Die tauchende Untertasse aber führte uns das eleganteste aller Farbspiele vor. Die Lebewesen um uns herum waren zartrosa, malvenfarben und weiß mit zitronenfarbenen Flecken dazwischen getönt. Die hundert Faden tief gelegene Landschaft war ein großer Genuß. Fast auf jedem Felsblock erblickte ich einen melonengroßen Seeigel mit purpurroten Stacheln; viele von ihnen waren von hochzeitsweißen Hydrozoensträußen umgeben (Hydrozoen sind eine Polypengeneration von Quallen und Medusen). Mein Traum vom zweiten Riff im Roten Meer war Wirklichkeit geworden. Die tauchende Untertasse würde uns fast so leicht farbenprächtige neue Tierassoziationen erschließen, wie uns das freie Tauchen die von der Sonne durchleuchteten Schichten erschlossen hatte.
Wir hatten keine Eile, unser großartiges Tauchunternehmen zu beenden. Die Untertasse war nicht nur der Schlüssel für die Festlandschelfe, sie schenkte uns auch die nötige Beobachtungszeit. Während wir am Sockel einer Klippe entlangtrieben, brachte uns ein häßlicher Stoß in die Welt über uns zurück: verlorene Ankereisen, zerrissene Fischerleinen und alte Hummerfallen erinnerten uns daran, daß es kein Märchenland mehr gab. Zwischen zwei Felsen hatte ein Oktopus einen Schuttabladeplatz angelegt, der aus zerbrochenem Geschirr, Metallstreifen und Ziegelsteinbruchstücken bestand – diese Stelle war weit weniger romantisch als die sauberen, ländlichen Heimstätten seiner weiter unten wohnenden Vettern.
Über das Heim eines Oktopus zu einer Kirchturmspitze, von der Spitze zu einem Gebirge, vom Gebirge zu einem Cañon machten wir langsam unseren

Weg zurück an die Wasseroberfläche. Wir warfen keinen Blick mehr auf den Tiefenmesser, wir konnten unsere Höhe am Sonnenlicht und der Fauna draußen feststellen. Sechzig Meter von der Oberfläche entfernt parkte Falco die *DS-2* am Fuß einer Felssäule, und wir blickten hinaus auf vertraute Hummerbänke und rote Korallenzweige. Nach dem, was wir weiter unten erblickt hatten, sahen die Schmuckkorallen ganz gewöhnlich aus.
Wir aßen unseren Lunch, plauderten über diese neuen Sensationen und vergaßen dabei die Zeit. Falco klagte über Kopfschmerzen. Ich holte den CO_2-Messer heraus. Kein Wunder, daß er sich nicht wohl fühlte. Wir atmeten zweiprozentiges Kohlendioxid ein. Kurz nach achtzehn Uhr tauchte Falco nach dieser langen dreidimensionalen Kreuzfahrt ohne Kompaß sehr nah beim Mutterschiff wieder auf. Die Champagnerparty auf der *Calypso* heilte seine Kopfschmerzen bald.
Die Zeiten der Versuche waren vorbei. Die tauchende Untertasse hatte ihre Prüfung bestanden. Jetzt würde ihre wissenschaftliche Laufbahn anfangen. Falco begann Biologen und Geologen mit hinunterzunehmen, deren Forschungsprogramme den Möglichkeiten mit der Untertasse angepaßt waren. Während ich dies schreibe, hat die *DS-2* bereits sechzig wissenschaftliche Aufgaben im Mittelmeer bei Korsika, Cassis, Villefranche und Banyuls durchgeführt. Ihre hydraulischen Greifer haben Supermarktkörbe voller Schätze nach oben gebracht. Sie hat für die Wissenschaft Dutzende Arten entdeckt. Ihre Schlamm- und Gesteinsproben haben Theorien über die Formation und die Zusammensetzung unterseeischer Cañons bestätigt und zerstört. Außer bei zwei Tauchunternehmen, bei denen André Laban das Steuer übernommen hatte, war immer Albert Falco der Steuermann. Seine auf Band gesprochenen Logbücher haben eine Menge neuer Informationen über das Leben im Meer gebracht.
Beim Tauchunternehmen Nr. 26 schiffte sich der kalifornische Meeresgeologe Robert F. Dill als Beobachter mit der *DS-2* ein. Falco setzte das Unterseeboot in hundertacht Meter Tiefe auf Grund, um für Dill Schlammproben zu sammeln. Im Schein der Suchlichter erblickten sie einen fünfzehn Zentimeter hohen Kegel, aus dessen Loch in der Spitze zwei kleine Augen herausschauten. Es war ein winziger weißer Fisch, eine Meergrundel, die sich zum erstenmal eine tauchende Untertasse ansah. In den Lichtschein schoß ein kleiner gemeiner Tintenfisch, der die nur auf die Untertasse konzentrierte Aufmerksamkeit der Meergrundel ausnutzen wollte. Der gemeine Tintenfisch streckte seine beiden längsten Arme aus, um sich die Beute vom Kegelgipfel zu schnappen. Die Meergrundel tauchte unter die Erde. Der gemeine Tintenfisch färbte sich vor Wut weiß. Er bewegte schnell die Schleier über seinen Augen und grub sich im Schlamm ein, um sich neben dem Loch der Meergrundel auf die Lauer zu legen. Der kleine Fisch schoß jedoch hinter dem Räuber aus einem anderen seiner zahlreichen Eingänge heraus. Der gemeine Tintenfisch fuhr mit seinen Tentakel nach hinten, die Meergrundel grub sich aber wieder ein und streckte ihren Kopf aus einem dritten Loch heraus. Falco und Dill lagen auf ihren Matratzen, die Untertasse erzitterte von ihrem Lachen, und riefen der Meergrundel zu: «Paß auf!

Er liegt neben diesem Loch. Nimm lieber ein anderes!» Die Meergrundel hörte nicht auf ihren Rat, oder sie brauchte ihn nicht. Sie kam immer wieder sicher aus einem Loch heraus, das der Kopffüßler gerade nicht beobachtete. Der kleine Fisch spielte fünf Minuten lang mit dem Räuber. Schließlich wurde der gemeine Tintenfisch rot und verließ, sich rückwärts bewegend, den Schauplatz seiner Schmach.

Während seiner Fahrten durch die Hundert-Faden-Schicht des Schelfs sah Falco oft Fische, die sich mit dem Schwanz zuerst in den Schlamm zurückzogen. Er erblickte viele Oktopusse, die bis zu den Augen eingegraben waren. Unter der Erde lebende Meerspinnen zeigten nur ihre Zangen, wenn die *DS-2* sich näherte, und schwenkten sie drohend. Als Falco einmal auf dem Grund in einen Cañon glitt, erblickte er zwei riesige erhobene Arme vor sich. Es waren Äste eines eingegangenen Ölbaums, der oben vom Land heruntergefallen war. Längs seiner Zweige, die wie mit Kirschblüten übersät aussahen, hingen Schnepfenfische und Eberfische.

Zu dem DS-Tauchunternehmen Nr. 40 nahm Falco Dr. Jacques Laborel mit, einen Biologen von der Endôume-Marinestation, der von den Felsen am Eingang des Cassis-Cañons in hundertzwanzig Meter Tiefe festsitzende Fauna sammeln wollte. Die meisten Exemplare, die der Passagier haben wollte, klebten hinter einem Hornkorallenschirm an der Wand. Wenn Falco mit dem Greifer danach faßte, stieß die leichte Berührung mit den Hornkorallen die Untertasse weg. Er trieb ab und kam wieder zurück. Er kam sich wie ein kleiner Junge auf Coney Island vor, der versucht, den Apparat mit den Schaufelgreifern so zu handhaben, daß er die Armbanduhr statt der Geleebohnen erwischt. Nach zweistündigen geduldigen Angriffen pflückte der Steuermann einen Korb voll exotischer Schwämme und gelber Korallen. Dann begehrte der Wissenschaftler eine ein Meter achtzig große Dörnchenkoralle. Falco griff danach und setzte seine Düsen in entgegengesetzter Richtung in Betrieb, aber die Untertasse konnte den Busch nicht ausreißen. Der Untertassenmann entfernte sich längs der Klippe, wendete und fuhr mit voller Düsenkraft auf die Dörnchenkoralle zu. Der Rammstoß schlug die Trophäe los. Der Greifer holte sie aus dem Wasser und hielt sie am Bug fest. Falco tauchte geschmückt mit dem Korallenbusch auf, von dem das Wasser wie bei einem der Wasserspiele in Versailles heruntersprühte.

Als wir weitere Arbeitsmöglichkeiten mit dem kleinen Düsenunterseeboot entdeckten, dachten wir uns für die physikalische Ozeanographie ein Experiment aus, das nie vorher versucht worden war: die Messung der horizontalen Lichtdurchlässigkeit in beträchtlichen Abständen unter Wasser. Dr. George L. Clarke lieh uns für die *Operation Lumen,* wie das Experiment genannt wurde, seine Fotozelle. (Das Gerät wandelt auf Grund des lichtelektrischen Effekts Lichtschwankungen in elektrische Stromschwankungen um, d.h., kurzwelliges Licht fällt auf Metalle, und dadurch werden aus diesen Elektronen herausgelöst, deren Zahl der Lichtstärke proportional ist.)

In einer mondlosen Nacht bereiteten wir die Untertasse vor der korsischen Küste auf ihre ungewöhnliche Aufgabe vor. Wir hängten innen zwischen den beiden Besatzungsmännern einen Verdunklungsvorhang auf. Falco mußte in völliger Dunkelheit arbeiten, während der Techniker auf der anderen Matratze Licht brauchte, um seine Meßwerte ablesen zu können. Clarkes Fotozelle wurde vor das zweite Bullauge gesetzt und war gegen die Innenbeleuchtung abgeschirmt. Auf diese Art hatten wir zwei Augenpaare, die in die totale Dunkelheit blickten – es waren Falcos Augen und die des Instruments. Wir gaben der Untertasse fünfundvierzig Pfund Übergewicht und hängten sie vierundzwanzig Meter unter einem Beiboot an einem leichten Tau auf, das mit der Hand weiter abgelassen werden konnte. Von der *Calypso* ließen wir in diese Tiefe eine Fünfhundert-Watt-Birne mit einem vertikalen Glühdraht von der *General Electrics* hinab. Über der Lampe befand sich als Meßobjekt für das Unterwasser-Ortungsgerät der tauchenden Untertasse eine leere Preßluftflasche. Falcos Techniker konnte an den horizontalen Aufzeichnungen des Unterwasser-Ortungsgeräts genau die Entfernungen von dem von der *Calypso* herabhängenden Licht ablesen.

Nachdem diese Vorrichtung angebracht war, trieb die *Calypso* mit ihrer langsamsten Geschwindigkeit – mit einem zwanzigstel Knoten – von dem Beiboot weg. Falco meldete dem Mann auf der anderen Seite regelmäßig, ob er das Licht sehen konnte. Dieser trug seine Meldungen, die Entfernungsangabe des Unterwasser-Ortungsgeräts und die Angaben von Clarkes Fotozelle ein, bis das Licht der Sicht entschwand. Beim ersten Versuch in vierundzwanzig Meter Tiefe verschwand das Licht für Falco und den elektronischen Apparat genau im gleichen Augenblick – nämlich in zweihundertneunundzwanzig Meter Entfernung.

Wir wiederholten den Versuch in fünfzig Meter Tiefe. Hier kam aus der Tiefe dichtes Plankton herauf, das das Licht in hundertzweiundfünfzig Meter Entfernung auslöschte. Wir ließen die *DS-2* und das Licht in hundert Meter Tiefe hinab, dann kamen wir über weitere Stationen bis auf zweihundertfünfzig Meter. In der größten Tiefe war das Licht für beide, für Falco und das Instrument, bis zu vierhundertzwei Meter Entfernung zu sehen. Für den Steuermann sah es wie ein blauer Stern aus, bis es zweihundertvierundvierzig Meter weit weg war, dann verwandelte es sich plötzlich in einen weißen Lichthof.

Die Messungen bestätigten die Theorie, daß Plankton sich nachts in den oberen Wasserschichten sammelt. Je tiefer man kam, desto lichtdurchlässiger wurde das Wasser. Ich stelle mir für die Zukunft Forschungsunterseeboote vor, die mit Blinklichtern Erkennungssignale austauschen, wie es die Schiffe oben auf dem Meer tun.

Falco führte eine Reihe von Tauchunternehmen mit Wissenschaftlern unter der Aufsicht von Professor Georges Petit durch, die alle in einen schmalen unterseeischen Cañon, den Rech Lacaze-Duthiers, vor der Küste bei Port Vendres in der Nähe der spanischen Grenze führten. Dieser *Rech* – die geologische Bezeichnung für die typischen Cañons, die das Festlandschelf von Spanien und Frankreich noch ein Stück östlich von Marseille durchschneiden – ist nach einem berühmten Ozeanographen benannt worden, der die Arago-Meeresstation bei Banyuls in der Nähe von Port Vendres gegründet hat. Professor Lacaze-Duthiers und fünf ihm nachfolgende Wissenschaft-

ler-Generationen haben diesen Cañon zu einem der am besten beobachteten unterseeischen Charakteristika der Erde gemacht.
Während Falco beim Tauchunternehmen Nr. 43 seinen Korb mit roten und gelben Korallen füllte, erblickte er ein Tier, das so groß wie ein Felsblock war und an der Böschung nach oben auf die *DS-2* zuschwamm. Als es im Licht auftauchte, erkannte Falco, daß es ein Zackenbarsch war, der mehr als neunzig Pfund wog. Der große Fisch, der wahrscheinlich durch das Licht geblendet wurde, stieß mit seiner Nase gegen den Bug und kippte das Boot um. Der Zackenbarsch flatterte daraufhin mit drohend aufgerichteten Rükkenflossen vor ihnen herum und verdeckte fast die beiden Bullaugen. Er blieb eine Weile da und stieß die Untertasse an. Dann schwamm er wieder den Hügel hinab nach unten. In Falcos Logbuch hieß es: «Es tat uns leid, daß er nicht ein wenig länger bei uns blieb.»
Beim Tauchunternehmen Nr. 46, das ebenfalls bei Port Vendres stattfand, nahm Falco Jean-Pierre Reyss mit in dreihundert Meter Tiefe. Als sie den Weg nach unten zu drei Vierteln zurückgelegt hatten, stießen sie auf eine unbekannte Fischart. Der Fisch war anthrazitgrau und hatte einen weißen Bauch; irgendwie glich er einem grauen Meeraal. Er hatte lange zackenartige Zähne und einen kleinen, gerundeten Schwanz. Falco steuerte durch eine Menge kleinerer Fische, die von dem Licht hypnotisiert zu sein schienen, auf ihn zu. Der große Fisch hielt von der Untertasse einen gleichbleibenden Abstand von neun Metern. Falco stoppte. Der geheimnisvolle große Fisch schoß wie ein Blitz in den Schwarm und schnappte sich einen kleinen Fisch. Er schlug immer wieder zu, bis er übersatt war, und trollte sich dann. Als die Untertasse die größte Tiefe erreicht hatte, schob sie sich zwischen weißen Korallenbüschen hindurch, die mit großen, im Licht tanzenden und springenden roten Krabben geschmückt waren.
Das Tauchunternehmen Nr. 47 gehört zu denen, an die sich Falco besonders lebhaft erinnert. Er tauchte mit Lucien Laubier auf einer stürmischen Fahrt in den Rech Lacaze-Duthiers in dreihundertdreißig Meter Tiefe hinab. Der Untertassensteuermann hatte schon früher dort bei schlechter Sicht und starker Strömung in der oberen Wasserschicht getaucht, aber das war nichts gegen den Tumult, den er an jenem Tag erlebte. Im trüben Wasser kam die *DS-2* von ihrem Kurs ab. Ihre Leistungskraft war der Strömung nicht gewachsen. Falco hielt es für besser, sich der Strömung zu überlassen und darauf zu warten, daß sie ihn in ruhigeres Wasser trug. Er stoppte die Düsen. Aber er sagte nichts, um Laubier nicht zu beunruhigen, der keine Ahnung hatte, in welcher Gefahr sie sich befanden. Die Strömung trieb das Unterseeboot mit drei Knoten Geschwindigkeit auf eine Cañonwand zu, die nur auf dem Unterwasser-Ortungsgerät sichtbar war. Falco wußte, daß die steil abfallende Klippe viele Überhänge hatte. Die *DS-2* würde in ernstliche Schwierigkeiten geraten, wenn sie unter einem Sims nach oben geschwemmt wurde. Durch den Nebel sah der Steuermann direkt vor sich das, was er gefürchtet hatte – ein tiefes Gewölbe in der Klippe. Er setzte die Düsen voll in Betrieb, um ihm auszuweichen, aber die Untertasse wurde trotzdem hineingeschwemmt. Als es fast so weit war, daß die *DS-2* dagegengeschmet-

tert wurde, machte sie einen kleinen Sprung und wurde durch eine Gegenströmung aus der Höhle herausgeschleudert. Falco sagte zu Laubier und sprach es gleichzeitig auf Tonband: «Das macht das Tauchen in Cañons sicherer, als man meinen sollte.» Später experimentierte er mit dem Rückstoßeffekt, um die Navigation in Cañons zu fördern.

In zweihundertdreißig Meter Tiefe hörten die Trübung und die Strömung auf, und die *DS-2* kam in eine Landschaft mit großartigen weißen Korallen, die sich zwischen den Cañonwänden ausbreitete. Im Mittwasser ringelten sich durchsichtige Würmer, deren einzige erkennbare Organe zwei rote Hörner am Kopf waren. Die Gegend war mit phosphoreszierenden zehnarmigen Tintenfischen und saftigem Plankton belebt. Durch die oberen Bullaugen erblickten die Untertassenmänner einen Kreis aus roten Krabben, die wie ein Lichthof über dem Unterseeboot wirkten.

Pierre Drach, unser Begleiter im Roten Meer, als uns zum erstenmal die Notwendigkeit eines tiefen Tauchgeräts klar wurde, war beim Tauchunternehmen Nr. 57 im Lacaze-Duthiers-Cañon Falcos Passagier. Wir brauchten nicht länger seine Füße vor Haien zu beschützen, und die Untertasse erlaubte es dem Professor, seine Nase hübsch nah an die festsitzende Fauna heranzubringen. Das vor dem Unternehmen übliche Wiegen war an diesem Tag besonders genau gewesen, und die *DS-2* war ausbalanciert und reagierte außerordentlich schnell. In fast dreihundert Meter Tiefe wurde Drach wegen eines hängenden Gartens ganz aufgeregt. Falco fuhr entgegenkommend unter das Korallengestrüpp und hakte die mechanische Hand an einem Busch fest, um die Untertasse zu verankern. Er lag entspannt auf dem Bauch und nahm an dem Entzücken des Wissenschaftlers teil. Sie erblickten etwas, was jenseits aller Phantasie war. Silberne Bandfische, die fünfundzwanzig Zentimeter lang und dünn wie Papier waren, schwammen ins Licht und schlängelten sich hypnotisiert auf und ab. Sie spießten sich an den Korallenhörnern auf, rissen sich selbst in Fetzen und verwandelten sich in eine glitzernde Wolke, die in der Dunkelheit versank.

Drach beendete seine Notizen, und Falco fuhr tiefer zu einer neuen Station der Klippe. Zwei graue Meeraale, von denen jeder an die neunzig Pfund wiegen mußte, tauchten im Licht auf und schwammen unweit der Untertasse hin und her. Aus Spaß griff Falco den Schwanz des einen grauen Meeraals mit der mechanischen Hand. Im nächsten Moment drehte sich die *DS-2* so schnell, daß einem dabei schwindelig werden konnte. Der Meeraal riß seinen Schwanz los und schleuderte die Untertasse von der Wand weg. Durch die Kraft des Aals drehte sie sich noch mehrere Male.

Als Professor Petit, der die Tauchunternehmen bei Port Vendres geplant hatte, den Bericht seiner Männer sah, sagte er: «Wir werden uns den Rech Lacaze-Duthiers noch einmal gründlich vornehmen müssen. Das meiste, was wir bisher von ihm geglaubt haben, ist über den Haufen geworfen worden.»

Die direkte Beobachtung durch Menschen, die bewußt eingesetzten Kameras und die von der tauchenden Untertasse gesammelten Proben hatten eine Menge der früheren Angaben, die nur durch von Schiffen herabhängende Instrumente gesichert waren, in Frage gestellt.

Die Meeresforscher besaßen mit der tauchenden Untertasse SP 300 (DS-2) nun endlich ihr erstes wendiges Tauchfahrzeug. In wenigen Jahren würde ihr eine ganze Armada weiterer Boote folgen. Mit der Tiefe verhält es sich ähnlich wie mit den Bergen. Eine kleine Anhöhe genügt keinem Kletterer. Manche Menschen sind erst zufrieden, wenn sie den höchsten Gipfel bestiegen haben oder in die größte Tiefe getaucht sind. Es geht dabei nicht um Sinn oder Nutzen, sondern um physische und technische Höchstleistungen. Sir Edmund Hillary, Erstbezwinger des Mount Everest, antwortete einmal lakonisch auf die Frage, warum Menschen auf Achttausender kraxeln: «Weil sie da sind!»

Jacques Piccard

gehört – gleich seinem Vater Auguste – zu jenen Menschen, auf die Neuland oder vielmehr «Neuwasser» einen unwiderstehlichen Reiz auszuüben pflegt. Seinen Lebensweg begleiteten fast immer recht ausgefallene Tauchbootabenteuer.
Piccard wurde 1922 in der Schweiz geboren. 1947 erwarb er das Diplom als Wirtschaftswissenschaftler am Genfer Institut für Internationale Studien. 1948 wirkte er bei der Erprobung der FNRS 2 mit. 1952–1960 arbeitete er bei der Konstruktion der ***Trieste*** *mit und war Pilot ihrer 65 Tauchfahrten, worunter er im Januar 1960 den Abstieg im Marianengraben auf 10916 Meter Tiefe unternahm. In den siebziger Jahren entwickelte er die PX-8, die PX-15 und die PX-28. Eines der abenteuerlichsten Unternehmen war sicher jene Tauchfahrt im Januar 1960. Sie führte*

Hinab in die tiefste Tiefe

Unternehmen Nekton

Guam ist die südlichste Insel des Marianen-Archipels, eine der langgezogenen Inselbögen, die von Japen an südlich bis nach Palau hin auftreten. Sie bestehen aus den Gipfeln einer mächtigen Auffaltung der Erdkruste oder Antiklinale. Diese eindrucksvolle Schöpfung der Naturgewalten ist noch

nicht vollendet. Die heftigen Erdbeben und Vulkane, die die Region kennzeichnen, verraten deutlich, daß hier noch keine Ruhe herrscht. Das Gebiet ist ein Abschnitt der ringförmigen «Feuerzone» des Pazifischen Ozeans.
Der nördlichste Teil der Auffaltung, der von den Izu-Inseln gekrönt wird, stößt unmittelbar nach Mitteljapan vor. Das Ergebnis ist eine Zertrümmerungszone, die unter dem Namen Fossa Magna – Großer Graben – bekannt ist und die eingebrochene Rückseite Japans bildet. In dieser Fossa Magna liegt der Herd einiger der schwersten japanischen Erdbeben. Dort befand sich das Zentrum des gewaltigen Kwantobebens, das Tokio im Jahre 1923 zerstörte.
Diese Inselbögen, zu denen auch die Philippinen gehören, kennzeichnen den tatsächlichen Rand des pazifischen Beckens. In diesem selbst herrschen keine Spannungen der Erdkruste. Nur von der Hawaii-Kette, die sich 2400 km weit von Midway bis nach Hawaii selbst erstreckt, wird die Erdbebenstille unterbrochen. Hier ist die Schale der Erde durch eine große Spalte auseinandergerissen, aus der immer noch eine überreichlich strömende Lavaflut quillt.
In verflossenen Zeitaltern sind andere große unterseeische Gebirge entstanden, von denen einst viele Gipfel über den Meeresspiegel emporragten; zu ihnen gehören die Bergzüge im mittleren Pazifischen Ozean sowie die Erhebungen des Meerbodens in der Magellanstraße. Zahlreiche Spitzen dieser Berge durchbrachen einst die Oberfläche des Ozeans und formten eine Inselbrücke von Guam nach Hawaii. Heute liegen davon nur noch Wake und Marcus im Sonnenlicht. Sie verdanken ihr Dasein der Unterstützung von Lebewesen. Die riffbildenden Kalkskelette von Korallenkolonien haben diese höchsten, schon fast ganz vom Wasser überspülten Spitzen mit einer Haube bedeckt. Sie können vor allem deshalb gerade noch bestehen, weil sich in den letzten paar Jahrtausenden der Meeresspiegel auf der ganzen Erde um etwa viereinhalb Meter gesenkt hat.
Eine Reihe großer Gräben – tiefer Senkungsfurchen in der Erdkruste – begleitet die nordwärts schwingenden Inselbögen. Der tiefste von ihnen, der Marianengraben, hat genau die Form eines Kreisabschnitts. Man erkennt, daß von der Achse des Grabens in einem Winkel von etwa 15° eine riesige Verwerfungsspalte gegen das asiatische Festland zu in die Tiefe ziehen muß. An dieser sogenannten Scherungsebene setzten die Schubkräfte an, von denen der Inselbogen vermutlich über das pazifische Becken gedrängt worden ist.
In den Gräben am Rande des Pazifischen Ozeans finden sich die tiefsten Senken auf unserem Planeten, mit weit größeren Tiefen als in den mittleren Abschnitten der Ozeanbecken selbst. Am Südende des Marianen-Grabens, etwa 380 km südwestlich Guam, liegt die allertiefste Stelle, die Challenger-Tiefe. Hier geht es fast 11 000 m bis zum Meeresgrund hinunter. Es ist die größte bisher gefundene Tiefe des Weltmeers.
Die Challenger-Tiefe – der Name hat einen schönen Klang! Vor einigen Jahren war ich in Lausanne betroffen, wie aufregend er wirkte. Ich hatte in einem Vortrag erwähnt, daß der Mensch eines Tages einen Angriff auf die

Mindanao-Tiefe vor den Philippinen machen werde, da ich sie für den tiefsten Punkt des Ozeans hielt. Als ich den Saal verließ, riet mir Professor Rey, einer meiner alten Lehrer: «Jetzt müssen Sie aber zum Marianengraben fahren, wo die Challenger II, ein ozeanographisches Schiff der Briten, erst im Jahre 1951 eine fast 11000 m tiefe Stelle entdeckt hat.» «Nun gut, ich werde hinfahren», erklärte ich ihm.

Im Jahre 1957 reiste ich nach Göteborg in Schweden. Ich war als Beobachter zu einer internationalen Tagung von Ozeanographen eingeladen. Sie hatten sich versammelt, um die Pläne für die Zusammenarbeit während des internationalen geophysikalischen «Jahres» endgültig festzulegen, das im Juli beginnen und 18 Monate dauern sollte. Die Reihe der Tauchfahrten, die das ONR im kommenden Sommer angesetzt hatte, war bereits für das Arbeitsprogramm vorgemerkt. Gordon Lill, Robert Dietz und einige andere amerikanische Ozeanographen waren ebenfalls anwesend, so daß die Zusammenkunft Gelegenheit bot, feste und abschließende Pläne zu fassen.

Bei diesem Treffen in Göteborg lernte ich auch Ozeanographen aus den Ländern hinter dem Eisernen Vorhang kennen. Obwohl die Russen mir keine Fragen über das Bathyskaph stellten, hatte ich selbst Grund, neugierig zu sein. Vor einem Jahr hatte mein Vater einen Ausschnitt aus einer bulgarischen Zeitung erhalten. Er beschrieb ein Tiefseefahrzeug, «Hydrostat» genannt, das die Sowjets angeblich bauten. Mit meinen Fragen konnte ich den Russen wenig Wissenswertes entlocken. Es hieß lediglich, «sie hätten sich mit dem Gedanken befaßt, Fahrzeuge wie Bathyskaphe zu bauen.» Ich erfuhr, daß sie im Nordmeer eine Beobachtungskugel verwendeten, die an einem Kabel hing, um Fragen des Fischfangs zu erforschen. Erst kürzlich habe ich gehört, daß die Russen sich mit Plänen für ein Bathyskaph befassen sollen.

Eines Abends beim Kaffeetrinken tauchte wieder der magische Name der Challenger-Tiefe auf. Die amerikanische Marine konnte mir die Gelegenheit verschaffen, einen Angriff auf diese tiefstgelegene Stelle der Erde zu unternehmen. Dies war auch ein wichtiger Grund gewesen, der mich zur Mitarbeit bewogen hatte.

Wer sonst als die amerikanische Marine war in der Lage, ein solches Unternehmen mühelos zu unterstützen? Sie besaß die Mittel, die Schiffe und einen Stützpunkt, der in der Nähe lag. Gewiß mußten wir uns darauf gefaßt machen, daß ein paar Ozeanographen einwenden würden, das Vorhaben lenke uns von den dringenderen wissenschaftlichen Tauchfahrten ab. Doch ich war überzeugt, daß die meisten sich darüber einig waren, man müsse unbedingt zu der tiefsten Stelle hinuntertauchen, wenn das Bathyskaph dazu imstande war.

Vor 18 Monaten hatten Dietz und ich all dies miteinander erörtert, und wir waren beide zur der Ansicht gelangt, daß wir den Versuch unternehmen mußten. Für uns war das selbstverständlich. Da wir wußten, daß es die Challenger-Tiefe gab, konnten wir nicht umhin, uns näher mit ihr zu befassen. Der Mensch war nicht zufrieden, solange er nicht auf dem Grunde der tiefsten Senke der Erde gewesen war. In uns allen steckt eine treibende

Abb. 28: Jacques Piccard

Abb. 29: Die für das «Unternehmen Nekton» umgebaute TRIESTE wird in Guam zu Wasser gelassen

Abb. 30: Die U. S. Navy baute sich aus Elementen der alten TRIESTE, nach dem Umweg über einen schiffsförmigen Auftriebskörper, ein ganz neues Bathyskaph, die 24 Meter lange und 6100 Meter tief tauchende TRIESTE II

Kraft, die uns nicht ruhen läßt, solange wir noch einen Schritt weiter gehen können. Welcher Wissenschaftler, der die abgestorbenen Hüllen von Lebewesen aus dem Abgrund des Ozeans mit dem Schleppnetz holt, hätte nicht Sehnsucht zu erkunden, wie es in Wahrheit dort unten aussieht? Das Bathyskaph wurde ersonnen, um diese letzte Grenze zu erreichen. Wenn es einmal in der Challenger-Tiefe landete, gab es von den höchsten Bergen bis zu den eisigen Polen keinen Ort mehr, zu dem den Menschen der Zutritt verwehrt blieb. Dann hatten sie den letzten großen Sieg errungen. Eine solche Tat konnte die Aufmerksamkeit auf dieses nahezu vernachlässigte Reich des Meeres lenken und ohne Zweifel überall den Bau von Tiefseetauchbooten zu Forschungszwecken beschleunigen. Die Zeit, in der die Ozeanographen für ihre tägliche Arbeit Tiefseeschiffe verwenden konnten, wäre damit nähergerückt.

Ein Angriff auf die Challenger-Tiefe war mehr als ein Wunschtraum. Als ich im Jahre 1958 nach Washington zurückkehrte, hatte man eine solche Tauchfahrt in größte Tiefen bereits ernstlich erwogen. Im ONR besprach ich die Frage lang und breit mit Gordon Lill und Arthur Maxwell. Beide waren entschlossene Förderer des Bathyskaphs und Männer, die ohne Umschweife und tatkräftig handelten. Wir grübelten über einer Seekarte, die Guam und das umliegende Meer zeigte.

«Die amerikanische Marine unterhält also, wie Sie sagen, immer noch in Guam einen Stützpunkt mit Kränen und Schleppern? Nur lächerliche 380 km von der Challenger-Tiefe entfernt?» – (380 *lange* Kilometer, dachte ich für mich.) – «Wir können sofort beschließen, die Tauchfahrt zu unternehmen. Warum nicht?»

«Aber läßt sich das mit der *Trieste* so, wie sie ist, durchführen?» fragte Lill.

«Ja, man könnte es schon jetzt wagen, aber mit der Terni-Kugel wäre der Sicherheitskoeffizient recht klein. Man müßte zuerst eine unbemannte Probefahrt mit einem Roboter als Piloten machen.»

«Und wenn die Kugel versagt, was dann? Das Bathyskaph von der Liste streichen?»

«Natürlich», bestätigte ich. «Auch der Schwimmkörper würde zweifellos von der fürchterlichen Implosion zertrümmert werden. Die Fische im ganzen Pazifischen Ozean sprängen dann vielleicht hoch und fragten verblüfft ‹Was ist denn los?› Es ist tollkühn, so etwas zu wagen. Besser wäre es sicherlich, wenn man eine neue Kugel mit dickerer Schale hätte, die zu dem vorhandenen Schwimmkörper paßt. Man könnte in Europa eine bauen lassen. Es ließe sich leichteres Benzin verwenden, um das zusätzliche Gewicht auszugleichen, oder man müßte den Schwimmkörper vergrößern.»

Dies sei ein Plan, den man erwägen könnte, pflichteten die beiden Männer mir bei. Man ließ die Angelegenheit vorerst fallen, aber man vergaß sie nicht. Der Plan war seiner Verwirklichung einen Schritt näher gekommen.

Tatsächlich war der Gedanke auf fruchtbaren Boden gefallen und gedieh. Nach dem Erfolg in Italien machte der Plan der großen Tauchfahrt im Pazifischen Ozean alle Stadien von der Möglichkeit bis zur Wahrscheinlichkeit durch. Die Idee war keineswegs schon von den amtlichen Stellen

gebilligt worden. Aber wir alle, die dem Bathyskaph nahestanden, waren gefühlsmäßig und in unsern Handlungen auf dieses schimmernde Ziel ausgerichtet. Natürlich ließ ich mich nicht von der lächerlich kleinen 2½-cm-Spanne, die auf der Karte Guam von dem tiefen Loch trennte, in trügerischer Sicherheit wiegen. Eine Schleppfahrt von 380 km auf bewegter offener See war schwierig. Man mußte Passatwinde und Taifune berücksichtigen. Doch solche ernüchternden Vorstellungen konnten meine Begeisterung nicht dämpfen. Jahrelang hatte der Mangel an Geldmitteln meine Sehnsucht vereitelt, die *Trieste* auch nur bis in das Weltmeer jenseits der Straße von Gibraltar zu bringen. Vielleicht stand ihr nun in nicht allzu ferner Zukunft der Pazifische Ozean offen.
Als ich Anfang 1958 Robert Dietz das nächste Mal in London traf, erfuhr ich, daß er das Vorhaben einen wichtigen Schritt vorangetrieben hatte. Wir erörterten gerade die Zukunft der *Trieste,* als er plötzlich sagte: «Ich habe einen Namen.»
Natürlich hatte er einen Namen. Er bemerkte die Verwirrung, die er mit diesem Gedankensprung heraufbeschworen hatte, und lächelte: «Für das Projekt. Es ist Zeit, daß es einen Namen erhält. Durch einen Namen wird es feste Gestalt annehmen und greifbare Wirklichkeit werden. Was halten Sie von ‹Unternehmen Nekton›? Wie Sie wissen, versteht man unter Nekton die freischwimmenden Meerestiere zum Unterschied von dem Plankton, das in seiner Bewegung von der Gnade der Gezeiten und Strömungen abhängt. Fische, Tintenfische, Haie und Wale gehören zum Nekton – und ebenso die ‹*Trieste*›. Mit ihren zwei Propellern hat sie, wie wir gesehen haben, dem Menschen zum ersten Male Zutritt zu diesem Reich verschafft!»
Der Name war treffend gewählt, wie ich zugeben mußte. Er konnte dazu beitragen, daß sich in den Köpfen der Leute der Plan herauskristallisierte, und wir konnten darüber sprechen, ohne müßige Neugier zu erwecken. Das Schicksal wollte, daß dieser Name haften blieb. Er wurde schließlich von der amerikanischen Marine als Kode-Wort für die Tauchfahrten im Marianengraben übernommen.
Das Unternehmen Nekton sollte nie ein dunkles militärisches Geheimnis sein. Es war eine technische und wissenschaftliche Leistung, aber keine militärische Operation. Der Kode-Name wurde hauptsächlich gewählt, um einen bequemen Titel zu haben. Wir hofften auch, über unsere Absichten einigermaßen Stillschweigen bewahren zu können. Erfuhr die Allgemeinheit zu früh davon, konnte dies dazu führen, daß wir durch die öffentliche Meinung unter Druck gesetzt und zu übereiltem und vielleicht leichtsinnigem Handeln gezwungen wurden. Persönlich hätte ich es vorgezogen, von der Tauchfahrt erst dann etwas verlauten zu lassen, wenn sie vollendete Tatsache war. Witterungsumstände sorgten dafür, daß sich bis ganz zum Schluß unsere Aussichten auf Gelingen oder Mißlingen schön das Gleichgewicht hielten.
Den Zeitungen hatte ich entnommen, daß die französische Marine einige Jahre lang an dem sogenannten Super-Bathyskaph gearbeitet hatte, das imstande war, bis in eine Tiefe von 10000 m zu tauchen. Ich wünschte nicht, dem Kreuzfeuer der Journalisten ausgesetzt zu sein, die die ganze Sache

aufbauschen und behaupten würden, daß es sich um ein internationales Wettrennen handle. Was sich im Jahre 1953 im Mittelmeer mit der *Trieste* und der FNRS 3 in dieser Hinsicht abgespielt hatte, genügte mir. Mein einziger Wunsch war, das Unternehmen in aller Stille, sachlich und nüchtern zum Erfolg zu führen und dabei besonderes Gewicht darauf zu legen, eine möglichst große Menge wissenschaftlicher Daten zu sammeln. Welche Pläne die Russen hatten – falls sie sich überhaupt damit befaßten, wußte ich nicht. Bekannt war nur, daß sie sich mit einem erheblich beschleunigten ozeanographischen Forschungsprogramm beschäftigten.

Ich habe nie erfahren, was die amerikanischen Marinestellen von einer Unterstützung des Unternehmens Nekton hielten. Als Ausländer stand es mir nicht zu, neugierige Fragen zu stellen. Ich wurde nie für würdig befunden, irgend etwas von den Vorgängen innerhalb der amerikanischen Ämter zu erfahren. Daher kann ich nur sagen, daß meine Freunde in der Marine das Unternehmen als ein wissenschaftliches Abenteuer betrachteten, und in diesem Geist an das Vorhaben herangingen. Selbstverständlich bin ich zutiefst dankbar für die Unterstützung, die das Wagnis von der gesamten Marine erhielt.

Im September dieses Jahres schoß das ONR eine größere Summe vor. Es wurde vertraglich festgelegt, daß ich in Europa damit eine neue und kräftigere Kugel bauen sollte. Selbst damals war damit noch keine feste Zusicherung verbunden, daß unser Ziel Guam und die Challenger-Tiefe war. Die neue Kugel ermöglichte es uns jedoch, eine solche Tauchfahrt zu bewältigen. Ich wandte mich zuerst wegen der Herstellung nach Terni in Italien, wo die bisherige Kugel angefertigt worden war. Die Firma lehnte ab. So reiste ich in das große Kruppsche Stahlwerk in Essen. Ja, man wollte die Aufgabe übernehmen. Überdies erklärte man sich bereit, sie beschleunigt durchzuführen und die Kugel in fünf Monaten zu liefern. Ein Hindernis gab es noch: Krupp besaß keine Schmiedepresse mehr, die imstande gewesen wäre, die Kugel in zwei Hälften herzustellen. Das Werk hatte früher eine 15 000-t-Presse besessen, aber sie war nach dem zweiten Weltkrieg als Reparation nach Jugoslawien verfrachtet worden. Jetzt verrostet sie in einem jugoslawischen Hafen, weil die Straßenbrücken nicht gestatten, sie in ein Industriegebiet zu befördern. Das machte aber nichts aus; Krupp wollte die Kugel in *drei* Abschnitten schmieden, einem Mittelring und zwei Kugelhauben. Dadurch sollte aber keineswegs die Druckfestigkeit beeinträchtigt werden.

Während des Herbstes 1958 und im darauffolgenden Frühjahr unternahm ich häufige Reisen nach Deutschland. Infolgedessen ging es mit den Tauchfahrten in San Diego langsamer voran, aber die neue Kugel hatte den Vorrang. Die Kruppwerke hielten sich an ihre Zusage und stellten die neue Kugel zum vereinbarten Zeitpunkt fertig.

Seit über zehn Jahren habe ich die Arbeit am Bathyskaph aus nächster Nähe verfolgt oder mich selbst daran beteiligt: zunächst in Belgien, wo mein Vater das erste Bathyskaph gebaut hatte, dann in Italien, wo die *Trieste* entstand, gelegentlich auch in Frankreich, fast immer in der Schweiz, wo viele Instrumente für uns angefertigt wurden, und schließlich in Amerika. In Deutschland war alles neu für mich; ich war daher auch neugierig und gespannt, als ich die Verhandlungen mit der Firma Krupp aufnahm. Es war mir bereits bekannt, daß dieses riesige Industriewerk nach dem Krieg beschlossen hatte, seine ganze Tätigkeit ausschließlich zivilen Aufgaben zu widmen. Man hatte mir sogar erzählt, daß ein hoher Regierungsbeamter aus Bonn eines Tages Krupp gedrängt hatte, die Rüstungsfabrikation für die neue deutsche Wehrmacht wieder aufzunehmen. Krupp weigerte sich entschieden. Als dann die deutsche Regierung, die ihren Verpflichtungen gegenüber der NATO nachkommen mußte, ihm hartnäckig weiter zusetzte, soll einer der Direktoren von Krupp geantwortet haben: «Wir haben beschlossen, uns ganz auf den zivilen Bedarf einzustellen, doch wenn Sie wollen, können wir Sie mit einem unserer Freunde bekannt machen, der darauf brennt, für Sie zu arbeiten.» Als man ihm eine zustimmende Antwort gab, erschien eines Tages in Bonn der angekündigte Herr und stellte sich als der Vertreter der Firma Creusot vor ...

Die Probleme, die uns der Bau der neuen Kabine stellte – der dritten, die wir konstruierten –, wurden von den Fachleuten bei Krupp aufs genaueste studiert. Sehr bald hatte man sich auf die Methode geeinigt, und die Arbeit konnte beginnen. Ich wurde schnell wieder vertraut mit der Atmosphäre der Schmiede, mit der Arbeit der Werkgruppen und mit der Präzision der mächtigen Pressen, die schon vor einigen Jahren in Terni großen Eindruck auf mich gemacht hatten. Krupp verwendete einen neuen «Manipulator», eine riesige und geschmeidige Zange; sie packt die glühenden Stahlbarren, reicht sie zur Schmiede weiter, wendet sie, dreht sie wieder um und legt sie erst auf die Erde, wenn die Arbeit beendet ist. Die anstrengende, gespannte Aufmerksamkeit, die jeder kleine Handgriff erforderte, machte sich oft überhaupt nicht bemerkbar, weil die Leute so guter Laune waren. Eines Tages ruhte der noch rotglühende Mittelring aufrecht unweit der Schmiede, wo er unter dem vereinten Druck der Matrize und des sogenannten Dorns vergrößert werden sollte; ein Ingenieur maß gerade, mit einem Zirkel bewaffnet, den Innendurchmesser nach, als mir ein anderer liebenswürdig vorschlug, doch selbst einmal in den Ring zu steigen, um nachzusehen, ob mir die Ausmaße genügten.

Immer wieder im Laufe des Winters und bei jedem meiner Besuche in Essen wurden neue Einzelheiten sorgfältig überlegt, man prüfte das Material und stellte Modelle her, kurz, die Arbeit ging mit Riesenschritten voran. Die geschmiedeten Stücke durchliefen eine Werkstatt nach der anderen, gingen von einer Arbeitsgruppe zur nächsten, und jedesmal herrschte der gleiche Wille, rechtzeitig fertig zu werden. Ebenso wie ich es in Castellammare erlebt hatte, daß die Werkleute trotz Streik zur Arbeit am Bathyskaph kamen, erschienen in Essen mehrere Leute trotz einer Grippe, die sie normalerweise bewogen hätte, daheim zu bleiben.

Zur gleichen Zeit ließen wir in der Schweiz, in dem *Ateliers de Constructions Mécanique* in Vevey, die Inneneinrichtung der Kabine anfertigen. Die vorgesehene allgemeine Einteilung war ausgezeichnet durchdacht, man hatte einiges von der FNRS 2 sowie von der ersten Kabine der *Trieste* übernommen, ja sogar vom FNRS, dem Stratosphärenballon. Doch ein weit größerer Raum als in unseren beiden ersten Tauchkabinen wurde ozeanographischen Instrumenten eingeräumt, die, je nach dem Programm, bei jeder Tauchfahrt ausgewechselt werden konnten. Auch in Vevey befaßte sich eine Gruppe von Technikern besonders sorgfältig mit dieser neuartigen Konstruktion und lieferte uns in kürzester Zeit eine tadellose Arbeit. Ungefähr auf jeden Kubikdezimeter kam ein Instrument; mehrere Kilometer elektrischen Leitungsdrahts wurden in diesem Raum von etwa vier Kubikmetern untergebracht; sobald die Kabine in Essen fertig war, konnte die gesamte Konstruktion in Vevey abgebaut und nach Deutschland verfrachtet werden, wo ich sie im Innern der Kabine wieder zusammensetzte. Wir hatten das Glück, einen skandinavischen Frachter zu finden, der genau zu diesem Zeitpunkt die Fahrt von Hamburg nach San Diego machte und eine Ladung Ammoniumnitrat-Dünger an Bord hatte. So kam es also, daß unsere Kabine, gut gelagert auf Säcken mit explosiven Stoffen, den Atlantik überquerte und nach der Reise durch den Panamakanal Ende April 1959 in San Diego eintraf.

Der erste Abschnitt war damit bewältigt: Die schwere Kiste wurde im Hafen auf einen Lagerplatz des Elektronik-Laboratoriums der amerikanischen Marine gestellt, wo sie unter einer Plane warten mußte, daß es dem Bathyskaph behördlicherseits erlaubt wurde, mit dem Tauchen zu beginnen.

Wir hatten nun das nötige Rüstzeug, um zum tiefsten Meeresgrund der Erde hinunterzusteigen, aber von Washington immer noch keine amtliche Erlaubnis erhalten, das Unternehmen Nekton weiter durchzuführen. Während wir unsere Übungstauchfahrten in San Diego fortsetzten, schienen jedoch immer mehr Fäden von und nach Washington zu laufen. Später sollte ich erfahren, daß es Brauch ist, zuerst einmal unter der Hand allerlei grundlegende Fragen zu klären, ehe man ein amtliches Gesuch abgehen läßt. Wenn es soweit ist, weiß der Empfänger nicht nur, daß ein solches Gesuch kommen wird, sondern er kennt auch schon seinen Inhalt. Es wäre anscheinend ganz in Ordnung gewesen, wenn er selbst beim Schreiben geholfen hätte. Wir konnten nur weitermachen, als wäre das Unternehmen Nekton bereits gesichert und – warten, ob jemand uns sagte: «Schluß damit!»

Unsere Tauchfahrten in San Diego wurden plötzlich vorzeitig eingestellt. Der Zusammenstoß des Beiboots mit der «Trieste» machte es nötig, sie aufs Trockene zu legen. Nachdem sie aus dem Wasser geholt worden war, beschloß man, den Schiffsrumpf so abzuändern, wie man es für die Tauchfahrten in großen Tiefen brauchte, und die Krupp-Kugel daran zu befestigen. Viele Pläne wurden überprüft und wieder verworfen. Zuerst hofften wir, den durch das größere Gewicht der Kugel eingetretenen Auftriebsverlust dadurch auszugleichen, daß wir ein leichteres Benzingemisch verwendeten. Wir wußten, daß diese Gemische kompressibler, flüchtiger sowie kostspieliger waren und besonders gehandhabt werden mußten. Schließlich entschieden wir uns dafür, das übliche Standard-Benzin weiter zu benützen, aber den Fassungsraum des Schwimmkörpers um 23 m^3 von 106 auf 129 m^3 zu vergrößern.

Am 10. Juli 1959 wurde ein amtliches allgemeines Gesuch um Genehmigung des Unternehmens Nekton an den Chef der Operationsabteilung der Marine in Washington gesandt. Dieser Brief lautete auszugsweise:

«1. Es wird gebeten, daß das Amt des Chefs der Operationsabteilung der Marine die Unterstützung und den Materialnachschub für die Operationen des Bathyskaphs *Trieste* (Unternehmen Nekton) im Marianengraben zwischen November 1959 und Februar 1960 genehmigt.

2. Die *Trieste,* die das ONR von den Piccards (Auguste und Jacques) gekauft hat, wird für Tauchfahrten im tiefsten bekannten Graben der Welt (Marianengraben) umgebaut. Eine neue und stärkere Kugel ist vom ONR beschafft worden, und der Tragkörper wird derzeit erweitert, um den erforderlichen größeren Auftrieb zu gewährleisten. Es ist vorgesehen, mit dem abgeänderten Fahrzeug, an dem die neue Kugel angebracht ist, Ende Juli und fast den ganzen August hindurch Probetauchfahrten vor San Diego zu machen.

3. Günstige Wetterbedingungen herrschen in den Marianen normalerweise während des Novembers, Dezembers und Januars. Operationen zu diesem Zeitpunkt werden in diesem Jahr nur möglich sein, wenn unser Ansuchen vom CNO frühzeitig erwogen und gebilligt wird.

4. Wir haben allen Grund, einen Erfolg des Unternehmens zu erwarten, wenn der Chef der Operationsabteilung die notwendige Unterstützung zusichert. Das Bathyskaph hat sich in 56 erfolgreichen Tauchfahrten als ein zuverlässiges Tauchboot erwiesen. Die neue, sehr widerstandsfähige Kugel bietet einen erhöhten Sicherheitsfaktor. Jacques Piccard, der bei den 56 Tauchfahrten als Pilot die Instrumente bediente, wird sich als Vertragsangestellter des ONR an dem Unternehmen Nekton beteiligen. Das NEL wird über zwei sachkundige Piloten verfügen (einen Marineoffizier und einen Zivilisten), die noch vor Abschluß der Versuchsoperationen in der Nähe San Diegos ausgebildet und geprüft sein werden. Man wird nur erprobte Methoden und Geräte verwenden.

5. Es wird dringend gebeten, daß dieses Gesuch eilig erledigt wird, damit innerhalb der sehr beschränkten Zeit, die zum Handeln bleibt, alle Stellen, die sich damit befassen müssen, Einsicht nehmen können.

John Phelps
Captain, US Navy»

11000 Meter unter dem Meeresspiegel

Die *Wandank* schlingerte und stampfte. Blaue Sturzseen rauschten über ihren Bug. Ich machte mir Sorgen um die *Trieste*, die an einer 180 m langen Trosse geschleppt wurde. Die Schleppfahrt über 360 km war wild bewegt gewesen.

Sie hatte in Guam gut begonnen. Wir hatten die Wogen im Rücken und waren im Laufe des ersten Tages mit einer Geschwindigkeit von vier Knoten gefahren. Es hatte den Anschein, als sollten wir am dritten Tage die große Tauchfahrt unternehmen. Doch dann zerriß das Schlepptau. (Dieses wurde absichtlich so gewählt, daß es bei einem zu starken Zug zerreißt, ehe das Bathyskaph beschädigt wird.) Wir verloren wertvolle Stunden. Es war uns unmöglich, beim ersten Tageslicht des dritten Tages an unserem vorgesehenen Standort zu sein. Als die *Wandank* dann nicht imstande war, die *Trieste* mit mehr als einem Knoten Geschwindigkeit gegen hohe anrollende Wogen voranzuschleppen, um uns genau an den Punkt zu bringen, wo wir tauchen wollten, wurde ein weiterer Tag gestrichen. Diese Verzögerungen waren besorgniserregend.

Ich versuchte mir einzureden, daß dies eine Tauchfahrt wie jede andere sei. Aber natürlich war sie es nicht, und ich wußte das. Vor allen Dingen sollte sie mein Abschied von dem Bathyskaph *Trieste* sein, von dem ich mich dann trennen mußte. Wenn alles gut verlief, wollte ich in die Schweiz zurückkehren und die Pläne für ein neues Unterwasser-Fahrzeug entwerfen. Zweitens wollten wir am Morgen in das tiefste Loch im tiefsten Ozean zu tauchen versuchen.

Die ganze stürmische Nacht hindurch suchte die Gruppe von Wissenschaftlern an Bord des Zerstörers, der als Geleit mitfuhr, dieses tiefste Loch mit Dynamitladungen genau festzustellen. Als ich vor Morgengrauen am Tauchtag, Samstag, dem 23. Januar 1960, an Deck ging, unternahmen sie immer noch Lotungen mit Explosionen. Etwa eine Seemeile achtern konnte ich die Lichter der *Lewis* ausmachen, da mächtige Wogen sie über den zackigen Horizont hoben.

Eine gewaltige Erschütterung zeigte den 800. Versuch an, dieses gewaltige Loch auszuloten. Eine Fahne weißsprühenden Wassers schoß in den Himmel.

Ich erfuhr später, daß der Aufschub unserer Tauchfahrt tatsächlich ein Glück war. Er verschaffte der *Lewis* ausreichend Zeit, den allertiefsten Abschnitt der Challenger-Tiefe zu finden. Das besondere Echolot mit Präzisionstiefenanzeiger erwies sich der Aufgabe, diesen äußerst tiefen Grund zu untersuchen, nicht ganz gewachsen. Man griff zu der langsamen und umständlichen Methode, mittels Explosionen zu loten. Nur wenige Stunden vor unserer Tauchfahrt machte die *Lewis* einen schmalen Spalt von 7 mal 2 km aus; in ihm stellte sie an einzelnen Punkten eine Echo-Laufzeit von 14 Sekunden fest, die eine Tiefe von etwa 10 840 m anzeigte.

Der Abstieg war ursprünglich auf 7.00 Uhr festgesetzt worden. Doch bei dem schlechten Wetter war es gefährlich, vor Tageslicht an Bord der *Trieste* zu gehen. So verschob ich den Beginn auf 8.00 Uhr. Der Seegang hatte sich nicht merklich beruhigt. Die Passatwinde hatten womöglich noch aufgefrischt. Die Bedingungen schienen nicht glückverheißend. Sollte unter diesen Umständen alles gewagt werden? Dies war eine Entscheidung, die ich bald treffen mußte.

Leutnant Shumaker und Giuseppe Buono gesellten sich auf dem Achterdeck zu mir. Von der *Lewis* waren Leuchtkugeln abgeworfen worden. Die *Wandank* schwamm schlingernd auf sie zu. Nun gab es keinen Zweifel mehr. Die Leuchtkugeln waren das «X», das die Stelle bezeichnete. Unmittelbar darunter lag unser Ziel. Als sich der Abstand zwischen den zwei Schiffen verrin-

gerte, konnte ich die farbigen Markierungszeichen erkennen. Der große Augenblick rückte schnell heran.
Es war immer noch so dunkel, daß man nicht versuchen konnte, an Bord der *Trieste* zu gehen. Ungeduldig warteten wir bis 7.15 Uhr. Ein Versuch wurde unternommen, das Verbindungsboot auszusetzen. Es war unmöglich. 7,5 m hohe Wogen zwangen uns aufzugeben. Ein floßähnliches Schlauchboot wurde zu Hilfe genommen. Es war ein tollkühnes Unternehmen, aber schließlich gelang es uns, das Schlauchboot über Bord zu schaffen. Wir – Leutnant Shumaker, Buono und ich – schaukelten auf dem Meer. Aber die endgültige Entscheidung, zu tauchen oder nicht zu tauchen, war immer noch in der Schwebe.
Der Anblick, der sich meinen Augen bot, als wir an Bord des rollenden Bathyskaphs gingen, war, gelinde gesagt, nicht besonders ermutigend. Die Wellen schlugen darauf ein und erdrückten es schier. Alles war vom Wasser überspült. Es war sofort zu sehen, daß der Seegang während der Schleppfahrt von Guam fürchterlich gewesen sein mußte.
Eine hastige Musterung zeigte, daß das Überwassertelefon fortgeschwemmt worden war, das zur Verständigung zwischen Deck und Kugel diente. Die beiden Tachometer, mit denen wir die vertikale Geschwindigkeit messen, waren schlimm beschädigt und unbrauchbar. Ich war beunruhigt. Buono merkte man es auch an. «Nun? Tauchen wir, Signor?»
Ich stellte mir selbst die gleiche Frage. War es nicht reiner Wahnsinn, unter solchen Bedingungen 11 000 m ins Meer hinabzutauchen?
Ich blickte über die wütenden Wogen und sah, daß Walsh sich schwer abmühte, von der *Lewis* in einem Motorboot über das Meer zu kommen. Er war jetzt unterwegs. Das Boot kam auf uns zu. Walsh sprang so gewandt, wie es sich für einen Marineoffizier gehört, an Bord. Er ergriff eine Relingstütze, das Boot setzte sich vorsichtig ab und hielt sich in der Nähe bereit.
Dann beguckte auch Walsh sich alles. Was er sah, gefiel ihm ebensowenig wie mir. Er schüttelte den Kopf. «Was meinen Sie, Jacques?»
«Ich werde besser Bescheid wissen, wenn ich unten nachgesehen habe», entgegnete ich.
Ich schwang mich in den Kommandoturm, ließ mich über die Leiter hinunter und schlängelte mich durch die Tür in die Kugel. Zuerst setzte ich die Elektromagneten unter Strom. Alle Leitungen waren in Ordnung. Ich sah auf meine Uhr. Es war jetzt 8.00 Uhr. Der Zeitfaktor war entscheidend. Wenn wir heute tauchen wollten, durften wir nicht länger zögern. Es war wesentlich, die Rundreise von 22 km zum Grunde des Ozeans und wieder zurück vor Einbruch der Dunkelheit zu beenden.
Wenn wir nicht rechtzeitig an die Oberfläche kamen, konnte man uns vielleicht nicht mehr ausmachen. Nach meinen Berechnungen durften wir nicht später als um 9.00 Uhr tauchen, wenn wir uns einen gewissen Spielraum an Zeit sichern wollten. Für einen Mann, der Abenteuer sucht, ist es durchaus angebracht, etwas auf gut Glück zu wagen. Ich war nicht auf Abenteuer erpicht. Ich wollte ein erfolgreiches Unternehmen ohne Zwischenfälle durchführen. Ich wollte nichts dem Zufall überlassen.

Die wesentlichen Geräte waren in Ordnung. Ich traf die Entscheidung. – Wir werden tauchen.
An Deck wartete man auf meine Meldung. Ich brauchte nur zu nicken. Walsh signalisierte mir seine Zustimmung, Buono kletterte nach achtern, um das Schlepptau abzuhängen. Ich öffnete mit Hilfe der Bowdenzüge die Klappen, die den Ballast mechanisch zurückhalten. Waren sie einmal herausgenommen, wurde der Schrot von den Elektromagneten allein gehalten. Wenn ich den Strom ausschaltete, konnte ich dadurch nach Belieben Ballast abgeben.
Fieberhafte Tätigkeit an Deck füllte die letzten kostbaren Minuten aus. Walsh war hinuntergeschlüpft, um ein neues elektrisches Thermometer zu überprüfen. Ich rief Buono, um zu erfahren, ob er bereit sei.
Buono nickte und sagte auf italienische Art «okay».
Es war 8.10 Uhr und schon heller Morgen. Ich warf einen letzten Blick auf die See und den Himmel. Die *Wandank* lag 400 m entfernt, sie schlingerte und stampfte inmitten der mächtigen Wogen. Noch weiter abseits befand sich die *Lewis,* die sich als Schattenriß von der dicken Wolkendecke abhob. Die tropische Hitze lastete wie ein feuchtheißer Schleier auf uns.
Aber ich hatte keine Zeit für poetische Betrachtungen. Schnell gab ich Buono seine Anweisungen für die letzten Minuten. Wenn wir einmal die Tür fest geschlossen hatten, mußte er den Einsteigschacht fluten, dann sofort abschließen und die letzten Tauchvorbereitungen treffen. Zur Verständigung von der Kugel zum Deck draußen vereinbarten wir ein Signal. Wenn irgend etwas unten nicht in Ordnung war, sollte ich den Motor einschalten und dadurch die auf Deck befindlichen Propeller laufen lassen.
Buono schüttelte mir und dann Walsh die Hand. Er wünschte uns *buona fortuna.*
«*Grazie*», antworete ich. «*Arrivederci.*»
Wir warfen die schwere Stahltür hinter uns fest zu. Dann schoben wir den Riegel vor, der uns sicher in unserem «Panzerschrank» einschloß. Die Luft in der Kugel war kühl und dank dem Kieselgel trocken. Aber die Wogen stießen gegen den Schwimmkörper und ließen unsere kleine, runde Zelle hin- und herschwingen. Mir lag nur eines im Sinn: so schnell wie möglich in die friedliche Tiefe tauchen.
Ich sah auf meine Armbanduhr. Es war jetzt 8.15 Uhr. Schnell überblickte ich nochmals prüfend jede wesentliche Einzelheit. Wir tauchten ohne einige wichtige Instrumente. Ich hatte für die Bestimmung der Geschwindigkeit nur mehr meine Uhr und das Manometer. Beim Abstieg hängt alles davon ab, daß man es in der Hand hat, sein Gewicht zu regeln, und daß man es versteht, mit Sachkenntnis und Feingefühl Ballast zurückzuhalten und abzugeben.
Wir hatten für insgesamt 1440 Sekunden Ballast; das heißt, ich konnte 11,3 kg Eisenschrot in der Sekunde bis zu einem Gesamtbetrag von ungefähr 16 t abwerfen. Diese Menge mußte genügen, sie enthielt noch einen reichlichen Überschuß für Notfälle. Tatsächlich verfügten wir nach dem Aufstieg noch über eine Reserve von 6 t.

Durch die Luke achteraus konnte ich beobachten, wie das Wasser den Vorraum flutete. Ich öffnete die Sauerstoffventile und überprüfte die Anlage zur Luftreinigung. Wir konnten sogleich mit dem Tauchen beginnen. Wäre unser Tachometer noch zu brauchen gewesen, hätten wir den genauen Augenblick des Abstiegs deutlich sehen können. So mußten wir einfach abwarten, bis wir merkten, daß sich der Zeiger des Hochdruckmanometers bewegte.
Ich wollte diesen Moment ins Logbuch eintragen. Meine Augen ruhten auf der Armbanduhr. Plötzlich hörte um 8.23 Uhr das Schaukeln auf, und die Kugel kam zur Ruhe. Ich warf einen Blick auf das Manometer, das die Tiefe anzeigte. Die Nadel fing an zu zittern.
Wir waren auf dem Weg nach unten! Die große Fahrt hatte begonnen. Ich blickte zu Walsh hinüber. Wir seufzten beide erleichtert auf.
Langsam sanken wir bis zu 104 m hinunter. Dort wurde der Abstieg um 8.35 Uhr gebremst. Tatsächlich wurden wir langsam sogar einige Meter gehoben. Das rührte natürlich von der Hauptinversionsschicht her, in der die Temperatur umschlug und das dichtere, kalte Wasser durch Vergrößerung der Tragkraft des Benzins unserem Vordringen Widerstand leistete.
Wir benützten diese Gelegenheit, um unsere Instrumente nochmals zu überprüfen. Das übliche Verfahren beim Tauchen war für mich, zu warten, bis sich das Benzin genügend abgekühlt hatte, und dann durch die Sperrzone weiter vorzudringen. Bei dieser Tauchfahrt hatten wir keine Zeit zu verlieren, wenn wir vor Einbruch der Nacht wieder an die Oberfläche kommen wollten. Ich öffnete daher das Benzinventil und ließ etwas Benzin abfließen.
Wieder fingen wir zu sinken an – aber nur kurz. Bei 113 m wurden wir erneut aufgehalten. Ich öffnete das Benzinventil noch einmal. Bei 128 und bei 157 m wurden wir wiederum von dem hartnäckigen Widerstand der Inversionsschicht zurückgeworfen. Noch nie zuvor war ich bei all meinen 65 Tauchfahrten auf so viele starke Temperaturschranken gestoßen. Die Höhenunterschiede wurden von Wellen unter Wasser verursacht, die ein ständiges Steigen und Fallen der Inversionsschicht verursachten.
Damals wußte ich natürlich noch nicht, daß auch ein anderer Faktor zu unserem langsamen Abstieg beitrug. Als Buono die Luftkammern im Schwimmkörper flutete, wollte das Bathyskaph nicht sinken. Infolge der hohen Temperatur des Benzins war die *Trieste* ein wenig zu leicht. Buono öffnete daher noch einmal die Luke des Einsteigschachts und ließ die Wellen hereinrauschen, die den Schacht vollkommen mit Wasser füllten. Man mußte dann in Bruchteilen von Sekunden behende die Luke dicht machen und in das Schlauchboot springen, ehe das Bathyskaph sank. Normalerweise bleibt etwas Luft im Einsteigschacht zurück; wenn wir sinken, wird die Luft komprimiert und macht die *Trieste* schwerer. Da diese Luftblase fehlte, war unsere Überlast sehr gering, so daß wir zum Stehen kamen, sobald die Dichte des Wassers nur um ein weniges zunahm.
Wertvolle Zeit wurde vergeudet. Um 9.00 Uhr waren wir lächerliche 244 m getaucht. Wir hatten noch einen weiten Weg vor uns. Unsere Durchschnittsgeschwindigkeit betrug zu diesem Zeitpunkt nur etwa 10 cm/sec. In diesem

Schneckentempo konnte es über 30 Stunden dauern, bis wir den Abstieg beendet hatten!
Nun begann das Bathyskaph ernstlich zu sinken. Wir hatten die Dämmerungszone hinter uns gelassen. Jenseits der Luke herrschte Dunkelheit, aber noch war das Wasser nicht vollkommen schwarz. Wenn man ins Meer hinabtaucht, wird es so langsam Nacht wie im hohen Norden.
Bei 305 m schaltete ich das Licht in der Kabine aus, um mir das Meer gründlich zu betrachten. Noch immer sickerte von oben ein Lichtschimmer herab. Ich konnte schwach die Umrisse des rückwärtigen Ballastbehälters ausmachen.
Dann schaltete ich das Kabinenlicht wieder ein. Ich probierte den vorderen Scheinwerfer aus, der einen Lichtkegel in die See hinauswirft. Der tastende Strahl erfaßte ein – zumindest für mich – vertrautes Trugbild. Gestaltloses Plankton tauchte auf, gleich einem Schneegestöber, nur strömte es aufwärts, statt herabzufallen.
Wir sanken jetzt mit einer Geschwindigkeit von fast 1 m/sec – etwa wie ein normaler Aufzug. Dies war ungefähr unsere Höchstgeschwindigkeit.
Walsh probierte das Unterwassertelefon aus. Seine Bemühungen, Kontakt mit der *Wandank* zu bekommen, waren vergeblich. Doch wir erreichten die *Lewis*. Diese spärliche Verbindung mit der Welt über dem Meer ist eine angenehme Abwechslung. Warum, weiß ich nicht. Wir befanden uns jetzt weit jenseits der Grenze, an der uns Hilfe noch erreichen konnte.
Ich beschäftigte mich mit meinen Aufzeichnungen und Kurven. Sie beruhten auf vielstündigen Berechnungen und Auswertungen von Daten, die besonders von den vorangegangenen Tauchfahrten bis zu 5530 und 7025 m Tiefe stammten. Mein Plan war, die ersten 8000 m schnell, mit 1 m/sec, zu fallen, dann wollte ich die Geschwindigkeit auf 60 cm/sec und schließlich auf 30 cm/sec verringern, bis wir auf unserem Echolot, das eine Reichweite von etwa 180 m hat, den Grund entdeckten. Auf diese Weise würde ich, wie ich wußte, ausreichend Zeit haben, um genügend Ballast abzuwerfen und unsere Geschwindigkeit vor der Landung zu bremsen.
Mir fiel ein, daß wir mit einer wirklichen Gefahr zu rechnen hatten. Die Seekarten hatten mich davor gewarnt, daß der Boden der Spalte, in die wir tauchten, nur knapp 1,6 km breit war. Ozeanographen wissen wenig Bescheid über die Geschwindigkeit der Drift in diesen abgründigen Tiefen. Es war leicht möglich, daß wir gegen eine Wand des Grabens stießen – ein Gedanke, der einem frösteln machte! Ich mußte äußerst vorsichtig sein und nicht zu schnell absteigen.
9.20 Uhr. Tiefe 731 m. Außerhalb völlige Finsternis. Wir blendeten unsere Kabinenlampen soweit ab, daß wir gerade noch unsere Instrumente abzulesen vermochten. Wir wollten unsere Augen an die Dunkelheit gewöhnen, um beobachten zu können. Nun waren wir in die zeitlose Welt ewiger Dunkelheit eingedrungen. Nachdem wir die Inversionsschichten durchstoßen hatten, war die Wassertemperatur unvermittelt gefallen. Die Kälte drang in die Kugel ein. Wir beide, Walsh und ich, waren gründlich durchnäßt worden, als wir uns für die Tauchfahrt vorbereiteten. Jetzt wurde es Zeit,

daß wir uns trockene Kleidung anzogen. Das war keine einfache Aufgabe in dem beschränkten Raum unserer Zelle, die zwischen den Instrumenten noch rund 90 cm freien Durchmesser hatte und nur 1,83 m hoch war.

Wir brachen unsere erste Tafel Schokolade an – die einzige Verpflegung, die wir an Bord hatten. Bei der letzten Tauchfahrt hatte ich für den Imbiß gesorgt und Schweizer Nestlé-Schokolade mitgebracht. Diesmal hatte sich Walsh erbötig gemacht, die Verpflegung zu liefern – 15 Tafeln amerikanische Hershey-Schokolade.

9.29 Uhr. 1280 m. Wasser tröpfelte durch eine der Kabel-Durchführungen herein. Es rieselte in einem kleinen gewundenen Faden an der Kugelwand herab in den «Keller». Diese Durchführung war zuvor immer vollkommen dicht gewesen.

9.37 Uhr. 1752,6 m. Ein Anruf von der *Wandank* über UQC. Der Empfang war laut und klar. Ich war erpicht, mit Buono zu sprechen. Es war wichtig zu erfahren, ob an Deck alle nötigen Maßnahmen erfolgreich durchgeführt worden waren. Seine musikalische neapolitanische Stimme drang durch eine Wasserschicht von über 1,6 km Dicke zu mir herunter. «*Tutto bene, signore*», versicherte Buono mir. Ja, er hatte genügend Zeit gehabt, die Einsteigluke gut zu schließen. Im andern Fall hätten wir den Schacht nicht ohne äußere Hilfe ausblasen können. An Deck war alles in Ordnung. Es war kein Grund zur Beunruhigung vorhanden. An der Oberfläche regnete es und war stürmisch. Das Wetter hatte sich womöglich noch verschlechtert. Ich beendete das Gespräch mit dem Gefühl, den Launen der Natur im Reich der Sonne völlig entrückt zu sein.

Nun sanken wir mit 60 m in der Minute wie zuvor abwärts, immer weiter abwärts. Ich stellte erleichtert fest, daß das erste kleine Leck sich geschlossen hatte. Jetzt hatte sich ein anderes bemerkbar gemacht. Aber das war sozusagen ein «alter Bekannter» von der letzten Tauchfahrt. Es begann bei etwa 5300 m zu tropfen – und wurde dann von selbst wieder dicht. Dies war auch jetzt der Fall. Das Wachs, das man in den wasserdichten Durchführungen verwendet hatte, war anscheinend ein wenig zu alt gewesen, so daß es nicht in einige kleine Ritzen geflossen war.

Wir tauchten weiter. Schwarzes Wasser rauschte an uns vorüber nach oben. Der Reihe nach überschritten wir die Rekordtiefen, die wir in den vergangenen Wochen erreicht hatten. Bei 6000 m befanden wir uns dort, wo normalerweise im Pazifischen Ozean der Meeresgrund liegt. Wir sanken in den offenen Schlund des Marianengrabens, verließen die abyssische Zone des Ozeans und gelangten in die hadischen Tiefen. Sie umfassen nur ein Prozent des gesamten Meeresbodens.

7025 m. Dies war ein Augenblick von besonderer Bedeutung. Die *Trieste,* Walsh und ich sanken unter die Stufe der Tauchfahrt 64. Zum ersten Male stieg der Mensch so weit hinab, und zum vierten Male trug mich die *Trieste* in unberührte Tiefen – je einmal hatte sie es im Jahre 1953 und 1959 getan und nun zweimal im Jahre 1960.

11.24 Uhr. Die *Wandank* spricht eben mit der *Lewis* über UQC. Dann kam, kaum hörbar, auch zu uns ein Anruf durch die stille See. Walsh wußte es

es schon, aber ich nocht nicht, daß vorher ausgemacht worden war, über UQC verschlüsselte Tonsignale zu senden, sobald wir uns außerhalb des Bereichs befanden, bis zu dem die Stimme übertragen werden konnte. Eine gerade Anzahl von Tönen bedeutete gute Neuigkeiten; eine ungerade zeigte schlechte Nachrichten an. Man hatte sogar ein Notsignal von fünf Tönen vereinbart! Walsh sandte ein Doppelsignal, das hieß: «Alles verläuft gut.»
11.30 Uhr. 8230 m, genau nach Fahrplan. Ich hatte bereits sechs Tonnen Ballast abgeworfen, um zu verhüten, daß unsere Abstiegsgeschwindigkeit sich über 90 cm/sec beschleunigte. Es wurde Zeit, unsere Geschwindigkeit weiter zu mäßigen und uns darauf vorzubereiten, daß wir uns dem Boden näherten.
11.44 Uhr. 8860 m. Jetzt sind wir ungefähr so tief unter dem Meer, wie der Mount Everest darüber aufragt. Im Lichtkegel des Scheinwerfers war das Wasser kristallklar; kein «Meeresschnee» und nicht die geringste Spur von Plankton. Es war eine riesige Leere, unfaßbar in ihrer Weite. Unter uns lag vielleicht immer noch eine Wasserstrecke von 2 km, aber trotzdem wollte mir die Möglichkeit eines Zusammenpralls mit der Grabenwand nicht aus dem Sinn. Ich betätigte den Ballastknopf und verlangsamte unsere Fahrt auf 60 cm/sec. Dann auf 30 cm/sec, wie schon vor dem Tauchen beschlossen worden war.
12.00 Uhr. 9450 m. Ich knipste das Echolot an und suchte nach einem Echo, das es auf seiner bis zu 183 m geeichten Skala anzeigen konnte. Kein Echo kam zurück; vermutlich lag der Grund noch über 183 m entfernt. Schwierige und entscheidende Augenblicke standen uns bevor. Wir wagten uns in eine Region, in der die Leistungsfähigkeit der *Trieste* noch nicht erprobt war. Auf dem Papier konnte sie mehr als 20000 m tauchen. Ich hatte unbedingtes Vertrauen zu diesen Berechnungen. Die *Trieste* war ein Gebilde aus Metall, Plastik und Drähten, aus Schrauben und Bolzen. Also ein totes Ding? Nein! Für mich war sie ein lebendiges Geschöpf, von dem Willen beseelt, dem zupackenden Druck zu widerstehen. Über mir strömte, da sich das Benzin zusammenzog, eisiges Wasser in den Schwimmkörper und machte das Fahrzeug immer schwerer und schwerer. Es war, als kreise dieses eisige Wasser auch durch meine eigenen Adern.
Das Unterwassertelefon war nun verstummt. Der langsame, lautlose Abstieg wurde nur durch das Zischen des entweichenden Sauerstoffs und durch das Summen elektronischer Instrumente unterbrochen. Ich spähte aus dem Fenster und hielt Ausschau nach dem Grund, dann blickte ich wieder auf das registrierende Echolot. Aber nur Wasser, nichts als Wasser. Vielleicht arbeitete das Echolot nicht. Auf der letzten Tauchfahrt waren wir 36,6 m vom Grund entfernt, ehe ihn das Gerät wahrnahm. Doch jetzt konnte ich feststellen, daß es zurückgeworfenen Schall anzeigte. Auf dem Schaubild erschien ein langgezogener Fleck. Er stammte von dem Eisenballast, der gerade aus dem Behälter geströmt war. «*Très bien*, das Echolot arbeitet ausgezeichnet.»
Da kam mir ein unbehaglicher Gedanke. Wie mochte der Grund aussehen? Natürlich befanden wir uns in der Achse des Grabens und kamen höchst-

wahrscheinlich an den Felswänden gut vorbei. Dietz, der sich an Bord der *Lewis* aufhielt, hatte mich auf etwas aufmerksam gemacht: Es war immerhin möglich, daß auf dem Grund das Sediment aus einer flockigen und breiigen «Suppe» bestand, die erst vor kurzem von Schlammströmungen abgelagert worden war. Konnten wir in dieses Material einsinken und verschwinden, ehe wir bemerkten, daß wir den Boden berührt hatten? Russische Wissenschaftler an Bord der «Vityaz» hatten – wie gemeldet wurde – viele Male erfolglos versucht, in Gräben eine Kamera hinunterzulassen und Aufnahmen zu machen. Anscheinend war die Kamera in einen dickflüssigen Grund eingedrungen, ehe sie schließlich ausgelöst wurde.
Andererseits hatte Dietz nachdrücklich betont, daß HMS «Challenger» im Jahre 1951 nicht weit entfernt von unserem Tauchort eine Bodenprobe heraufgeholt hatte. Sie bestand aus einem Diatomeen-Schlamm, der sich fast ausschließlich aus den kieselsäurehaltigen Überresten tropischer Diatomeen zusammensetzte. Diese Diatomeen leben im Oberflächenwasser, und wenn sie zugrunde gehen, sinken die leeren Gehäuse zu Boden. Das ergäbe einen festen Grund für eine Landung. Ich konnte nur hoffen, daß wir sicher auf dem Challengergrund ankamen.
12.06 Uhr. 9875 m. Eine starke, dumpfe Explosion! Die Kugel erzitterte wie bei einem kleinen Erdbeben. Ich fing Walshs Blick auf; er beobachtete mich besorgt, aber gelassen. «Sind wir auf Grund gestoßen?» fragte er. «Das glaube ich nicht», entgegnete ich. Wir warteten, daß sich irgend etwas ereignete. Nichts geschah. Ich fragte mich, ob die Fassung des Scheinwerfers über der vorderen Luke zusammengebrochen war. Als ich die Lampe einzuschalten versuchte, flammte sie nicht auf. Dort konnte die Fehlerquelle stecken, aber ich war noch nicht beruhigt. Das Geräusch, das wir gehört hatten, war nicht der helle Klang gewesen, der frühere Implosionen begleitet hatte. Ich untersuchte die Instrumente und schaltete das Sprechgerät aus, um für Stille in der Kugel zu sorgen. Noch immer ereignete sich nichts. Unser Übergewicht schien nicht verändert, offensichtlich verloren wir kein Benzin. Wir tauchten weiter, genau wie zuvor. Ohne umständliche Erörterungen waren wir beide uns einig, daß wir weiter hinabsteigen wollten.
10360 m. Noch kein Grund ... 10670 m. Nur Wasser und noch mehr Wasser ... 10970 m. Wir gleiten sanft hinunter mit 30 cm/sec. Nun müßten wir auf dem Grund der Challenger-Tiefe angelangt sein. Hatten wir ein neues Loch gefunden, oder zeigte unser Manometer die Tiefe falsch an? Dann ein verdrehter Gedanke: Vielleicht hatten wir den Grund verfehlt!
12.56 Uhr. Walshs Augen hafteten gebannt auf dem Echolot. Plötzlich sahen wir schwarze Echos auf dem Anzeigegerät erscheinen. «Er ist da, Jacques. Es sieht aus, als hätten wir ihn gefunden!» Ja, wir hatten endlich den Grund entdeckt, nur 77 m unter uns.
Während ich durch die Luke spähte und mich darauf vorbereitete, auf den Boden aufzusetzen, rief Walsh mir die Werte zu, die das Echolot anzeigte: «66 m, das Echo kommt schwach zurück – 59 – 51 – 46 – 44 m, nun erhalten wir eine deutliche hübsche Zeichenspur. Wir gehen geradewegs hinunter. 11 m. Wir verlangsamen die Fahrt. Wir könnten jetzt zum Stehen kommen ...

Sie sagen, daß Sie ein kleines Tier gesehen haben, möglicherweise eine rote Garnele, etwa 2,5 cm lang? Wundervoll, wundervoll! 5,5 m – Sie können den Grund durch die Luke sehen? Gut – wir haben es geschafft!»

Der Boden erschien hell und klar, eine Wüste von hell-zimtfarbenem Schlick. Wir landeten auf einem hübschen flachen Boden aus festem Diatomeenschlamm. Gleichgültig gegen den Druck von fast 170 000 t, der auf ihrer Metallkugel lastete, hielt sich die *Trieste* an den paar Pfund Schleppseil, die auf dem Grund ruhten, elegant im Gleichgewicht und ergriff damit im Namen der Wissenschaft und der Menschheit symbolisch Besitz von der tiefsten bis jetzt bekannten Stelle aller unserer Ozeane.

Das Manometer zeigte 11 278 m WS an. Es war jetzt 13.06 Uhr.

Das Manometer, mit dem wir die Tiefe maßen, wurde ursprünglich in der Schweiz für Drücke in Süßwasser geeicht, wobei man das Wasser als eine nicht kompressible Flüssigkeit vom spez. Gewicht 1 kg/dm^3 betrachtete, wie es in diesen Fällen üblich ist. Nach der Tauchfahrt wurde die Skala des Manometers erneut von der *Naval Weapons Plant* in Washington, D.C., geeicht. Dann nahmen einige Ozeanographen (besonders Dr. John Knauss vom Scripps-Institut für Ozeanographie und Dr. John Lymann von der *National Science Foundation*) Korrekturen vor, die den Salzgehalt, die Kompressibilität, die Temperatur und die Schwerkraft berücksichtigen. Man kam übereinstimmend zu dem Ergebnis, daß die erreichte Tiefe 10 916 m betrug. Diese errechnete Tiefe stimmt gut mit den tiefsten Echolotungen überein, die amerikanische, britische und russische ozeanographische Schiffe ausgeführt haben, denn sie geben allesamt die Zeit, die der Ultraschall auf dem gesamten Hin- und Rückweg zurücklegte, mit fast genau 14 Sekunden an. Die korrigierte Zahl bestätigte, daß die *Trieste* tatsächlich das *tiefste* Loch im Graben erreicht hatte.

Als wir die letzte Strecke zum Grund zurücklegten, erblickte ich etwas Wundervolles. Genau unter uns lag auf dem Boden ein Plattfisch, er ähnelte einer Seezunge, war etwa 30 cm lang und 15 cm breit. Genauso wie ich ihn sah, erspähten seine zwei runden Augen am Kopfende uns – ein Stahlungeheuer, das in sein schweigendes Reich eindrang. Augen? Warum sollte er Augen besitzen? Nur um Biolumineszenz wahrzunehmen? Das Scheinwerferlicht, das ihn umfloß, war das erste wirkliche Licht, das jemals in diese hadische Region fiel. Hier erhielten wir in einer Sekunde die Antwort, nach der Biologen Jahrzehnte gesucht hatten. Konnten höhere Tiere in den größten Tiefen des Ozeans bestehen? Ja! es war möglich. Dieses Geschöpf hier war eindeutig ein richtiger, echter Knochenfisch, nicht ein primitiver Rochen oder ein anderer Knorpelfisch. Ja, es war ein hochentwickeltes Wirbeltier, das im weitgespannten Bogen der Zeiten dem Menschen selbst sehr nahe steht.

Langsam, außerordentlich langsam, schwamm dieser Plattfisch davon. Er bewegte sich am Grund entlang, teils im Schlamm, teils im Wasser, und verschwand in die Nacht. Auch Walsh und ich schüttelten einander langsam die Hand. Vielleicht geht am Grunde des Meeres alles langsam vor sich!

Walsh ließ das UQC viermal summen, das war das vereinbarte Signal «wir

sind auf dem Grund». Wir nahmen an, daß wir weit außerhalb des Bereichs lagen, in dem man sich mit der Stimme verständigen konnte. Einfach gewohnheitsmäßig und vielleicht, weil es ihm Spaß machte, ein Selbstgespräch zu führen, rief Walsh über die Sprechleitung: «*Wandank, Wandank.* Hier ist *Trieste.* Wir befinden uns auf dem Grund der Challenger-Tiefe bei 6300 Faden. Ende.»
Wir waren vollkommen verblüfft, als wie aus dem Nichts gezaubert eine Stimme zu uns hereinklang: «*Trieste, Trieste.* Hier ist *Wandank.* Ich höre Sie schwach, aber klar. Wollen Sie Ihre Tiefe wiederholen? Ende.»
Walsh gab die Zahl nochmals an. Dann sagten wir: «Unsere Ankunftszeit an der Oberfläche ist 17.00 Uhr. Ende.»
Die Stimme antwortet uns voll Begeisterung: «*Trieste,* hier ist *Wandank.* Ich habe verstanden. Sechs – drei – null – null – Faden. Roger. Ende.»
Die Worte, die wir mit Freunden oben getauscht hatten, feuerten uns an, wir machten uns eiligst ans Werk, unsere Beobachtungen durchzuführen. Die Temperatur des Wassers war noch eisig, nur 2,4°C. Sie war allmählich und stetig von der tiefsten Ablesung von 1,4°C in etwa 3660 m Tiefe um 1°C gestiegen.
Zunächst spähte ich angestrengt durch die Luke. Ich suchte nach sicheren Anzeichen für eine Bodenströmung. Die Tiefen des Mittelmeers sind gewöhnlich unbewegt, aber ich war gewohnt, vor San Diego starke Grundströmungen festzustellen. Das Wasser hier schien still zu sein; zumindest hielt sich die Bewegung unter der Schwelle, an der ich sie wahrnehmen konnte. Natürlich wußte ich, daß das Wasser nicht vollkommen stillstand. Dieses Lebewesen auf dem Grund bewies hinreichend, daß sich ein gewisser Wasseraustausch vollzog. Er ist eine Vorbedingung für die Ergänzung des Sauerstoffs, ohne die kein tierisches Leben bestehen kann.
Als sich die Trübung, die wir beim Landen aufgewirbelt hatten, zu klären begann, erblickte ich eine schöne rote Garnele. Der elfenbeinfarbene Schlick war nahezu eben. Es gab hier keinen der kleinen Erdhügel und keinen Bau, wie sie im Mittelmeer so häufig vorkommen. Der Meeresgrund war auch nicht wie üblich aufgewühlt von Geschöpfen, die dort hausten. Nirgends waren Tierspuren zu erblicken. Jedoch war der Boden nicht vollkommen glatt. Ich bemerkte kleinere wellige Erhebungen, die den Gedanken nahelegten, daß Tiere hier Furchen gezogen hatten.
20 Minuten lang machten wir unsere Beobachtungen. Das Meßgerät für die Vertikalströmung war während der Schleppfahrt zerstört worden; das Gerät für die Horizontalströmung war unbeschädigt, aber der Zeiger stand auf Null. Ich maß die radioaktive Strahlung, ohne etwas Besonderes zu finden. Dann schaltete ich den rückwärtigen Suchscheinwerfer für Walsh ein, der scharf Ausschau hielt. Plötzlich rief er aus: «Jetzt weiß ich, was bei 9875 m die Erschütterung verursachte!»
Er wies auf das große Plexiglasfenster, das uns gestattet, durch den Vorraum in das Meer dahinter zu blicken. Das Fenster war von kleinen horizontalen Rissen gespalten. Es hatte versagt, weil sich das Metall des Einsteigschachts und das Plexiglas verschieden stark zusammengezogen hatten. Glücklicher-

weise war es noch nicht herausgefallen. Unsere Sicherheit wurde dadurch nicht unmittelbar bedroht. Aber es wurde mir sofort klar, daß uns später ernstliche Ungelegenheiten entstehen konnten.

Wenn wir an die Oberfläche kamen, führte der einzige Weg ins Freie durch den Vorraum. Ehe wir aus der Kugel herausgelangen konnten, mußte das gesamte Wasser mit Druckluft aus dem Einsteigschacht geblasen werden. Wenn das Plexiglasfenster nicht wasserdicht blieb, gerieten wir in eine verzweifelte Lage. Gewiß führten wir stets eine Deckplatte aus Metall auf dem Schlepper mit, um das Fenster im Notfall abdichten zu können. Aber unter den Bedingungen, die gegenwärtig auf dem Meere herrschten, war es nahezu unmöglich, Taucher hinunterzuschicken, die versuchen sollten, es anzubringen. Ein weiteres Hindernis bildeten in diesem Gebiet die zahlreichen Haie mit ihren spitzen weißen Köpfen. Wenn der Einsteigschacht nicht entleert werden konnte, blieb uns nur ein wenig glücklicher anderer Ausweg: Wir mußten, in unserer Zelle eingeschlossen, im Schlepptau nach Guam zurückgebracht werden, wo wir nach unserer Ankunft dann endgültig herausgeholt werden konnten. Wenn der Schlepper auf seiner Fahrt gegen die Wogen ankämpfen mußte, konnte diese Schicksalsprüfung fünf Tage dauern. Die Kugel zu fluten oder mit einem Atmungsgerät daraus zu entkommen, war eine weitere Möglichkeit, aber es war ebenfalls sehr schwierig. Hier möchte ich erwähnen, daß eine neuartige Konstruktion, die wirklich ganz einfach ist, in Zukunft einen ähnlichen Zwischenfall endgültig verhindern wird.

Unser ursprünglicher Plan sah vor, 30 Minuten auf dem Meeresgrund zu bleiben. Dieser Plan wurde eiligst abgeändert. So wie die Sache jetzt stand, hatten wir bei unserer geschätzten Ankunftszeit von 17.00 Uhr nur knappe 90 Minuten Tageslicht, um irgendwelche erforderliche Notmaßnahmen durchzuführen. Es war keine Zeit zu verlieren. Um 13.26 Uhr schaltete ich den Stromkreis des Elektromagneten 30 Sekunden lang aus und gab 363 kg Ballast ab. Langsam hob die *Trieste* ihren wuchtigen Rumpf von 120 t vom Grund hoch. Die 11 km lange Rückreise zur Welt der Menschen begann.

Wir froren beide. Die Temperatur in der Kugel war auf 10°C gesunken. Besonders kalt waren unsere Füße. In dem beschränkten Raum hatten wir keine Möglichkeit, uns kräftig zu bewegen und den Blutkreislauf zu beschleunigen. Ich wußte, daß die Behälter, die dazu dienten, das Kohlendioxidgas zu absorbieren, sich erwärmt hatten. Wir schoben uns jeder einen der heißen Behälter unter unsere Wolljacken und verwendeten sie als Wärmflaschen.

Ungefähr um diese Zeit bemerkten wir durch die Luke die hellen Farbplättchen, die vom Strudel unseres Kielwassers erfaßt wurden. Bei tiefen Tauchfahrten war es nicht ungewöhnlich, ein paar Flocken zu sehen. Da die Kompressibilität von Stahl und Lack verschieden sind, löst sich unfehlbar etwas Lack ab. Doch diesmal war es mehr als sonst.

Während wir hochstiegen, dehnte sich das Benzin im Schwimmkörper aus und preßte das Salzwasser hinaus. Ihrer Last ledig, stieg die *Trieste* immer schneller empor. Unsere Aufstiegsgeschwindigkeit betrug am Anfang rund

1,5 Fuß pro Sekunde, dann 2,5 Fuß bei 9150 m, 3 Fuß pro Sekunde bei 6100 m und schließlich 5 Fuß pro Sekunde bei 915 m.(1 Fuß entspricht 30,48 cm.) Das Bathyskaph stieg tadellos, ohne zu schwingen.
Ich überwachte sorgsam das Meßgerät, das mir die Benzintemperatur anzeigte – und aus gutem Grund. Wie jede Flüssigkeit erwärmt sich Benzin, wenn es komprimiert wird, und kühlt sich bei Ausdehnung ab. Meine Berechnungen und die Auswertung der Daten früherer Tauchfahrten deuteten darauf hin, daß die Benzintemperatur während des Aufstiegs ohne weiteres unter den Gefrierpunkt fallen konnte, wenn wir genügend lange auf dem Grund blieben, so daß sich das Benzin auf die Temperatur des umgebenden Wassers, auf 2,5°C abkühlte. Während des Abstiegs hatte die Kälte der Tiefsee die Erwärmung durch Druck mehr als ausgeglichen. Die Benzintemperatur war von 28,9°C an der Oberfläche auf 15,6°C auf dem Grund gesunken.
Die Kürze unseres Aufenthalts auf dem Grund von nur knapp 20 Minuten war ein günstiger Faktor. Das Benzin hatte nicht Zeit gehabt, sich auf die Wassertemperatur abzukühlen. Dadurch erhielten wir zusätzlichen Auftrieb und sparten ein bis zwei Tonnen des Ballasts ein, den wir benötigten, um uns vom Grund zu heben. Doch als wir nun hochstiegen, fiel die Benzintemperatur sehr schnell.
Natürlich war ich nicht in Sorge, daß das Benzin gefrieren könnte. Doch bestand Gefahr, daß vielleicht die Wasserleitungen, die durch das Benzin liefen, einfroren, wenn sie tiefgekühlt wurden. Wir hatten die Leitungen gegen diese Möglichkeit mit einer Isolierschicht gesichert und auch von Anfang an den Rohrdurchmesser genau berechnet. Froren diese Wasserleitungen trotzdem ein, konnte die zerbrechliche Hülle des Bathyskaphs so leicht explodieren wie ein Kinder-Luftballon.
Während des dreieinhalb Stunden dauernden Aufstiegs bemühte sich Walsh ständig, mit den Schiffen an der Oberfläche Kontakt zu bekommen. Es lag uns am Herzen, ihnen von unserer Schwierigkeit mit dem gesprungenen Fenster zu berichten und sie auf die Möglichkeit vorzubereiten, daß sie uns zu Hilfe kommen mußten. Wir hatten kein Glück.
16.02 Uhr. Tiefe: 3960 m. Walsh hörte das Summen des Echogeräts der *Lewis*. Einige Augenblicke später hörten wir die *Wandank* über Unterwassertelefon. Sie versuchten verzweifelt, mit uns Verbindung aufzunehmen und sich unsere Ankunftszeit bestätigen zu lassen. Es gelang uns nicht, den beiderseitigen Kontakt herzustellen, was eigentlich nötig ist, weil die Schiffe sich vor unserem Auftauchen entfernen müssen. Die Kugel stieg immer noch aufwärts, aus der Nacht wurden wir emporgetragen in die graue Dämmerung, es war genau umgekehrt wie beim Abstieg. Immer schneller jagten wir nach oben, dem Tageslicht entgegen. Um 16.17 Uhr stellte ich fest, daß das Meßgerät für die Benzintemperatur auf 0°C stand und auch als wir an der Oberfläche ankamen, lag die Benzintemperatur bei 0°C, aber das war nicht weit über der Alarmtemperatur.
Als wir uns der Oberfläche näherten, hatten wir die «raketenartige» Geschwindigkeit von 5 Fuß (152 cm) in der Sekunde erreicht. Aber die

Trieste war immer noch stabil und zeigte keine Spur von Schwingungen. Sobald wir einmal die Inversionsschicht durchstoßen hatten, in der die Temperatur umschlug, bremste das wärmere Oberflächenwasser unsere Geschwindigkeit ein wenig. Das leichtere Wasser erhöhte das relative Gewicht des Bathyskaphs um fast 1 t.

Um 16.56 Uhr, fast auf die Minute zur vorgemeldeten Zeit, tauchte die *Trieste* über dem Wasserspiegel auf. Das Schaukeln der Kugel verriet uns, daß wir auf die wogende See zurückgekehrt waren. Unsere 11 km lange «Aufzugsfahrt» war beendet.

Unseren spärlichen Vorrat an Schokoladentafeln hatten wir aufbewahrt, um gegen die durchaus vorhandene Möglichkeit gewappnet zu sein, daß wir einige Tage lang in unserer Kugel in der Falle saßen. Ich beschloß, äußerst langsam die Luft in den Einsteigschacht zu blasen, so daß das gesprungene Fenster einem möglichst geringen Druck ausgesetzt wurde. Im Tageslicht konnte ich erkennen, daß das Plexiglas sich wieder ausgedehnt und alle Spalten geschlossen hatte. Ganz, ganz sachte entleerten wir drei Flaschen Druckluft in den Einsteigschacht. Ich beobachtete gespannt durch die Luke das Einströmen der Luft und regelte es entsprechend. Schließlich sank der Wasserspiegel unter die Ebene des Türfensters, im Vorraum bildete sich infolge des plötzlich nachlassenden Drucks ein dichter Nebel. Dies bedeutete, daß der Einsteigschacht frei war.

Wir ließen uns kaum Zeit, die Tür unseres Panzergewölbes aufzustoßen. Dann kletterten wir den Einsteigschacht hinauf, schlüpften durch die Luke und standen endlich im Sonnenschein in der feuchten, tropischen Hitze an Deck. Zwei Düsenflugzeuge der Marine kamen angebraust. Mit schrillem Surren flogen sie über unseren Köpfen dahin und neigten die Flügel zum Gruß, dann kam noch ein Rettungsflugzeug der Luftwaffe dazu. Die *Lewis* hatte uns bereits entdeckt und lag ein paar hundert Meter vor uns. In der Ferne sahen wir die *Wandank* in voller Fahrt auf uns zukommen.

An Bord der *Lewis* hatte John Pflaum, der Fotograph des Unternehmens Nekton, die lebhaft leuchtenden Streifen auf dem Kommandoturm inmitten der schaumgekrönten Wogen genau in dem Augenblick ausgemacht, als wir etwa sechseinhalb Kilometer vor dem Bug des Zerstörers auftauchten. Pflaum brüllte: «Da ist sie! Da ist sie! Genau zur festgelegten Zeit!» Während die *Lewis* zum Schauplatz eilte, pflanzte sich der Ruf «Da ist sie!» wie ein Lauffeuer fort. Normalerweise erscheint die Besatzung der *Trieste* wenige Minuten nach dem Auftauchen an Deck. Als wir nicht sogleich herauskamen, herrschte eine Weile große Besorgnis an Bord der *Lewis*. War die Kugel voll Wasser gelaufen? Hatte das Bathyskaph zwei Leichen an die Oberfläche gebracht? Nein! Nur weil wir den Einsteigschacht ganz langsam entleerten, dauerte es fast eine Viertelstunde, ehe Walsh und ich an Deck kamen und die Menschen, die um uns gebangt hatten, erleichtert aufatmeten.

Wacker gegen die Wogen ankämpfend, die ihm kräftig zusetzten, kam das kleine floßähnliche Schlauchboot auf uns zu. Es war mit zwei Matrosen bemannt, sie wurden von zwei Fotographen begleitet, die ihre Kameras zückten. Wir waren in der Tat wieder in die Zivilisation zurückgekehrt! Die Fotographen schrien, sie beschworen uns, zu winken, irgendeine angemessene Geste zu machen. Wir taten ihnen den Gefallen, nicht den Zeitungen, nicht der Nachwelt zuliebe. Wir winkten dankbar der Welt des hellen Sonnenlichts zu.

Marion Clayton Link

ist Journalistin und Mitglied der Society of Woman Geographers. Als Gattin und Assistentin von Edwin Albert Link begleitete und unterstützte sie die meisten Forschungsvorhaben ihres Mannes. Marion C. Link, auch Autorin des folgenden Berichts, veröffentlichte zahlreiche Artikel und zwei Bücher über die Arbeiten und Erfindungen ihres Mannes.
*Edwin A. Link wurde 1904 in den USA geboren. Er konstruierte bereits 1929 den Link-Trainer, den ersten mechanischen Flugsimulator für die Pilotenausbildung. In der zweiten Hälfte der fünfziger Jahre beschäftigte er sich mit archäologischen Unterwasserarbeiten und mit der Konstruktion eines speziellen UW-Forschungsschiffes (**Sea Diver**) und tauchtechnischer Geräte. Danach leitete er die Vorbereitung des Man-in-Sea-Programms mit seinen wichtigsten Etappen: August 1962: Link hielt sich acht Stunden in einer versenkbaren Einmann-Taucherkammer (SDC) in 18 Meter Tiefe auf und benutzte dabei ein Helium-Sauerstoff-Atemgasgemisch. September 1962: Man-In-Sea I; Stenuit lebte 24 Stunden in der SDC in 61 Meter Tiefe. Juli 1964: Man-In-Sea II unter Beteiligung von Spezialisten der U.S. Navy. Stenuit und Lindbergh wohnten 49 Stunden in **SPID**; Tiefe 132 Meter.*
1965 begann Link in Zusammenarbeit mit Perry an der Entwicklung eines neuen Tauchfahrzeugs zu arbeiten. Den Besonderheiten seiner Konstruktion – der Einbau einer Taucherkammer – folgten in den siebziger Jahren mehrere Hersteller mit einer ganz neuen Generation von Tauchfahrzeugen. Sie eigneten sich besonders für den Einsatz im Offshore-Erdöl-Service, denn sie erlaubten Tauchern vom Boot aus einen

Ausstieg unter Wasser

Im Sommer 1966 wurde die Operationsbasis der *Sea Diver,* dem Forschungsschiff von Edwin Link, von Miami-River nach Riviera Beach verlegt, zu einem Ankerplatz vor John Perrys kürzlich errichteten Tauchfahrzeug Werkstätten. Hier arbeiteten Ed und Perry gemeinsam an der Konstruktion des ersten kleinen Tauchfahrzeugs mit angeschlossener Taucherkammer; der PL-4 (Perry-Link 4).
Generell ähnelte ihre Form der neuesten *Cubmarine.* Ihre bauchigen Linien

überragte ein Turm mit einem Einstieg zum Pilotenraum. Unmittelbar hinter dem Piloten ließ sich eine Luke zur Taucherkammer öffnen. Diese konnte auch durch eine Bodenluke erreicht werden und erlaubte den Ausstieg ins Wasser. Der Luftdruck ließ sich in beiden Kammern erhöhen. Im Pilotenraum konnte aber auch der normale atmosphärische Druck gehalten werden, so daß die Insassen nicht so lange an der Oberfläche eingeschlossen bleiben mußten, wie die Taucher dekomprimierten.

Ed bestand darauf, daß man nur vom Deck eines Schiffes aus in das kleine Tauchfahrzeug einsteigen durfte und daß die Passagiere sicher eingeschlossen waren, bevor das Boot über Bord ging. Genauso müßten die Insassen im sicheren Schutz des Fahrzeugs verharren, bis es zurück an Deck war. Der gelenkige Hydrokran würde dies zu einer einfachen und sicheren Aktion machen. Ed wollte die Gefahren eines Transfers in der offenen See vermeiden.

Eines denkwürdigen Tages im Januar 1967 war die kleine PL-4 bereit zum Testen. Das 8-t-Boot wurde aus der Werkstatt gerollt und vom Dock aus ins Wasser gesetzt. Einer von Perrys Piloten tauchte mit ihm im Hafen und steuerte es ohne festen Kurs in sieben Meter Tiefe über den Grund. Ed und John Perry waren begeistert über die Ergebnisse dieses ersten Tests. Sie bemerkten aber auch, daß das Steuersystem noch einige Arbeit erfordere und daß ein separater Bleiballast notwendig sei, um die ungewöhnliche Schwimmfähigkeit zu korrigieren. Doch im allgemeinen überzeugten alle Anlagen. Dann unternahmen Denny Breese, der Chefingenieur des Fahrzeugs, und Ed unweit der *Sea Diver* an einer flachen Stelle den ersten Unterwasserausstieg aus der PL-4.

Drei Wochen später waren die notwendigen Veränderungen abgeschlossen. Etwa zur gleichen Zeit gingen die Eigentumsrechte an dem neuartigen Boot in den Besitz der Ocean Systems Inc. über. Mittlerweile nahmen das Unterwasser-Ingenieurwesen und weltweite Forschungsaufträge diese Firma ganz in Anspruch. Man hielt eine mobile, tauchfähige Dekompressionskammer wie die PL-4 für sehr gewinnbringend.

Auf dem Heck der *Sea Diver* wurde ein Gestell zum Transport des Tauchbootes installiert. Es war zur *Deep Diver* umgetauft worden; dieser Name war der vierte in einer Serie verwandter Namen: *Sea Diver,* das Mutterschiff – *Reef Diver,* die Barkasse – *Wee Diver,* das Beiboot am Außenbord – und nun *Deep Diver.* Als die vorbereitenden Tests vorüber waren, stand die *Deep Diver* bereit für ihre ersten Versuche im klaren Wasser der nahegelegenen Bahamas.

Im März wurde *Deep Diver* der Öffentlichkeit vorgestellt, sie wurde auf der Offshore Exploration Conference in Long Beach (Kalifornien) ausgestellt. Kurz danach nahm sie beim Aufbau einer Unterwasser-Stations-Attrappe vor Lucaya (Grand Bahama Island) teil. Hier, im Fernsehen, spielte die *Deep Diver* eine Starrolle in Walter Cronkites Twentieth Century Programm, betitelt «The Deep Frontier». In den Zeitschriften und Zeitungen folgte ein Sturm von Publicity.

Deep Diver-Tests vor Grand Bahama

Die *Sea Diver* lag am Ufer des Golfstromes vor Lucaya (Grand Bahama Island) vor Anker. Ein frischer Wind fegte meterhohe Wellen über das große Achterdeck. Ihre Kämme zerbrachen hier und da zu Kaskaden von weißem Wasser. Über dem Land, nach Nordosten hin, türmten sich hohe Kumuluswolken am Himmel, obgleich direkt über uns das warme, sanfte Blau des winterlichen Bahamahimmels leuchtete.

Auf dem Achterdeck scharte sich eine Gruppe von Menschen, um ein leuchtend gelbes Tauchboot, das in seinem Transfergestell auf dem Heck ruhte. Einige waren in schwarzen Naßtaucheranzügen oder Badehosen, andere in Shorts und T-Shirts zum Schutz gegen den kalten Wind jenes Märztages im Jahr 1967.

Das 8-t-Stahlgefährt beanspruchte den gesamten Platz des 6,7 Meter breiten Hecks der *Sea Diver.* Sein massiger Körper balancierte auf einem schwarzen, zylindrischen Behälter, der die Batterien für die Energieversorgung enthielt. Ein durchsichtiges Bugtiefenruder aus Plexiglas auf jeder Seite des stupsnasenförmigen Bugs und drei Fensteröffnungen, von vorne betrachtet angeordnet wie Augen und ein Mund, verliehen dem kleinen Boot das Aussehen einer beschwipsten, streitsüchtigen und sehr lächerlichen Meereskreatur.

Das Boot bestand aus drei schweren, kugelförmigen Stahldruckkörpern: vorne die Piloten- und Beobachterabteilung, in der Mitte die Taucherkammer und achtern eine kleine Kugel als Vorratsbehälter für das Druckgas der Taucher. Ein abmontierbares Metallgehäuse verlieh dem Boot Stromlinienform.

Die Worte *Deep Diver,* in markanten schwarzen Buchstaben auf die gelben Seiten geschrieben, verkündeten den Namen dieses jüngsten Neulings in der Welt kleiner Tauchfahrzeuge.

Der turmhoch über das Deck ragende Hochleistungs-Hydrokran krümmte seinen Stahlnacken und streckte einen Arm aus, um den Hebeblock auf der Oberseite des Bootes zu packen.

Ed Link hatte sich einmal mehr bestens vorbereitet. Zwar hatte die *Deep Diver* eine Serie von vorbereitenden Tests vor Perrys Docks unternommen; dies aber würde der erste Versuch sein, ihre wahre Unterwassertauglichkeit herauszufinden.

Die *Deep Diver* war für Aktionen entworfen worden, die kein kleines U-Boot je zuvor unternommen hatte. Die Taucher konnten in ihrer hinteren Kammer die Luken am Boden öffnen und hinaus ins Meer schwimmen, während der Pilot auf seinem Posten in der vorderen Kabine blieb. Dies war in jeder Tiefe bis 380 Meter möglich, obwohl zu dieser Zeit unter streng kontrollierten Bedingungen 180 Meter die Grenze in bezug auf Sicherheit und Ausführbarkeit darstellten. Wenn die Taucher zu einer anderen Arbeit übergehen oder zur Oberfläche zurückkehren wollten, konnten sie wieder in das Boot einsteigen, es selbst von innen verschließen und dem Pilot das Signal zur Abfahrt geben.

In den letzten paar Jahren entstanden viele kleine Tauchfahrzeuge, die äußerlich der *Deep Diver* ähnlich sahen. Jedoch waren diese kleinen Boote – gleich jenen größeren der Navy, denen sie nachgebildet waren – für den Betrieb unter normalem atmosphärischem Druck konstruiert worden. Sie konnten erstaunliche Tiefen erreichen und waren deshalb unschätzbar für Forschungseinsätze. Ihre Bergungsmöglichkeiten beschränkten sich jedoch auf die unbeholfene Handhabung eines mechanischen Armes von innen. Die Insassen selbst konnten ihr Fahrzeug nicht verlassen.

Der Erfolg der meisten Unterwasserprojekte hing ganz offensichtlich von der Möglichkeit ab, Taucher im Meer einzusetzen. *Deep Diver* versprach die Lösung: eine Kombination aus Druckkammer – aus der ein Taucher nach Belieben aussteigen und in sie zurückkehren konnte – mit der Mobilität eines Tauchfahrzeugs.

Nun war das Transfergestell abgesetzt und alles bereit für den ersten Besuch der *Deep Diver* in einem kleinen Arbeitscamp, das man auf dem Meeresgrund errichtet hatte, nur knapp 90 Meter vom Ankerplatz der *Sea Diver* entfernt. Taucher würden nun zum erstenmal ein Tauchboot am Meeresgrund verlassen, um in eine Unterwasserstation umzusteigen.

Das Experiment demonstrierte Möglichkeiten für jene Zukunft, da es Alltag für Unterwassertaxis wie die *Deep Diver* wäre, Menschen und Material zu ihren Arbeitsplätzen und zeitweiligen Heimen auf den Meeresgrund zu befördern.

Die *Deep Diver* mit einem Piloten, einem Beobachter und zwei Tauchern an Bord, machte sich auf den Weg zum anderen Ende eines Elektrokabels, das sich über den sandigen Grund schwang, und folgte ihm bis zum Arbeitsplatz. Hier hatten die Taucher eine Serie von Aufgaben auszuführen. Die beiden Zufluchtsstätten *Spid* und *Igloo,* die früher errichtet worden waren, mochten ihnen dabei von Nutzen sein.

Spid würde besonders den drei mit Drucklufttauchergeräten ausgerüsteten Fotografen helfen. Diese wollten sich von der Oberfläche aus den Tauchern anschließen, wenn das Experiment lief. Hier konnten sie Filme wechseln und zusätzliche Ausrüstung lagern und dabei den Luftvorrat ihrer Flaschen konservieren. Die Kameraleute, jetzt unter den Leuten auf dem Deck der *Sea Diver,* repräsentierten Presse, Fernsehen und Ocean Systems.

Spid und *Igloo* wurden fortwährend mit Luft von den Kompressoren der *Sea Diver* versorgt: durch Schläuche, die sie mit dem Schiff verbanden und die gleichzeitig für einen genügenden Druck sorgten, um die Zelte aufzublasen und von Meerwasser freizuhalten. Weil die Tiefe hier meist nur 18 Meter betrug, genügte gewöhnliche Luft für die Taucher.

Das Horn der *Sea Diver* erscholl. Ed, der Taucherchef, nahm ein Walkietalkie vom Tisch und wandte sich der *Deep Diver* zu. Bill Launius, der Schiffsingenieur, nahm auf dem Sitz des Kranes Platz. Zwei Männer trennten sich von der Gruppe um das Tauchfahrzeug und montierten die Leiter so, daß sie zum Kommandoturm hinaufführte. Der eine war Mike Adams, Chefpilot von Perrys Gesellschaft, und der andere Roger Cook, ein kürzlich aus der U.S. Navy entlassener Kampfschwimmer. Gegenwärtig lernte er unter Mikes Vormundschaft das Steuern eines Tauchfahrzeugs. Beide grin-

sten über das ganze Gesicht; denn dies war der Höhepunkt von über einem Jahr energischer Bemühungen, Eds Traum in Realität zu verwandeln.
Denny Breese, Chefingenieur im Dienst der *Deep Diver,* verschwand als nächster durch die Bodenluke der Taucherkammer; gefolgt von Jon Lindbergh, der von seiner Arbeit an der Westküste herübergereist war, um am Experiment teilzunehmen.
Als Jon drinnen war, schloß er den Lukendeckel hinter sich. Zur gleichen Zeit erreichte Mike die Turmluke und prüfte ihren sicheren Verschluß. Die Zuschauer sahen nur noch undeutliche Bewegungen durch einige der 15 *Deep Diver*-Fenster, als sich die vier Insassen auf ihren Sitzen einrichteten.
In dem Augenblick, da Bill Launius den Kran startete, stellten sich zwei andere Besatzungsmitglieder achtern an der Backbord- und Steuerbordseite der *Sea Diver* auf. Sie hielten am Bug und Heck der *Deep Diver* befestigte Seile, um ein unkontrolliertes Drehen zu vermeiden, wenn sich das Boot über das Heck der *Sea Diver* hinabsenkt. George Bezak, Ingenieur und Taucher, stand in Maske und Flossen in der Nähe der Seeleiter bereit, um die Kran- und Hilfsleinen von dem kleinen Boot abzuklinken, wenn es im Wasser war.
Ed fragte über das Intercom-Funkgerät: «*Sea Diver* an *Deep Diver.* Arbeiten alle Systeme?»
Mikes Antwort: «*Deep Diver* an *Sea Divers* Oberflächenkontrolle. Alle Systeme arbeiten. Bitte um Erlaubnis zum Start.»
«*Sea Diver* an *Deep Diver.* Erlaubnis erteilt.» Er ließ seine erhobene Hand fallen. Der Kran setzte sich in Betrieb. Die *Deep Diver* wurde von ihrem Lager gehoben, schwang über das Heck und tauchte ins Wasser.
Der Spezialarm des Hydrokranes bewies seinen Wert. Er hielt das Tauchfahrzeug ruhig und sicher, trotz der Rollbewegungen des Schiffes. Dann, in einem geeigneten Moment und auf Bills Anweisung, wurde sein Griff gelöst und das Kabel freigegeben. Die *Deep Diver* versank sanft in den Wellen. Georg hechtete über Bord und schwamm zu ihr hinüber. Ed hatte den Zeitablauf der Operation gemessen. Erfreut stellte er fest, daß die ganze Aktion nur 25 Sekunden gedauert hatte.
Die Insassen in den beiden Druckkörpern nahmen die Bewegungen kaum wahr, so sanft glitt das Boot ins Meer. Nur der Lichteinfall durch die untern Fenster verdunkelte sich ein wenig. Als die *Deep Diver* ins Wasser eintauchte, hatte Mike seine Checkliste abgehakt. Er packte das Steuerrad und rückte seine Füße auf den Pedalen zurecht. Der Steuermechanismus war der gleiche wie der eines kleinen Flugzeugs. Mike beobachtete durch die Turmfenster, wie George die Leinen des Hydrokranes abhakte und dann rasch zum Bug und Heck schwamm, um die dünnen Seile zu lösen, die das Tauchboot noch dicht am Mutterschiff hielten.
Der 7,5-kW-Hauptmotor am Heck der *Deep Diver* brummte leise vor sich hin, während die Propellerblätter das Boot von der *Sea Diver* wegtrieben.
Roger Cook, der auf dem Beobachtersitz neben Mikes Knien saß, löste seinen Blick von dem direkt unter ihm liegenden Fenster, um Mikes Vorgehen zu verfolgen, als dieser das Tauchboot zum Abstieg vorbereitete. Mike

war ein erfahrener alter Bursche im Einsatz von kleinen Tauchfahrzeugen. Er hatte mehrere von Perrys kleinen und nicht unter erhöhten Innendruck setzbaren Tauchboote für geringe Tiefen in den vergangenen Jahren auf ihren Wegen geleitet. Nun war Mike in Begriff, Roger zu unterrichten, wie die *Deep Diver* mit ihren komplizierten Steuermöglichkeiten und Drucksystemen zu handhaben sei.

Erst nachdem er sich von einem genügenden Abstand zur *Sea Diver* überzeugt hatte, flutete Mike die beiden Haupttauchzellen, die wie Satteltaschen zu beiden Seiten des Turmes angeordnet waren. Als das Boot tiefer ins Wasser eintauchte, wandte sich Mike den Trimmventilen zu. Er regelte die vorder- und achterlastige Lage des Fahrzeugs ein, indem er Wasser in die unter den Plexiglassitzen der Taucherkammer angeordneten Regelzellen rinnen ließ.

Als Mike mit dem perfekten Trimm des Fahrzeugs zufrieden war, schob er das Steuerrad vorwärts. Der Motor der *Deep Diver* surrte, als ihr Bug einen leicht abwärts geneigten Winkel einnahm. Sie sank sanft unter die Oberfläche, bis der Turm vollständig eingetaucht war. Im Innern veränderte sich die Helligkeit kaum, – abgesehen von einem grüneren Schimmer, als das Boot tiefer im kristallklaren Wasser versank.

Ed beobachtete, wie sich die *Deep Diver* langsam entfernte, bis nur noch ein schwacher gelber Fleck zu sehen war. Dann verschwand auch der. Seine Gefühle waren in jenem Moment recht gemischt. Gewiß, das Boot hatte sorgfältige Initialtests im Flachwasser in der Nähe des Heimathafens unternommen, doch gab es noch viele unbeantwortete Fragen. Es würde das erste Mal sein, daß die *Deep Diver* zu einem bestimmten Platz am Grund navigieren mußte. Zum erstenmal würde sie die volle Besatzungsstärke befördern: zwei Mann im Pilotenraum und zwei Taucher in der hinteren Kammer. Und zum erstenmal würden zwei Taucher zur gleichen Zeit das Tauchfahrzeug zu verlassen versuchen. Wie gut würde die *Deep Diver* reagieren?

Ist Mike in der Lage, das andere Ende des Kabels zu lokalisieren, das vom *Igloo* aus etliche Dutzend Meter über den Grund gelegt worden war? Und wenn er es fand, wäre er fähig, die *Deep Diver* so geschickt zu manövrieren, daß sie dem Kabel bis zum Unterwassercamp folgte? Und würde die Steuerung leicht genug reagieren, so daß er das Boot sicher über oder um die Korallenblöcke führen könnte, die er auf seiner Bahn fände?

Ed hatte auch noch eine andere Sorge. Die *Deep Diver* war so konstruiert worden, daß sie ihr Gleichgewicht mit Hilfe mehrere Trimm- und Regelzellen, die sich rasch nachregeln ließen, halten konnte. Doch Ed war noch nicht sicher, ob auch das mit seinem Batteriebehälter auf dem Grund ruhende Boot in dieser Position verharrte und ob das Heck hoch genug war, um den Tauchern das Aus- und Einsteigen durch die Bodenluke zu erlauben. Oder es bestand die Möglichkeit, daß ein plötzlicher Wechsel im Auftrieb das Boot mit noch weit geöffnetem unteren Lukendeckel zur Oberfläche sausen ließ, wenn die Taucher es verlassen hatten.

Er erinnerte sich an die Zeit in Sizilien, da ihm dies passierte, als er zum erstenmal die Taucherkammer (SDC) testete. Die Kammer war ungestüm emporgeschossen und halb aus dem Wasser geschnellt. Dann war sie zurückgefallen, hatte sich mit Wasser gefüllt, war wie ein Stein wieder auf den Grund gesunken und hatte Ed im Zylinder eingeschlossen. Das waren schreckliche Momente gewesen. Aber dann hatte er die Druckluft aufgedreht, welche genügend Wasser ausgeblasen hatte, um die SDC aus dem schlammigen Grund zu befreien und ihm einen langsameren Aufstieg ermöglichte.

Einige Augenblicke lang sah Roger so gut wie nichts durch das Beobachtungsfenster. Lediglich am allmählichen Dunklerwerden der blaugrünen Färbung erkannte er, daß das Boot sich fortbewegte. Dann kam langsam eine große Fläche von weißem Sand mit vereinzelten Korallenblöcken und wogenden Meerespflanzen in Sicht. Als sie sich dem Grund näherten, bemerkte er zahllose Fische, die sich unweit von Zufluchtsmöglichkeiten aufhielten.

Rogers Blick streifte den Tiefenmesser. Er stellte fest, daß sie in einer Tiefe von 15 Metern fuhren. Mike ließ die *Deep Diver* einfach dahingleiten; doch als sie ein oder zwei Meter über dem Grund waren, erprobte er die verschiedenen Kontrollsysteme und testete noch einmal den Ballast. Zufrieden, daß sich alles in Bereitschaft befand – ging er schließlich auf einen Kurs nach dem Kompaß, um das Kabel irgendwo in der Mitte zu treffen. Einige Minuten lang blieb er auf diesem Kurs und suchte. Beide Männer hielten angestrengt Ausschau, denn sie wußten, daß es ganz in der Nähe sein mußte. In diesem Augenblick erschien das Kabel auch schon auf ihrer Steuerbordseite. Es führte quer über einen 1,5 Meter hohen Korallenblock und verschwand. Mike drehte die *Deep Diver,* um dem Kabel zu folgen. Er hielt es auf seiner Backbordseite. Als er sich dem großen Korallenblock näherte, lenkte er die *Deep Diver* einfach um ihn herum und folgte wieder dem Kabel. Das hatte bestens geklappt. Aber nun fragte er sich, als er einen anderen turmartigen Korallenblock näherkommen sah, ob es möglich sei, das Tauchboot über seinen Gipfel zu bringen, ohne anzustoßen. Sie kamen näher. Er zog das Steuerrad zurück und gab ein wenig mehr Kraft auf den Motor der vordern vertikalen Schubeinheit. Die *Deep Diver* sprang über das Hindernis wie ein Pferd in einem Hindernisrennen. Mike war zufrieden. Das kleine Tauchboot besaß eine ausgezeichnete Steuerung.

Schließlich erschien vor ihnen das letzte Objekt ihrer Suche, geschmiegt in eine talähnliche Senke: zwei fremdartig aussehende, schwarze Gummizufluchtsräume. Sie standen vor einigen klobigen Korallenblöcken und waren so von Meeresgewächsen umgeben, als wäre die Landschaft eigens für sie entworfen worden.

Kabel für die lebensnotwendige Versorgung mit Druckluft und Kommunikationsmöglichkeiten stiegen von ihrem Boot empor zur *Sea Diver,* die fast über ihren Köpfen schwamm. Roger stellte fest: Das Kabel, dem sie gefolgt waren, führte in die halbkugelförmige Anlage.

Mike umkreiste mit der *Deep Diver* mehrere Male das Areal, um den geeignetsten Fleck für ihr Aufsetzen zu finden. Bald hatte er sie auf ihrem Platz: in sicherer Ruhelage auf ihrem schwarzen Batteriebehälter und ungefähr 30 Meter westlich der Unterwasserzelte. Roger beobachtete, wie Mike zusätzlich Seewasser in die inneren Ballasttanks pumpte, um sicher zu sein, daß das Boot am Grund bliebe, wenn die Taucher hinausstiegen. Als alles zu seiner Zufriedenheit angeordnet war, sagte Mike über das Intercom zu Jon und Denny:

«Okay. Wir werden die Luke zwischen uns schließen. Ihr könnt den Tauchgang vorbereiten.»

Jon, der durch die Fenster zum *Igloo* und *Spid* hinübergeguckt hatte, während die *Deep Diver* ihre Position einnahm, verschob seinen Sitz, so daß er und Denny die Verbindungsluke zwischen den Kammern schließen konnten. Als sie abgedichtet war, kontrollierte Denny den Tiefenmesser. Er öffnete jenes Ventil, das Druckluft aus der Gasvorratskugel hinter ihnen einließ. Zischend schoß die zusätzliche Luft in die Kammer. Beide Taucher hielten sich ihre Nasen zu und preßten die Luft heraus, um den Druck in ihren Ohren und den Nebenhöhlen auszugleichen.

Als der Druckmesser einen ausgeglichenen Druck in der Kammer anzeigte, kniete Denny nieder und löste die Bolzen, die den äußeren Lukendeckel festhielten. Er klappte hinab ins Wasser, das sofort im Hals der Lukenöffnung emporstieg – aber nur einige Zentimeter, da kein Wasser eindringen konnte, solange der innere Druck aufrechterhalten wurde.

Beide Taucher beschäftigten sich mit dem Anlegen der Schwimmflossen und Gewichtsgürtel; dann mühten sie sich ab, um in dem engen Raum ihre Flaschen umzuhängen. Während Jon seine Gesichtsmaske zurechtrückte, ließ er sich durch die Öffnung gleiten. Seine «flossenbekleideten» Füße landeten auf dem Meeresgrund, während sein Oberkörper noch im Luftraum der Kammer verharrte. Das Wasser erreichte gerade seine Taille.

Er grinste: «So einfach bin ich mit der Taucherausrüstung noch nie ins Wasser gekommen.» Dann steckte er das Mundstück des Lungenautomaten zwischen seine Lippen. Er ließ sich durch die Lukenöffnung hinab und verschwand aus Dennys Blickfeld.

Mike spähte durch das Glas, das die beiden Kammern trennte, sah ihn hinuntertauchen und kontrollierte gewissenhaft, ob das Boot noch im Trimm blieb. Es verharrte auf seinem Batteriebehälter ohne irgendeine sichtbare Veränderung in der Gleichgewichtslage; dennoch entschied Mike, als Vorsichtsmaßnahme, mehr Ballast aufzunehmen, bevor auch Denny sein Gewicht ablegte. Es würde stets erforderlich sein, den Ballast jedesmal in bezug zu der variierenden Belastung zu berechnen. Das Gewicht der verschiedenen Taucher wäre niemals das gleiche. Umfang und Gewicht der Taucherausrüstung schwankte immer. Auch Veränderungen der Tiefe könnten eine Differenz bedeuten.

Über das Intercom erteilte Mike Denny die Erlaubnis zum Ausstieg.

Während Jon noch auf Denny wartete, umschwamm er langsam die *Deep Diver* und untersuchte jede ihrer Leitungen. Mit ihren drei Motoren – einer 2,2-kW-Bugschubeinheit, die sich um 360 Grad drehen ließ, einer vertikalen 2,2-kW-Heckschubeinheit und einer horizontal schwenkbaren 7,4-kW-Hauptantriebseinheit am Ende – konnte sie einen vollen Kreis drehen oder sich seitlich durch das Wasser bewegen; oder bei Bedarf sogar unbegrenzt auf einem Fleck schweben. Was für aufregende Aussichten versprach dies für die Zukunft, dachte er.

Jon vollendete seine Besichtigung und schwamm zur *Spid.* Hier steckte Denny bereits seinen Kopf durch die bundartige Öffnung an der Basis des Unterwasserhauses. Es trieb wenige Meter über dem stark beschwerten Gestell, das auf dem Grund ruhte. Vor weniger als vier Jahren hatte Jon in einer Tiefe von 132 Meter 48 Stunden in dieser fesselballonähnlichen Zufluchtsstätte gelebt.

Er folgte – mit einem Hauch Nostalgie – Denny die Leiter hinauf in den Innenraum, der nur groß genug für die zwei war, wenn Denny sich auf die Koje verschanzte. Die Behausung war primitiv. Aber wenn sich ein Mensch auf dem Meeresgrund befand, unter einem Druck, der ihn tötete, falls er zu schnell zur Oberfläche emporstieg, war es sehr beruhigend, einen Platz mit sauerstoffreicher Luft zu haben, Wärme gegen das kalte Wasser, genügend Nahrungsmittel und Kommunikationsmöglichkeiten mit der «Oberwelt».

Denny nahm das Mikrophon. «*Spid* ruft *Sea Diver*», sagte er. «Die *Deep Diver* ist sicher auf dem Grund, 30 Meter vor dem *Spid.* Jon und ich sind im *Spid* und bereit für die Fotografen. Wir werden sie im *Igloo* treffen.»

Einige Minuten später schwammen Jon und Denny hinüber zum *Igloo.* Ed hatte das *Igloo* als transportables Arbeitszelt entworfen, in dem die Taucher in einer trockenen Umgebung am Grund arbeiten konnten. Das mochte für viele Aufgaben sehr nützlich sein, wie etwa beim Spleißen von Kabeln, beim Verbinden oder Trennen von Ölleitungen oder für Schweißarbeiten. Die massige Gummianlage war so gebaut, daß sie am Meeresgrund auflag. Ein schwerer, mit Bleikügelchen gefüllter Eisenring sorgte für die Abdichtung. Das *Igloo* besaß an einer Seite einen Eingang gleich dem Bodeneingang des *Spid.* Aber weil sich die Öffnung an der Seite befand, war sie auch mit einem Lukendeckel verschlossen, um das Wasser abzuhalten.

Jon steckte seinen Kopf durch die offene Luke und schlängelte sich dann durch den schmalen Eingang. Denny folgte. Sie landeten in einer durch mehrere Lüftungs-Fenster nur schwach erhellten Höhle. Bis zu den Knien standen sie im Wasser – gerade das Niveau der Oberkante des Eingangs, wie Jon feststellte. Sie legten ihre Flaschen und Gesichtsmasken ab und hängten sie an eines der Metallgestelle. Keine Frage: Hier, 15 Meter tief im Meer, gab es genug Sauerstoff.

Denny sah sich um und ergriff das düsenartige Endstück eines in das Zelt führenden Schlauches. Als er den Hebel drückte, zischte es laut. Es war Druckluft von oben. Er und Jon schlossen und verschraubten die Luke, durch die sie hereingekommen waren, während kontinuierlich Luft in die Kammer strömte. Unhörbar senkte sich der Wasserspiegel. Er sank tiefer und tiefer, bis das Wasser kaum noch ihre Fußgelenke erreichte. Dann war es verschwunden, und sie standen auf dem harten Sandboden. Das *Igloo* war für jede beliebige Aufgabe bereit. Vor ihren Füßen lag das eine Ende des Kabels, dem sie mit der *Deep Diver* gefolgt waren. In der Nähe befand sich eine Rolle des gleichen Materials, die an das Kabel angeschlossen werden sollte.

Gebrochene Strom- und Telefonkabel sind ein ständiger Ärger jeder Industrie, die in den Tiefen der Meere funktionstüchtig bleibende Leitungen benötigt. Manchmal reißen sie durch Stürme. Häufig bleiben sie in den Fanggeräten der Fischerboote hängen. Es sind sogar Fälle bekannt geworden, in denen scharfzähnige Meerestiere Kabel zertrennten.
Von einem Schiff aus die Brüche zu lokalisieren, die gebrochenen Enden aufzufischen und sie auf das Deck eines Schiffes zu heben, ist stets eine teure und undankbare Aufgabe. Hier oben müssen sie wieder verbunden werden. Aber durch den großen Abstand zum Grund ist es oft notwendig, ein neues Stück in das Kabel einzuspleißen, um die zusätzliche Länge zu erreichen. Wenn die Reparatur abgeschlossen ist und das Kabel freigegeben wird, damit es wieder zum Grund hinabsinke, können die zusätzlichen Meter leicht Schlingen und Verwicklungen bilden – und dadurch könnten neue Schwierigkeiten entstehen.
Ed hatte nun die Idee, es ginge schneller, wenn man ein kleines Tauchboot zur Untersuchung eines Kabelstrangs aussenden würde und, wenn die Störung gefunden war, Taucher, die gleich an Ort und Stelle reparierten. Einige dieser Arbeiten ließen sich im Wasser erledigen. Aber das Spleißen, Schweißen und Vergießen von Koaxialkabeln ist sicher im trockenen Raum eines Unterwasserzeltes besser auszuführen: Selbst die Reparatur in diesem Zelt ist sinnvoller, als erst die zwei Enden auf das Deck eines Schiffes zu bringen, da diese bloß zusammengefügt werden müssen, damit die Originallänge des Kabels erhalten bleibt. Das Lokalisieren eines Bruches ist mit Hilfe eines Tauchfahrzeugs sicher auch einfacher als das blinde Fischen nach dem Kabel von einem Schiff aus.
Als Jon und Denny das Kabel zu ihren Füßen betrachteten, bummerte es von außen gegen das Zelt. Jon spähte durch das Fenster oberhalb des Eingangs und sah dort die drei Fotografen in Naßanzügen und Taucherausrüstungen. Sie trugen Kameras, Scheinwerfer und ein Stativ.
Jon und Denny stiegen in ihre Ausrüstung, fluteten das *Igloo,* so daß sie den Lukendeckel lösen konnten, und schlossen sich draußen den Neuankömmlingen an. Bernie Campoli, Kameramann der Ocean System und verantwortlich für die Koordination von deren Aktivitäten, winkte sie zu einer Stelle in der Nähe des *Igloo* hinüber, wo zwei Teile einer Pipeline hingelegt worden waren. Dann nahm Denny einen riesigen Schraubenschlüssel, kniete neben dem Rohr nieder und verband die beiden Enden. Die Fotografen schwebten mit ihren Kameras ganz in der Nähe, und Jon ließ sich ein Stückchen emportreiben, bis er aus dem Arbeitsbereich war.
Dort hing er schwerelos und freute sich über die Szenerie. Es war ein wunderbarer Tag für die Unterwasserfilmerei. Das kristallklare Wasser war an der Oberfläche durch die sich konstant bewegenden, schäumenden hellgrünen Wellen gemustert. Ständige Blasenströme aus den Masken der Taucher stiegen vom sandigen Boden empor. Durch die fast unbeschränkte Sicht war Jon in der Lage, die ganze Szene zu erfassen: die zwei schwarzen Zelte, das zwischen Korallengestein ruhende, wartende gelbe Tauchboot und die wogenden Gorgonien auf dem Grund des Meeres.

Nun waren auch die Fische zurückgekehrt, die sich zerstreut hatten, als die *Deep Diver* in ihre Mitte hinabgestiegen war. Das gab eine ständige Bewegung, als Barsche, Schnappbarsche und gelegentlich ein Barrakuda – und hunderte kleinerer Arten – über ihren Futterplätzen ständig Kreise drehten. Sie schenkten den Menschen wenig Beachtung, die in ihre Domaine eingedrungen waren.
Bernie dirigierte Jon und Denny später zurück ins *Igloo,* in dem sie das Spleißen des Kabels zu demonstrieren hatten. Der Kameramann mußte das in Etappen filmen, denn das *Igloo* bot nicht genügend Platz für die Aufnahmen, wenn alle anwesend waren.
Die drei Taucher holten die im *Spid* abgelegten Werkzeuge und kehrten ins *Igloo* zurück. Nachdem sie den Luckendeckel dichtgesetzt und das Wasser aus dem Innenraum entfernt hatten, knieten Jon und Denny neben dem Kabelmaterial nieder, um das Spleißen zu simulieren, während Bernie seine Kameraausrüstung fertig machte.
Ed indessen, auf dem Deck der *Sea Diver,* konnte kaum die Rückkehr des Tauchbootes abwarten. Für ihn als Taucheinsatzleiter war es wichtig, an Bord zu bleiben, um alle Fäden in der Hand zu halten. Er wäre gern beim Einsatz da unten dabeigewesen. Einer aber mußte für das gesamte Vorhaben verantwortlich sein. Er freute sich über Dennys Bericht, daß die *Deep Diver* alle Tests erfolgreich bestanden hatte. Nun wäre das nächste zu überwindende Hindernis, das Boot und seine vier Passagiere bei dem unruhigen Seegang ohne Schaden zurück an Bord zu holen.
Ed glaubte, eines der Probleme durch die einmalige Hebevorrichtung gelöst zu haben, die ihm für den Hydrokran eingefallen war: ein handähnlicher Mechanismus, der das Boot aus dem Wasser hob, bevor es Zeit hatte, ins Pendeln zu geraten.
Eine andere Frage war, wie schnell die *Deep Diver* in dieser rauhen See auf Mikes Befehle reagieren würde, wenn er das Tauchboot hinter dem Heck der *Sea Diver* emporbrachte. Es wäre eine Katastrophe, wenn eine Welle das Boot packen und es gegen eine Seite des Schiffes schlagen würde. Auch sänke es, wenn eine Tauchzelle aufriß. Ed war froh, daß der Hüllkörper den Fenstern des Druckkörpers einen extra Schutz bot.
Etwa eine Stunde später waren die Filmarbeiten abgeschlossen. Jon und Denny schwammen zurück zur *Deep Diver.* In der Taucherkammer schlossen und verriegelten sie gleich die Bodenluke. Sie waren anderthalb Stunden bei einem Wasserdruck von 15 bis 18 Meter draußen gewesen. Nun mußten sie – vor dem Verlassen der *Deep Diver* – dekomprimieren, indem sie den Druck in der Kammer auf den der Oberfläche entsprechenden Wert reduzierten. Das war bei dieser geringen Tiefe kein Problem.
Denny konsultierte die Dekompressionstabelle und fand, daß anderthalb Stunden in 18 Meter Tiefe eine Dekompressionszeit von 15 Minuten in drei Meter Tiefe erforderten. Als Mike durch Einlassen von Druckluft in die Tauchzellen den Aufstieg des Bootes zur Oberfläche eingeleitet hatte, öffnete Denny ein Ventil und ließ etwas Druck aus der Taucherkammer ins offene Wasser entweichen. Er beobachtete sorgsam den Tiefenmesser und

schloß das Ventil, als die 3-Meter-Marke erreicht war. Unter diesem Druck würden sie 15 Minuten verharren und dann den Rest langsam ablassen bis auf den Wert an der Oberfläche.
Das Tauchboot war noch unterwegs, als ihre Dekompression endete. Denny öffnete die Luke, die sie vom Pilotenraum trennte.
Jon war begeistert. «Was für ein ungeheurer Durchbruch», sagte er. «Hätten wir nur die *Deep Diver* gehabt, als wir den 132-Meter-Tauchgang unternahmen. Ich kann kaum erwarten, sie bei 180 oder 210 Meter eingesetzt zu sehen.»
Denny grinste sein ansteckendes, jungenhaftes Lächeln. «Wart's ab», sagte er, «bevor das Jahr zu Ende ist, wird die *Deep Diver* aufs neue Geschichte machen.»
In der Zwischenzeit waren die drei Fotografen mit fast leeren Preßluftflaschen zur Oberfläche zurückgekehrt. Weil sie weniger als eine Stunde in einer Tiefe von ungefähr 15 Meter gewesen waren, mußten sie nicht dekomprimieren. Kaum waren sie die Leiter zum Deck emporgeklommen, als sie Ed auch schon strahlend die Einzelheiten ihrer Filmarbeit zu erzählen begannen. Das Licht in der Tiefe war mehr als ausreichend gewesen. Im Innern der beiden Zelte hatten sie Fotolampen benutzt, um die dunkle Innenausstattung aufzuhellen. Sie waren sicher, daß das Spleißen des Kabels im Innern des *Igloo* auf ihren Aufnahmen gut herauskäme.
Morgen möchten sie wieder hinabsteigen, um die *Deep Diver* in Aktion zu fotografieren.
Noch während sie erzählten, durchstieß die *Deep Diver* auf der Backbordseite die Oberfläche und nahm Kurs auf die *Sea Diver.* Ed stellte rasch die Funkverbindung zum Tauchboot her.
«Dreht zur Steuerbordseite», sagte er, «und dann die Nase zum Heck. Aber haltet euren Bug leicht in den Wellen.»
Die Besatzung der *Sea Diver* eilte an ihre Plätze. Bill startete den Hydrokran. Mike verpatzte die erste Ansteuerung, denn die Wellen und die Strömung trieben das Tauchboot zu weit hinter das Schiff. Er fuhr einen weiteren Kreis und versuchte es erneut. Diesmal brachte er sie zu dicht unter das Heck. George paßte das nahende Boot ab, fing den pendelnden Hebeblock und klinkte ihn sicher auf der Oberseite der *Deep Diver* ein. Dann befestigte er die vom Heck der *Sea Diver* aus zugeworfenen Seile. Der Kranmotor entließ einen kraftvollen Schwall von Geräuschen und hob die *Deep Diver* in die Luft. Wasser fiel kaskadenartig von ihren Seiten herab, als sie langsam über das Deck in ihr Gestell glitt.
Ed verglich seine Stoppuhr. Nur 50 Sekunden waren verstrichen, seit man den Hebeblock gesichert hatte und bis sich die *Deep Diver* in ihrem Gestell auf dem Hecküberhang der *Sea Diver* befand.
Der Kapitän war stolz, daß der erste echte Tauchversuch der *Deep Diver* so erfolgreich ausgegangen war. Er war sicher, daß nun ihre Möglichkeiten wie bei einem feurigen, jungen Rennpferd ausgebaut werden könnten. Er freute sich auf wachsende Tauchtiefen, bis sie ihr Tiefenlimit von 380 Meter erreicht hatten. Er hoffte, noch vor Jahresende Taucher in mehr als 122

Abb. 31: Perrys DEEP DIVER während des Einsatzes, d. h. bei Tauchtests

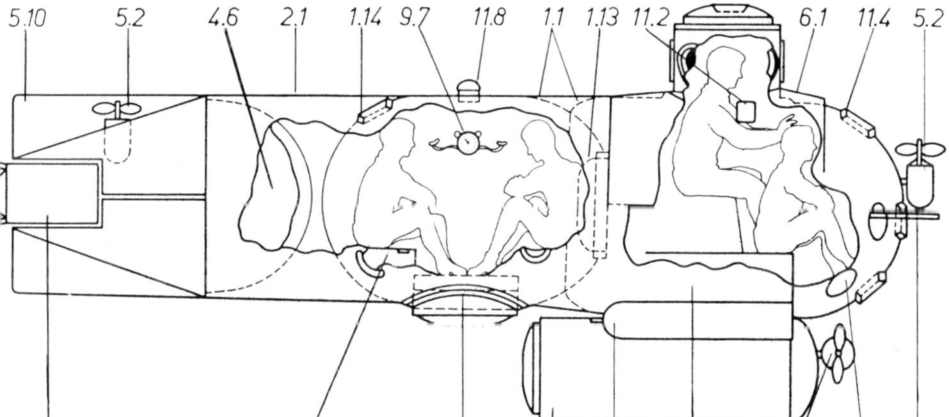

Abb. 32: Schema der DEEP DIVER: vorne der Pilotenraum, dahinter die Taucherkammer mit der Ausstiegsluke nach unten. Zwischen der Taucherkammer und dem Heck (mit seinem Hauptantrieb) der kugelförmige Druckgasbehälter für die Taucherkammerversorgung. Unterhalb der DEEP DIVER der zylindrische Akkumulatorenbehälter.
1.1 Druckkörper, 1.13 Luke, 1.14 Fenster, 2.1 Hüllkörper, 3.1 Elektromotor, 4.4 Druckluftbehälter, 4.6 Mischgasbehälter, 5.1 Propeller (Hauptantrieb), 5.2 Manövrierpropeller, 5.9 Tiefenruder, 5.10 Stabilisierungsflosse, 6.1 Tauchzelle, 6.2 Regelzelle, 6.3 Trimmzelle, 7.1 Hauptbatterie, 9.7 Notatemgerät, 11.2 Armaturenbrett, 11.4 Ventilator/Gebläse, 11.8 Medikamentenschleuse, 11.12 Versorgungskabel

Abb. 33: Die SEA DIVER, das Forschungsschiff von E. A. Link

Abb. 34: 1971 wurde ein weiteres von Link entwickeltes Tauchfahrzeug fertig: die JOHNSON-SEA-LINK 1. Das Boot besitzt einen kugelförmigen Druckkörper aus Acrylglas für die Piloten, eine Taucherkammer aus Aluminium, ist 7 Meter lang und kann 300 Meter tief tauchen. Bei einer Havarie dieses Bootes im Juni 1973 kamen Links Sohn und der Taucher Stover ums Leben

Meter Tiefe auszusetzen (jene Tiefe, in der Stenuit und Lindbergh im *Spid* verweilt hatten); vielleicht sogar in 213 Meter ...

Der tiefste Taucherausstieg

213 Meter tief im Meer! Das war ein lange und freudig erwartetes Ziel von Ed Link und seinen Mitarbeitern. Mit der Fähigkeit der Menschen, in diese Tiefe zu tauchen und dort zu arbeiten, geriete fast das gesamte Kontinentalschelf in Reichweite – und damit die Mehrheit an Mineralien, Öl, Fischen und Pflanzen, die in jenen geringeren Tiefen der Ozeane vorkommen.
Ed hatte jedoch nicht die Absicht, bei 213 Meter aufzuhören. Er besaß bereits ein weiteres Ziel: 305 Meter; später vielleicht 460 oder gar 610 Meter. Aber diese Möglichkeiten lagen in der Zukunft, während die 213-Meter-Tiefe nun erreichbar war.
Einige Tage nach der Rückkehr der *Sea Diver* – von der Küste von Andros Island zum Coral Harbor – machte sich die *Deep Diver* noch einmal auf den Weg; jetzt in nördliche Richtung zum Great Stirrup Cay, dem Ort früherer Man-In-Sea-Tauchgänge.
Mr. Johnson, der schon mit der *Ocean Pearl* vorausgefahren war, hatte bereits einen Platz ausgelotet, der ihm entsprechend allen geforderten Bedingungen geeignet erschien: ein leicht abschüssiger Meeresgrund in 213 Meter Tiefe, auf dem die *Deep Diver* aufsetzen und die Taucher herausschwimmen konnten, um Proben aus dem Meer zu sammeln.
Die zwei Fahrzeuge trafen sich in dieser Nacht in Great Harbor, genau südlich des Leuchtfeuers von Great Stirrup Cay. Am nächsten Morgen stieß ein drittes Boot zu uns mit Jeb Gholson an Bord, einem Berufskameramann, der beauftragt worden war, Filmaufnahmen über diesen Tauchgang und seine Besatzung zu machen. Nachdem man die *Sea Diver* zu einem tieferen Ankerplatz außerhalb der Hafeneinfahrt gebracht hatte, absolvierte die Besatzung der *Deep Diver* auf dem sandigen, elf Meter tiefen Grund in der Nähe des Schiffsankers Abschlußübungen. Jeb verfolgte jede ihrer Bewegungen mit seiner Unterwasserkamera.
Den Abschlußtauchgang an diesem Abend unternahm man bei Dunkelheit, um das schwache Licht zu simulieren, das sie in 213 Meter Tiefe vorfinden würden. Die *Sea Diver* befand sich einige hundert Meter vor dem Felskap des Leuchtturmes. Südlich von ihnen, aber ganz in der Nähe, ankerte die *Ocean Pearl*. Unter Wasser markierte ein großer Kreis grünlichen Lichts zwischen den Schiffen die Position des Tauchbootes am Grund.
Kaum war die *Deep Diver* getaucht und hatte berichtet, daß die Druckerhöhung angelaufen war, als aus West unerwartet mehrere Jachten mit geblähten Spinnakern auftauchten. Sie übermittelten die erste Warnung: Die *Sea Diver* ankere direkt in der Bahn einer Flotte von mehr als 80 Segeljachten, die sich auf der letzten Teilstrecke ihres Rennens von Miami nach Nassau befanden. Für den Rückruf des Tauchbootes war es jedoch zu spät. Der *Deep Diver* konnte allerdings auch nichts passieren, solange sie am Meeresgrund in elf Meter Tiefe verharrte. Die Neuigkeiten ließen sich leicht über das Unterwasser-Telefon an die Taucher weiterleiten. Der Kameramann,

noch an Bord der *Sea Diver,* konnte durch Ab- und Aufstieg dicht an der Schiffswand entlang ebenfalls ungefährdet tauchen.
Die Skipper der nahenden Jachten mußten wirklich verwirrt gewesen sein, als sie das Great-Stirrup-Leuchtfeuer umrundeten und unerwartet die strahlend hellen Decks der *Sea Diver* und, genau dahinter, der *Ocean Pearl* vor sich sahen; und an der Wasseroberfläche zwischen beiden Schiffen einen kreisförmigen, grünen Schimmer, die *Deep Diver.*
Einige änderten den Kurs und nahmen die Richtung zwischen den beiden Schiffen und dem Felskap des Leuchtturmes, während andere, vorsichtigere, einen äußeren Kurs wählten, obwohl sie dadurch Rennvorteile verloren.
Erst knapp zwei Stunden später ging die «Prozession» der Jachten mit trüben Mastlichtern über weißen Segeln zu Ende. Mit Erleichterung beobachtete Kapitän Link das Abziehen des letzten doppelmastigen Gefährts in Richtung Nassau. Dann erteilte er den Befehl zum Auftauchen. Nach der Anbordnahme des Tauchbootes folgte die *Sea Diver* der *Ocean Pearl* in den Hafen für den Rest der Nacht.
In den ersten Stunden des nächsten Nachmittags liefen die beiden Fahrzeuge aus zum Tauchplatz nördlich der Inselkette, die sich westlich des Great Stirrup Cays befand. Die *Ocean Pearl* nahm den direkten Kurs zu einem Ort ungefähr neun Kilometer vor der Küste. Hier ging sie auf Station. Die *Sea Diver* ankerte ebenfalls in Küstennähe, vor Little Stirrup Cay, bei 31 Meter Wassertiefe. Beide Fahrzeuge bleiben in ständiger Sprechfunkverbindung.
Es war ein schöner Tag, aber für den März noch zu kalt. Ein Westwind von 22 bis 26 Kilometer pro Stunde hatte die von Wolkenschatten gemusterte, glitzernde Wasseroberfläche kabbelig werden lassen. Die *Sea Diver* schaukelte sanft in der Dünung.
Schließlich war der große Moment gekommen. Während George Bezak und Dr. MacInnis ihre Plätze in der Beobachtungskammer einnahmen, Denny Breese und Roger Cook durch die Luke in die Taucherkammer krochen, unternahm Kapitän Link eine letzte Peilung zur *Ocean Pearl.* Seine Bestimmung von 350 Grad entsprach dem Kurs, den die *Deep Diver* halten würde, wenn sie erst einmal unterwegs war. Dann wurde das Tauchboot ins Wasser gesetzt. Es drehte sich nach achtern. George tauchte kurz, um die Trimmung zu kontrollieren.
Jeb, mit seiner Kamera, und John Barringer, der die Halteseile der *Deep Diver* gelöst hatte, kletterten hastig auf der *Sea Diver*-Leiter aus dem Wasser. Sie murrten, ein Schwarm kleiner, ungefähr ein Meter langer Haie hätte sie die ganze Zeit über belästigt. John war aus dem Washingtoner Büro der Ocean Systems angereist gekommen, um den Tauchgang zu beobachten. Er sah blaß und ziemlich reizbar aus. Über die Rückkehr an Bord äußerte er seine Erleichterung, ohne angegriffen worden zu sein.
Dann erschien die *Deep Diver* wieder an der Oberfläche. Aber anstatt Kurs in Richtung der *Ocean Pearl* aufzunehmen, drehte sich das Boot unerwartet zurück zur *Sea Diver.* George informierte Kapitän Link über das Mikrophon, daß sich der Hüllkörper, die stromlinienförmige Fiberglasverkleidung,

gelöst hatte. Er schlug vor, daß ein Taucher sie entfernen sollte, da ihr Fehlen sowieso keinen nennenswerten Einfluß auf die Tauchfahrt hätte.
Nur ungern stieg John wieder ins Wasser. Die *Deep Diver* schwamm vor dem Heck der *Sea Diver* an der Oberfläche. Jeb folgte mit seiner Kamera. Als John beim Lösen der Verschlüsse, welche die Verkleidung auf ihrem Platz hielten, herumplanschte, kehrten die Haie zurück und schwammen in engen Kreisen mit einem gelegentlichen erkundenden Vorstoß um das Boot. John arbeitete in ängstlicher Hast, beendete seine Aufgabe, schwamm zurück zur Leiter mit der Verkleidung und reichte diese an Bord. Dann kletterte er schnell aufs Deck.
Jeb machte eine letzte Aufnahme vom Tauchboot, als es von dem Schiff fortglitt, und folgte dann John. Nach der *Deep Diver* verschwanden auch die Haie. «Diese kleinen Haie mag ich gar nicht», meinte Jeb sachlich. «Sie sind gewöhnlich aggressiver als die großen. Nun, ich vermute, das Tagewerk ist getan.»
Es war 14.20 Uhr, als die *Deep Diver* endlich tauchte. George ging auf Kurs zur *Ocean Pearl*. Auf dem Deck der *Sea Diver* beobachtete ein Dutzend Augenpaare, wie sie langsam aus dem Sichtbereich versank, bis der letzte Schimmer von Gelb verschwunden war.
Über das Unterwasser-Telefon teilte George seine Tiefe mit: 7 Meter, dann 24 Meter, 55 Meter, 70 Meter. Er bemerkte auch, wie zwei große Haie dem Tauchboot folgten; von den zuvor um die *Sea Diver* beobachteten Tieren sah er keine mehr.
Die Tiefe von 70 Meter erreichte die *Deep Diver* um 14.45 Uhr. Von dort, erklärte George, unternahm er einen steilen Abstieg hinab zum abfallenden Meeresboden. Bei 150 Meter berichtete er: kein Grund in Sicht: 180 Meter, immer noch kein Grund. Er gab zu verstehen, daß er kontinuierlich bis 213 Meter absteigen würde und dabei eine gemächliche Spirale zöge, bis er den Grund erreichte.
In diesem Moment schlug Kapitän Link vor, wenn er die 213-Meter Tiefe ohne Meeresbodenkontakt erreiche, solle er seinen Kurs ändern und in Richtung flacheres Wasser halten, bis er Grund in Sicht bekäme.
Das erwies sich als unnötig, denn George berichtete bei 207 Meter, daß er sein Ziel 1,2 Meter unter dem Boot erblicke. Es herrschte eine aus 300 Grad anlaufende Strömung von 1,4 bis 1,8 Kilometer pro Stunde. Ohne Scheinwerfer konnte er acht bis neun Meter weit sehen.
Die *Deep Diver* fuhr dann in dieser Tiefe entlang eines Abhangs, während ihre Besatzung nach einem guten Platz ausschaute, um für den Tauchgang aufzusetzen. Fünf Minuten später hörten alle im Ruderhaus, einschließlich Kapitän Link, Georges Stimme über das Unterwasser-Telefon: «Wir haben einen guten Ausstiegsplatz. Dankt Mr. Johnson, daß er ihn für uns ausfindig gemacht hat.»
George berichtete von einem öden Sandgrund mit kleinen Korallenbuckeln; kein pflanzliches Leben, lediglich einige große Fische waren zu sehen. Die Wassertemperatur betrug 21 Grad Celsius, nur 3,4 Grad weniger als an der Oberfläche.
Die *Deep Diver* fuhr über einen Abhang von 10 bis 15 Grad Neigung. George

begann deshalb die achterlichen Trimmzellen zu füllen. Sie würden das Tauchfahrzeug auf seinem Platz am Grund halten. Aber es mußte eine starke Strömung geben, denn jedesmal, wenn er das Boot aufzusetzen versuchte, trieb es trotz der zunehmenden Masse an Ballast leicht ab.
Roger und Denny, die aus den Fenstern der Taucherkammer spähten, begannen sich Sorgen zu machen. Wenn nämlich das Boot mit ihrem Gewicht an Bord nicht verharrte, bestand die Gefahr, daß es nach ihrem Ausstieg emportreiben könnte und sie an den Atemschläuchen hinterher schleppte. In dieser Tiefe hatten sie keine Chancen. Waren sie einmal ausgestiegen, hing ihr Leben von der Einhaltung einer fast konstanten Tiefe ab.
Die Trimmzellen enthielten nun fast 200 Kilogramm Wasserballast. Die *Deep Diver* schien aufzusitzen. Um ganz sicher zu gehen, drehte George sie langsam in die Strömung. Schließlich saß sie fest auf der sanften Neigung des Grundes. Sorgfältig kontrollierte er alle Systeme. Dann gab er bekannt, daß das Boot für den Ausstieg bereit sei. Sie befanden sich in 213 Meter Tiefe.
Joe drehte sich, um Denny und Roger zu helfen, den Lukendeckel zwischen den beiden Abteilungen zu schließen. Die vier waren ernst. Nun war der Moment gekommen. Sie wußten allzugut: Wenn die Kompression begann, hätten sie genau eine halbe Stunde Zeit für die Druckerhöhung, für das Öffnen und Verlassen des Taucherbootes, einen 15minütigen Taucheinsatz, für die Rückkehr und das Schließen des Lukendeckels. Dann mußte George eine schnelle Rückkehr zur Oberfläche einleiten, denn die Dekompression konnte nicht eher beginnen, bevor der äußere Druck viel geringer war als der im Innern der Taucherkammer.
Wenn alles planmäßig verlief, dauerte die Dekompression 31,5 Stunden. Falls sie aus irgendeinem Grund die ihnen zugemessene halbe Stunde überzogen, müßte die Dekompression auf eine viel längere Zeit ausgedehnt werden.
Joe schaute auf seine Stoppuhr und begann mit dem Countdown. Genau um 16.12 Uhr sagte er «Start». Denny drehte das Druckgasventil auf, und die Helium-Mischung strömte in die Kammer.
Zwei Minuten später entsprach der Druck einer Tiefe von 122 Meter; also nahe an jenem, den Denny in einem früheren Ausstieg bei 131 Meter kennengelernt hatte. Die Kammer erhitzte sich rasch. Beide Taucher fühlten durch die schnelle Kompression ein leichtes Zittern in ihrem Körper. Als Denny dies Roger zu erklären versuchte, war seine Stimme durch das Helium bereits so verzerrt, daß er sich nicht mehr verständlich machen konnte.
Später erinnerte sich Roger, er habe sich außergewöhnlich unwohl gefühlt. Beide sagten, ihnen sei bewußt gewesen, daß ihre Sinne langsamer und abwägender gearbeitet hätten. Deshalb warnten sie sich ständig selbst, erst zu handeln, wenn sie absolut sicher waren, daß es richtig sei. Das genaue Gegenteil der Stickstoffnarkose, wo der Taucher überzeugt ist, richtig zu handeln, obwohl er in seiner Trunkenheit alles falsch tut.
Binnen 4,5 Stunden war der Druck in der Kammer hoch genug, um die äußere Luke öffnen zu können. Die Temperatur hatte sich auf 49 Grad

Celsius erhöht. Die Taucher konnten es in ihrer schweren Ausrüstung kaum erwarten, in das kühle Wasser da draußen zu tauchen. Nach einer letzten Kontrolle der Atemgeräte (Roger mit seinem Mark-IX-Navy-Helm, und Denny mit der im offenen Kreislauf arbeitenden Kirby-Hookah-Ausrüstung) verließen die beiden Taucher schnell das Boot.

Zuerst schaufelten sie Sand und Detritus vom Grund in einen Plastiksack. Dann schwammen sie zu einer nahegelegenen Anhäufung von Korallengestein und sammelten einige Exemplare mariner Fauna und verschiedene Typen von Schwämmen, einschließlich einer großen, schwarzen Röhrenart. Eigentlich wollten sie auch eine Bodenfläche mit Rotenon vergiften und Fische sammeln, aber sie hatten das wegen der zu starken Strömung aufgegeben; stattdessen sicherten sie sich einige zerbrechliche Seesterne und kleine Garnelen.

Während sie sich so beschäftigten, machte Joe von ihnen einige Aufnahmen aus den vorderen Fenstern. Und als sie ihre Sammelaufgaben beendet hatten, fotografierte Denny Roger beim Einladen der angehäuften Proben in das Tauchboot.

Genau um 16.33 Uhr waren beide Taucher zurück in der Taucherkammer. In anderthalb Minuten hatten sie die Lukendeckel gesichert und waren bereit zum Aufstieg. Indessen hatte George für die geplante schnelle Reise nach oben die letzten Einrichtungen beendet.

Der Pilot sah sich einem heiklen Problem gegenüber. Vor dem Auftauchen mußte das Wasser aus den Trimmzellen entfernt werden; ein Manöver, das gewöhnlich mindestens ein Pumpen von drei Minuten erforderte, bevor der Aufstieg begann. Wenn diese drei Minuten an jene Zeit angehängt wurden, die den Tauchern für den gesamten Einsatz zugebilligt war, führte dies zu einer Verlängerung ihrer Dekompression.

Deshalb beabsichtigte George, einen Luftschwall in die Tauchzellen zu lassen. Das höbe die *Deep Diver* sofort vom Grund und leitete einen Auftriebsaufstieg ein. Dabei besäße er jedoch keine Manövrierfähigkeit mehr. Deshalb mußte er ungefähr bei 110 Meter mit dem Entlüften der Tauchzellen beginnen. Ginge alles gut, hätte dann das Boot eine Tiefe von 30 Meter erreicht, wenn sich die achterlichen Tauchzellen wieder unter Kontrolle befänden.

Um 16.38 Uhr verließ die *Deep Diver* jäh den Grund. Während George das Boot in der Strömung hielt, stieg es rasch in Richtung Oberfläche. Um 16.42 Uhr, exakt 30 Minuten nach dem Beginn der Dekompression, reduzierte Dr. MacInnis den Druck in der Kammer von 213 auf 146 Meter. Die Dekompression hatte begonnen. Die *Deep Diver* befand sich jetzt 12 Meter unterhalb der Oberfläche.

Hier stoppte George und meldete der *Sea Diver,* das Tauchboot hielte und erwarte Instruktionen. Das Ortungsgerät der *Sea Diver* hatte inzwischen ihre Aufenthaltsstelle lokalisiert. Auch ein an der Oberfläche sichtbarer Luftblasenschwall kündigte feierlich ihren Aufstieg an; doch war noch nichts auszumachen, da weiße Schaumkronen das Meer sprenkelten.

Kapitän Link instruierte die *Deep Diver,* daß sie auftauchen könne. Eifrige

Beobachter an Bord der *Sea Diver* entdeckten das gelbe Boot; achteinhalb Minuten nach dem Beginn des Aufstiegs und knapp einen Kilometer weiter seewärts.

In der Taucherkammer zitterten Denny und Roger in der extremen Kälte, die – begleitet von einer dichten Nebelbildung – durch die sehr schnelle Dekompression entstanden war. Sie konnten einander kaum sehen. Wieder hielten sie ihre Nasen zu und preßten die Luft heraus, um den Druckausgleich in ihren Ohren zu erleichtern. Im allgemeinen war das Emporkommen weniger unbequem als der Abstieg. Doch dieses Mal fühlten sie beide ab und zu schneidende Schmerzen und Verstopfungen im Mittelohr. Aber dies war ein ganz alltäglicher Zustand bei sehr schnellen Dekompressionen, so daß sie es kaum beachteten.

Plötzlich stellte Denny fest, daß der Druckmesser, der den Innendruck anzeigte, langsam nach unten kroch. Das erforderte zusätzlich Gas, um das richtige Niveau aufrechtzuerhalten. Verwirrt meldete er dies den Männern in der vorderen Kammer: «Wir müssen irgendwo ein Leck haben. Wir verlieren Gas.»

Allen vier Insassen war klar, daß ein Leck eine ernste Sache sein könnte, denn für die noch ausstehenden vielen Dekompressionsstunden würde eine große Menge zusätzlichen Heliums erforderlich sein. George fuhr auf die *Sea Diver* zu und übermittelte das Problem Kapitän Link mit der Bitte, nach der Ankunft des Bootes Barringer das Äußere des Fahrzeugs nach Anzeichen austretenden Gases zu kontrollieren, bevor die *Deep Diver* an Bord gebracht werde.

Einige Augenblicke später berichtete Denny jedoch: «Ich habe das Leck gefunden. Als wir unsere Ausrüstung hineinbrachten, müssen wir ans Druckausgleichsventil der Luke gestoßen sein. Es war ein wenig geöffnet.» Er zog es mit dem Hebel dicht. Mit großer Erleichterung teilte George diese Nachricht der betreffenden Gruppe auf der *Sea Diver* mit.

Kurz nach 17 Uhr erreichte die *Deep Diver* das Heck des Mutterschiffes. Zum letzten Mal an diesem Tag stieg Barringer ins Wasser, um das Tauchboot für die Bergung anzuhaken. Aber anstatt flink über die Seite hinabzuspringen, kletterte er nun vorsichtig an der Leiter hinunter und schwamm geräuschlos zum Heck. Als die *Deep Diver* nahte, erschien auch das Hairudel.

Barringer stellte rasch die Verbindung her. Behutsam wassertretend wartete er, daß der Hydrokran die losen Enden anzog und die *Deep Diver* das Wasser verließ. Die drei Haie tanzten um ihn herum und stupsten ihn sogar mehrere Male an. Als er zur Leiter schwamm, folgten sie und verlockten ihn zu einer Beschleunigung. Aber er fürchtete, eine geschwindere Bewegung seinerseits ermuntere zum Angriff.

Barringer stieß einen Seufzer der Erleichterung aus, als er auf das Deck zurückkletterte und hier die gesamte Crew um das Tauchboot geschart fand. George und Joe reckten gerade die Köpfe aus dem Turm. Zuerst wollte er sich über ihre Gleichgültigkeit gegenüber seiner mißlichen Lage ärgern; doch die Überlegung, daß sie von seiner Sorge nichts gewußt haben konnten,

erleichterte ihn. Ohne die fast ständige Anwesenheit von Haien zu akzeptieren, ließ es sich eben nicht lange tauchen in den Bahamas, stellte er schließlich fest.
Er schloß sich den anderen an, um dem Doktor und George zu gratulieren, als diese aus dem Tauchboot kletterten. Dann half er, die *Deep Diver* auf ihrem Platz festzulaschen für die Heimreise. Kapitän Link hatte entschieden, anstatt den langen Zeitraum der Dekompression hier vor Anker abzuwarten, sofort zum Heimathafen der *Sea Diver* aufzubrechen. Zwanzig Minuten später waren sie auf dem Kurs quer durch die Sandbänke in Richtung Bimini via Mackey Shoals Leuchtfeuer.
Joe MacInnis hatte unterdessen die sorgfältige Kontrolle des Druckes in der Taucherkammer fortgesetzt. Der Doktor hatte seine Dekompressionstabelle mit dem Wissen kalkuliert, daß die ersten Stufen ziemlich rasch verändert werden können. Nur wenn die späteren Stufen erreicht sind, ist es notwendig, kleinere und häufigere Wechsel vorzunehmen. Je früher die ersten Stufen erreicht werden, desto kürzer ist die benötigte Gesamtzeit.
Als die *Deep Diver* das Heck der *Sea Diver* erreichte, entsprach der Druck gleich 107 Meter Wassertiefe. Und weniger als eine halbe Stunde später, als die *Sea Diver* den Anker zur Abfahrt lichtete, waren die Taucher bei knapp 90 Meter. Kurz darauf begann sich Denny schwindlig zu fühlen und über schneidende Schmerzen in seinem Ohr zu klagen.
In den nächsten drei Stunden versuchte Dr. MacInnis, durch abwechselnde Druckerhöhung und -senkung Dennys Ohr schmerzfrei zu bekommen. Er war besorgt: Hatte er vielleicht die Taucher zu rasch durch die frühen Stufen gebracht? Alle Tieftauchgänge waren noch Experimente; und die physiologischen Reaktionen der Taucher waren sehr unterschiedlich. Es gab noch keine sicheren und feststehenden Regeln, nach denen man sich richten konnte.
Da die Rekompression keine Linderung brachte, verabreichte Joe Denny verschiedene Medikamente durch die Medikamentenschleuse. Dann erhöhte er den Sauerstoffanteil der Atemgasmischung. Endlich hatten sich Dennys Schmerzen so weit gemindert, daß der Doktor den geringfügig modifizierten Aufstiegsfahrplan wieder aufnehmen konnte. Unglücklicherweise verlängerte dies jedoch den Originalplan um 3¾ Stunden. Die Taucher befanden sich nun unter einem Druck gleich 49 Meter Wassertiefe.
Joe entschied, daß jetzt die Zeit gekommen sei, die *Deep Diver* an die erst kürzlich installierte Druckkammer (mit Personenschleuse) zu koppeln. Nach dem Anschluß wurde die Personenschleuse mit Druckluft unter einen Druck gesetzt, der mit jenem der Taucherkammer übereinstimmte. Denny und Roger konnten nun den Zwischenlukendeckel öffnen und das Gewirr von Taucherausrüstungen, Kameras, biologischen Proben usw., das sich angesammelt hatte, auslagern.
Sie warteten geduldig, während die Personenschleuse geleert und von außen wieder beladen wurde mit Decken, trockener Kleidung und einem sehr verspäteten Dinner. (Seit dem einfachen Mittagessen war eine Menge Zeit vergangen.) Das Umschalten auf Druckluft verbesserte die Verständlichkeit

ihrer zuvor durch das Helium verzerrten Stimmen. Sie konnten sich wieder unterhalten.
Mit dem zusätzlichen Raum der Personenschleuse hatten es die Taucher bequemer. Roger überraschte der Temperaturunterschied, als er zum erstenmal seine langen Beine hinab in die warme Luft der Schleuse schob, während sein Oberkörper sich noch in der recht kalten Luft der Taucherkammer befand. Aber mit der Vermischung der Gase lösten sich auch diese Probleme. Nach dem Essen ließen sich die beiden zum Schlafen nieder: Denny in der Taucherkammer, und Roger streckte sich in der 2,4 Meter langen Personenschleuse aus.
Sie erwachten zwei Stunden später, als der Anker der *Sea Diver* fiel. Das Schiff befand sich nun etwa fünf Kilometer südöstlich des North Rock vor der Nordküste von Bimini. Ein starker Wind blies, Regenschauer fielen, und die See wogte. Kapitän Link nahm an, daß die beiden Taucher und die Besatzung nach ihrem anstrengenden Tag hier besser für eine Ruhepause aufgehoben wären, bevor sie in den Golfstrom ausliefen. Link war etwas besorgt, wie Roger und Denny unter Druck auf die Erschütterungen reagieren würden, denen sie während der Überquerung des Stromes oft ausgesetzt sein würden.
Dr. MacInnis und George Bezak durchlüfteten mehrmals während der Nacht die Dekompressionskammer mit Sauerstoff, um Kohlendioxid-Anreicherungen zu entfernen. Gegen Morgen installierte George einen Elektroanschluß in der Personenschleuse und verband ihn mit einem zusätzlichen Kohlendioxidabsorber.
Die Taucher erwachten im Morgengrauen. Dennys Schwindelgefühl und die Ohrenschmerzen waren vollständig abgeklungen. Die Dekompression hatte einen Druck analog 34 Meter Wassertiefe erreicht. Die Taucher atmeten eine normale 20-%-Mischung aus Sauerstoff und Stickstoff. Von nun an rechnete Dr. MacInnis mit einer Dekompression von 12 Minuten je 0,3 Meter, bis sie sich wieder unter normalem atmosphärischem Druck befanden. Weitere 22 Stunden in Gefangenschaft! – Eine lange Zeit.
Der Doktor schlug Denny und Roger vor, alle zwei Stunden die Plätze zu tauschen. «Macht einige Übungen, Jungs. Ihr müßt euren Kreislauf in Bewegung halten. Und wenn es irgendeinen Unterschied in der Luft beider Kammern gibt, teilt ihr diese.»
Die beiden Taucher witzelten über ihre engen Unterkünfte. Roger stand im Lukenschacht, und Denny hatte sich auf dem hinteren Sitz der Kammer zusammengerollt. Beide machten zahlreiche Vorschläge zur Verbesserung ihrer Lage.
Kapitän Link spähte durch ein Fenster, dann sprach er zu ihnen über das Intercom: «Wir werden bald aus dem letzten Loch pfeifen», sagte er. «Ich fürchte, ihr werdet es draußen recht rauh finden, denn der Seegang ist sehr unruhig. Wir könnten hier abwarten, aber der Wetterbericht sagt für heute noch stärkeren Wind voraus. Wenn ihr mutig seid, sollten wir besser abfahren, denke ich.»
Weder Roger noch Denny hatten irgendein Verlangen, vor Anker zu blei-

ben. Wenn dann endlich die Zeit für ihre Freiheit gekommen war, wünschten sie im Heimathafen zu sein. «Dann los», sagte Denny. «Wir werden okay sein.»

Dr. MacInnis hastete davon, um Sinustabs, Stemitil und Nasenspray zu holen und schleuste ihnen das mit dem Frühstück ein. Um 7.00 Uhr lichtete die *Sea Diver* den Anker nach West Palm Beach.

In den ersten Stunden ging alles gut – ungeachtet des stürmischen Wetters. Aber als das Fahrzeug dann – im Zentrum des Golfstromes vom vollen Aufprall des rauhen Meeres getroffen wurde, begannen sich Denny und Roger seekrank zu fühlen. Die beiden Insassen der *Deep Diver* waren aber nicht die einzigen, die der Golfstrom mit seiner Turbulenz traf. Selbst Joe war zu ein paar Ausflügen an die Reling der *Sea Diver* gezwungen. Bei diesen Gelegenheiten bemerkte er, daß sich nur wenige «Überlebende» an Deck befanden – die Männer ohne Pflichten waren nach unten verschwunden.

Glücklicherweise dauerte die schwere Prüfung nur eine Stunde. Dann erreichte das Schiff das ruhigere Wasser vor der Küste Floridas. Denny und Roger erholten sich schnell und guckten später mit Interesse durch ihre Fenster, als die *Sea Diver* den langen Seekanal entlang glitt und West Palm Beach erreichte. Etwa gegen 15.00 Uhr waren die Zollprüfungen abgeschlossen, und die *Sea Diver* lag still an ihrem Dock in der Nähe der Riviera Beach.

Einige Zeit später drängten sich die Taucher in der Taucherkammer zusammen, während die Personenschleuse entlüftet und geöffnet wurde und man unnötige Ausrüstung entfernte, einen neuen Kohlendioxidabsorber und heißes Essen einschleuste.

Ihre Gefangenschaft dauerte keine 12 Stunden mehr. Dr. MacInnis unterrichtete sie, daß von jetzt an jede Stunde 20 Minuten lang reiner Sauerstoff über die Masken zu atmen sei, um alles in ihren Geweben verbliebene Inertgas zu entfernen. Er sagte ihnen, sie sollten den gebrauchten Sauerstoff in Gummiblasen ausstoßen, damit er sich nicht mit der Kammerluft vermischte. Kurz vor Mitternacht erlaubte er ihnen, eine Periode zu überspringen, als er sie beide in einem geräuschvollen Schlaf – Denny laut schnarchend – vorfand.

Sie erwachten eine halbe Stunde später, setzten ihr Sauerstoff-Atemprogramm fort, stellten sich abwechselnd in die Verbindungsluke und führten angeregte Gespräche. Ihre Stimmen hatten schon längst den «Donald-Duck-Sound» verloren.

Das einzige Überbleibsel ihres langen Verweilens in dem beengten Raum waren Muskelschmerzen am ganzen Körper.

Um 3.27 Uhr dieses Morgens tauchten Denny und Roger – in das helle Licht blinzelnd – wieder auf: von oben angestrahlt mit Deckleuchten und umringt von einer Gruppe schläfriger Menschen, die sich von ihren Kojen erhoben hatten, um bei diesem Ereignis dabeizusein. Sie waren 35 Stunden und 15 Minuten unter Druck gewesen. Der erste Arbeitstauchgang im offenen Meer mit der beachtlichen Tiefe von 213 Meter war erfolgreich beendet.

Später, während ihrer Einsatzbesprechung, untersuchte Dr. MacInnis die beiden Taucher und fand sie in einer guten Verfassung.
«Ich ahne, daß dieser Tauchgang ein echter Durchbruch ist», sagte er zu Kapitän Link. «Von nun an zweifle ich nicht, daß wir Taucher sicher bis zu 305 Meter Tiefe hinabbringen können; oder mehr, sagen wir 335 Meter. Sie wissen: ‹Seven, come eleven›.» (seven = 700 feet = 213 m, eleven = 1100 feet = 335 m)
Von diesem Moment an wurde «Seven, come eleven» das Schlagwort für den nächsten Tauchversuch.
Der Doktor gratulierte Ed zum Erfolg der Tauchfahrt. «Überdies», sagte er, «wenn Sie berücksichtigen, daß die *Deep Diver* 110 Tauchfahrten unternahm, seit wir vor etwas mehr als einem Jahr begannen, ist schon bemerkenswert, wie reibungslos alles verlief.»
«Es war nicht nur die Leistung der *Deep Diver*», erwiderte der Kapitän. «Ich glaube, wir sind auch erfolgreich gewesen durch die gute Zusammenarbeit aller mit diesem Tauchunternehmen verbundenen Personen: Sie, unser Tauchmediziner; George und Roger, die nicht nur gute Piloten gewesen waren, sondern auch Taucher und Wartungskräfte; Denny mit seinen tauch- und ingenieurtechnischen Fähigkeiten und Kommunikationsmitteln; und die Besatzung der *Sea Diver,* die einverstanden war, jede Arbeit zu jeder Stunde zu erledigen – ganz gleich, ob am Tag oder in der Nacht.
Und ich glaube, unsere Erfahrungen mit den enthusiastischen Wissenschaftlern, die wir an Bord hatten, beweisen, daß in Zukunft die Marinewissenschaften Tauchboote verwenden werden, um zu immer umfassenderen Kenntnissen über das Meer zu gelangen ...»

Jacques Piccard

*hatte inzwischen die Unternehmen mit der **Trieste** ad acta gelegt. 1963–1964 konstruierte er für die Schweizer Landesausstellung EXPO 64 das 28,5 Meter lange Touristen-Tauchboot **Auguste Piccard** (PX-8), das erste Fahrzeug dieser Art in der Geschichte. Die PX-8 tauchte 1964–1965 im Genfer See elfhundertmal bis in 323 Meter Tiefe. 1966 gründete Piccard in Cully (Schweiz) eine Stiftung für Studien und den Schutz von Seen und Meeren. 1966–1968 entwickelte er in Zusammenarbeit mit Grumman die PX-15, deren Name – **Ben Franklin** – mit ihrer ersten Aufgabe in Beziehung steht: Benjamin Franklin war der erste Botschafter Amerikas in Europa, und das Boot wurde zur Erforschung des Golfstroms, des Amerika und Europa verbindenden «rollenden Teppichs», eingesetzt. Mit diesem Boot trieben sechs Mann in dem bislang umfassendsten Forschungsvorhaben eines einzelnen zivilen Tauchfahrzeugs*

Vier Wochen im Golfstrom

Die Grumman Aerospace Corporation

November 1965: «Ein Gespräch für Sie aus Deutschland.»

«Ja, hallo!»

«Monsieur Piccard?»

«Ja, am Apparat.»

«Monsieur Piccard, mein Name ist Marc Bailly Cowell. Ich vertrete die Firma Grumman Aerospace Corporation.»

«Ach ja!» antwortete ich, ohne zu ahnen, was der Anruf bedeuten soll.

«Ich möchte erfahren, was Sie augenblicklich treiben. Hätten Sie Zeit, mit uns zusammenzuarbeiten?»

«Hören Sie, ich arbeite an verschiedenen U-Boot-Projekten, aber wenn Sie mir etwas Interessantes vorschlagen wollen, bin ich bereit, zuzuhören.»

«Ist in Ordnung. Ich werde Sie aufsuchen.»

Tatsächlich erscheint Mr. Bailly Cowell nach einigen Tagen in Lausanne. Besuch in meinem Labor, Gedankenaustausch, Beschreibung der Vorhaben Grummans und meiner eigenen. Einverständnis auf erste Sicht schon möglich. Einladung nach Bethpage bei New York, wo alles mit der Direktion besprochen werden soll. Einverstanden.

Januar 1966. Ich bin in New York. Eine große, graue Limousine. Eine Stunde Fahrt. Viel Verkehr. Rauch. Fabriken. Tausende von kleinen Häuschen sind wie Pilze in konzentrischen Kreisen aus dem Boden geschossen. Ich bin auf Long Island mit seinen Industrie- und Villenvierteln. Ich muß mich an einem der Eingänge bei Grumman ausweisen. Eine Türkette wird ausgehängt. Aufzug. Büro des Direktors. Begrüßung.
«Mögen Sie unser Land?»
«Sehr.»
«Was tun Sie augenblicklich?»
Ich hätte wie der berühmte Tambour antworten können: «Ich habe drei Schiffe auf anmutiger See ...»
Tatsächlich aber unterbreite ich drei Projekte, die ich seit dem Abenteuer mit dem Mesoskaph in meinem Büro entwickelt habe:
Ein kleines Unterseeboot, leicht und billig in der Herstellung. Ein sehr schnelles Groß-U-Boot mit weitem Aktionsradius. Und endlich, die Erforschung des Golfstroms mit Hilfe der *Auguste Piccard* (die damals noch nicht verkauft war) oder mit einem neuen Unterseeboot, der *PX-15* deren erste Entwürfe in Lausanne schon bereitliegen. (P = Projekt, X = Experiment, 15 = Ordnungsnummer in meinem technischen Büro; alles kombiniert entsprechend einer in Amerika üblichen Bezeichnungsweise.)
«Diese *PX-15* ... was kostet sie? Wann könnte sie fertig sein? Welche Besatzung benötigt sie? Wie groß ist ihr Aktionsradius? Und die Geschwindigkeit? Welche Motorleistung? Welches Gewicht?»
Es sind dies Fragen, die zeigen, daß Grumman schon recht genaue Vorstellungen von U-Booten haben muß. Warum aber interessiert sich ein Weltraumforschungs-Unternehmen für die Weltmeere?
Grumman ist vor allem Erzeuger von Militärflugzeugen und in der ganzen Welt für die Qualität seiner Maschinen berühmt. Nun aber sind wir im Jahr 1966. Das Flugzeug hat einen guten Teil seiner Bedeutung als Kampfwaffe eingebüßt, und zwar zugunsten der Raketen. Es sind dies zwar recht komplexe Geräte; sie werden aber in relativ geringer Zahl hergestellt. Grumman denkt daran, seine Produktion vielfältiger zu gestalten, was auch alle übrigen Flugzeugwerke tun, um ihr Risiko zu verkleinern. Es stimmt schon, daß Grumman einer der Eckpfeiler der NASA ist, was die Herstellung von Raketen anbelangt. Auch daß in seinen Büros der *LEM* konzipiert wurde, die später berühmt gewordene Endstufe der Apollo, die zwei Astronauten auf dem Mond abgesetzt hat, spricht für die Leistungsfähigkeit dieses Unternehmens.
Dieser *LEM* sollte die beiden Astronauten wieder in die Umlaufbahn des Mondes befördern, wo sie durch ein *Command Module* übernommen wurden. Grumman ist jedoch nicht der Ansicht, daß die Raketenaufträge den Ausfall an Flugzeugaufträgen wettmachen können. Wie übrigens auch alle anderen Flugzeugfabrikanten hat er eine neue Abteilung geschaffen, das *Ocean System,* das sich für die Erforschung der Meere einsetzt, um aus diesem Arbeitsbereich eine zusätzliche Existenzbasis werden zu lassen. Grumman rechnet mit der Großzügigkeit der amerikanischen Marine, die

von jeher Interesse für die Forschung bekundet hat, und will mit einem Projekt aufwarten, das ihrer würdig ist. Es scheint auch, daß mein Projekt, die *PX-15,* verbunden mit Forschungen im Golfstrom, ihm gefällt.
«Können Sie uns Ihr Projekt beschreiben?»
«Bis heute» – sage ich – «sind Unterseeboote so konstruiert worden, daß sie nur einige Stunden unter Wasser bleiben können. Mein neuer Mesoskaph kann einen Monat lang unter Wasser bleiben, ohne an die Oberfläche steigen zu müssen. Die anderen U-Boote ermöglichen nur die Sicht über einige Hundert, höchstens einige tausend Quadratmeter Meeresgrund. Die *PX-15* würde, falls sie von einer Meeresströmung – zum Beispiel vom Golfstrom – vorwärts getrieben wird, 2000 bis 3000 Kilometer zurücklegen. Bis jetzt haben die Unterseeboote für Forschungszwecke kaum Platz für zwei bis drei Personen gehabt. Die *PX-15,* Nachfolgerin der *Auguste Piccard,* die 45 Sitze aufweist, könnte sechs Beobachter aufnehmen und den für sie nötigen Komfort sicherstellen, und zwar für vier bis sechs Wochen. Der Rumpf ist der wichtigste Teil des Bootes. Um im Wasser manövrieren zu können, etwa wie ein Ballon in der Luft, muß der Mesoskaph stabil sein. Nun ist aber ein klassisches U-Boot eigentlich nicht stabil. Da sein Rumpf stärker komprimiert werden kann als das Meerwasser, hat das U-Boot die Tendenz, entweder ab- oder aufzusteigen. Um es zu stabilisieren, sind Motoren nötig. Diese verursachen Lärm, ein großer Nachteil für die Meeresforschung. Ich verwende daher einen Rumpf, der weniger komprimierbar ist als Wasser. Dieser Rumpf wird beim Absteigen leichter, beim Aufstieg schwerer. Wenn sein Gewicht beim Start gut reguliert ist, wird das Tauchboot automatisch in einer gewünschten Tiefe – zum Beispiel 200, 400 oder 600 Meter – in der Schwebe gehalten. Diese Tiefe muß im voraus bestimmt werden. Einmal stabilisiert, wird das Boot von der Strömung mitgenommen – so lang, wie die Besatzung es wünscht.»
«Mit welcher Geschwindigkeit?»
«Natürlich entsprechend der Strömung, ähnlich wie ein Ballon von der Windgeschwindigkeit abhängt. Im Golfstrom können wir mit einer mittleren Geschwindigkeit von zwei Knoten mit Spitzen um vier bis fünf Knoten rechnen. Das bedeutete 100 Kilometer pro Tag. Wenn wir einen Monat lang unter Wasser bleiben, werden wir 3000 Kilometer zurückgelegt haben. Wir treiben also in der Strömung, mit derselben Geschwindigkeit wie das Plankton. Und wir können unter idealen Bedingungen beobachten. Stundenlang, wenn wir wollen – und ohne das Plankton im geringsten durcheinanderzubringen.» ...

Der Golfstrom

Ich habe den Golfstrom schon einige Male angesprochen. Es ist Zeit, endlich einige Einzelheiten darüber zu erwähnen. Ich war schon als Kind von diesem «Fluß im Meer» beeindruckt, der die in den Tropen angesammelte Wärme nach Europa bringt. Die Beschreibung dieses Meeresstromes wechselt mit den Zeiten und den Lehrbüchern. Für die einen handelt es sich um einen Meeresstrom, der zwischen New York und der Bretagne den Atlantik überquert; für andere ist es der Strom, der die Fortsetzung des Floridastroms bildet, entlang der Küste zwischen Kap Hatteras und der Region von New York verläuft, worauf er sich nach Osten wendet. Eine dritte Auffassung sieht oft einen Zusammenhang mit dem ausgedehnten System von Strömungen, die ständig mehr oder weniger um die Bermuda-Inseln und das Sargassomeer zirkulieren. Da dieser Strom unaufhörlich kreist, kann man bei ihm anfangen, wo man will, etwa wie bei einem Kreisverkehr mit großem Umfang. Betrachten wir ihn nun einmal dort, wo er den Golf von Mexiko verläßt, der ihm seinen Namen gegeben hat.

Der Süden Floridas, zwischen Kuba und den Keys. Die Küste gehört zu Florida. Dann folgt die lange Küstenlinie bis auf die Höhe von New York. Dazwischen liegt das gefährliche Kap Hatteras, das schon Jules Verne in seinem Buch *Zwanzigtausend Meilen unter dem Meer* erwähnt hatte. Die Strömung beschreibt eine schöne Kurve um die Bermudas, südlich von Neuschottland, um dann nach Europa hin abzubiegen. In der Mitte des Atlantiks: Teilung in zwei Arme. Einer umspült Großbritannien im Osten und Westen, biegt in die Nordsee ab und dann wieder gegen Westen, um zwischen Grönland und Island die kühlen Wasser von Labrador zu erreichen. Der andere Arm trifft auf die Küsten der Bretagne, biegt nach Süden ab, erreicht Spanien und Portugal und gelangt auf die Höhe von Gibraltar, um einen Ausläufer ins Mittelmeer zu schicken. Dieser Strom kehrt über dem Grund der Meerenge von Gibraltar wieder in den Atlantik zurück.

Im letzten Weltkrieg benutzten die italienischen U-Bootfahrer diese Unterströmung, um in aller Stille aus dem Mittelmeer in den Atlantik zu gelangen. Sie kehrten dann mit abgestellten – oder jedenfalls stark gedrosselten – Motoren an die Oberfläche zurück und entwischten so den Ortungsgeräten der Engländer auf Gibraltar.

Südlich von Gibraltar erreicht der Golfstrom Marokko, bis hinunter an den Äquator. Dort wendet sich der Strom wieder nach Westen und erhält die Bezeichnung «Nord-Äquatorial-Strom». Er wird durch den Einfluß der Passatwinde beschleunigt und gleichzeitig erwärmt. Nach der Überquerung des Atlantik erreicht dieser Arm Kuba (den Thor Heyerdahl mit seiner *Râ* benutzte). Die Strömung fließt an der Nordküste der Insel vorbei, südlich der Bahamas, und vereinigt sich wieder mit ihrem Ursprung, dem Golf von Mexiko, um ihn im Süden Floridas wieder zu verlassen. Der Ring ist geschlossen. Man könnte sagen, daß der Arm, der nördlich von Kuba in den Golf von Mexiko eintritt, den ursprünglichen Golfstrom auf halber Höhe Floridas «wieder einfängt».

Die Strömung, die uns besonders interessiert, ist eben jene, die längs der Küste Floridas Richtung Neuschottland verläuft. Geplante Abfahrt also von Florida, von Palm Beach, weggetragen von der Strömung, komme was wolle! Bis wohin? Niemand konnte es voraussehen.

Eine andere Frage: Warum eigentlich diesen Golfstrom überhaupt erforschen? Kennt man ihn denn nicht schon? Da gibt es viele Namen berühmter Forscher, die sich mit diesem Phänomen beschäftigt haben: Stommel, Iselin, Fuglister, Smith; und so viele Laboratorien, wie die von Woods Hole, Miami, Lamont. Und sie alle haben den Golfstrom studiert. So manche

Theorien sind darüber schon in allen Einzelheiten ausgearbeitet worden. Jedermann ist der Ansicht, daß dieser warme Strom Europa um wenigstens einige Grade erwärmt und daß Zentraleuropa ohne ihn von Eis bedeckt wäre. Jedermann? Nicht unbedingt: Iselin, in Woods Hole, hat eine Theorie veröffentlicht, derzufolge der Golfstrom – im Gegenteil – Europa abkühlt ... Jedenfalls anerkennt jeder, daß es sich um eine Wassermasse handelt, die sich in stetiger Bewegung befindet; ein überwältigender Wasserstrom, der sich gleichmäßig fortbewegt – ein Fluß im Meer – quer durch den Ozean. Jeder? Nicht so sicher: Woods Hole, wiederum, hat die Welt überrascht, indem man dort behauptet, daß es sich nicht um einen «Strom» im Meer handle, wohl aber um zahlreiche auf- und absteigende kleine Strömungen, die sich wie ein Ziegeldach überlagern. Nur die Resultante sei das, was wir als Strom bezeichnen und von der wir annehmen, daß sie den Atlantik überquert. Jedenfalls weiß man, daß der Golfstrom in große Tiefen hinunterströmt, daß er sogar den Meeresboden bestreicht und daß er seinen Kurs nicht ändert. Trotzdem wurden die *Aluminaut* und dann andere Tauchboote, die für große Tiefen gebaut waren, gelegentlich vom Golfstrom weggetragen ... und zwar südwärts! Das wird uns auch geschehen, wohl recht bald. Hypothesen, Theorien, Widersprüche, Hoffnungen und Enttäuschungen unter Forschern. Ständiges Infragestellen, besonders seitdem im Jahr 1769 Benjamin Franklin das Phänomen des Golfstroms untersucht hat. Bereits im Jahr 1513 war auf den Golfstrom hingewiesen worden: von Ponce de Léon, einem spanischen Entdecker, der dafür berühmt geworden ist, daß er den ewigen Jungbrunnen *nicht* entdeckt hat; dann, 1517, folgte ihm sein Landsmann Alaminos.

1769: Benjamin Franklin, Schriftsteller, Dichter, Drucker, Philosoph, Physiker, Rebell, ja sogar Revolutionär und dann Botschafter, war *Post Master General,* soviel wie Post- und Verkehrsminister in den englischen Kolonien Amerikas. Es ärgerte ihn, daß die Postboote langsamer waren als die Walfischfänger, die den Atlantik überquerten. Wobei letztere weniger gute Schiffe besaßen. Ein Fischerkapitän gab ihm die Erklärung:

«Wir Fischer wissen genau, wo der Golfstrom verläuft. Wenn wir nach Europa segeln, benutzen wir ihn und gewinnen so zwei bis vier Knoten. Und wenn wir nach Amerika zurückkehren, weichen wir dem Golfstrom aus und gewinnen Zeit jenen gegenüber, die gegen ihn zu kreuzen versuchen. Der Postdienst muß sich an die Vorschrift halten, die besagt, daß man einen großen Kreis beschreiben muß, um von einem Punkt des Erdballs zu einem anderen zu gelangen. Schauen Sie auf die Karte, und Sie werden verstehen, was ich sagen will.» Er hätte in diesem Zusammenhang noch einige Bemerkungen über die Vorteile freier Unternehmen gegenüber den staatlichen hinzufügen können.

Benjamin Franklin fragte eine ganze Reihe von Walfängern und anderen Seeleuten über den Verlauf des Golfstroms aus und zeichnete dann die erste Strömungskarte des Nordatlantik. Sie unterschied sich wenig von jener Seekarte, die Prinz Albert von Monaco ein Jahrhundert später publizierte. Wir werden davon eine gute Kopie an Bord der *PX-15* mitführen.

Doch da gibt es mehr: Selbstverständlich ist der Golfstrom studiert worden. Man hat ihn kartographiert, abgegrenzt, sondiert, umrissen, registriert, erkundet – sogar mit Hilfe von Satelliten. Tausende von Artikeln sind über dies Thema erschienen, Leitfaden und Bücher. Doch blieb etwas übrig, das noch niemand unternommen hatte: den Golfstrom von innen heraus ergründen, in seinen tiefsten Tiefen, ihm unter Wasser zu folgen, mit ihm zu leben, zu sehen, was in ihm verborgen ist, in seinem Körper, in seinen Adern. Und das nicht nur während einiger Stunden, sondern wochenlang, einen Monat lang. Bei dem Versuch, mit diesem Strom zusammenzuleben, würden wir vielleicht tiefer in seine Geheimnisse eindringen und ihn besser verstehen lernen.

Sehen Sie, es gibt eine Ozeanographie, die von der Meeresoberfläche aus arbeitet. Man fährt auf dem Meer, dem Spiel der Wellen ausgesetzt, der Willkür des Windes ausgeliefert, und muß bei jedem Sturm die Arbeit abbrechen, voller Angst, die Sonden, Trossen und Netze zu verlieren.

Man fühlt sich unwohl, sterbenselend, weil man seekrank ist, wird naß von den Brechern, die über die Reeling schlagen und die auch oft genug einen Ozeanographen ins Meer spülen. Und bei dem Preis, der da bezahlt wird, ist das nicht unbedingt ein gutes Geschäft. Das ist die eine Sache.

Aber es ist eine ganz andere, wenn man taucht, sich dem Einfluß von Wind und Wetter entzieht, im Trockenen sitzt. Man ist *im* Meer und lebt *mit* ihm, ganz gemächlich und in aller Ruhe. Man kann es Auge in Auge betrachten, durch Panoramaluken aus Glas, die so groß sind, daß sie einen Rundumblick erlauben. Man kann mit dem Meer sprechen und seine Antwort hören – eine Stimme wie die eines Erzbischofs in einer gotischen Kathedrale.

Ja und die unzähligen Echos, die von der Thermokline abprallen, von der Oberfläche und von dem Meeresgrund, von den Gebirgen unter dem Meeresspiegel. Wann immer wir Schallwellen unter Wasser aussenden, erhalten wir eine grandiose Antwort. Man möchte sagen: dramatisch, gigantisch. Und dies Abenteuer werden die Forscher dreißig Tage lang erleben können, in einer Art «Ehe» mit dem Meer – wie der Doge von Venedig es ausgedrückt hätte. In einem Wort: Ich wollte beweisen, daß man eine vollkommene ozeanographische Expedition ebensogut in einem Unterseeboot durchführen kann wie in einem «Überwasserschiff» ...

Der Bau der PX-15

«Jacques, wieviel *inches* sind 23,2 Zentimeter?»

«Erwin, wieviel *pound* sind 7325 Kilogramm?»

Und ich frage:

«Wieviel ist ein Winkel von 120 Grad nach eurer Rechnung?»

«In Fahrenheit oder Zentigrad?» fragt Don, der im Türrahmen erscheint.

Wir amüsieren uns nicht schlecht während der Erstellung der *PX-15,* und die Arbeit geht flott vonstatten.

Jedes Problem wird allerdings gemeinsam besprochen. Zuerst einmal ist die Wahl des Blechs für den Rumpf an der Reihe. Wir zögern nicht, uns für Aldur von Vöest in Österreich zu entscheiden. Wir vertrauen seiner Quali-

Abb. 35: Die von J. Piccard konstruierte PX-8 (Mesoskaph AUGUSTE PICCARD) ist das erste Touristentauchboot der Welt. Sie mißt 28,5 Meter in der Länge, kann 750 Meter tief tauchen und besitzt Plätze für 40 Passagiere

Abb. 36: Im Innern der PX-8

Abb. 37: Ebenfalls im Innenraum der PX-8, nun aber nach dem Umbau durch Horton. Diese kanadische Gesellschaft kaufte das Boot Anfang der 70er Jahre für den Einsatz in der Offshore-Industrie

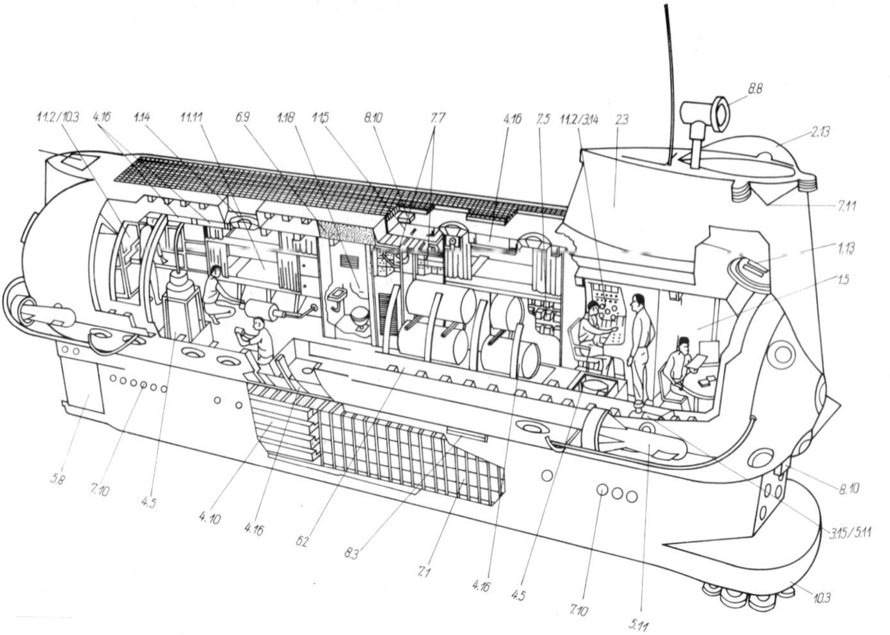

Abb. 38: Aufbau und Einrichtung der PX-15 während der Golfstromdrift: 1.5 Freizeitraum, 1.13 Luke, 1.18 Sanitärraum, 2.3 Turm (drucklos), 2.13 Luke (drucklos), 3.5 Generator, 3.14 Hydraulikanlage, 4.2 Benzintank, 4.5 Sauerstoffbehälter, 4.10 Ölreservoir für den Akkumulatorenraum, 4.16 Wassertank, 5.8 Seitenruder, 5.9 Tiefenruder, 5.11 Antriebsgondel, 6.9 Ballastsilo, 7.1 Hauptbatterie, 7.5 Elektroverteilanlagen, 7.7 Wechselrichter, 7.10 Außenscheinwerfer, 7.11 Lichtsignalleuchten, 8.3 Sonar, 8.8 Fernsehkamera, 8.10 Hydrophon, 10.3 wissenschaftliche Ausrüstung, 11.2 Armaturenbrett, 11.5 Kohlendioxidabsorber, 11.11 Kojen

Abb. 39: Die PX-15 BEN FRANKLIN: 14,6 Meter lang, 610 Meter Tauchtiefe und 6 Mann Besatzung

tät, die wir schon beim Bau des ersten Mesoskaphs, *Auguste Piccard,* verwendet haben. Für die beiden Halbkugeln ist ein Stahlblech dagegen zu hart und schwierig zu schmieden. Wenn man es enthärtet, verliert es seine Festigkeit. Wenn man es wieder härtet, nachdem die Halbkugeln geschweißt sind, entstehen unannehmbare Deformationen. Beim Bau des ersten Mesoskaphs hatten wir diese Halbkugeln enthärtet, ohne sie daraufhin wieder zu härten, was man in Kauf nahm. Denn diese Halbkugeln sind auf jeden Fall druckfester als der Rest des Rumpfes. Der zweite Mesoskaph soll jedoch so druckfest wie nur möglich sein. Ich wende mich wieder an Krupp, der einen Stahl (Welmonil) herstellt, der unseren Anforderungen vollauf entspricht. Im letzten Augenblick ergibt sich noch eine Schwierigkeit: Das American Bureau of Shipping, ABS, dem wir samt Grumman die Kontrolle über unsere Arbeit anvertraut haben, damit wir am Schluß ein Gütezeugnis erhalten, meldet Bedenken an. Der Mesoskaph muß versichert werden, was bedeutet, daß die Versicherungsgesellschaft sich durch Experten einschaltet. Dasselbe geschieht von seiten der Marinebehörden, die die Zulassung für das Boot ausstellen sollen. Daher Kontrolle und Zeugnis der ABS. ABS äußert also Bedenken, was die Schweißnähte an diesem Stahlblech anbelangt. Ich setze mich ins Flugzeug, fliege nach New York und bringe Schweißmuster mit, deren Nähte fast unsichtbar sind – Präzisionsarbeit von Giovanola. Das Werkstück gelangt in ein Säurebad. Amerikanische Spezialisten geben ihre Ansicht kund. Zug-, Torsions- und Bruchfestigkeit werden geprüft. O.K. In Ordnung. Der Kruppstahl wird akzeptiert. Lausanne. Essen. Lausanne. Monthey. Hamburg, wo Pleuger und AEG unsern Antrieb und die elektrische Installation in Arbeit haben.

Beim ersten Mesoskaph hatte ich einen Innenmotor mit Innenbatterie ausgewählt und für ein verlängertes Heck gesorgt, um hydrodynamisch beste Voraussetzungen zu schaffen. Für die *PX-15* eignet sich diese Anlage nicht, denn ich will eine Sicht von 360 Grad erreichen, also rund um den Rumpf. Ich weiß aus Erfahrung, daß ein treibendes Schiff ein Ausflugsziel für Fische ist, die es ringsherum umschwimmen und «studieren». Es wäre hochinteressant, wenn sich dies auch tiefer unter der Meeresoberfläche abspielte. Wir hätten dann Gelegenheit, sie aufmerksamer zu beobachten. (Und das geschah auch während unserer Golfstromfahrt.) Ein verlängertes Heck wäre also für die Beobachtungen hinderlich gewesen. Im übrigen ist unser Mesoskaph dafür bestimmt, sich von Meeresströmungen treiben zu lassen. Damit konnten hydrodynamische Überlegungen zurückgestellt werden. Also ohne Schwanz. Wohin jetzt aber mit den Motoren? Vier Motoren, zwei am Bug und zwei am Heck. Sie werden voneinander unabhängig wie Körbe aufgehängt. Um den Einbau von vier Druckdichtungen im Rumpf zu vermeiden – sie wären möglich gewesen, jedoch empfindlich –, entschließen wir uns dazu, die Motoren nach außen zu verlegen. Dort arbeiten sie unter ausgeglichenem Druck und direkt im Wasser. So belasten sie das Gewicht des Bootes nicht in dem Maß, als wären sie innen angebracht. Sie werden durch den Wasserdruck leichter.

Die Firma Pleuger kenne ich schon seit langer Zeit; sie ist darauf spezialisiert, solche Unterwassermotoren herzustellen. Diese verwendet man vor allem im Zusammenhang mit «Aktivrudern» (Rückstoßantrieb mit Seitenwirkung), der die Manövrierfähigkeit von Schiffen, vor allem von Schleppern in Hafenbecken verbessert und auch für Unterwasserpumpen, die etwa in Brunnen eingesetzt werden. Diese Motoren laufen mit Dreiphasen-Wechselstrom. Ihre Drehzahl wird durch Änderung der Frequenz und der Spannung geregelt. Wir benötigen deshalb Stromumwandler, die dafür sorgen, daß der Gleichstrom unserer Batterien in Wechselstrom transformiert wird. Die AEG, die bereits beim Bau der *Auguste Piccard* viel mit uns zusammengearbeitet hat, verfügt schon über ausgezeichnete statische Stromumwandler (mit Thyristoren). Alles geht rasch vonstatten, da beide, AEG und Pleuger, für diese Sparte ihren Sitz in Hamburg haben.

Vier Antriebsmotoren von je 25 Pferdekräften. Zwei statische Stromumformer von je 60 Kilovoltampere. Es ist dies keine kleine Sache, selbst nicht für Spezialisten, die sie bauen. Wir reisen mehrere Male nach Hamburg. Jedesmal freut uns der Fortschritt, und endlich werden wir Zeugen von Versuchen im Wassertank: Die Leistung dieser Motoren ist eindrucksvoll.

Währenddessen bei Giovanola:

Die Stahlbleche sind eingetroffen. Sie werden üblichen Proben unterworfen und gelangen sofort in die Blechwalzen, um nach einem besonderen Verfahren behandelt zu werden, das Giovanola schon bei der Herstellung von Druckrohren für die Wasserkraftwerke angewandt hatte. Dies Verfahren hatte sich bereits beim Bau der *Auguste Piccard* bewährt.

Ich finde zum größten Teil dasselbe Personal vor wie in den Jahren 1963–64. Es ist mir unmöglich, alle Schweißer, Dreher, Mechaniker, Elektriker, Maler, Arbeiter aller Fachgebiete, Techniker und Ingenieure, die das Mesoskaph gebaut haben, zu nennen. Aber ich kann hier den Namen des Mannes hervorheben, der diese Arbeitsgemeinschaft leitete: Charles Weilguny, dem wir soviel verdanken. Es sollte eine seiner letzten großen Aufgaben werden, der zweite Mesoskaph. Er bezahlte seinen Enthusiasmus, seine Hingabe für seine Aufgaben einige Monate später mit seinem Leben. Er hinterließ eine Lücke in den Reihen seiner Mitarbeiter, die ihm so sehr zugetan waren.

Alles geht gut voran. Zunächst sind wir noch Pendler zwischen Lausanne und Monthey, eine Strecke von mehr als 50 Kilometern. Zuerst entstehen dadurch für die Amerikaner einige Probleme, denn sie sind es gewohnt, gleichmäßig, ruhig und sicher zu chauffieren, ohne ihre Autos voll auszufahren. Damals gab es noch keine Geschwindigkeitsbeschränkung in der Schweiz, und das Autofahren macht unsere Amerikaner nervlich fertig. Bald aber passen sie sich unserem Rhythmus an. Zu Beginn äußern sie oft Kritik an uns Europäern, bis sie allmählich unsere Eigenschaften verstehen. Sie lernen den «alten» Kontinent schätzen und fragen mich, ob eine Chance besteht, daß ein weiterer Mesoskaph gebaut wird.

«Warum denn?» frage ich sie.

«Weil man sich in der Schweiz so wohl fühlt! Wir möchten so gerne wiederkommen, um hier zu arbeiten ...»

Monthey. Lausanne. Monthey. Lausanne. Lausanne. Bethpage. Bethpage.

Lausanne. Der Rumpf wächst, wird größer, wird vollständig. Die Luken, die Türen, die Schweißnähte, die Stahlbleche, die Zusatzteile fügen sich an. Türen? Halt, das erinnert mich an etwas. Als der erste Mesoskaph gebaut wurde, hatten die «Experten» von meinen Türen recht wenig Ahnung. Sie waren zu einfach für komplizierte Geister. Da gab es denn manche Schwierigkeiten. Als ich die Türen für die *PX-15* konstruieren lasse, verfolge ich dasselbe System, das sich schon in der *Trieste* und *Auguste Piccard* bewährt hat. Die Pläne gehen nach Bethpage und von dort nach New York, zur ABS. Da klingelt es wieder einmal! Diese Türen werden als zu leicht befunden. Sie unterscheiden sich vor allem von den bei Militärs üblichen Türen. Sie werden nicht genehmigt und sollen ersetzt werden!

Ohne zu zögern, fliege ich nach New York. In meinen Koffern befinden sich Modelle der Halbkugeln, die wir unter Druck in meinem Labor geprüft haben. Die Spannungsmesser, kleine Wunder der Präzision, sind teilweise noch an diesen Modellen befestigt und ermöglichen uns, die inneren Spannungen im Metall zu messen. Die Prüfungen entsprechen den Erwartungen. Geht es um U-Boote, versucht anscheinend jeder Kontrolloffizier, nach und nach kritische Stellen ganz einfach zu verstärken, um nicht eines Tages der Nachlässigkeit bezichtigt zu werden. Ein Dienstgrad, zwei, drei ... Ein Stern, zwei, drei.

Das endet mit überdimensionierten Teilen, die in der Praxis nicht zu verwenden sind. Wenn man ein Teil übermäßig verstärkt, kann das das ganze Werk schädigen, indem zusätzliche, lokale Spannungen entstehen. Ich habe bei der Konstruktion berücksichtigt, daß der Türrahmen breit genug ist, um Spannungen ausgleichen zu können, die von der Tür ausgehen mögen. Versuche unter Druck bestätigen diese Theorie. New York. ABS. Ich erkläre die Planzeichnungen, die Theorie. Ich zeige die Muster, die herumgereicht werden. Da ich es mit intelligenten Leuten zu tun habe, werden meine Zeichnungen ohne weiteres akzeptiert. Später, als einer der Ingenieure der ABS, Matthew Letich, während eines Probetauchens die Türspannungen prüft, sagt er:

«Ihre Konstruktion sollte ein Vorbild für alle Türen unserer Unterseeboote werden ... inbegriffen die der Kriegsmarine ...» Kein Wunder, daß ich mich darüber freue!

Die *PX-15* ist nicht ausschließlich dazu bestimmt, den Golfstrom zu erforschen. Grumman wünscht, daß dies Boot vielseitig verwendbar sei, einfach konzipiert und für gewisse Umbauten zugänglich. Deshalb haben wir uns dazu entschlossen, den Rumpf aus zwei Teilen herzustellen, die fest miteinander verschraubt sind. Das ermöglicht es, auf Wunsch einen Zwischenrumpf einzuschalten oder Geräte ins Innere zu befördern, die durch die Türen nicht hindurchzubringen wären. Wir denken auch daran, daß der Rumpf nach längerem Einsatz wieder weichgeglüht werden muß, damit gefährlich werdende Spannungen aufgehoben werden. Nun existiert in dem Gebiet, wo der Mesoskaph stationiert werden soll, kein Schmelzofen, der den ganzen Rumpf hätte aufnehmen können. Man hätte zwar mit wenig Kosten einen der bestehenden Öfen erweitern können. Doch ziehe ich es

ebenso wie Grumman vor, die beiden Hälften miteinander zu verschrauben. Wir stehen also vor der Aufgabe, zwei Schiffsrümpfe von 3,15 Meter Durchmesser und je 50 Tonnen Gewicht wasserdicht zusammenzufügen, wobei es um Hundertstel von Millimetern Toleranz geht. Das ist ein Kunststück. Die Ateliers de Construction Mécanique in Vevey am Genfer See übernehmen diese Aufgabe und führen sie meisterhaft durch. Dazu müssen die zwei halben Rümpfe nach Vevey verfrachtet werden. Die Polizei für Großtransporte muß sich einschalten. Dreißig Kilometer Distanz. Nachttransport. Warnlichter. Bürger auf Türschwellen. «Da geht es sicher um Atomares?» «Vielleicht Teil einer Raffinerie?» Worauf man nicht kommt: daß es sich um ein Unterseeboot auf einer Autostraße handelt.
Zurück in Monthey. Endmontage. Verschrauben der Rumpfteile. Zusatzteile kommen von allen Seiten zu uns, sogar aus Amerika. Wir haben dort Ballastbehälter aus Plastik herstellen lassen. Eine Firma, die für die US-Navy tätig ist, liefert sie uns. Die Last überquert den Atlantik; sie enthält auch die Schablonen und das Überdach des Rumpfes – und so weiter. Zu guter Letzt erhalten wir dann den Ballast per Luftfracht. Ich entsinne mich nicht daran, wie viele Briefmarken auf die Kartons geklebt waren. Es können nicht gerade wenige gewesen sein. Es ist jetzt an uns, über amerikanische Methoden zu staunen. Da spart man überall, um das Budget nicht zu übersteigen. Und dann sendet man mehr als 2000 Kilo mit Luftpost ... Aber die Amerikaner waren im Recht! Als wir die Golfstrom-Expedition beginnen, befinden wir uns schon am Ende der günstigen Jahreszeit. Hätten wir auf den per Schiff verfrachteten Ballast warten müssen, wäre unsere Expedition um acht bis zehn Monate verzögert worden! Die Postgebühr ist also nicht schlecht angelegt worden.
Immerhin, in Bethpage, wo man den Mesoskaph noch nicht gesehen hat, wird man ungeduldig. Hätte man vielleicht besser daran getan, das Boot nicht in der Schweiz herstellen zu lassen? Hätte man durch seinen Bau in den USA nicht Zeit gewonnen? Die Nachrichten, die Boten, die Briefe und Noten, die Dienstanweisungen und Memoranda verraten uns ein gewisses Unbehagen, das sich schon der Ungeduld nähert. Warum denn eigentlich? Wir sind noch innerhalb des festgesetzten Termins. Der Aufbau geht flott voran, sogar rascher als vorgesehen. Wir müssen das Tauchboot noch für die Tauchbereitschaft fertigstellen, im Genfer See auf 300 Meter tauchen – halb so tief wie die vorberechnete Maximaltauchtiefe. Aber Grumman ist ungeduldig geworden und möchte diesen Teil des Programms abkürzen. Der Mesoskaph soll sofort nach seiner Fertigstellung verfrachtet werden, und zwar nach Florida, wo die Versuche stattfinden sollen. Ich bin nach alledem einverstanden, da diese Versuche im Meer, im warmen Wasser der Küste von Florida, unter subtropischer Sonne sicher angenehmer sein werden als im Genfer See.
Wir sind erfreut ob der Aussicht aufs Tauchen in den blauen Gewässern um Florida, vor allem jene, die nur am Experiment in den kalten, grauschwarzen Wassern des Genfer Sees hätten teilhaben können. Man wird durch die 29 Luken ins Blaue schauen können ...

Aus der PX-15 wird die «Ben Franklin»

Die *PX-15* befindet sich mittlerweile in Palm Beach und braucht einen Namen.

Dieser Name müßte eigentlich mit seiner ersten Aufgabe in Beziehung stehen, also mit der Erforschung des Golfstroms, mit diesem «rollenden Teppich», den die Natur in den Atlantik geworfen hat, als ob eine Verbindung zwischen Amerika und Europa Absicht gewesen wäre. Warum dem Tauchboot nicht den Namen jenes Amerikaners geben, der erster Botschafter Amerikas in Europa war, Benjamin Franklin? Ich schlage ihn Grumman vor. Er zögert, denn es gibt schon ein Unterseeboot, das diesen Namen trägt. Wir einigen uns dann doch auf diese Bezeichnung, denn es handelt sich ja nicht um ein eigentliches Unterseeboot, sondern um einen Mesoskaph, der über einen Rumpf verfügt, der weniger komprimierbar ist als das Meerwasser. Dadurch unterscheidet er sich erheblich von jener andern *Benjamin Franklin,* von der er sich außerdem durch ganz andere Aufgaben abhebt. Aus der PX-15 wird also *Ben Franklin,* und sie darf diesen Namen zu Recht tragen.

Nun muß noch eine Patin gefunden werden, nachdem der Name feststeht. Es soll womöglich ein Nachkomme Benjamin Franklins sein, eine historische Persönlichkeit. Nun gibt es in Amerika überall eine Benjamin-Franklin-Gesellschaft, eine Straße, die seinen Namen trägt, und vermutlich auch ein Benjamin-Franklin-Spital oder sogar einen Supermarkt seines Namens. Ist es wirklich unmöglich, Nachkommen dieses Mannes ausfindig zu machen? Eine erste Umfrage führt nur zur Erkenntnis, daß Benjamin Franklin keine Kinder gehabt habe. Wer weiß, vielleicht kann man doch einen Nachkommen in einer Mansarde, einem Kloster oder in einer Bibliothek auffinden? Wir müssen ganz einfach eine Patin auftreiben. Wir wenden uns an die Benjamin-Franklin-Gesellschaft von Philadelphia. Und das Wunder geschieht. Ausgerechnet in einer Bibliothek findet sich ein weiblicher Nachkomme Benjamin Franklins. Sie akzeptiert die Rolle als Patin und soll durch meine fünfjährige Enkelin Marie-Laure unterstützt werden. Die Taufe findet unter besten Umständen statt ...

Die Golfstromexpedition beginnt

Julimitte 1969. Jetzt werden wir in offener See tauchen gehen. Trotz peinlich genauer Vorbereitungen bleiben noch allerlei Unbekannte übrig. Die erste betrifft Psychologisches: Wenn wir jetzt starten, wird unsere Arbeitsgruppe erstmals gemeinsam tauchen. Es wird auch das erste Mal sein, daß wir im Golfstrom auf eine im voraus bestimmte Tiefe tauchen werden. Jemand schlägt vor, daß wir ein kurzes Probetauchen von drei Tagen vor der großen Tauchfahrt einschalten. Ich bin damit nicht einverstanden: Denn drei Tage im Golfstrom, plus drei bis vier Tage Schleppzeit für die Rückkehr, dann neue Vorbereitungen, das alles würde uns zehn bis vierzehn Tage kosten. Die Gefahr besteht, daß wir in die Epoche der *hurricanes,* der Wirbelstürme, hineingeraten. Ich schlage vor, daß wir gleich starten und die ersten drei Tauchtage noch als Versuch bewerten und daß niemand in der Öffentlichkeit erfährt, daß wir starten. Nach drei Tagen würden wir selber wissen, ob alles in Ordnung ist und ob wir weiterfahren können. Welch ein Skandal! Man würde also starten, ohne daß die Presse verständigt worden ist. Man muß doch an die Propaganda denken. Man will nicht auf mich eingehen. Ich beharre auf meinem Vorschlag. Man diskutiert, führt lange Palaver, bis man endlich damit einverstanden ist, daß wir diese Tauchfahrt nicht für die Presse unternehmen, sondern für uns und die Wissenschaftler. Es würde immer noch möglich sein, unsern Start nachträglich der Presse zu melden, wenn alles zur Zufriedenheit verlaufen sollte. Meine Auffassung wird von Grumman und dann auch von Bethpage akzeptiert. Alles nimmt einen guten Verlauf.

14. Juli 1969. Zwei Jahrhunderte sind vergangen, seit Benjamin Franklin den Golfstrom kartographiert hat. Der 14. Juli ist noch mit einem anderen Jubiläum verbunden: mit der Eroberung der Bastille. Wir feiern den Tag dadurch, daß wir uns als freiwillige Gefangene in den Rumpf der *Ben Franklin* einschließen – für dreißig Tage.

20.25 Uhr. Unser Schlepper hat den *Ben Franklin* sich selbst überlassen. Die zur Routine gewordenen Operationen werden ohne Schwierigkeiten ausgeführt, obwohl schon die Nacht hereinbricht. Erwin öffnet die Ventile der Oberseite der Ballastkammern, um den Tauchvorgang einzuleiten; und dann vernehmen wir ein Klopfen an der Tür! Verblüffung. Drei Schläge, als ob ein Tisch von Spiritisten gehoben würde. Kaz nimmt den Fernsprecher auf und fragte:

«Hat jemand von euch an die Tür geklopft?»

«Sind Sie verrückt?» knistert's im Apparat.

Immerhin, wir haben es deutlich gehört. War es ein Meergeist, der uns von unserem Unternehmen abhalten wollte? Oder wollte er uns schmeicheln? Etwa so, wie der Reiter dreimal auf den Hals seines Pferdes klopft, bevor er es ins Rennen führt? Oder war es ein Kabel, das dreimal an die Ballastbehälter schlug? Jedenfalls war das Echo in unserem Rumpfinnern recht laut.

Wir tauchen. Ich notiere die Zeit: 20.54 Uhr. Der Einstiegturm ist schon unter Wasser. Wir tauchen langsam. Wir sind gut ausbalanciert. Natürlicherweise werden wir beim Abstieg bremsen. Wir wollen uns auf Grund setzen und mit genügend Gewicht «verankert» ruhen, ohne uns vom Golfstrom mitführen zu lassen. Dies eine Nacht lang. Ein Abkommen mit der US-Navy schreibt uns vor, daß alle Instrumente vor unserer Weiterfahrt geprüft werden und funktionieren müssen.

Es ist dies eine sinnvolle Bedingung, da die Marine während der dreißig Tage unserer Tauchfahrt zu unserer Verfügung steht und alles überwacht.

Alles funktioniert zur vollen Zufriedenheit.

510 Meter Tiefe. Wir sind sechs Männer an Bord. Morgen früh werden wir auf 200 Meter hochsteigen und in dieser Tauchtiefe fast die ganze Fahrt über bleiben. Ich sagte, daß wir zu sechst an Bord seien. Wer sind diese sechs Passagiere? In welcher Reihenfolge soll man sie aufzählen? Nach dem Alphabet, dem Alter, nach Wichtigkeit ihrer Aufgabe oder nach Körpergröße? Nicht leicht zu entscheiden ...

Beginnen wir einmal mit Don Kasimir, dem Vertreter Grummans auf dem Mesoskaph. Er hat die Funktion eines Kapitäns. Er ist jung, aktiv, seinen Vorgesetzten zugetan, der Tradition der Marine bis in sein tiefstes Inneres ergeben. Er diskutiert nie über ein Reglement, über eine Aufgabe, einen Auftrag. Grumman hätte ihn nicht eingesetzt, verfügte er nicht über die nötigen Fähigkeiten. Kurz und gut, ein Mann, auf den wir uns verlassen können.
Und nun der Steuermann. Ich habe ihn schon öfter erwähnt: Erwin Äbersold. Ingenieur und Techniker in einem, Flugzeugpilot und Segelflieger. Genauigkeit und Überlegung lenken sein Tun. Er hat ein gut Teil des Mesoskaphs entwickelt und ein ander Teil beim Bau überwacht. Die Kommandozentrale ist vor allem seine Schöpfung, bei der er auf seine Erfahrungen mit jener der *Auguste Piccard* zurückgreifen konnte. Es folgen zwei Ozeanographen: Der eine, Ken Haigh, ist Engländer und auf zwei Jahre zur amerikanischen Marine abkommandiert worden. Sein Fachgebiet: Akustik. Kaum einer versteht es wie er, Schallwellen auszusenden, ihren Weg durch den Ozean zu verfolgen, wo sie auf Hindernisse stoßen, zerschlagen oder zurückgeworfen werden, wenn sie nicht durch eine thermische Schicht gebrochen werden. Er registriert all diese Vorgänge anhand eines Oszilloskops, dessen gelbgrüne Schwingungskurven ihm mehr verraten als die magische Glaskugel einer Hellseherin. Ken Haigh ist ihr eher überlegen, denn ohne viele Notierungen kann er beweisen, was er behauptet, während letztere nur weitergeben kann, was sie *nicht* beweisen kann. Ken ist ein Schweiger. Ein Schaffer. Ein Forscher. Ein Humorist, wenn's not tut. Er ist ein echter Brite und hat es verstanden, obwohl es sein erstes Taucherlebnis ist, sich mit allen übrigen Expeditionsmitgliedern anzufreunden.
Der andere Ozeanograph, Frank Busby, ist Amerikaner. Sozusagen der typische Ozeanograph amerikanischer Prägung. Fröhlich, jovial. Manchmal auch hart. Ausgezeichneter Kenner des Meeres. Beherrscht alle seine Instrumente. Er arbeitet Hand in Hand mit Ken Haigh. Sie bilden ein Team innerhalb unserer Arbeitsgemeinschaft. Sie respektieren aber eine Regel, die als vereinbart gilt: daß immer mindestens zwei Mitglieder der Expedition wach bleiben und auf beiden Füßen stehen. Dies für den Fall, daß einem einzelnen etwas zustoßen sollte. Während Ken Haigh unser Bordarzt ist, ist Frank Busby der eigentliche Ozeanograph.
Damit hätten wir vier aufgezählt. Der fünfte heißt Chester May, kurz Chet genannt. Er ist von der NASA abgeordnet worden und trägt einen vielversprechenden Titel: *life engineer,* wörtlich übersetzt «Lebens-Ingenieur». Wozu ist er dabei? Um uns zu retten, wenn etwas passieren sollte? Nein, dazu sicherlich nicht. Soweit sind wir noch nicht. Grumman hat die NASA darauf hingewiesen, daß unser Experiment für sie von Wichtigkeit sein kann. Denn die Probleme, die sich uns stellen, gleichen jenen, die im Skylab zu lösen sind, also in der Weltraumkabine, in der Astronauten Wochen oder Monate verbringen müssen. Mit Ausnahme zweier Umstände, der Schwerelosigkeit und der Probleme der Rückkehr des Satelliten zur Erde, gleichen sich die Aufgaben, die wir und die Insassen eines Skylabs zu bewältigen

haben. Überleben, Ernährung, Atmung. Dieselben Probleme: Arbeit, Ruheperioden, Unterhaltung. Ähnlich der Ausblick durch Luken in eine bisher unbekannte Welt. Endlich, derselbe Enthusiasmus, dieselbe Bereitschaft, an einer wissenschaftlichen Expedition teilnehmen zu können, die Tausende, nein, Millionen von Informationen vermittelt. Chet May hat nun die Aufgabe, uns zu beobachten und die NASA über unser Verhalten zu unterrichten, besonders im Hinblick auf die Ähnlichkeiten mit den Weltraumflügen. Chet ist sympathisch, immer guter Laune und die Ruhe selbst. Damit hätten wir fünf Mitglieder aufgezählt; zusammen mit mir, *leader* der Mission, haben wir also die sechs beisammen.

Und jetzt liegen wir auf Grund, vermutlich unter dem Golfstrom, der hier aber nicht spürbar ist. Diese erste Nacht vergeht ohne Zwischenfall. Wie vereinbart, wechseln wir uns zu zweit in der Wache ab. Nichts Besonderes zu tun. Wir sind ja auf dem Meeresboden und müssen lediglich dafür sorgen, daß wir dort bleiben. (Ein kleiner Luftzusatz im Ballastkreislauf würde uns sofort an die Oberfläche bringen!) Wir müssen auch unsere Atemluft kontrollieren und zusehen, daß alles an Bord wasserdicht bleibt, was Kontrollgänge verlangt. Um ein Uhr früh beschließen wir, uns um einige Meter vom Meeresgrund abzuheben und uns durch die noch sehr schwache Strömung wegtragen zu lassen, gut ausbalanciert mit Hilfe unseres Leitseils. Bis um neun Uhr früh lassen wir uns treiben. Ein wundersamer nächtlicher Unterwasser-Spaziergang.

Neun Uhr morgens: Wir entscheiden, daß die Nacht auch für uns hier unten vorüber ist, und beginnen den Aufstieg, indem wir einige Liter Luft in die Regelzelle einströmen lassen. Nicht aber in die Wasserballastbehälter, denn das hätte den Aufstieg zu sehr beschleunigt. Man darf nur sehr wenig Luft einblasen, gerade so viel, daß der Auftriebsverlust des Schwimmkörpers, der durch nächtliche Abkühlung entstand, kompensiert wird. Wenn wir unser Gewicht nur wenig verringern, wird der Mesoskaph ganz von selbst ein neues Gleichgewicht in einer höheren Wasserschicht suchen. Da in dieser höheren Schicht das Wasser wärmer ist, wird der Rumpf sich ausdehnen. Das Boot wird – bezogen aufs Meereswasser – noch etwas leichter und steigt noch ein wenig hoch. Man darf also sein Ziel nur indirekt anpeilen und muß einige Stunden warten können. Die andere Methode, der direkte Weg, den ungeduldige Leute vorziehen, wäre der, ein größeres Quantum Ballastwasser durch Preßluft zu ersetzen, bis in die gewünschte Schicht hochzusteigen und dort stundenlang mit den Reglern zu spielen, wieder Wasser einzulassen, bis ein Gleichgewicht erreicht ist.

Das führt zu einer unnötigen Verschwendung von Preßluft. Einerseits können wir es uns einfach nicht leisten – und zweitens haben wir es nicht eilig.

500 Meter. 450 Meter. 400 Meter. 350 Meter.

14.02 Uhr: 328 Meter. Seitdem wir den Meeresgrund verlassen haben, sind fünf Stunden verstrichen. Erwin prüft seine Manometer. Er hat den Mesoskaph gut im Griff. Keine Probleme. Übrigens treiben wir jetzt nach Norden, im Golfstrom. Zuvor mußten wir überrascht feststellen, daß wir südwärts abtrieben. Entweder waren wir von einem tief im Meer fließenden Gegenstrom des Golfstroms erfaßt worden – vielleicht von einem seiner «Eddies», wie man die langsamen, gewaltigen Wirbel in seinen tieferen Schichten nennt –, oder es handelte sich ganz einfach um eine durch die Gezeiten hervorgerufene Unterströmung. Dies Geschehen dauerte nicht lange. Nach einigen Stunden sind wir jetzt gut im Hauptstrom untergebracht und schweben in 200 Meter Tiefe Richtung Norden.

Wir schwimmen frei, nicht aber ohne ständige Kontrolle. Was muß man nicht alles erleiden, akzeptieren, konzedieren und fordern, um frei zu sein! Die Außenkontrollen sind mit denen im Innern gleichgeschaltet. Elektronik, Stimme, Foto, «Bip», Ultraschallwellen ... – Doch gehen wir der Reihe nach: An der Oberfläche befindet sich immer ein Schiff – oft sind es zwei –, mit dem wir in Kontakt bleiben. Das eine ist die *Privateer,* die Grumman von ihrem Besitzer ausgeliehen hat, dem auch der *Aluminaut* gehört, jenes vor einigen Jahren ausschließlich aus Aluminium hergestellte Forschungs-U-Boot. *Privateer* ist unser Begleitboot und verantwortlich für das Oberflächengeschehen unserer Mission. Sie ist auch Bindeglied zwischen uns und dem Festland. Man würde ihr einen Teil der Schuld zuschieben, kehrten wir nicht in unsere Basis zurück. Deshalb beobachtet sie uns auch ununterbrochen mit ihren elektronischen Augen und Ohren. Ständig, und das einen Monat lang, wird man uns von diesem Schiff aus auf dem Sonar-Schirm verfolgen. Man wird unsere Tauchtiefe messen, unsere Position und Richtung. Sehr gut und einfach, wenn das Meer ruhig ist und man ein wenig Übung hat. Anders sieht es aus, wenn ein Sturm aufkommt und das Schiff schlingert und rollt, sich zwischen der Dünung und kurzen Wellen windet und dreht. Im harten Wellenschlag heißt es dann sich anklammern, um nicht auf das Deck oder ins Meer geworfen zu werden. Und da soll einer noch ununterbrochen den Sonarschirm verfolgen, abgesehen von vielen anderen Instrumenten. Ein Kunststück, die Richtung beizubehalten und vor allem möglichst über der *Ben Franklin* zu bleiben, zumindest aber im Bereich der Sonarausstrahlung. Noch nicht genug damit: Der Golfstrom fließt an der Oberfläche auch noch rascher als in der Tiefe. Alles in allem schwimmt die *Privateer* etwa doppelt so schnell wie der Mesoskaph. Das bedeutet, daß das Schiff oben von Zeit zu Zeit den «Rückwärtsgang» einlegen muß, um sich langsam vom Strom tragen zu lassen. Es folgt «halbe Kraft voraus» oder «viertel Kraft voraus» auf Südkurs, um wieder über die *Ben Franklin* zu gelangen. Unglaublich, wie dieses Manöver einen Monat lang unaufhörlich durchgeführt wird, die Hälfte der Zeit im Wind, hochgehender See und Stürmen, die die Saison der Wirbelstürme ankündigen und ihnen vorausgehen. Sie nähern sich zwar, haben dabei aber den Anstand, sich noch ein wenig zurückzuhalten, damit wir unsere Mission durchführen können, bevor sie sich ihrer Lieblingsbeschäftigung widmen!

Das Echo der *Ben Franklin* meldet laufend, wo sie sich befindet. Man muß auch wissen, ob die Besatzung wohlauf ist, ob alle noch leben. Daher schalten wir alle halbe Stunde ein Telefongespräch ein. Wenige Worte oder auch mehr, wenn wir das Bedürfnis dazu empfinden. Jedenfalls mündliche Verbindung mit der Oberfläche:

«Oberfläche, Oberfläche, hier die *Ben Franklin.* Fertig für einen Gertrude-Test.» («Gertrude» bedeutet im Marinejargon eine einfache Kontrolle, die feststellt, ob alles richtig funktioniert.)
«O.K. *Ben Franklin.* Gibt es was Neues an Bord?»
«Nein, alles in Ordnung» – und so weiter.
Das Telefon funktioniert gut. Wir besitzen vier Apparate. Zwei kleine für kurze Distanzen. Zwei viel stärkere, die viel Strom verbrauchen und die nur eingesetzt werden, wenn man außerhalb des Bereichs der kleinen gerät. Dies geschah übrigens nur einmal und nur für kurze Zeit, gleich nach Beginn unserer Fahrt. Dieser Halbstundenkontakt ist mit einer «Drohung» verbunden: Wir haben nur das Recht, den Kontakt ein einziges Mal abbrechen zu lassen; und wenn der Kontakt eine Stunde lang unterbrochen ist, *müssen* wir an die Oberfläche zurück!
Soweit also die von außen her durchgeführten strengen Kontrollen und Überwachungsmaßnahmen. Die eigenen waren für uns auch lebenswichtig. Die *Ben Franklin* ist mit vielen akustischen Geräten versehen. Eines darunter, ein «Pinger», schickt alle zwei Sekunden ein doppeltes «Ping» an die Oberfläche. Die zwei Signale liegen so nah beisammen, daß unser Ohr sie als ein einziges hört. Da gibt es jedoch ein elektronisches «Spielzeug», das dafür sorgt, daß der Abstand dieser beiden Signale proportional zu unserer Tauchtiefe verläuft; automatisch natürlich. Ein sehr spitzfindiges System auf dem Begleitschiff übersetzt diese Impulse gleichzeitig und meldet uns ebenfalls alle zwei Sekunden unsere Tauchtiefe und Fahrtrichtung. Dank dieser Einrichtung und durch die Kenntnis der eigenen Position – ermittelt durch Berechnung nach den Gestirnen oder durch das Loran –, kann uns die Oberfläche unsere genaue Position mitteilen. Sie wird uns täglich dreimal gemeldet, so daß wir sie in unsere Bordkarte eintragen können. Es ist immer ein aufregender Moment. Jeder kommt, um zu sehen, wo der Punkt jetzt eingesetzt wird, rechnet die Geschwindigkeit der vergangenen Etappe aus und versucht zu raten, welches wohl unsere nächste «Position» sein würde.
Eine andere Reihe regelmäßiger Kontrollen betrifft den psychologischen Plan. Ich muß vorausschicken, daß die Psychiater der NASA, die uns vor der Abfahrt gründlich untersucht haben, unserm Unternehmen skeptisch gegenüberstehen. Sie hatten aus beruflichen Gründen ein Recht dazu. Wie soll eine Gruppe von sechs Menschen, unter denen einige einander erst kurz vor der Abfahrt kennengelernt haben, während eines ganzen Monats in einer engen Kabine freundschaftlich auskommen? «An Bord keine Waffen und nur Messer und Gabeln aus Plastik!» Das ist ihr erster guter Rat. Was die Mitnahme von Waffen an Bord anbelangt, so muß man sich fragen, wozu überhaupt? Wir sind nicht so ängstlich wie sie? Als Freiwillige, der Aufgabe leidenschaftlich verschrieben, mit Lebensmitteln für sechs Wochen wohl versehen, haben wir nicht die Absicht, einander gegenseitig umzubringen. Aber sie sind es sich schuldig, uns zu überwachen! Es sind dies dieselben Psychiater, die entschieden haben, daß im Mesoskaph drei Kameras so aufgestellt werden, daß sie jede Ecke einsehen und uns alle zwei Minuten fotografieren können. In unserer Behausung und bei der Arbeit. Ich ver-

lange, daß es in der Mitte des Mesoskaphs eine «Freizone» gibt, die wie die Schlafstellen nicht im Bereich der Kameras liegt. Ferner, daß wir uns isolieren können, auch durch einen Vorhang, wenn wir das Bedürfnis haben. Licht oder Lärm der Kameraden abzuschirmen. Daß man uns ein wenig Intimität läßt. Ich spreche mit Dr. Wernher von Braun, mit dem das ganze Programm diskutiert worden ist. Auch er hat seine Meinung über Psychiater: «Tut, was ihr wollt. Was zählt, ist euer Komfort, eure Ruhe und Sicherheit an Bord.»

Die Psychiater verlieren an Boden. Wir werden gewöhnliche Messer und Gabeln mitnehmen. Und es wird eine Zone «totaler Freiheit» im Mittelteil des Mesoskaphs geben. Trotzdem kapitulieren sie keineswegs. Denn da gibt es noch andere Kontrollen: Unsere Schritte durch den Mittelgang werden gezählt. Die Minuten, die wir in unsern Schlafkojen verbringen, werden notiert, automatisch addiert. Unsere Gespräche auf Tonband festgehalten.

«Dauernd?»

«Grundsätzlich ja.»

Das ist noch vor Watergate passiert. Man muß verhandeln. Schließlich kommen wir zu einem gemeinsamen Entschluß. Unsere Gespräche werden nur mit dem Einverständnis aller an Bord auf Tonband aufgenommen. Von Zeit zu Zeit darf Chet May das Magnetophon einschalten, nachdem er unser Einverständnis eingeholt hat.

Man wolle nur die Anzahl der Worte zählen – so erklärt man uns –, um festzustellen, ob die Einsamkeit uns wortkarg werden lasse; auch ob unsere Umwelt uns veranlasse, rascher oder langsamer zu sprechen. «*Was* ihr denkt und sagt, interessiert uns nicht.» (Ach so, und warum eigentlich nicht?) Übrigens würden unsere Worte vermischt, entpersonalisiert, anonymisiert. Nichts würde veröffentlicht, was es ermöglicht, herauszufinden, was jedes der sechs Besatzungsmitglieder gesagt habe.

Mein Gott, wie kompliziert!

Da gibt es aber noch weitere Tests, elektronische Tests, die die Schnelligkeit unserer Reaktionen messen. Man muß sie täglich mindestens einmal durchführen. Dazu kommen physische Tests. Muskelkraft, Herzschläge, Blutdruck, chemische Analysen. Es muß regelmäßig ein Fragebogen ausgefüllt werden:

«Haben Sie gut geschlafen? Sind Sie rasch eingeschlafen? Haben Sie geträumt? Was? Sind Sie heute früh in Form? Haben Sie Beschwerden gegen jemanden vorzubringen? Oder gegen welchen Umstand?»

Kurz gesagt, diese Tests und Fragebogen, die sorgfältig vorbereitet worden sind, sollen nach durchgeführter Mission genaue Auskunft über unsere physische und psychische Entwicklung geben.

Das Ganze ist manchmal ein wenig ermüdend oder etwas indiskret; aber man muß zugeben, im großen und ganzen sehr gut vorbereitet. Und das Resultat? Eher langweilig und vor allem für die Psychiater enttäuschend. Kein Verbrechen an Bord. Gutes Vertragen von Anfang bis zum Schluß. Keine Spannungen. Keine Auseinandersetzungen. Ich habe übrigens eine schon erprobte Regel vorgeschlagen: Wenn einer die Stimme hebt, wenn ein Streit droht,

sofort abbrechen und die Angelegenheit später wieder aufgreifen. Es ist dies eine Verhaltensweise, die sich leicht einen Monat lang durchführen läßt, sofern man sich, bevor man die Türen des Mesoskaphs schließt, darauf geeinigt hat.
Und endlich eine andere interessante Kontrolle: In jeder dritten Nacht trägt einer von uns einen elektroenzephalographischen Helm. Dieser einfache, leichte Apparat reagiert außerordentlich empfindlich. Sogar die Augenbewegungen werden aufgezeichnet. Der Experte kann dann wohl erraten, welches Buch oder gar Kapitel das Versuchskarnickel vor dem Einschlafen gelesen hat! Der Apparat zeigt vor allem die Gehirntätigkeit an, also die Art des Einschlummerns, die «Traumklasse», die Traumperioden. Im großen und ganzen ergeben sich wertvolle Resultate, die mit den schriftlichen oder mündlichen Angaben vom Morgen übereinstimmen. Einmal gibt es jedoch einen Widerspruch: Die Elektronik zeigt an, daß der «Patient» schlecht geschlafen hat. Dieser notiert am Morgen dagegen, er habe in jener Nacht gut geschlafen.
«Das ist doch klar», sagen die Psychiater: «Er hat schlecht geschlafen, wobei er die ganze Zeit gedacht hat, gut zu schlafen.» Da kann man wohl von Klarheit reden ...
Ein anderes Mal gibt der Apparat Anzeichen von Nervosität bekannt, die der Patient anderntags nicht erwähnt. Als man nachher die Notizen aller vergleicht, stellt man fest, daß fünf gute Laune melden, da sie alle gute Nachrichten von zu Hause erhalten haben. Nur der eine ist ohne Nachrichten geblieben, aus welchen Gründen, spielt hier keine Rolle. Er war also nicht bewußt unruhig. Aber sein Gehirn hat immerhin reagiert, und der Elektroenzephalograph hat es notiert.
Alle diese Studien werden im Auftrag der NASA im Hinblick auf die Konstruktion des *Skylab* durchgeführt.
Während der Mission im Weltraum sind solche Kontrollen noch viel indiskreter und rücksichtsloser. Die Astronauten sind unter ständiger Beobachtung. Radioelektrische Sonden melden jeden Herzschlag zur Erde, jeden Atemzug, den Blutdruck, die Spannung und viel anderes mehr. Die Fernsehkameras lassen die Besatzung keinen Augenblick aus den Augen. Und die Astronauten werden von der Erde aus kommandiert. Die Hierarchie ist perfekt: Die Weltraumfahrer folgen bis in die Fingerspitzen, in die Blickrichtung und buchstabengetreu den Instruktionen aus Houston. Für uns ist die Hierarchie nie komplett zusammengestellt worden. Ganz oben befindet sich Bethpage; ein wenig darunter die *Privateer* mit zwei Verantwortlichen – einem Kapitän und einem Chef des Unternehmens, verantwortlich für das «Oberflächengeschehen». Wer hatte den höhern Grad? An Bord des Mesoskaphs gibt es auch «mehr Häuptlinge als Indianer»: Don Kasimir, den Kapitän; Erwin Äbersold, Erster Steuermann; Chet May, verantwortlich für das Leben an Bord; die zwei «Chef-Ozeanographen» und mich selbst, den Chef des Unternehmens! Wer ist nun Befehlshaber an Bord? Im Grunde genommen keiner. Wir suchen in wichtigen Angelegenheiten immer die Einigung aller. Wir sind eine kleine Gruppe, in der während der dreißig Tage dauernden Tauchfahrt immer Eintracht geherrscht hat.

Zwei Männer auf dem Mond

21. Juli 1969. Wir sind sechs Männer in einem Boot und haben jetzt eine Woche unter Wasser zugebracht. Doch geschieht jetzt Tausende von Kilometern von uns entfernt etwas so Wunderbares, daß uns unser Unternehmen eher nebensächlich erscheint: Es stimmt wirklich, zwei Männer gehen auf dem Mond spazieren!

Ich hatte die Vorbereitungen zu dieser Eroberung des Mondes ganz aus der Nähe «miterlebt». Ich hatte Gelegenheit gehabt, beim Start von mehreren Apollo-Raketen zuzuschauen. Auch durfte ich mit eigenen Augen die Werkhallen, die Laboratorien, die Modelle, Raketen, dieses überwältigende Ganze sehen, das es dem Menschen ermöglicht, die Erde zu verlassen. Kap Kennedy, Houston, Huntsville. Ich traf oft Dr. von Braun, die Seele der Eroberung des Weltalls, Nummer eins der Wissenschaft und Technik der NASA. Mit ihm diskutierten wir die Golfstrom-Expedition und brachten sie in Verbindung mit seinen Satelliten. Er erzählte mir, daß er schon als Kind von der Eroberung des Mondes geträumt habe. Entscheidend für seine Laufbahn sei er durch meinen Vater beeinflußt worden, als er nach dessen Stratosphärenflug im Aéro-Klub in Zürich seinen Vortrag gehört habe. Von Braun studierte damals am «Poly» in Zürich.

Und jetzt, am 21. Juli 1969, spazieren Armstrong und Aldrin auf unserem Satelliten. Seit dem Verlassen von Kap Kennedy habe ich mit Chet May auf der *Ben Franklin* die Vorbereitungen zu diesem Mondflug ständig verfolgt. Wir erhielten entsprechende Informationen per Telefon von der Oberfläche und ergänzten sie für uns aus den Unterlagen, die Chet dabei hatte. Wir haben in Gedanken den Start in Kap Kennedy nacherlebt und den Aufstieg der hohen, prächtigen weißen Rakete – mit schwarzen Streifen verziert – vor unserem inneren Auge gesehen: wie sie sich langsam in den Weltraum erhob, immer schneller wurde, sich neigte und um die Erde kreiste. Wir konnten beinahe die Stimmen der Millionen Zuschauer hören, die, zu Tränen gerührt, schrien: «*Go, go!*» ... Und wir konnten beinahe die Taschentücher sehen, die im Wind wehten, die Arme, die sie hochhoben. Und wir stellten uns den Kommentar des Sprechers vor, der die Bahn der Rakete beschrieb. In Wirklichkeit sind die Kommentare für uns dann ziemlich mager. Die *Privateer* folgt unserer Spur und darf uns auch unter diesen Umständen auf keinen Fall verlieren. Reichlich trocken gibt man uns von oben nur durch: «*Zwei Amerikaner sind auf dem Mond gelandet.*»

Später sagt man uns dann noch einmal, daß es zwei Amerikaner seien und daß sie wirklich auf dem Mond gelandet seien. «*Thank you, boys*»! An einem der folgenden Tage werden die «zwei Amerikaner» wieder ins LEM steigen, das *Command Module* erreichen, das um den Mond kreist, auf die Erde zusteuern. LEM und *Service Module* im Weltraum zurücklassen. Wiedereintritt in die Erdatmosphäre. Kopfteil brennt. Die Geschwindigkeit nimmt ab. Fallschirm öffnet sich. *Splash-down* im Pazifik. Quarantäne. Triumph. Jeder nimmt Anteil. Für die NASA sind es zwei Astronauten; für Amerika sind es zwei Amerikaner; für die Welt sind es zwei Männer, die den Mond besiegt haben. Die Welt reagiert mit Enthusiasmus. Die Presse ist sich einig. Eine

Zeitung schlägt sogar allen Ernstes vor, den Mond zu befördern und ihm die offizielle Bezeichnung «Planet» zu verleihen, da «Trabant» seiner nicht würdig sei ...

«Wir steigen!» schreit Äbersold.

«Ach ja? Und um wieviel?»

«Einen Meter. Seit einer Viertelstunde.»

«Das ist zuviel. Laßt Wasser ein.»

«Schon geschehen!»

«Wir steigen immer noch», sagt Äbersold einen Augenblick später. Es stimmt. Die *Ben Franklin* behält ihre Neigung zu steigen. Warum? Gibt es da vielleicht ein Leck im Preßluftsystem, so daß Luft in die Wasserballastbehälter gelangt? Um uns davon zu überzeugen, daß dies nicht der Fall ist, öffnen wir die Ablaufventile. Nichts ändert sich. Die Steigungstendenz hält an. Da gibt es nur eine einzige mögliche Erklärung: Wir befinden uns in einer aufsteigenden Strömung, genauer gesagt, in einem aufsteigenden Arm des Strömungskomplexes «Golfstrom!»

Bald schon bestätigt sich diese Auffassung: Ohne weitere Maßnahmen unsererseits sinken wir wieder. Etwas später steigen wir wieder, um erneut abzusinken. Wir befinden uns in sogenannten «inneren Wellen».

Es handelt sich um ein kompliziertes Phänomen, das noch nicht ganz erforscht ist, das wir aber jetzt mit intensiver Genauigkeit erleben. Immer, wenn es in einer Flüssigkeit Unterschiede an Dichte gibt, können zwischen diesen Schichten Wellen entstehen. Im Grunde genommen ist dies eine Parallele zur Entstehung der Oberflächenwellen. Wasser von hoher Dichte trifft auf die leichte Luftschicht. Hier unten sind die Wellen langsam, aber sehr hoch (bis zu 80 Meter!). Auch ihre zeitliche Ausdehnung ist erheblich. Insgesamt gesehen fünf bis zehn Minuten.

Wieder steigen wir mit ihnen, sinken ab und steigen, um wieder zu sinken. Die Wellenkurve prägt sich regelmäßig in unserem Registrier-Manometer ein und erstaunlicherweise auch jedesmal auf unserem Registrier-Gravimeter, wenn wir es einschalten. Das bedeutet einfach, daß hier die Variationen der natürlichen Gravitation sehr viel schwächer ausfallen als jene Variation der Höhe im Vergleich mit dem Meeresgrund.

Unser Problem besteht jetzt darin, diese internen Wellen genau zu beobachten, um uns zu vergewissern,

1. daß sie uns nicht an die Oberfläche befördern, womit wir gegen die einmal festgesetzten Regeln verstoßen würden und

2. daß sie uns nicht allzusehr in die Tiefe versetzen, was ebenfalls nicht diesen Regeln entspräche und unter Umständen gefährlich werden könnte.

Nach unseren Berechnungen und nach Experimenten mit Modellen sollte der Rumpf nicht vor Erreichen einer Tiefe von 1500 Metern eingedrückt werden (man nennt das «implodieren» im Gegensatz zu explodieren).

Wir legen aber Wert auf einen Sicherheitskoeffizienten von mindestens 2, womöglich 2,5, «um unsere Ruhe zu haben». Das offizielle Tauchzertifikat ist für eine Tauchtiefe von 600 Metern ausgestellt worden. Darauf war der Mesoskaph getestet und geprüft worden, wie ich bereits beschrieben habe.

Wir sind also nicht autorisiert, tiefer zu tauchen. Sollte uns eine der Unterwasserwellen oder einfach nur ein Arm des Golfstroms in die Nähe der 600-Meter-Grenze hinabtreiben, müssen wir sofort Luft in den Regler blasen und aufsteigen. Die Aufgabe des Steuermanns ist in Gewässern wie den unsrigen also viel interessanter als in ruhigen und homogenen Meeresgebieten. Diese Zone innerer Wellen ist sehr ausgedehnt, und wir brauchen einige Tage, um sie zu durchqueren.

Vom Golfstrom ausgestoßen

25. Juli 1969. Endlich verlassen wir diese unruhige Zone. Der Mesoskaph hat sich gut stabilisiert. Die Tauchtiefe bleibt konstant. 260 Meter. Sie variiert höchstens um ein bis zwei Meter. Und dies während Stunden. Wir haben den Eindruck, in eine ruhigere Meereswelt zu gelangen. Das will nicht besagen, daß wir diese inneren Wellen gespürt hätten. Sie waren nur durch Ablesen unserer Manometer und Diagramme festzustellen, bestenfalls noch durch geringfügige Änderung der Wasserfärbung, die mit der Tauchtiefe wechselt.

9.20 Uhr. Anruf von der Oberfläche. Ich befinde mich auf dem Steuermannsposten.

«Geben Sie mir Kaz!»

«Kasimir schläft», antworte ich. «Er hat sich sehr spät niedergelegt, und man muß ihn ausruhen lassen.»

«In Ordnung, ich rufe später wieder an.»

Es gibt Stimmen, die gut, und andere, die weniger gut im Unterwassertelefon ertönen. Bill Rand verstehe ich schlecht. Kasimir dagegen versteht ihn gut. Für mich wiederum ist Paul Campbell sehr gut verständlich. Seine weichere Stimme kommt leichter durch das Wasser und dringt auch besser durch die elektronischen Filter der Telefonanlage.

10.45: Die Oberfläche wiederholt den Anruf. Kasimir schläft zu tief! Er muß geweckt werden. Er fragt mich, um was es gehe. Sicher nichts Besonderes! Kasimir und Bill haben oft lange Gespräche. Im übrigen klappt alles an Bord. Wir sind gut stabilisiert. Es gibt keine internen Wellen mehr. Und nach den letzten Meldungen von «oben» herrscht dort prächtiges Wetter.

Es gibt aber doch ein Problem. Nachdem ich Kasimir geweckt habe, ergreift er den Hörer und ist bald ganz wach! Er stößt einen Laut der Überraschung aus:

«Wie! Wir befinden uns nicht mehr im Golfstrom? Wir haben ihn verloren? Wie kommt das? Und warum?»

Wer von uns wach ist, kommt ans Telefon. Wir haben den Golfstrom verloren! Erste Frage, selbst ohne zu wissen, warum wir ihn verloren haben: Wie werden wir ihn jetzt wiederfinden? Das verlangt einige Erläuterungen. Schon vom Beginn unserer Fahrt an hatten wir viel über die Frage diskutiert, wie lange wir im Golfstrom würden treiben können, ohne von ihm ausgeworfen zu werden. Man weiß, wenn ein Kind einen Ball in einen stark strömenden Bach wirft, wird er ziemlich rasch an eines der Ufer getrieben. In unserem Fall handelte es sich um ganz andere Geschwindigkeiten und Distanzen. Gewisse Ozeanographen waren der Ansicht, daß, wenn wir uns in

einem Strömungsarm mit einer Temperatur von 20 Grad Celsius bei einer Tiefe von 200 Metern befinden, wir die dreißig Tage unserer Mission im Golfstrom verbleiben, ohne ausgestoßen zu werden. Andere Fachleute äußerten, daß wir mindestens täglich einmal aus dem Strom ausgeworfen würden, es sei denn, daß wir unsere Motorkraft einsetzten, um in der Strömungsmitte zu bleiben oder zur Oberfläche zurückkehrten und uns in den Strom schleppen ließen. Im Grunde schien es, daß niemand recht Bescheid wußte. Die Wahrheit schien in der Mitte zu liegen, was sich in der Folge ja auch bestätigte. Wir waren darauf eingestellt, daß wir wenigstens etwa acht bis zehn Tage im Golfstrom verweilen könnten, und nur gelegentlich «Richtungskorrekturen», wie die NASA sagt, durchführen müßten, vielleicht zwei-, drei- oder höchstens viermal während der Mission.
Und jetzt, am elften Tag unserer Expedition, sind wir aus dem Strom herausgeraten. Eine starke Seitenströmung, einer jener sich langsam drehenden, weit reichenden Wirbel – die man «Eddies» nennt – hat uns an den Strömungsrand herangetragen und nach außen befördert. Der Hauptstrom entfernt sich dieserart zu rasch von uns, als daß wir ihn aus eigener Kraft noch hätten erreichen können. In Übereinkunft mit der «Oberfläche» setzen wir unsere Motoren doch in Gang und nehmen Kurs nach Osten. Während dieses Manövers versuchen die *Lynch,* ein ozeanographisches Schiff, das mit uns zusammenarbeitet, und ein Flugzeug der Navoceano (Navy Oceanographic Office), das im ozeanographischen Dienst der Marine steht und für solche Forschungen besonders ausgerüstet ist, den Golfstrom wiederzufinden.
Im Notfall hätte man den Auftrag einem Satelliten übertragen können, der uns über Infrarot eine Karte auf unseren Fernsehschirm projiziert hätte, die den Golfstrom deutlich wiedergeben würde. Doch ist dies nicht nötig. Denn das Flugzeug *El Coyote* ist ebenfalls mit einem Infrarot-Thermometer versehen, das die Meerestemperatur auf Distanz mißt. Der warme Strom ist im kühleren Umkreis auf diese Weise leicht festzustellen. Er verläuft jetzt etwa 50 Kilometer von uns entfernt; praktisch unerreichbar über unsere eigenen Antriebsmittel. Es gibt nur eine Wahl: hochsteigen und im Schlepp der *Privateer* in den Golfstrom zurückzugelangen.
«Jeder auf seinen Posten! Fertigmachen zum Auftauchen!»
Erwin befindet sich schon auf seinem Steuermannsposten. Jeder kontrolliert sein Material. Befestigt gewisse Teile. Da die See heute ruhig ist, sind Vorsichtsmaßnahmen nicht nötig.
Ich möchte nicht behaupten, daß wir sehr glücklich darüber sind, die Oberfläche wiederzusehen, nachdem wir alles getan haben, um unten zu bleiben! Wir werden übrigens nicht viel sehen können, da wir ja die Aufgabe «Überleben» ohne Unterbrechung durchführen müssen. Das Öffnen der Türen kommt also nicht in Frage, folglich auch nicht der Austausch der Atemluft in der Kabine. Wir nehmen also nicht Fühlung mit der Außenwelt auf, einem Milieu, das wir dreißig Tage lang ignorieren müssen.
Öffnen der Ventile. Man bläst Luft in die Regelzellen. Nicht zu viel, gerade das Nötigste. Wir dürfen nicht zu rasch steigen, wollen wir nicht eine «Gas-Embolie» in der Batterie erleben, die, wie wir wissen, unter Druckausgleich

arbeitet. Ihr Gas muß also langsam austreten können, ohne den Elektrolyten der Elemente mit sich zu reißen. Wir steigen. Langsam. Etwa 30 Zentimeter pro Sekunde. 200 Meter. 150 Meter. 100 Meter. Das Wasser wechselt die Farbe. Das Licht nimmt zu. 50 Meter. Es wird sehr hell. Das Blau der Kabine wirkt durch das Blau des Wassers noch intensiver. Halt, ein schöner Hai! Einige kleine Fische. Einige Tintenfische, die ganz anders wirken, jetzt wo es draußen hell ist. Langsam steigen wir weiter. 10 bis 20 Zentimeter in der Sekunde. Gelegentlich noch langsamer. Die Batterie gurgelt ein wenig. Das ist normal.

«Oberfläche! Oberfläche! Wir befinden uns in 30 Meter Tiefe. Können wir noch weitersteigen?»

Wir müssen achtgeben, daß wir beim Aufsteigen nicht mit einem Schiff oder Boot kollidieren. Das könnte katastrophal werden. Aber die «Bips» funktionieren gut, und das Sonar des Oberflächenboots und die der *Lynch* desgleichen. Alles steht so gut *under control,* daß jeder oben weiß, wo wir durchstoßen werden. Keine Kollisionsgefahr.

«O.K., stoßt durch.»

Schwingungen auf dem Thermokline; die *Ben Franklin* zögert, ist ziemlich kalt für das warme Wasser hier oben. Noch ein wenig Luft in die Regulatoren. Der Aufstieg geht jetzt weiter. Die Sonne funkelt. Die Oberfläche erscheint uns als großer Kreis. Eine Wahrsagerin würde darin wie aus einem Buch unsere Zukunft lesen. Der Kreis weitet sich. Noch steigen wir. Zehn Meter. Fünf Meter. Und aus dem Telefon schreit es:

«Hallo, *salut!*»

Das entspricht nicht gerade dem Protokoll. Nicht schlimm! Oszillation. Schaukeln. Wir sind an der Oberfläche. Diese Etappe ist abgeschlossen. Wir bereiten sofort die nächste vor. Wir vernehmen Schritte auf der Brücke. Durch die fünf oberen Luken sieht man menschliche Umrisse in Bewegung. Da gibt es also noch Leben auf der Erde! Einige Kontrollen. Das Schleppseil wird befestigt. Wir merken, daß es seitwärts anzieht. Los geht's, nach Osten. Dann etwas südwärts. Der Kompaß dreht. Halbe Kraft voraus. Kurs 110 Grad. Kleine Wellen zerstieben auf der Brücke. Einige Wellenbewegung. Das Meer ist ruhig, allerdings nicht von der wunderbaren Ruhe der Tiefe, die wir verlassen haben. Eine Stunde. Zwei Stunden ... fünf, sechs Stunden. Eine lange Zeit, scheint uns. Mittlere Geschwindigkeit. Der Golfstrom ist weit entfernt; aber wir nähern uns ihm. Und am Abend sind wir bereit, in einem neuen Strömungsarm des Golfstroms hinabzutauchen, den die *Lynch* und *El Coyote* für uns ausgemacht haben.

Während der Fahrt aufgesprungen

200 Meter Tiefe, 20 Grad Celsius. Wir können tauchen. Auf Wiedersehn. Noch etwas: Um das Gewicht der Luft, die wir abgegeben haben, und das des Schrotballasts, den wir in der ersten Nacht abgeworfen hatten, zu kompensieren, verlange ich zusätzliche 450 Kilogramm Ballast. Die «Oberfläche» glaubt richtig zu handeln, indem sie uns gleich das doppelte Quantum verabreicht. Protest. Widerspruch. Zögern. Nun gut!

«Ihr werdet das Zuviel im Laufe der Fahrt eben loswerden!»
Wir öffnen die Schieber der Ballastkammern und sinken in freiem Fall ins große Blau. Wir haben kaum Zeit, 900 Kilogramm Ballast abzuwerfen, und schon befinden wir uns in 400 Meter Tiefe. Ziemlich unheimlicher Gedanke, daß – falls man nichts unternimmt –, man einige Minuten später in 1400 Meter Tiefe, dann in 1500 gelangt, und dort würde alles mit ungestümer Gewalt zerdrückt. Ein Knall würde an die Oberfläche dringen und die Zeugen oben so erschrecken, daß sie zuerst gar nicht wüßten, was geschehen ist. Der Vorgang entspräche einem energetischen Äquivalent von mehr als hundert Kilogramm TNT (Trinitrotoluol). Wir allerdings würden das alles nicht mehr wahrnehmen ...
Aber bei 425 Metern hält die *Ben Franklin* inne, pendelt, zögert und steigt langsam wieder hoch. Weiter oben wird sie noch ein wenig um die gewählte Tiefe pendeln, bis das Gleichgewicht erreicht ist. Diesmal sind wir also wieder im Golfstrom, der uns nordwärts davonträgt: mit einer ansehnlichen Geschwindigkeit von drei Knoten. Wir haben sozusagen den Zug bei seiner Abfahrt erwischt. Aber alles ist gut abgelaufen.
Der Tag war strapaziös. Die Nacht ist angenehm; sie wird entweder mit Arbeit oder Schlaf verbracht, je nach festgelegtem Programm.
Und draußen? Da ist es dunkel, doppelt dunkel. Nacht und dazu die Dunkelheit des Meeres. Schalten wir die Scheinwerfer ein! Kaz, der seine Kilowattstunden zählt, schneidet eine Grimasse! Aber der Aufwand lohnt sich. Sobald das Flutlicht das Dunkel aufhellt, umgibt uns Plankton in zahllosen Erscheinungsformen. Da gibt es kleine und große Garnelen, Ruderfußkrebse, höhere Krebsarten (Euphausiden), winzige Krebsarten – beinahe mikroskopisch klein; wir sehen nur kleine Tintenfische (wo sind die 10 bis 15 Meter langen Riesenpolypen, von denen man weiß, daß sie im Golfstrom vorkommen?). Es gibt auch Manteltierchen (Salpa). Seltsame kleine Wesen. Groß wie ein Fingerhut. Kleine, fast leere Plastiksäckchen, die höchstens ein wenig Meerwasser und einige wenige Organe enthalten, die unser Scheinwerferlicht auf ganz eigene Weise reflektieren. Sie atmen ein und aus und wieder ein, blähen sich auf und schrumpfen ein, um wieder zu atmen, sich aufzublähen und wieder einzuschrumpfen. Diese Manteltierchen hopsen, ohne erkennbaren Grund, drehen sich im Kreise, machen Kapriolen, ein recht ausgefallenes Unterwasserballett. Innerhalb unserer Kabine spielt sich Prosaischeres ab. Wir sind dabei, mit unseren Kameras die Schönheit dieses seltsamen, sich ständig wandelnden Schauspiels auf den Film zu bannen. Plötzlich taucht aus dem Dunkel eine ganze Kette von Manteltierchen auf, eine Kolonie von solchen Tunikaten – sie tragen einen Mantel, eine Tunika – mit einer Länge von zwei bis drei Meter. Es sind dieselben Tierchen, nur in einem Frühstadium. Sind sie entwickelt und erfahren genug, um im weiten Ozean selbständig vorwärtszukommen, bricht die Kette auseinander und gibt die Einzelwesen frei. Welch eine Pracht, diese Ketten! Elegant, geschmeidig wellenförmig winden sie sich dahin, manchmal wie eine Peitschenschnur, die sich in Zeitlupe entfaltet. Dann wiederum rollt die Kette sich ein und gleicht so vor dem dunklen Hinter-

grund einem Spiralnebel im Weltraum. Sie sind so fein und gleißend, als ob sie in einem Atelier in Toledo ziseliert worden wären. Sie phosphoreszieren nicht, aber sie werfen die Lichtstrahlen, die wir ihnen entgegensenden, in zahllosen Facetten zurück. Diese Schmuckstücke, ewiger Besitz des «Meeresmuseums», sind so unzugänglich, daß, wenn wir sie in unsere Hände nähmen, nichts übrigbliebe als einige klebrige Häutchen und ein wenig Meerwasser. Aber sie kommen vorwärts, diese Manteltierchen, und treiben wie wir im Golfstrom, mit zwei, drei, vier Knoten und gelegentlich noch rascher. Aus dieser Überlegung baute ich auch die *Ben Franklin.* Sie sollte sich mit der Geschwindigkeit der Strömung bewegen, also auch mit der des Planktons, um dieses stundenlang beobachten zu können, ohne es dabei irgendwie zu stören.

Es gibt auch Fische. Allerdings recht selten. Aber wir haben dennoch Gelegenheit, Haie zu sehen, Schwertfische, Thunfische – und auf dem Meeresgrund Krebse, Seesterne und zahlreiche verschiedene kleine Fische. «Da haben wir's, sie greifen an!» ruft Frank Busby aus. Kaum ist es ausgesprochen, als einer von zwei Schwertfischen, die er einige Minuten lang beobachtet hat, sich schon auf uns stürzt und uns – wie Cyrano de Bergerac sagt – einen Nasenstüber versetzt! Welch ein Stoß! Wenn auch der Rumpf bei der Attacke nicht erzittert, bleibt doch im harten Lack eine sichtbare Narbe als Erinnerung zurück, wie wir sechs Wochen später feststellen können, als die *Ben Franklin* erstmals wieder an Land gebracht wird. Der Schwertfisch – etwa 1,50 Meter lang mit einem «Schwert» von 50 Zentimeter Länge – hat eines unserer «Augen» aufs Korn genommen. Das erscheint logisch. Nur daß er zehn Zentimeter zu tief gezielt hat bei dem Versuch, eine der Luken unserer hinteren Halbkugel zu treffen. Warum dieser Angriff? Ein Rätsel. Sind wir in die privaten Jagdgründe der beiden Fische eingedrungen? Aber wenn ein solcher Jagdbereich existiert, müßte man bedenken, daß er sich ja mitsamt dem Golfstrom fortbewegt. Daher können *wir* auch nicht *sie* eingeholt haben. Welche Erklärung kommt noch in Frage? Ist es denkbar, daß die Schwertfische gegen die Strömung des Golfstroms geschwommen sind und uns plötzlich gesichtet haben? Daß sie in uns ein aggressives Monstrum erblickten, das wir wahrlich nicht sind? Welchen Todesmut erfordert solch ein Angriff! Warum wiederholen sie die Attacken nicht? Hat den einen der Rückschlag auf die «Nase» entmutigt? Oder *verstand* der Schwertfisch mit seinem niedrigen Instinkt, daß wir ganz aus Stahl und folglich zu hart für ihn waren? Das stimmt übrigens nicht ganz genau: Unsere Ballastkammern sind aus Plastik.

Ein gut gezielter Lanzenstich hätte eine solche Wand schon durchbohren können, allerdings für uns ohne schwerwiegende Folgen, da diese Ballastkammern ja ohnehin mit Meerwasser gefüllt sind.

Etwas Ähnliches ist einem anderen U-Boot, der *Alwin,* die einige Zeit vorher in derselben Meeresgegend kreuzte, tatsächlich passiert, als sie von einem Schwertfisch angegriffen wurde. Der hatte allerdings weniger Glück als unserer. Er durchbohrte eine Schutzplatte aus Plastik und Fiberglas, und es gelang ihm nicht mehr, seinen «Nasendegen» zurückzuziehen. Er «hustete», zappelte, wand sich in allen Richtungen. Ohne Erfolg. Die *Alwin* stieg hoch. Oberfläche. Taucher. Netz. Fang. Labor. Küche. Abendessen. Nichts von alledem für uns. Schade, daß die einzige Erinnerung ein Fleck abgesplitterten Lacks ist. Und dabei habe ich in dieser Nacht einige Stunden mit Foto- und Filmkamera vor der Luke gesessen. Um fünf Uhr früh gehe ich schlafen. Die Wache geht jetzt an Frank Busby und Ken Haigh über. Ich verstaue meine Kameras. Der Angriff hat eine halbe Stunde später stattgefunden. Und ich habe nichts davon gesehen und nichts fotografiert.

Das Meer ist voller Geheimnisse für den, der die Geduld aufbringt zu warten, bis sie sich ihm offenbaren. Einige Tage nach dem Besuch der Schwertfische habe ich Gelegenheit, dies festzustellen. Ich sitze an einem Ecktisch – man müßte sagen Rundungstisch – und erblicke plötzlich durch eine Oberluke des Rumpfs einen Schatten, zwei, drei Schatten, die über uns hinweggleiten. Ich stürze an die Luke. Im Dämmerlicht erkenne ich größere, sehr schnelle und bewegliche Fische, die so rasch wieder verschwinden, wie sie erschienen sind. Ich hatte keine Zeit, zu realisieren, was das genau war, oder um die Kameras zu holen. Aber nach wenigen Sekunden sind sie wieder da, ein ganzer Schwarm. Sie haben uns entdeckt, sind über unser Kommen wohl erstaunt. Sie umkreisen uns, beschreiben elegante Pirouetten, bleiben nah beisammen, fast in gegenseitiger Hautnähe. Jetzt kommen sie nah genug, daß wir sie identifizieren können. Ich wecke die Schlafenden. Fotoapparate klicken und Filmkameras schnurren. Es sind Thunfische, genauer gesagt, *thynnus alalunga,* im Französischen auch «Weißer Thunfisch» genannt. Man weiß, daß diese Thunfische den Golfstrom benutzen, wenn sie quer über den Atlantik wandern. Dies beschleunigt ihre Migrationen. Insgesamt scheinen sie es jetzt aber nicht eilig zu haben. Auch wenn sie an sich schnell schwimmen, erscheinen, verschwinden, um wieder nahezukommen. Sie stürzen sich uns entgegen, gleich einer Fliegerstaffel, um in eindrucksvollen Loopings im letzten Augenblick auszuweichen. Was suchen sie? Sie bleiben eineinhalb Tage lang bei uns.

Ja wirklich, etwa 36 Stunden. Dann verlassen sie uns für immer.

Es gibt auch Wale. Wir haben sie zwar nicht gesehen, wohl aber brummen und bellen gehört, und zwar ganz deutlich über unsere Hydrophone. Telefon von oben:

«Wir hören Wale. *What about you?*»

«Ihr habt recht», antwortet man von oben. «Wir erkennen einen oder zwei. Sie sind ziemlich weit entfernt und scheinen ruhig dahinzuschwimmen.»

Ein andermal hören wir Delphine. Wieder, ohne sie zu sehen. Dann wiederum meldet uns unser Begleitschiff, daß sich in unserer Gegend ein amerikanisches Atom-Unterseeboot befinde. Ich hebe den Telefonhörer ab:

«Wissenschaftliches U-Boot *Ben Franklin* ruft Atom-U-Boot; wissenschaftliches U-Boot *Ben Franklin* ruft Atom-U-Boot.»

«Hier Atom-U-Boot *Lappon. Ben Franklin,* wie geht es euch?»

«Alles bestens. Was treibt ihr da oben. Kommt ihr uns nicht besuchen?»

«Wir wollen eure Arbeit nicht stören», lautet die Antwort. «Viel Glück, *Ben Franklin*!»

Wenn sie uns nicht besucht hat, so nur deshalb, weil sie Order hatte, in diesen Gewässern an der Oberfläche zu bleiben. Die Marine verfolgt unseren Tauchweg mit größter Präzision und gibt allen U-Booten, die sich auf unserer Route befinden, laufend unsere Position durch. Ein Zusammenstoß muß natürlich verhindert werden. Er würde für beide Teile zur Katastrophe. Schade, immerhin! Es wäre ein großes Erlebnis gewesen, ein Atom-U-Boot in einigen Metern Abstand neben uns liegen zu sehen!
Verschiedentlich: Fünfmal, um genau zu sein, tauchen wir bis auf den Grund hinab. Dies ist immer ein großes Erlebnis. Vor allem zu Beginn. Später fürchten wir die Kälte mehr, als wir uns darüber freuen, etwas Neues zu sehen.

Explosionen unter Wasser

17. Juli 1969: An diesem Tag ist's an mir, das «Ruder» zu ergreifen. Äbersold hat heute hart gearbeitet und wird einige Stunden lang schlafen.
«Um wieviel Uhr werden wir da drunten sein?» fragt mich Busby, der diesen Tauchvorgang mit den Handgriffen an der Oberfläche koordinieren muß.
«Wir befinden uns auf 198 Meter. Der Grund beträgt 450 Meter. Wir werden also 250 Meter zurückzulegen haben. Wir werden mit einer Tauchgeschwindigkeit von fünf Zentimeter pro Sekunde absteigen. Langsam, damit der Mesoskaph allmählich die zunehmend sinkende Temperatur annehmen kann. Wir werden also etwa anderthalb Stunden benötigen, Landung inbegriffen. Ich bin zum Abtauchen bereit, wenn es paßt», sage ich und lege die Hand schon auf den Ballasthahn.
«O.K., dann los!»
Öffnung der Wasserballastkammer. Leichtes Glucksen. Einige Pfiffe. Die Nadel des Hauptmanometers, die ich ständig verfolge, dreht sich langsam im Uhrzeigersinn. Wir steigen ab. Nach dem unerbittlichen Gesetz des Mesoskaphs verlieren wir im Abtauchen an Gewicht. Im Verlauf unseres Abstiegs werde ich noch dann und wann ein wenig Wasserballast einlassen müssen. Ein Blick aufs Manometer. Ein weiterer Blick zum Anzeigegerät der Sonde. Das erstere steigt; das letztere fällt. Die Summe bleibt konstant. Da wir etwa mit einer Geschwindigkeit von sechs Kilometer pro Stunde tauchen, bedeutet dies, daß der Meeresgrund hier eben ist.
Ich schalte die vorderen Scheinwerfer ein. Ich überwache vor allem die Ankunft auf dem Grund, einerseits über die Sonde, andererseits durch die Seitenluke zu meiner Linken.
18.30 Uhr. Der Grund erscheint. Und einen Augenblick später halten wir zwei Meter über schönem, weißem Sediment. Zwei Meter darüber, ja wirklich. Dies dank unseres Schleppseils, dieses Kabels, das wir hinter uns herziehen. Es erfüllt zwei Aufgaben: Es bremst das Aufsetzen, indem es uns um den Teil seines Eigengewichts erleichtert, der sich vor uns auf den Grund legt. Zum zweiten zeigt es uns die Grundströmung an, indem es zuerst das hintere Teil des Mesoskaphs, an dem es befestigt ist, abbremst.
Das Manöver ist problemlos verlaufen. Die *Ben Franklin* liegt in der Strömungsrichtung und treibt langsam, immer zwei Meter über dem Grund, in

nördlicher Richtung vorwärts. Alle sind inzwischen wach, und wer es kann, begibt sich an die Luken. Das Schauspiel lohnt die Mühe. Dieser «Spaziergang» im Meeresdunkel, das durch unsere Scheinwerfer infolge des hellen Grundes stark erhellt wird, ist eindrucksvoll. Wir sehen nicht weiter als fünf bis sechs Meter voraus. Sollte ein Hindernis auftauchen, hätten wir kaum Zeit, davor anzuhalten. Doch ist nichts zu befürchten. Denn Kasimir hat das Sonar eingeschaltet, und wir hören sein beruhigendes Pfeifen. Wenn es knistert, müssen wir am Pilotenstand uns sofort etwas einfallen lassen. Im Augenblick ist nichts los.

Der Golfstrom des Meeresgrundes nimmt uns mit, und wir pirschen uns über den Grund hinweg durch die Nacht. Von Zeit zu Zeit muß ich ein wenig Luft in die Tauchzelle blasen, um die zwei Meter Höhe zu halten, die sich in dem Maß, wie unser Bootsrumpf sich weiterhin abkühlt, zu verringern suchen. Es wird langsam wirklich recht kühl. Das Wasser hat 7,18 Grad Celsius. Im Innern unserer Kabine nähern wir uns mehr und mehr dieser Temperatur.

Frank am Telefon:

«*Ben Franklin* ruft die *Lynch; Ben Franklin* ruft die *Lynch.*»

«Hier die *Lynch* für Sie *Ben Franklin.*»

«*Lynch,* Ihr könnt beginnen.»

Einige Sekunden später hallt eine dumpfe Explosion wider. Die *Lynch* hat zwei Meter unter Wasser eine *caps,* eine kleine Ladung von 500 Gramm, explodieren lassen. Die Entladung breitet sich in alle Richtungen aus, unsere inbegriffen. Eine Schallwelle erreicht uns wie ein Peitschenschlag und wird über elektrische Leitungen auf den Tonbändern Ken Haighs registriert. Nach einer Sekunde erreicht uns ein erstes Echo, dann ein anderes. Der Schall geht, kehrt zurück, verläßt uns, verliert sich im Meer, prallt an ferne unterirdische Hügelzüge, erreicht die Oberfläche, zerteilt und reflektiert sich auf dem Thermokline, läßt sich überall ein wenig aufschlucken, brummt dann noch leise und rollt in die Ferne, um für immer in der Meeresnacht zu verhallen. Ken und Frank sind überglücklich. Alles klappt. Eine zweite Explosion! Sie scheint näher. Treibt die *Lynch* etwa auf uns zu? Eine dritte Explosion, noch wesentlich stärker als die letzte.

Bei der vierten fällt ein Gegenstand von einem Wandbrett.

«Wie wär's, Frank, wenn Sie ihnen sagten, sie möchten ihre Dinger anderswo losgehen lassen!»

Frank ist einverstanden. Die vorgeschriebene Distanz ist übrigens obligatorisch. Es besteht in der Tat keine Gefahr. Aber der Aufprall von Schallwellen hat unter Wasser eine sehr starke Wirkung. Bei aller Freundschaft zu den Akustikern und Ozeanographen möchten wir denn doch nicht, daß der Rumpf unseres Bootes in die Luft fliegt (durch eine sympathische Implosion, wie die Physiker sagen)!

Die Explosionen werden wieder normal.

Ein seltsames Knarren im Sonar:

«Ein Hindernis!» schreit Don Kasimir.

«Welche Entfernung?» frage ich.

«100 Meter geradeaus vor uns.»

«Gut, wir werden drüberspringen.» Zweifellos ein Fels – oder vielleicht doch etwas anderes?
Der Rumpf eines gesunkenen Schiffs? Oder ein Unterseeboot? Sicherlich kein amerikanisches, denn die Navy kennt immer unsere genaue Position. Bliebe uns genug Zeit, könnten wir bremsen und würden etwas näher herangehen. Ich lasse Luft in den Regler ein. Die *Ben Franklin* steigt, fährt einige hundert Meter, worauf ich sie wieder absinken lasse. Der «Spaziergang» geht weiter. Weitere Explosionen folgen. Einige Fische hier und dort und vor allem Krabben. Unser Schlepptau hält uns immer schön im Gleichgewicht.
Frank hatte vorgesehen, daß wir 24 Stunden über dem Grund vorwärtstreiben, aber es ist zu kalt. Niemand besteht darauf! Nach weiteren zwei Stunden schlottert er genauso wie wir. Es fällt ihm schwer, sein Programm abzuändern. Jedoch zehn Grad Celsius im Innern, das ist wenig.
«Wenn Sie mit Ihrer Arbeit fertig sind, steigen wir hoch, um uns aufzuwärmen. Wir können dann wieder hinuntertauchen, um das Experiment mit den Explosionen fortzusetzen», sage ich zu ihm. Keine Antwort.
Kasimir sagt ihm seinerseits:
«Sie sind doch fertig. Können wir hochsteigen?»
Seiner Haltung nach können wir annehmen, daß er einverstanden ist. Ich blase Luft in den Regler ein und jage Wasser aus den Ballastkammern. Wir steigen. Letzter Blick auf den Grund. Einige Stunden später sind wir wieder auf 250 Meter, gut stabilisiert. Einhelliges Einvernehmen: Wir werden die 24stündigen Experimente über Grund auf drei Tage verteilen, um weniger lang frieren zu müssen.
Und die übrigen Abstiege auf den Meeresgrund finden dann statt, jede mit ihren Explosionen, jede mit gesichteten Fischen, Krabben, Tintenfischen und Ketten von Manteltierchen. Das Meer hält jedesmal wieder einige neue Schauspiele in seinen weiten und kühlen Tiefen für uns bereit.

Anna

2. August 1969. Alarm. Der Hurrikan Anna hat sich in den Antillen gebildet und «wandert» die Küste der Vereinigten Staaten entlang nordwärts ... Man weiß, daß die Zyklone das Meer dem Festland vorziehen. Auf festem Grund verlieren sie rasch an Kraft. Über dem Meer nehmen sie dagegen an Wucht zu. Augenblicklich kommt Anna geradewegs auf uns zu. Was uns die da oben fragen, läßt es uns kalt den Rücken hinunterlaufen: Wie lange wir brauchen, um im Notfall für den Aufstieg bereit zu sein, das heißt, wie lange es dauert, bis wir alles, was beweglich ist, festgemacht haben. Sicherlich würde es nicht lustig zugehen, wenn wir an der Oberfläche in einen Orkan hineingerieten. Während unserer Vorbereitungen für die Tauchfahrt hatten wir natürlich dieses Problem bereits diskutiert.
Wäre es nicht besser, unter Wasser zu bleiben? Oder aufsteigen und sich an die Küste schleppen zu lassen? Was uns anbelangt, so würden wir lieber in der Tiefe bleiben. Aber unser kleiner Schlepper hätte einen schweren Stand inmitten eines solchen Sturms! Er wäre vermutlich sogar gezwungen, einen

schützenden Hafen aufzusuchen. Wie würde er uns nach dem Zyklon aber wiederfinden? Wir müßten dann hochsteigen und ihn per Radio herbeirufen. Oder wenige Meter unter Wasser bleiben und uns durch ein Flugzeug mit einem gut funktionierenden Magnetometer entdecken lassen. Welche Komplikationen! Und wenn wir während dieser Zeitspanne einen Unfall hätten? Nichts Ernsthaftes, aber beispielsweise einen Arm- oder Beinbruch oder eine Blinddarmentzündung. Was tun? Nicht daran zu denken aufzusteigen, in die zehn bis zwölf Meter hohen Wellen einer sturmgepeitschten See. Und wenn wir infolge einer Panne oder eines mißglückten technischen Manövers unsern Sicherheitsballast verlören, daher aufstiegen und nicht mehr tauchen könnten?

Solche Fragen hatten wir – wie schon erwähnt – eingehend in Palm Beach und Bethpage erwogen. Damals wurde beschlossen, daß in einem solchen Fall nur der Aufstieg und Schlepp in den nächsten Hafen in Frage komme. Es war jedermann klar, daß dies außerordentlich gefährlich würde, falls der Taifun uns schon erreicht haben sollte. Es heißt also jetzt aufsteigen, bevor der Orkan heranbraust. Da der Schlepp einige Tage erfordert, müssen wir ihm mindestens zwei bis drei Tage zuvorkommen.

Bleibt aber noch die Frage offen, ob der Wirbelsturm sich nicht schon auflöst, bevor er unsere Breiten erreichen wird ... Es bleibt wohl nur eine Lösung: den Himmel zu bitten, daß wir auf unserer Fahrt von einem Orkan verschont bleiben! Zuerst scheint der Himmel uns zu vergessen, ist uns aber dann doch gnädig!

Anna ist kapriziös. Sie dreht sich nach allen Richtungen, hält inne, um wieder loszuwirbeln. Es ist schwierig, ihr zu folgen. Vor allem für uns, die wir nur widersprüchliche Meldungen auffangen. Die Radioverbindung zwischen Schiff und Festland funktioniert nicht immer gut, besonders bei so gewittrigem Wetter. Sonderbar! Vor einigen Tagen noch hatte man Verbindung zum Mond, und die ganze Welt konnte die Stimmen der Mondfahrer über eine Entfernung von 380 000 Kilometern hören. Und hier, wo wir uns befinden, sind es nur wenige hundert Kilometer, die das Radio nicht mehr schafft!

So leben wir jetzt einige Tage lang unter der Bedrohung durch Anna und einiger weiterer Tiefdruckgebiete tropischen Ursprungs. Am Ende geht alles gut aus, und eine Unterbrechung unserer Expedition steht nicht mehr zur Debatte. Die wissenschaftliche Arbeit kommt in großen Schritten voran: Temperatur, Salzgehalt, Schallgeschwindigkeit unter Wasser, andere zahlreiche akustische Messungen, Lichtdurchlässigkeit, Klarheit des Wassers, Chlorophyll, Schwerkraft, Magnetismus, innere Wellen, Auskommen unter den Besatzungsmitgliedern, Charakterfestigkeit: all dies häuft sich an in Form von Worten, Ziffern, Magnetbändern, Fotografien, Filmen, Notizbüchern, in Form von Formularen und Fragebogen, die sich mehr und mehr füllen.

Aber die Zeit vergeht auch, und wir müssen bald ans Aufsteigen denken.

«Was? Was sagen Sie da?» explodiert eine Stimme am Telefon. «Es ist nicht Ihre Sache, einen diesbezüglichen Entscheid zu treffen. Wir werden hochsteigen, wann es uns beliebt! Wir sind für die Dauer eines Monats verpflichtet. Morgen abend um 8.25 Uhr laufen die dreißig Tage ab, und wir werden aufsteigen!»

Was ist eigentlich los? Nichts von Bedeutung: ein kleiner Kompetenzkonflikt, nicht zwischen uns hier untereinander, sondern zwischen uns und der Oberfläche. Da oben sieht man schlechtes Wetter für morgen voraus, vor allem für den Abend. Man möchte uns erst am folgenden Morgen – am 14. August – ins Schlepptau nehmen und vermeiden, dies Unternehmen während erregter See und dazu noch bei Nacht durchzuführen. Nur zu verständlich. Ich bin vollständig einverstanden. Der eine von uns, der da am Telefon in die Luft gegangen war, stimmt jetzt auch zu. Immerhin hätte man uns vorher benachrichtigen können, statt uns vor eine vollendete Tatsache zu stellen. Der kleine Sturm legt sich rasch, und wir sind damit einverstanden, am 14. August um acht Uhr früh aufzutauchen.

Diese letzte Nacht in der Tiefe bringt uns noch einige prächtige Ballettszenen von Manteltierchen, unerwarteterweise unterbrochen durch den Besuch eines wundervollen Hais. Da es hier außer Eisen und Plastik nichts zu fressen gibt, verläßt er uns bald.

Der letzte Aufstieg

14. August 1969. Fünf Uhr früh. 260 Meter. Das Wasser ist noch dunkel. Während der Nacht haben wir alles, was locker ist, befestigt. Und was sofort auf den Schlepper umgeladen werden soll, wird gut verpackt. Wir haben noch eine kurze Atempause. In einem Augenblick wird die letzte Aufstiegsphase beginnen.

Was haben wir im Verlauf eines Monats durchgeführt?

1500 Seemeilen (etwa 2800 Kilometer). Dauer der Tauchfahrt: dreißigeinhalb Tage. Sechs Männer an Bord. Hunderte von Fotografien, aufgenommen durch unsere Luken. Dazu mehr als 800 Paar stereoskopische Aufnahmen (Stereofotografien) von unsern fünf Abstiegen auf den Grund. Fast vier Millionen ozeanografische Meßresultate (Wassertemperatur, Salzgehalt, Schallgeschwindigkeit unter Wasser). Alles mit der jeweiligen Tiefe und Tageszeit auf Magnettonband registriert. 1100 Explosionen, von *Lynch* und *Privateer* ausgelöst, mit einem Spezialmagnetofon registriert und an Bord der *Ben Franklin* analysiert. Rund dreitausend Seemeilen Meeresgrund mit Hilfe des Sonars kartografiert. Registrierung der Erdschwere (Gravitation) auf einem Gravimeter («La Coste») über eine Distanz von 50 nautischen Meilen. Acht Kilometer ähnliche Messungen betreffend das Erdmagnetfeld. Hunderte von Messungen über Chlorophyll. Bündel von Angaben über die Entwicklung der psychologischen Konstante der Besatzung. Kurz und gut, eine Menge von Beobachtungen, deren Resultate den Computern in Washington eingetrichtert werden sollen. Die Computer werden diese Daten mischen, durchkneten und sie in gewissen Zusammenhängen je nach Wunsch den Ozeanographen oder Psychologen zukommen lassen.

7.12 Uhr. Erwin Äbersold ist auf Kommandoposten. Er ist einmal mehr zum letzten Mal auf dieser Tauchfahrt – dabei, ein wenig Luft in die Ballastkammern strömen zu lassen, was der *Ben Franklin* den Aufstieg

ermöglicht. Zug um Zug leeren sich die Regler. Der Mesoskaph steigt ständig, hält dann in einer neuen Wasserschicht inne, gebremst durch die höhere Wassertemperatur, die sich entsprechend erhöht, je näher wir der Oberfläche kommen.
7.44 Uhr. Die Temperatur des Wassers beträgt jetzt 23,22 Grad Celsius. Noch ein wenig Preßluft. Die Batterie gurgelt leise. Ihr gutes Recht. Es wird heller um uns. Um 7.45 Uhr sind wir auf 36,5 Meter Tiefe. Durch mehrere unserer Luken erkennen wir jetzt die Oberfläche.
«*Privateer, Privateer,* hier die *Ben Franklin.* Können wir auftauchen?»
«*Ben Franklin,* Ihr könnt auftauchen.»
In unserem Auftauchgebiet befinden sich sechs Schiffe, die *Privateer,* die *Lynch,* die *Cook Inlet* (das Küstenwachschiff der *Coast Guard,* das uns an Land bringen wird), die *Atlantis,* ein ozeanographisches Schiff aus Woods Hole, und ein sowjetischer «Fischdampfer», der zufälligerweise hier passierte, und natürlich noch eine Anzahl kleinerer Boote. Doch weiß jedermann genau, an welcher Stelle die *Ben Franklin* durchstoßen wird. Also auch hier keine Gefahr einer Kollision.
7.55 Uhr. Das Glucksen der Batterie und natürlich auch unsere Manometer verraten uns, daß wir noch steigen. Die Oberfläche ist noch zehn Meter über uns. Sie wird durch die oberen Luken immer deutlicher erkennbar. Es gibt da oben Wellen. Wir werden ein wenig tanzen. Aber das ist jetzt gleichgültig, da unsere Fahrt in einigen Minuten zu Ende sein wird.
7.57 Uhr. Die Radioantenne, die auf unserem Kiosk aufmontiert ist, beendet als erste unseren Aufstieg. Eine starke Pendelbewegung verrät uns, daß wir von der Dünung erfaßt worden sind. Der Innendruck hat sich dem Außendruck beinahe angeglichen. Wir können daher auf die Öffnung des Druckausgleichsventils verzichten. Kasimir öffnet die Tür. Einer nach dem andern steigen wir aus. Es amüsiert mich, das Protokoll zu übernehmen:
Zuerst Ken Haigh, Gast des Mesoskaphs, dann Chet May, Abgeordneter der NASA, dann Frank Busby und nach ihm Erwin Äbersold. An Bord bleiben nur Kasimir und ich. Don gibt mir ein Zeichen auszusteigen. Kommt nicht in Frage! Ich fühle mich hier ein wenig wie bei mir zu Hause.
«Nach Ihnen, Don.»
Und einige Minuten nach dem *splash-up* sind wir alle auf der Brücke versammelt. Ah! Welch wundervolle Luft, die Sonne (wenn auch ab und zu bedeckt), die Wolken, die freie Weite. Die Morgenfrische. Und dann natürlich das Händeschütteln. «Wie geht's?» (Als ob sie nicht wüßten, daß alles in Ordnung ist. Hatten wir uns doch am Telefon jede halbe Stunde während eines Monats gesprochen!) «O.K., o.k.»
Wir schaffen die wasserdichten Säcke auf die Schlauchboote. Darin sind die wertvollsten Instrumente und Notizen verwahrt; alles, was am meisten am Herzen liegt. Das Meer tanzt, und unser kleines Boot tanzt dagegen. Wir sitzen eng gedrängt, legen aber bald unbeschadet und trockenen Fußes an der Bordwand der *Cook Inlet* an. Eine Strickleiter hängt von der Reeling herunter. Man muß sie im richtigen Augenblick erwischen – etwa wie die der *Lewis,* als wir damals aus 11 000 Meter Tiefe hochkamen.

Das Schiff, das uns aufnimmt, gehört zur Küstenwache. Es hat einen Monat lang als Wetterstation gedient, aber auch als Verbindungsglied für die Schiffe – und vor allem für die Flugzeuge –, die mit dieser Gegend in Berührung kamen. Es gehört zu jenen Schiffen, von denen man selten etwas vernimmt, deren Besatzung aber in aller Stille so viel zur Sicherheit der See- und Luftfahrt im Atlantik beiträgt. Es hätte am Vorabend zurückkehren sollen. Doch einigten sich der Kommandant und seine Matrosen darauf, uns noch am folgenden Tag zu übernehmen. Diesmal wird dieses Schiff, die *Cook Inlet,* uns schnell zur Küste bringen, während die *Privateer* die *Ben Franklin* ins Schlepptau nimmt, um sie zuerst nach New York und dann nach Palm Beach zu transportieren.
Am Abend sind wir in Portland im Bundesstaat Maine, dem nördlichsten Hafen der Ostküste der USA. Dort steigen wir in ein Flugzeug, Modell «Golfstrom» (zufällig!) von Grumman, und eine Stunde später befinden wir uns in Bethpage, Grummans Hauptquartier. Die Tauchfahrt in der Strömung des Golfstroms ist beendet.

Nach der Fahrt

Pressekonferenz. Besprechungen, mehrere Tage lang. Einsicht in die Notizen. Vergleiche zwischen Beobachtungen über und unter Wasser. Aufklärung einiger Mißverständnisse. Bereits Vorschläge für neue Tauchunternehmen. Rückkehr nach Palm Beach für den Winter. Neue Zeichnungen, weitere Zeichnungen, erneute Tauchfahrten im Umkreis. Besprechungen zwischen Grumman und der Marine in Washington. Nachdem unsere Expedition gezeigt hat, daß eine ozeanographische Mission unter Wasser leichter durchführbar ist als über Wasser, hofft Grumman, daß die Marine mit neuen, ähnlichen Aufträgen aufwartet. Ein schönes Projekt entsteht erst einmal auf dem Papier. Es handelt sich um ein Studium der Hummern im Bundesstaat Maine. Die Taucharbeit würde mehrere Tage dauern, und die *Ben Franklin* soll die verschiedenen Fischereigebiete absuchen. Dies Unternehmen wäre sowohl von wissenschaftlicher wie kommerzieller Bedeutung. Die Marine geht gern auf das Projekt ein, wägt die Vor- und Nachteile gegeneinander ab, Kosten und mögliche Gewinne. Dabei läßt man sich vom Landesinteresse und nicht von den Ergebnissen marinetechnischer Art lenken. Es scheint, daß man einverstanden ist. Nun aber reagiert die Börse zögernd. Und wenn Wall Street zögert, erzittert ganz Amerika. Wir müssen ein wenig zuwarten. Die Börse steigt aus. Es heißt, man müsse nur ein wenig Geduld haben. Die Börse werde wieder einsteigen. Dann werden *die Kredite beschränkt.* Der Kongreß legt strenge Maßstäbe an, leitet Untersuchungen über Ausgaben ein, und nach und nach wird das Projekt aufgegeben. Grumman wird unruhig. War es richtig, sich auf das ozeanographische Geschäft einzulassen? Sperrt die Marine ihre Kredite, ist die Weiterführung seiner Pläne unmöglich! Was die Golfstrom-Mission anbelangt, so hat Grumman die Kosten praktisch allein bestritten. Insgesamt etwa fünf Millionen Dollar. In den Augen der Administration handelte es sich um eine Investition. Jetzt muß man die *Ben Franklin* bei der Marine loben, damit das

ausgegebene Geld samt Zinsen zurückkehrt. Leider geschieht dies nicht! Die Marine weist schon von sich aus die Angebote zurück. Die «kostenlose» wissenschaftliche Ausbeute aus ziviler Hand wird auf Sparflamme gesetzt. Die vom Kongreß bereitgestellten Kredite gehen natürlich zuerst an die Landesverteidigung. Grumman wird immer ungeduldiger und entschließt sich am Ende dazu, seine Abteilung «Ocean System» aufzugeben, überzeugt, daß die Lage sich in den nächsten Jahren nicht ändern wird. Die *Ben Franklin* soll verkauft werden.
Grummans «Tax Department», das heißt, das Büro, das sich mit seinen Steuerangelegenheiten befaßt, studiert das Problem und findet heraus, daß, falls der Mesoskaph vor dem 31. Dezember verkauft wird, sich steuertechnische Vorteile ergeben. Es ist November. Es bleibt also nicht genügend Zeit, um die *Ben Franklin* bis zu diesem Datum zu verkaufen. Es sei denn, man «verschleudert» sie. Kaum erwähnt, geschieht es auch: Für einige zehntausend Dollar wird die *Ben Franklin* verkauft: mit ihrer ausgeklügelten akustischen Einrichtung, ihren wertvollen Instrumenten, der Bordelektronik, ihren statischen Umformern und allem, was sonst noch dazugehört, einschließlich der berühmten Zeichentische aus Lausanne. All das wird ... nach Kanada verladen. Die *Ben Franklin* teilt damit das Schicksal der *Auguste Piccard,* die auch den Ateliers Giovanolas entstammt, ebenfalls Ruhm erlangte, um dann für «ein Stück Brot» verschleudert zu werden ...
Da liegen sie nun Seite an Seite beisammen, die zwei Schweizer Qualitätserzeugnisse. Sie warten in der Werft der Horton Maritime in Vancouver, bis sich Gelegenheiten zu neuen Einsätzen in den Tiefen der Meere ergeben. Für die *Auguste Piccard* trifft dies heute schon zu. Für die *Ben Franklin* wird es sicher auch bald soweit sein.
Inzwischen bin ich in die Schweiz zurückgekehrt. Mein Vertrag über fünf Jahre mit Grumman ist abgelaufen. Es ist an der Zeit, einige neue Projekte aufzugreifen.
Mehr als zwanzig Jahre hatte ich den Ozean studiert, befahren, erforscht. Ohne ihn eigentlich recht zu kennen – denn er ist von so riesigen Ausmaßen, daß niemand ihn richtig kennt –, war ich doch wie viele andere Menschen erstaunt über die besondere Rolle, die «Hauptrolle», die er für das ökologische Gleichgewicht auf unserem Erdball spielt.
Das Meer hat Einfluß auf das Wetter, reguliert die Temperaturen, bestimmt die Entstehung einer ganzen Anzahl von Windarten. Es erneuert immer wieder Sauerstoff und Kohlendioxid ebenso wie andere für Menschen, Tiere und Pflanzen lebenswichtige Gase. Die Milliarden Tonnen Plankton, die es Jahr für Jahr produziert, bilden eine geradezu unerschöpfliche Nahrungsreserve für die Meeresfauna, von der wiederum wir uns ernähren. Ohne das Meer könnte die Menschheit unzweifelhaft nicht so leben, wie sie das tut. Aber wie lange noch wird das Meer selbst leben können, wenn die Menschheit so weitermacht wie bisher? Die Gefahr, die der Mensch für die Atmosphäre, den Erdboden, für Seen, Flüsse und Bäche bedeutet, diese Bedrohung richtet sich auch gegen das Meer.
Wenn das Phytoplankton erst einmal zerstört ist, wird alles Leben aus dem

Meer verschwinden. Und die Millionen, die Hunderte von Millionen Tonnen Schadstoffe, die von den Menschen produziert und die allmählich – direkt oder indirekt – in das Meer eingeleitet werden, bedeuten eine sehr ernste Bedrohung für dieses Plankton.
War hier nicht ein immenses und neues Gebiet zu erforschen? Eine Art Ergänzung zur Ozeanographie als solcher? Hieß die Aufgabe für die nächste Zeit nicht – anstatt nur alles über das Meer erfahren zu wollen –, sich im Gegenteil davon zu überzeugen, daß der Mensch im Begriff war, das Meer zu zerstören, und hieß es nicht vor allem zu versuchen, es davor zu bewahren? Diese Überlegungen waren es, die mir bei meiner Rückkehr aus Amerika den Anstoß dazu gaben, das Forschungszentrum für den Umweltschutz ins Leben zu rufen, das ich bereits im Jahr 1966 eröffnete.

Im Rahmen des französisch-amerikanischen Forschungsprogramms FAMOUS (French American Mid Ocean Undersea Study), operierten in den Jahren von 1973–1975 drei Tauchboote im Atlantik: die amerikanische ***Alvin*** *sowie die französische* ***Archimède*** *und* ***Cyana*** *(SP 3000). Die Boote tauchten in einem zuvor mit britischer und kanadischer Unterstützung ausgemessenen Seegebiet von ungefähr 20 Kilometer Länge und vier bis fünf Kilometer Breite, etwa 740 Kilometer südwestlich der Azoren und in einer Tiefe bis zu 2800 Kilometer.*

Claude Riffaud und Xavier Le Pichon

waren maßgeblich an dem Zustandekommen und der Durchführung des Programms FAMOUS beteiligt. In den Händen Riffauds lag die Gesamtleitung des französischen Forschungsteams, während Le Pichon als wissenschaftlicher Leiter eingesetzt war. Der 1937 geborene Le Pichon ist Geophysiker. Er arbeitete von 1959–1967 an Untersuchungen zur Topographie des mittelatlantischen Rückens an der Columbia University, danach in Frankreich am Centre Océanologique de Bretagne.

Zum besseren Verständnis des nachstehenden Berichts sei folgendes kurz erklärt: In einem stark vereinfachten Modell besteht die Erdoberfläche aus sechs großen Schollen, die Teile von Ozeanen und Kontinenten umfassen. Diese Schollen verschieben sich gegeneinander. Wo sie auseinanderdriften, kann es geschehen, daß an besonders dünnen Stellen der Zerrzone die Erdkruste aufreißt und heißes, dünnflüssiges Material aus dem Erdinnern aufsteigt, zur Seite abfließt, neue ozeanische Kruste und einen Gebirgsrücken auf dem Meeresgrund bildet, durch dessen Mitte eine Längsspalte führt: ein Rift.

Nähern sich zwei Schollen einander, wird die Grenze von einem Tiefseegraben gebildet, an dessen Stelle sich die ozeanische Kruste nach unten schiebt. In gewissen Tiefen gibt es an der Unterseite der Scholle Aufschmelzungen.

Nach neuesten Messungen der NASA driften im Atlantik die amerikanische sowie die europäische und afrikanische Scholle mit einer Geschwindigkeit von eineinhalb Zentimetern im Jahr auseinander. Das Gebiet, in dem sich die Schollen trennen, liegt irgendwo auf dem Grund der etwa 30 Kilometer breiten Grabensenke des atlantischen Rückens. Der Einsatz geologischer Beobachtungsmethoden, wie sie schon seit langem auf dem Festland benutzt werden, und die systematische Bergung von Gesteinsproben – nun auch von Tauchbooten aus, versprach den Wissenschaftlern eine Reihe neuer Erkenntnisse zum

Verständnis der (etwa für Erdbebenvoraussagen wichtigen) Schollenbewegungen.
Nach einer mehrjährigen Vorbereitung tauchten im August 1973 erstmals Menschen hinab in die mittelatlantische Grabensenke im Rahmen der

Expedition «Famous»

Am 2. August 1973 findet die erste Talfahrt des Unternehmens «Famous» statt. Es ist 7.55 Uhr. Wir brechen mit der *Archimède* zur Erkundung der mittelatlantischen Grabensenke (Rift) auf ...
G. de Froberville und J.-L. Michel sind soeben als erste im Innern des Bathyskaphen verschwunden. Unten in der Tauchkugel, sechs Meter tiefer, werden sie mit der endlosen und langweiligen Checkliste anfangen, die vor jeder Tauchfahrt abgehakt werden muß. An der Luke zum Turm, auf der vor der Dünung geschützten Seite, hält der erste Mechaniker der *Marcel-Le-Bihan* mit einem in Plastik verpackten Sprechfunkgerät Verbindung mit der Tauchkugel und den Froschmännern, die unter dem Rumpf des Tauchboots tätig sind.
Der Bathyskaph, dessen Deck knapp über dem Meeresspiegel liegt und der schwer an der Stahlkugel trägt, die tief unter seinem mit Leichtbenzin gefüllten Bauch hängt, liegt wie ein seltsames schwangeres Ungeheuer auf dem Meer und reagiert sehr schlecht auf dessen Wellengang. Die recht regelmäßige Dünung von 1–1,5 Metern scheint allerdings harmlos. Sowie aber ein Wellenberg die quer zur Dünung liegende Steuerbordseite des langen gelben Rumpfs erreicht, bricht er sich gewaltsam, fegt heftig über das Deck, reißt alles los, was nicht gut festgezurrt ist und schäumt an dem Wellenbrecher hinauf, den der Turm bildet.
Oben auf dem Turm sitzt Le Pichon, klammert sich mit einer Hand an der Radioantenne an und hält mit der anderen sorgsam einen langen durchsichtigen Plastikbeutel auf den Knien fest. Er hat keinen Blick für die Froschmänner, die vom Sog hin und her gerissen werden, und deren schwarze Flossen bisweilen zwischen zwei Schaumkronen zu sehen sind. Sie sind dabei, die Scheinwerfer und Kameras einzurichten und die verschiedenen Werkzeuge des ferngesteuerten Greifarms in ihrem Behälter anzubringen. Bei der Ausführung ihrer schwierigen Arbeiten ähneln sie Seehunden, die sich um das Tauchboot tummeln. Le Pichon scheint auch die salzige und fast lauwarme Ohrfeige nicht zu bemerken, die ihm bisweilen ins Gesicht schlägt, bevor sie als Sprühregen auf dem Plastikbeutel vor ihm niederfällt. Unverwandt starrt er auf diesen Plastikbeutel, auf das große rote Kreuzchen, das in der Mitte der farbigen Karte durch die ablaufenden Schaumspritzer hindurch zu sehen ist.

Das rote Kreuzchen bezeichnet das anvisierte Ziel, die Ortungsboje B9, 2456 Meter unter seinen Füßen, am höchsten Punkt des mittleren Hügels. Wenn seine Hypothese zutrifft, ist dieser Vulkan das jüngste Kind dieser stürmischen Vereinigung von Wasser und Feuer, und die Landschaft, die ihn da unten erwartet, ist die eines noch jungfräulichen Ozeanbodens im Jahre Null seiner Existenz. Die Beschreibung des Vesuvs zu Beginn des 19. Jahrhunderts von Sir Hamilton, dem unglücklichen Ehemann der glücklichen Geliebten von Nelson, geht ihm durch den Sinn. Dieser hatte geschrieben:
«Es handelt sich nicht nur um einen Landstrich, der von den unterirdischen Feuergluten verheert ist, sondern um eine Art Boden, die völlig vom Feuer geschaffen wurde. Wenn seine Wut den Höhepunkt erreicht hat und willens scheint, sich selber zu verzehren, kreißt der Vulkan.»
20 Meter unter dem Meeresspiegel ist im Bathyskaphen von der Unruhe an der Meeresoberfläche nichts mehr zu spüren. In 200 Metern Tiefe herrscht ein unbestimmtes Dämmerlicht. Noch 200 Meter tiefer sind die letzten Photonen des Sonnenlichts absorbiert: Es herrscht ewige Nacht. Die von der Karte angedeuteten zerklüfteten Reliefs des Meeresbodens der mittelatlantischen Grabensenke sind bedeckt von einer dicken Hülle dunklen und eiskalten Wassers (zwei Grad Celsius), das nur hie und da flüchtig erhellt wird von den phosphoreszierenden Ködern der Anglerfische der Tiefsee, die die Gestalt kleiner Ungeheuer haben.
Wenn alles gutgeht, werden bald die zwölf Schweinwerfer der *Archimède* ihre gleißenden Lichtkegel auf die Basalthänge richten.
Auf der Karte liegt die Ortungsboje B9 im Mittelpunkt einer Reihe von konzentrischen, blauen Kreisen. Der größte hat einen Radius von 1500 Metern, das ist die äußerste Grenze der theoretischen Reichweite der Boje. Jenseits dieser Grenze würde das Tauchboot die Orientierung verlieren, könnte seinen Standort nicht mehr genau bestimmen, und die Tauchfahrt wäre nutzlos.
Um gut im Ziel zu liegen, muß der Bathyskaph weniger als 500 Meter von der B9 entfernt aufsetzen. Wie weit aber ist er an der Oberfläche schon abgetrieben, seitdem die Schleppleine losgeworfen wurde? Wie weit werden die Tiefenströmungen den Bathyskaphen während seines blinden Abstiegs versetzen? Und was ist, wenn er viel zu hoch auf den Abhängen des Tals aufsetzt?
In der Tauchkugel wälzen weder de Froberville noch Michel solche Probleme. Sie haben genug zu tun, unmittelbarere und präzisere Aufgaben. Der Count-down geht weiter: Synchronisierung der Blitzlichter, Steuerung der Scheinwerfer, Aufnehmen von Vergleichsfotos, Überprüfung der drei Bewegungen des ferngesteuerten Greifarms, Zurechtlegen der Werkzeuge des Greifarms in ihrem Behälter (die Kuhfuß, Bohrkernentnehmer und Schmetterlingsnetz heißen), Überprüfung der drei Fernsehkameras, von denen zwei vorn und eine hinten sind, Einstellung des Kreiselkompasses usw.
Die Rolle des wissenschaftlichen Beobachters, an diesem Tag von Le Pichon, besteht darin, die Tauchfahrt auf den Meeresgrund zu beschreiben, zu durchdenken und anzuleiten. Im Augenblick stört er den Ingenieur und den

Piloten nur. Zum letzten Mal versucht er sich vorzustellen, was die Höhenlinien der Karte bedeuten: Spalten, Schroffen, Lavaergüsse ... Der durchschnittliche Neigungswinkel der Abhänge des Hügels beträgt 45°; zahlreiche Gebiete davon scheinen noch steiler zu sein. Wird der Bathyskaph in einem derartigen Gelände manövrieren können? Wird sich der Einsatz bezahlt machen, oder wird es ein Unglück geben?

Um erraten zu können, wie das Gelände beschaffen ist, muß man wissen, wie es entstanden ist. Was spielt sich bei den unterseeischen Vulkanausbrüchen ab, die alle 10, 100, 1000 Jahre eintreten (wer weiß?), und deren einzige an der Oberfläche feststellbare Anzeichen die von den Erdbebenwarten aufgezeichneten Ausläufer der seismischen Erschütterungen sind? Bis 2600 Meter Tiefe weiß dies niemand. Und es ist wenig wahrscheinlich, daß solche Ausbrüche jemals von Menschen beobachtet werden, da die Implosionen, die damit einhergehen, gefährlich für den Rumpf von Tauchbooten sein könnten, die gegenüber heftigen Druckwellen besonders anfällig sind.

Vorstellen kann man sich das jedoch vielleicht anhand der basaltischen Ergüsse in recht geringen Meerestiefen. Während des letzten Treffens in Woods Hole hat ihnen Jim Moore, der Vulkanologe der amerikanischen Mannschaft, einen faszinierenden Film vorgeführt. Im Verlauf eines vor kurzer Zeit erfolgten Ausbruchs des ständig tätigen Vulkans Mauna Loa auf Hawaii floß ein regelrechter zähflüssiger und glühender Magmafluß ins Meer. Mit mehreren Tauchern filmte Jim Moore das Fließen der Lava unter dem Meeresspiegel. Die Oberfläche der Lava, deren Temperatur 1150°C beträgt, erstarrt bei Berührung mit dem Wasser praktisch augenblicklich, in weniger als fünf Sekunden, wobei sie über der halbflüssigen Lava einen glasartigen Überzug von einigen Millimetern Dicke bildet. Unter diesem Überzug, der sehr gute Wärmeisolierungseigenschaften besitzt, fließt der Lavastrom weiter. Der glasartige Überzug spielt eine ähnliche Rolle wie der Eischnee beim Backen einer mit Eis gefüllten *omelette surprise,* der verhindert, daß die Hitze der Pfanne nach innen durchdringt und das Vanilleeis schmilzt.

Moore hatte berichtet, wie die Stirnseite des Lavastroms, eine Schuttmauer von 45° Neigung, sich langsam über dem Boden vorwärtsschiebt und alles unter sich begräbt. Fische, Hummern, Krabben und am Fuß des Schutthangs gründelnde Aale flohen vor der Katastrophe. Das Vorwärtsschieben der Lava vollzog sich unter ohrenbetäubendem Lärm: Pfeifen, Krachen, kleine Explosionen und das Rumpeln der Lava, die in den selbstgeschaffenen Röhren vorwärtsfloß. Lavazungen mit kreisförmigem Durchmesser erstreckten sich weit voraus. Manche davon hatten bei einem Meter Durchmesser bis zu 60 Meter Länge. Während sie sich vorwärtsschieben, sprießen aus ihnen kissenförmige Auswüchse («pillows»). Moore und seine Begleiter konnten sich einer dieser Zungen nähern, in denen die schmelzflüssige Lava noch immer floß. Die Oberfläche, die zu heiß war, als daß man die Hand darauf hätte legen können, war gedunkelt, brach aber häufig auf, und gab den Blick auf die glutflüssige Lava ein paar Sekunden lang frei, bevor diese erstarrte. Die Lava, die bei der Berührung mit dem Wasser erstarrt, wird in ihrem Fluß gehemmt, sozusagen gebremst. Der dünne Glasüberzug platzt bisweilen oder reißt, und in dem Maße, wie sich der Riß verbreitert, tritt glutflüssige Lava heraus. Auf diese Weise bildet sich ein Netz von Kanälen, Tropfen, Lappen, Röhren und Kissen, über die sich die noch flüssige Lava ausbreitet. So erklärte man sich die Bildung der berühmten, als Kissenlava (pillows) bezeichneten Ergußformen, die in der atlantischen Grabensenke häufig mit Dredgen heraufgeholt worden waren. Welche Größenordnung aber haben diese Lavaergüsse? Wie weit fließen sie von den Ergußspalten weg?

«Schickt Le Pichon in die Kugel herunter!» läßt sich die Stimme von Froberville im Sprechfunkgerät vernehmen. Le Pichon schreckt aus seinen Träumen auf. Ein letzter Blick auf die weiße Silhouette der *Marcel-Le-Bihan,* die 200 Meter entfernt in der Dünung rollt. Bevor er von seinem Hochsitz hinabsteigt, wartet er ab, bis die folgende Woge sich gebrochen hat. Er rutscht auf das Deck hinunter, verschwindet im Turm und steigt in den schmalen Schacht der Schleuse hinunter, auf der Leiter, auf deren nassen Sprossen seine Füße ausrutschen.

«Achtung, Monsieur Le Pichon, ich schließe die Luke über Ihnen», sagt der Erste Maat.

Ganz unten sieht er den Kopf von de Froberville, der eben die untere Luke der Schleuse aufgemacht hat.

«Geht's? Gib mir die Karte», sagt der Kommandant.

Während ihm Froberville durch das Einstiegsluk in die Kugel hilft, ist sich Le Pichon bewußt, daß er die Verbindung zur Oberwelt abgebrochen hat. Einige Drehungen des Verschlußrads, und die Luke ist verriegelt. Die drei Aquanauten lassen sich in der Kabine nieder, in der sie die acht oder neun nächsten Stunden verbringen sollen, eine Kugel von zwei Meter Durchmesser, in der eine drückende und feuchte Wärme herrscht, und in der kein Quadratzentimeter ungenutzt geblieben ist. Sie müssen gute Nerven haben. Elektronische Geräte aller Art sind an den Wänden befestigt, und die Kabelstränge, die sie verbinden, sind so dicht wie ein Spinnennetz. Kontrolllämpchen blinken auf, auf dem Bildschirm huschen Zahlen vorbei und ein Ausdruckgerät fängt an zu klappern.

«Alles in Ordnung?»

«Ja», antwortet Froberville, «alles ist in Ordnung. Wir haben nur das ‹Schmetterlingsnetz› verloren. Der Taucher hat es aus dem Korb fallen lassen. Das ist nicht schlimm. In einigen Minuten müssen wir tauchen.» (Das Schmetterlingsnetz dient dazu, Sedimente oder unter Umständen ein auf einem Felsen festgewachsenes Lebewesen einzusammeln. Die Ziele dieser Tauchfahrt sind jedoch rein geologischer Art. Der Mannschaft des Unternehmens *Famous* gehört kein Spezialist für Meeresbiologie an. Man kann nicht alles auf einmal machen.)

Froberville entriegelt die Sicherheitsschalter der Elektromagneten. Die beiden anderen suchen sich eine möglichst bequeme Stellung aus. Der Beobachter und der Pilot sitzen auf einem Drehstuhl vor einem der drei Sehgeräte, die den Blick nach außen durch die sehr schmalen kegelförmigen Bullaugen ermöglichen, die aus Plexiglas bestehen und einen Druck von 1100 Atmosphären aushalten können, was 11000 Metern Wassertiefe entspricht. Der

Pilot sitzt am mittleren Sehgerät. In Reichweite hat er das Schaltpult für die drei Schrauben, die der Fortbewegung in Längsrichtung, seitlicher und senkrechter Richtung dienen, die Bedienungshebel für das hydraulische Steuergerät, mit dem der ferngesteuerte Arm bewegt wird, die Schalter für das Abwerfen von Eisenschrot, das Ablassen von Benzin, für den Notabwurfballast, und für die Steuerungsgeräte und Bildschirme.

Der Wissenschaftler hat die Wahl, ob er an Backbord oder Steuerbord beobachten will. Er betätigt den Auslöser der drei außen angebrachten Fotoapparate und zeichnet seine Kommentare auf Magnetband auf.

Im Hintergrund der Tauchkugel herrscht Jean-Louis Michel über eine Batterie von elektronischen Apparaten, deren wesentlichster Teil die Meßzentrale ist. Alle 30 Sekunden werden Uhrzeit, Höhe über Grund, Wassertiefe, Temperatur und Kurs registriert. Rechts vor seinen Augen hat er den Schirm des Fächerstrahlsonars, dessen akustischer Peilstrahl den Wasserraum in einem Radius von ungefähr 1500 Metern abtastet und mögliche Hindernisse ausmacht. Zur Linken hat er den Fernsehschirm, auf dem er je nach Wahl das Bild von drei Fernsehkameras empfangen kann. Mit einem Videogerät können sie aufgezeichnet werden. Jetzt eben reguliert er das Registriergerät des Echolots, das auf einem Papierstreifen ein kontinuierliches Profil des Tiefseebodens unter dem Tauchapparat aufzeichnet und die sogenannte «Höhe über Grund» angibt.

Es ist 9 Uhr und 3 Minuten.

«Laß die Luft aus der Badewanne.»

Die *Marcel-Le-Bihan* gibt an der Meeresoberfläche die Taucherlaubnis, und de Froberville flutet die Einstiegsschleuse. Das Tauchboot wird langsam schwerer und sinkt. Die erste Tauchfahrt des Unternehmens «Famous» hat begonnen.

9 Uhr 10 Minuten. Das Unterwassertelefon zirpt. Es ist die Stimme von Harismendy:

«*Le-Bihan* an *Archimède.* Ihr seid an der Meeresoberfläche nicht mehr sichtbar. Eure Ausgangsposition war 1300 Meter bei 140 Grad von der Boje B9 entfernt, ich wiederhole 1300 Meter südöstlich der B9. Viel Glück ...»

«Das ist doch nicht möglich», murmelt Le Pichon enttäuscht. «Wir sind ja furchtbar weit abgetrieben! Wie sollen wir die Boje wiederfinden?»

Der Kommandant de Froberville läßt sich nicht aus der Ruhe bringen. Sicher, die Abtrift der *Archimède* an der Meeresoberfläche war größer als erwartet. Die *Marcel-Le-Bihan* hat diese Abdrift unter Berücksichtigung des Windes geschätzt. Es ist möglich, daß auch eine Strömung vorliegt. Deren Geschwindigkeit und Richtung konnten inmitten des Atlantiks nicht im voraus berechnet werden. Es wäre natürlich vorzuziehen gewesen, genau senkrecht über der Ortungsboje zu tauchen. Die Berechnung der Abdrift des Tauchboots wäre einfacher gewesen: Sie wäre lediglich auf eine Schätzung der Tiefenströmung hinausgelaufen ... Aber was konnte man daran ändern?

Le Pichon hakt nach:

«Können wir vielleicht während des Abstiegs näher an die Boje herankommen?»

«Sicher», antwortet der Kommandant, «wenn wir 1500 Meter erreicht haben, werde ich durch Ablassen von Eisenschrot den Abstieg bremsen und auch mitten im Wasser die Motoren anstellen. Die *Marcel-Le-Bihan* wird uns Entfernung und Kurs angeben. Das ist einfach!»
Le Pichon schweigt, aber die drei Männer haben Sorgen. Was Froberville gesagt hat, stimmt. Theoretisch ist das Problem einfach, aber keinem von ihnen ist unbekannt, daß das «Duva», das akustische System, das von der *Marcel-le-Bihan* zur Ortung des Tauchboots eingesetzt wird, nicht sehr genau arbeitet. Für das nächste Jahr ist eine neue Ausrüstung in Vorbereitung. Die Tauchboote werden dann mit einer akustischen Peilboje ausgerüstet, deren Leistung unvergleichlich besser ist. Für die ersten Tauchfahrten jedoch muß man sich mit dem begnügen, was man hat ...
Die *Archimède* sinkt mit einer Geschwindigkeit von 30 Metern pro Minute. Um den Grund zu erreichen, wird sie etwas weniger als eineinhalb Stunden brauchen. Normalerweise spielt sich dieser stille Abstieg in die Nacht der Tiefsee in aller Ruhe ab. Das sind die ruhigen Momente, die den Aquanauten ermöglichen, sich nach der fieberhaften Aufregung der letzten Tauchvorbereitungen an der Oberfläche zu entspannen. Heute gibt es nichts dergleichen. Sie wollen am vorbestimmten Punkt aufsetzen, jenem berühmten Punkt, der durch ein Kreuz auf der Karte bezeichnet ist, die Le Pichon zwischen sich und dem Piloten entfaltet hat. Und sie wissen, daß sie noch weit davon entfernt sind. Der «Fall» des Bathyskaphen versetzt sie 1300 Meter nach Süden ... Sie haben eine Stunde vor sich, um eine Taktik zu entwickeln, die sie dorthin führen wird, wo sie aufsetzen sollen. Eine Stunde, das ist nicht viel Zeit. Sie beratschlagen ...
Le Pichon glaubt, daß er in der Lage sein wird, die Position des Tauchboots nach den Angaben des Echolots zu bestimmen. Wenn Michel es entsprechend einstellt, wird das auf dem Papierstreifen aufgezeichnete Bodenprofil aussagefähig genug sein ... Zumindest müßte es mit dem Echolot möglich sein, den Abhängen des Grabens auszuweichen ...
«Das wäre eine Katastrophe», fügt er hinzu, «wenn wir auf einem der Abhänge aufsetzen, finden wir die Boje nie.»
9.54 Uhr. De Froberville läßt einige Kilogramm Eisenschrot ab. Die *Archimède,* die leichter geworden ist, sinkt langsamer.
«*Archimède* an *Le-Bihan,* was ist unsere Position?» fragt Froberville.
Die Antwort kommt sofort:
«1500 Meter 160 Grad von B9.»
«Wir sind noch weiter nach Süden abgetrieben», murmelt Le Pichon.
Froberville nimmt das Mikrofon und kündigt der *Marcel-Le-Bihan* an, daß er jetzt mit Höchstgeschwindigkeit in nordwestlicher Richtung laufen wird. Michel und Le Pichon blicken beide auf das Echolot. Der Schreiber rast über das Papier und zeichnet dort das Bodenprofil auf. Das Relief ist unwahrscheinlich zerklüftet. Die Schreibnadel zittert, hüpft in die Höhe, steigt funkensprühend wieder herab. Die beiden Männer blicken sich an: die reinsten Sägezähne.
Froberville dreht sich um und wirft einen Blick auf die Aufzeichnung:

«Nun ja!» sagt er lediglich, in wenig ermunterndem Tonfall.
Der Meeresboden scheint wieder anzusteigen. Ein Abhang zeichnet sich ab, und dann ein Hügel.
«Das ist vielleicht unser Vulkan», sagt Le Pichon. «Wie können wir das jetzt feststellen?»
10 Uhr. Der Pilot läßt ein wenig Benzin ab. Das Tauchboot wird schwerer und sinkt mit gestoppten Motoren tiefer. Michel hat das Fächerstrahlsonar angestellt.
«Jetzt», sagt Froberville, «sind wir zwischen den beiden Abhängen der Grabensenke, das zumindest ist sicher.»
Die Abhänge zeichnen sich klar auf dem Bildschirm des Sonargeräts ab.
10 Uhr 30 Minuten. Die Tauchtiefe beträgt 2200 Meter. Die *Marcel-Le-Bihan* gibt eine neue Position durch:
«Ihr befindet euch 200 Meter nördlich der B9.»
«Wir sind über die Boje hinausgelaufen!» ruft Froberville aus.
«Nichts auf dem Sonar, Michel?» fragt er noch.
Michel antwortet, daß es von Echos nur so wimmle. Seine Stimme ist immer noch ruhig. Er regt sich nie auf, und läßt zumindest seine Aufregung während des Einsatzes nie erkennen.
Wenn die Boje tatsächlich nur 200 Meter entfernt ist, müßten wir allerdings ihr Echo auf dem Sonar erhalten, denkt sich Froberville. Und das typische Ping-Ping hören. Aber nichts.
Die Atmosphäre wird düster. Die Gesichter werden länger. Der Pilot ist von einer Blindlandung in diesem Wald von Spitznadeln, den man sich unten vorstellen kann, nicht eben begeistert. Und dann, wie soll man die Boje wiederfinden, wenn man erst einmal auf Grund sitzt?
Die Minuten gehen dahin, und die *Archimède* sinkt immer noch.
«Nichts auf dem Sonar?» fragt Froberville.
«Nichts. Eine Vielzahl von Echos, aber keine Spur von der Boje.»
Le Pichon bemerkt, daß die Bake in 2450 Meter Tiefe verankert ist, und schlägt de Froberville vor, die *Archimède* in dieser Tiefe in einen Schwebezustand zu bringen:
«Wenn wir uns auf gleicher Höhe wie die Boje befinden, mußten wir sie empfangen, oder ...»
«Sofern sie sich nicht auf dem Grund eines Kraters oder irgendeines Lochs befindet und die Bodenerhebungen ihren Peilstrahl nicht unterbrechen», fügt de Froberville hinzu.
Michel bemerkt, daß sich der Boden nun auf 2540 Meter abgesenkt hat.
«Dann sind wir nicht über dem mittleren Vulkan», sagt Le Pichon, «das steht fest.»
Froberville läßt noch einige Liter Benzin ab. Der Abstieg geht sehr langsam weiter.
10.49 Uhr. Tauchtiefe 2450 Meter.
Der Meeresboden liegt etwa 100 Meter unter dem Kiel des Tauchboots. Das Unterwassertelefon knistert. Die *Marcel-Le-Bihan* gibt bekannt, daß die *Archimède* sich nunmehr südlich der Boje befindet, und ganz in der Nähe.

Wütende Ausrufe in der Tauchkugel. Das ist zum Verrücktwerden! Vor einer dreiviertel Stunde hatten sie von der Oberfläche mitgeteilt, daß das Tauchboot sich nördlich befinde.
«Wir fahren im Kreis herum!» sagt Le Pichon. «Ich habe außerdem den Eindruck», fügt er hinzu, «daß die Position falsch ist, die sie uns geben.» Er regt sich auf. «Seht euch nur die Echos auf dem Sonar an: Sie weisen auf Reliefs nord-südlicher Richtung auf unserer Linken hin. Auf unserer Linken, wiederholt er. Meiner Meinung nach handelt sich's um den mittleren Vulkan, und wir befinden uns nördlich. Ich schlage vor, daß wir umkehren.»
Froberville zögert einen Augenblick. Er beschließt, langsam weiter nördlich zu laufen und abzuwarten, bis die *Marcel-Le-Bihan* eine neue Position durchgibt.
11.26 Uhr. Die *Archimède* befindet sich in 2500 Metern Wassertiefe. Das Echolot gibt an, daß sie sich genau 100 Meter über dem Meeresboden befindet. Die Meerestiefe hat also zugenommen.
«Sinnlos, hier weiterzufahren», denkt sich Froberville, «Le Pichon muß recht haben. Wir kehren um», sagt er.
Unter der Einwirkung ihres Motors in Längsrichtung kurvt die *Archimède* schwerfällig und dreht sich um 180°. Nun sind bereits 2½ Stunden seit Beginn der Tauchfahrt vergangen. Die Batterien haben bereits ein Viertel ihrer Ladung abgegeben. Und das Tauchziel ist immer noch nicht erkannt ...
Plötzlich ein Triumphschrei von Michel.
«Die Boje!» Im selben Augenblick ertönt im Innern der Kugel das typische Ping-Ping. Ein hübsches Geräusch mit einem metallischen Nachhall. Für die drei Männer ist dieses Pingen die schönste Melodie.
«Sie liegt in 900 Meter Entfernung genau südlich», fügt Michel hinzu.
Auf dem Bildschirm des Sonars sieht man klar den kleinen Leuchtpunkt, der jedesmal aufstrahlt, wenn der Peilstrahl ihn berührt.
Es ist 11.30 Uhr.
Die Spannung löst sich. Froberville fragt sich im stillen, wie es möglich ist, daß das verdammte «Duva» derart falsche Positionen festgestellt hat. Es ist bekannt, daß die Fehlerquote hoch ist. Aber in diesem Umfang!
Michel stellt sich dieselbe Frage, und als belesener Elektroniker bietet er eine Erklärung an: Der Meeresgrund ist so zerklüftet, daß die Schallwellen zwischen der Meeresoberfläche und dem Tauchboot vielleicht nicht geradlinig verlaufen. Es ist möglich, daß sie von den Felsabhängen reflektiert werden, bevor sie den Empfänger erreichen. Daher würden sich natürlich die Fehler in der Entfernung und im Azimut ergeben.
Auf dem Bildschirm des Sonars zeichnen sich drohende Flecken ab. Die 900 Meter, die im freien Wasser 100 Meter über dem Meeresboden noch zurückzulegen sind, dürften nicht gerade ein Kinderspiel sein.
«Michel, paß scharf auf», sagt Froberville. «Wir haben bereits zu viel Zeit verloren. Ich gehe auf hohe Geschwindigkeit.»
Michel sitzt wie hypnotisiert vor dem milchigen Schimmer des Schirms:
«In Ordnung», sagt er, «mach dich bereit, sofort zu stoppen, wenn ich ein Hindernis ankündige.»

Zur größeren Sicherheit schaltet Froberville die zwölf Außenscheinwerfer an und beugt sich über das mittlere Sehgerät. Der Scheinwerferkegel verliert sich im Dunkeln. Zur Zeit ist nichts in Sicht.
11.40 Uhr. Das Echolot gibt an, daß sich der Meeresboden 120 Meter unter der *Archimède* befindet. Die Boje nähert sich. Es ist zu sehen, wie sich ihr Echo langsam in die Mitte des Sonarbildschirms verschiebt.
12.05 Uhr.
«Großes Hindernis genau voraus», kündigt Michel an.
Le Pichon, der vor dem Echolot sitzt, gibt an, daß der Meeresboden sehr schnell heraufkommt. Er sagt an: 80 Meter, 60 ... 50 Meter.
«Achtung», schreit er, «20 Meter, wir laufen auf!»
Froberville stoppt die Motoren und geht auf volle Fahrt zurück.
Das Trägheitsmoment des Tauchboots ist beträchtlich. Es läuft noch ohne Fahrt voraus. Der Pilot starrt in die Finsternis. Nichts in Sicht. Dennoch ist der Boden ganz nahe.
«Boje 300 Meter genau voraus», sagt Michel.
Sie befindet sich sicher über ihnen, auf dem Abhang oder auf dem Gipfel des Hügels, der vor der *Archimède* liegt.
Froberville fragt:
«Was sollen wir machen? Soll ich hier aufsetzen, wo wir sind oder im freien Wasser aufsteigen, um dann wieder genau Kurs auf die Boje zu nehmen?»
Die zweite Lösung ist sicherer, doch stellt sie einen Zeitverlust dar und einen zusätzlichen Verbrauch an Eisenschrot ...
«Landen wir», fordert Le Pichon. «Wir sind nicht mehr weit entfernt und werden über Grund auf die Boje zulaufen, ich möchte endlich sehen, wie dieser Meeresgrund aussieht.»
Der Pilot ist einverstanden. «Also los», sagt er. Er läßt ein wenig Benzin ab. Langsam, sehr langsam sinkt die schwere Masse des Bathyskaphen. Michel gibt kontinuierlich den Abstand zum Grund an: 20 Meter, 15 Meter, 10 Meter. Le Pichon und Froberville hängen an ihren Sichtgeräten. Sie beobachten so angespannt, daß sich die Gummimanschetten um ihre Augen eindrücken und rote Kreise hinterlassen. Froberville sieht den Boden als erster.
«Ein senkrechter Felsabhang vor uns», sagt er. «Sieh dir das an!»
«Ich hab's gesehen», sagt Le Pichon.
Seine Stimme verrät eine gewisse Erregung. Vor seinen Augen hat er den Grund der Grabensenke, den er sich seit Jahren vorzustellen versucht ...
«Massive Lava», fügt er hinzu.
Das Bathyskaph sinkt weiter, mit dem Bug zu der senkrechten Klippe, deren Entfernung auf zehn Meter geschätzt wird und die sich ziemlich schnell nähert.
«Das ist noch ganz frisch. Das fließt den Hang hinab. Man könnte glauben, daß die Lava noch fließt», fügt Le Pichon hinzu.
Vor dem Tauchboot erhebt sich tatsächlich eine riesige Kaskade von Lava, die sich über einen fast senkrechten Abhang ergießt und wie durch Zauberhand augenblicklich erstarrt scheint.

Die *Archimède* wird weiter von der Strömung auf die Felswand zugetrieben, die sich zusehends nähert. Sie sinkt immer noch. Fasziniert murmelt Le Pichon: «Man könnte fast meinen, das seien riesige Orgelpfeifen.»
Inzwischen kann er klar schwarze Röhren unterscheiden, von denen einige bis zu einem Meter Durchmesser haben. Die frische Glasschicht, die sie bedeckt, glänzt pechschwarz im Licht der Scheinwerfer. Alle zehn Sekunden wird das helle Licht noch zusätzlich flüchtig durch das Blitzlicht verstärkt.
Le Pichon, der Moores Beschreibung des unterseeischen Lavaflusses von Hawaii noch im Ohr hat, sieht in seiner Fantasie, wie sich das grandiose Schauspiel der Entstehung dieser Lavakaskade vollzieht.
Welche phantastische Symphonie aus der Neuen Welt haben diese riesigen Orgelpfeifen im Augenblick ihrer Entstehung gespielt? In der von goldenen und blutroten Streifen durchzogenen Nacht der Tiefsee ist die glühende Lava sicher zwischen den Rändern der Spalten des Tals hervorgesickert, gequollen und hat gebrodelt, zwischen Spalten, die sich wie Hiebwunden ausnehmen, die die in Entstehung begriffene Erdkruste auseinanderklaffen lassen. Die Lava hat sich in feurigen Kaskaden ausgebreitet, die durch die Kälte und den Druck zu langen senkrechten Röhren erstarrt sind. Durch die Ergußschlote haben die Höllenkessel, in denen die glutflüssigen Gesteine kochen, weiter neue Lavaströme hochgedrückt. Für jede Röhre eine Resonanz nach Größe ... Die Orgelpfeifen einer Kathedrale in der Finsternis ... Ein Konzert von dumpfem Grollen, das untermalt wird von den Explosionen oder Implosionen der leergelaufenen und sofort zusammenstürzenden Röhren, vom Zischen des bei Berührung mit der Lava sofort verdampfenden und in Dampfblasen aufsteigenden Wassers, vom trockenen Knirschen des glasartigen Überzugs, der unter den Bewegungen des geschmolzenen Gesteins aufbricht, von den dumpfen Schlägen der Blöcke von Kissenlava, die sich ablösen, den Hang hinabrollen und bei jedem Aufprall Reihen von flüssigen Lavatropfen verstreuen, die bei der Berührung mit dem Wasser ebenso viele kleine Kugeln oder Fäden spiegelnden Glases bilden.
Aus dieser Vorstellungswelt wird Le Pichon von Froberville gerissen, der ihn zur Ordnung ruft:
«Laß mich wieder ans Sichtgerät. Wir laufen sonst auf. Ich werde versuchen, auf dem Abhang direkt unter uns aufzusetzen.»
Le Pichon begibt sich wieder nach Backbord. Am Fuß der Klippe wird der Abhang tatsächlich etwas sanfter – 40° oder 50° Steigung – und dann fällt er plötzlich erneut senkrecht ab. Durch die Bullaugen hat ein tiefes Blau das spiegelnde Schwarz der erstarrten Lava ersetzt. Vorsichtig, Zentimeter um Zentimeter, setzt Froberville die empfindliche Unterseite des Tauchboots in einem schwankenden Gleichgewicht auf diesem Absatz auf. Die *Archimède* liegt parallel zu der Felswand, die von Nordosten nach Südwesten verläuft, wobei ihre Steuerbordseite die Felswand berührt.
Ein unangenehmes Knacken und Knirschen von Blech, und dann ein Kreischen. Froberville brummt zwischen den Zähnen:
«Ich kann die Position nicht halten. Es ist zu steil. Ich rutsche ab. Wir müssen hier weg.»

Dann fügt er hinzu:
«Die Strömung schiebt mich von hinten auf die Steilwand zu, und das mag ich gar nicht.»
Zwischen den Orgelpfeifen lassen sich einige große, kissenförmige Gebilde ausmachen, von denen eines, das sehr groß ist, aufgeschlitzt zu sein scheint. Die glasartigen Bruchstücke sind über dem Boden verstreut. Ein kleiner Tiefseefisch duckt sich in eine Vertiefung. Ein weißer Schwamm wiegt seinen Kelch am Ende eines Stengels, der fast einen Meter lang ist.
Es ist 12.13 Uhr. Die Meerestiefe beträgt 2539 Meter. Der Pilot läßt Ballast ab. Der Bathyskaph steigt wieder auf und beschreibt eine Kurve nach Backbord, um sich von der Felswand zu entfernen. Froberville sucht einen weniger steilen Platz, um sich noch tiefer aufsetzen zu können. Die Lavablöcke verlieren sich in der Dunkelheit.
Weiter unten kommt der Meeresboden wieder in Sicht. Und er sieht völlig anders aus. Es ist eine Schutthalde, die aus zerbrochenen Steinen von eigenartig gleicher Größe besteht, fast wie der Schotter von Eisenbahngleisen. Die Hangneigung beträgt ungefähr 45°.
«Das sind Bruchstücke von Kissen. Sieh dir das an, Froberville, man sieht klar die schalenförmigen Erkaltungsschichten. Das ist der Schuttabhang an der Stirnseite des Lavastroms, von dem Moore gesprochen hatte.»
Die *Archimède* setzt sanft auf, rutscht noch einen Meter weiter, und kommt in einer kleinen Kuhle im Gelände ins Gleichgewicht. Auf dem Feld aufgehäuften Schutts am Fuß des Lavaergusses sind einige sehr große, anscheinend unversehrte Kissen zu unterscheiden, die sich vom Ende der «Röhren», an denen sie hingen, wie ein Harztropfen von einem gebrochenen Ast abgelöst zu haben scheinen. Eine dünne Schicht von «Schnee» (abgestorbenen Globigerinen-Gehäusen von kaum einigen Millimetern Dicke) bedeckt den Schuttberg und sammelt sich in kleinen Vertiefungen von einigen zehn Zentimetern Durchmesser. Dieser Schlamm, dessen Sedimentierungsgeschwindigkeit im Durchschnitt drei Zentimeter pro Jahrtausend beträgt, ist alles, was von dem lebenden Manna übrigbleibt, was wie ein Regen von der Planktonschicht an der Meeresoberfläche herunterfällt, und von dem die ganze Flora und Fauna der Tiefsee lebt. Es handelt sich vor allem um die winzigen Kalkskelette der Globigerinen, von denen jede so groß ist wie ein kleines Sandkorn. Sie bilden einen Teppich von einem sehr reinen, leuchtenden Weiß. Vor uns breitet eine riesige Rindenkoralle ihre versteinerten Äste aus, eine zerbrechliche und rührende Statue, die ihre Arme flehend in die Nacht streckt, wie eine Göttin Schiwa verborgen im Dunkel eines geheimnisvollen Tempels. Dennoch lebt sie, diese riesige steinerne Blume, die für alle Zeit erstarrt scheint. Genau wie der große Schwamm, der sich ein wenig weiter rechts erhebt, gehört sie nicht zu den Pflanzen, sondern zu den Tieren: Sie wächst, ernährt sich, atmet und stirbt. Auch dieser Organismus von majestätischer Schönheit lebt, der sich in einem Busch von perlmuttüberzogenen, flaumigen Fäden stufenförmig um einen zentralen Stamm herum ausbreitet. Er zittert in der Strömung wie jene königlichen Fächer von einst aus Straußenfedern.

Und dann sehen wir eine «Tulpe», eine zarte Blume von weißem Porzellan, die ihren Kopf am Ende eines langen biegsamen Stengels neigt; sie hat die Anmut einer Ballerina, die bei einer Kapriole einen Augenblick lang reglos in der Luft schwebt.
Es ist ein Traumgarten, kahl, sehr nüchtern, eine Ansammlung, die gleichzeitig sehr streng in ihrer Geometrie und wahnhaft in ihrer Entfaltung von weißen Formen ist, die plötzlich in einem morgendlichen Halbdämmer auftauchen, nachdem sie einen Augenblick lang ihrer Welt der ewigen Finsternis entrissen sind. Wofür diese ganze Schönheit, diese Harmonie lebender Formen, dieses Farbenspiel auf der glitzernden Staubschicht, die mit ihrem Hermelinmantel die aufgetürmten schwarzen Blöcke bedeckt?
12.25 Uhr. Tiefe: 2250 Meter. Le Pichon reißt sich von der Betrachung dieser Traumlandschaft los ...
«Versuch dieses schöne Kissen mitzunehmen, das sich da neben diesem großen Schwamm unter dem Greifarm befindet.»
Froberville wischt sich die Schweißtropfen von der Stirn:
«Michel, lös mich bitte für die Probenentnahme ab. Ich bin fix und fertig.»
Seit dem Aufsetzen auf dem Meeresboden hat Froberville unaufhörlich manövriert, um dieses schwer lenkbare Luftschiff der Tiefsee zwei oder drei Meter von den mit Unebenheiten und Spitzen übersäten Felswänden entfernt zu halten, wobei er gegen eine starke Strömung ankämpfte, die das Tauchboot unaufhörlich auf die Felswand zu drückt. Seine Hände waren dauernd in Bewegung, sprangen von den Bedienungshebeln der drei Antriebsaggregate zum Hebel für das Ablassen von Benzin und zu den Druckknöpfen für die Elektromagneten. Er mußte unaufhörlich die Position korrigieren: ein kleines Stück nach rechts, aufsteigen, wieder nach links, über einen kleinen Buckel hinweggleiten ... In den vielen Jahren hat er eine Art sechsten Sinn erworben, der ihn in den Stand versetzt, zu erraten, in welcher jeweiligen Lage zu Hindernissen sich die Bordwände und das Heck seines Tauchboots befinden.
Er ist glücklich, vollständig glücklich, da er nunmehr weiß, daß der Bathyskaph, den er ein wenig wie sein Adoptivkind betrachtet und der von manchen verachtungsvoll als «Trampeltier» bezeichnet wird, in diesem außerordentlich schwierigen Gelände manövrieren und den gegebenen Auftrag erfüllen kann.
«Wißt ihr, was mir ein sehr bekannter Wissenschaftler kurz vor der Abfahrt gesagt hat?» vertraut er Michel und Le Pichon an: «Mein lieber Freund, stellen Sie sich mal das Matterhorn vor, bei Nacht, und mit einem ordentlichen Windchen. Was würden Sie sagen, wenn ich Ihnen da ein Luftschiff anvertrauen würde und von Ihnen verlangte, daß sie von der Gondel aus Gesteinsproben entnehmen, wobei ihre einzige Beleuchtungsmöglichkeit in einer Taschenlampe besteht?»
Die drei Aquanauten lachen schallend über diesen Vergleich.
«Das macht nichts, er wäre glücklich, das zu sehen, was wir in diesem Augenblick sehen, und festzustellen, daß er sich mit seinen Prophezeiungen geirrt hat», sagt Le Pichon abschließend voller Großmut.

Um 12.52 Uhr ist die Gesteinsprobe gezogen und das große Stück von einem Kissen ist im Aufnahmekorb gut verstaut. Michel nutzt den Stillstand, um eine Reihe von Justierungen am Fernsehen vorzunehmen, das nicht richtig funktioniert, was seiner Meinung nach an einem Kurzschluß außerhalb liegt. Es ist Zeit, Fahrt in Richtung auf die Boje aufzunehmen, die sie auf der Spitze des Hügels in einer Bodenvertiefung vermuten, die der Krater sein könnte. Zunächst muß die senkrechte Steilwand erstiegen werden, diese Stirnseite des Lavaergusses, an deren Fuß die *Archimède* noch liegt, und dann wird man sicher wieder herabsinken müssen.
Das Ziel ist klar: Es muß festgestellt werden, ob es sich tatsächlich um eine primäre vulkanische Struktur handelt, um einen Vulkan, der von aus Spalten hervorbrechenden Lavaergüssen aufgebaut wurde, um eine Erhebung, die allein auf Lavaergüsse zurückzuführen ist und bisher noch nicht von einer Reihe von Rissen, «Verwerfungen», wie die Geologen sagen, die auf die Dehnungskräfte zurückzuführen sind, zerbrochen, zerhackt, hochgedrückt, zusammengestürzt und gestaltet worden ist.
Le Pichon diktiert in sein Tonbandgerät:
«Alles, was wir bisher gesehen haben, bestätigt, daß wir uns auf einem Vulkan befinden, der in jüngster Zeit aktiv gewesen ist und von dessen Spitze umfangreiche Lavaergüsse ausgehen.»
«Wie erklärst du dir das Vorhandensein dieser Lavakaskaden? Warum sind die Stirnseiten der Lavaströme senkrechte Wände?» fragt Froberville.
«Ich gebe zu, daß ich's nicht weiß. Das ist die große Überraschung. Wenn wir auf dem Echolot eine derartige Steilwand registriert hätten, hätten wir mit Sicherheit auf eine Verwerfung geschlossen», antwortet Le Pichon.
Michel weist sie darauf hin, daß auf dem Schirm des Fächerstrahlsonars der vulkanische Charakter dieser Steilwände sehr gut zu sehen ist. Sie sind nicht rechtwinklig, wie das Verwerfungen sein könnten. Ganz im Gegenteil bilden sie eine Reihe von Lappen, die sich, ausgehend vom südlichen Gipfel, kreisförmig ausbreiten.
«Jeder dieser Lappen entspricht wahrscheinlich einem vulkanischen Lavafluß, und wir befinden uns in diesem Augenblick am Ostrand eines großartigen Lappens in ost-westlicher Richtung», schließt Le Pichon.
13.10 Uhr. Froberville nimmt seinen Platz am Steuer wieder ein:
«Es ist Zeit, mit der Kletterei anzufangen.»
Die «Kletterei» wird eine halbe Stunde dauern. Die Stirnseite des Lavastroms, die ungefähr in nordwestlich/südöstlicher Richtung liegt, bildet an diesem Punkt einen nahezu senkrechten Wall von mehr als 50 Metern Höhe. Le Pichon ist fasziniert und diktiert unaufhörlich.
Froberville versucht zunächst, mit der in senkrechter Richtung wirkenden Schraube abzuheben, wobei er nach links ausweicht. Ohne Erfolg: es muß Eisenschrot abgelassen werden. Dreimal hintereinander wird der Bathyskaph in derselben Höhe blockiert und sein Aufstieg angehalten.
«Das ist sicher ein Überhang, Froberville, weich ihm aus.»
Froberville läuft rückwärts und läßt noch mal Ballast ab.
«Diesmal klappt's, wir heben ab.»

Die *Archimède* steigt auf und schabt dabei an der Steilwand entlang: «Wir kratzen», sagt Michel.

Sie kratzen tatsächlich und nehmen gedämpft das Geräusch von knirschendem Blech wahr. Frobervilles Stirn ist schweißüberströmt, und seine Knie sind weich. Le Pichon hat mit dem Diktieren aufgehört.

«Wir erreichen den Rand von irgend etwas», sagt Froberville. «Ich weiß nicht genau, was das ist. Vielleicht der obere Rand des Lavastroms ...»

Die kaum sichtbare Landschaft hat mit nichts Ähnlichkeit. Sie tappen im Dunkeln.

Plötzlich sagt Le Pichon: «Eine Rindenkoralle! Sie ist riesig.»

In der Tat, eine riesige, sehr weiße Gorgonie ist oben auf einem auf der Steilwand geplatzten Kissen festgewachsen, dessen radiale Erkaltungsstrukturen klar zu unterscheiden sind.

«Das sind ja Phalli, Xavier!»

Froberville hat diesen überraschenden Ausruf getan. Tatsächlich erhebt sich vor ihnen ein ganzer Wald von phallischen Formen. Das ist nicht mehr der Boden des Atlantiks, sondern ein wiedererstandenes Delos. Welchen merkwürdigen Kult feiert die Natur hier? Einige dieser Formen sind geplatzt. Ein Geschlinge von Lava windet sich die Abhänge hinab.

«Links stürzt es senkrecht hinab. Die Richtung der Felswand beträgt 330°. Wir sind zehn Meter über dem Boden ...», diktiert Le Pichon.

Anstelle der regelmäßigen und massiven Orgelpfeifen von vorhin weist der Lavafluß nun ein Durcheinander, eine Wirrnis von Röhren auf, von denen einige ganz verrenkt, verdreht, über Kreuz liegend sind. Die Lava ist aus den Rissen hinausgesickert und hat neue Auswüchse, Fäden, sofort erstarrte Säckchen gebildet, die selber wieder gerissen sind. Diese aufeinanderfolgenden Risse, diese jeweils von Erstarrung gefolgten Ausflüsse erzeugen drei Generationen von Formen: die «Orgelpfeifen», die «Phalli» und schließlich die «kleinen Finger» oder «Zehen», wie sie die Amerikaner genannt haben. Diese wirre Bodenformation haben die Franzosen «Gekröselava» genannt.

«Kurs 240°. Ich mache eine Aufnahme», sagt Le Pichon. Lavadärme, die in Richtung des Abhangs hinabfließen. Es handelt sich also um die Stirnseite eines Lavastroms. Ich würde meine Hand dafür ins Feuer legen.

Für sich selbst fügt er hinzu:

«Sehr sehr schöne Därme da gerade voraus. Großartige Därme, die ich da gerade fotografiert habe ... Links ist alles nur blau ...»

Froberville, der mit beiden Augen am Sehgerät hängt, antwortet: «Hast du diesen schönen *Nematonurus armatus* gesehen? Er begleitet uns bei unserem Aufstieg.»

Es ist ein Fisch von etwa 50 Zentimeter Länge, ganz schwarz, mit einem bösartigen rechteckigen Kopf und einer großen, mit Stacheln besetzten Rückenflosse. Er hält sich in der Schwebe, mitten im Licht der Scheinwerfer, die ihn nicht zu stören scheinen. Nur sein langer Schwanz schlägt langsam hin und her, wie ein Wimpel in einer leichten Brise.

«Er hat Angst vor meinem Blitz bekommen, er ist abgehauen», sagt Froberville. Dieser Fisch reagiert also auf das Licht.

Ein großer Rochen drückt sich einige Meter entfernt an den Boden. Er ist blaßrosa mit weißlichen Flecken.
«Das ist noch fischreicher als der Boden des Mittelmeers!» stellt Michel fest, der von der Landschaft nichts sieht, aber das Gespräch und die Kommentare der beiden anderen anhört. Der Rochen beobachtet den Eindringling, richtet seinen Schwanz auf und entfernt sich lässig mit einigen eleganten Flügelschlägen in die Dunkelheit.
Die *Archimède* steigt immer noch und überquert einen weniger steilen Teil der Felswand. Die Strömung drückt sie erneut gegen einen fast senkrechten Abhang. Le Pichon diktiert:
«Wir sind höchstens noch zwei oder drei Meter vom Gipfel entfernt. Es sind außerordentliche Einzelheiten zu sehen, riesige Kissen, eine Reihe von riesigen gestreckten Kissen ...»
«Es hat wieder gekratzt.»
«Was hat gekratzt?»
«Am Blech.»
«Schon wieder.» Sie werden sich noch an dieses unheimliche Geräusch gewöhnen. Einen Augenblick lang scheint das Tauchboot festzuhängen, und eine Wolke von Schlamm ergießt sich vor die Bullaugen. Dann ein schaukelnder Sprung ... es hat sich wieder freigemacht. Le Pichon diktiert ohne Rücksicht auf den Stil auf Tonband.
«Wir sind mit dem Blech angeeckt. Das ist sagenhaft: eine Ansammlung von sehr großen rissigen Kissen, ganz frisch. Wir stoßen dauernd an, aber das ermöglicht mir, erstaunliche Aufnahmen zu machen ... (Froberville wird von der Strömung gegen die Felswand gedrückt). Dadurch kann ich die Fotos des Jahrhunderts machen ... Es ist sehr erstaunlich. Er bekommt den Bathyskaph nicht mehr frei: Doch, jetzt geht es, wir bewegen uns wieder ... Tiefe: 2502 Meter. Ich würde um kein Königreich mit irgend jemand meinen Platz tauschen. Eine großartige Stirnwand eines Lavastroms, kaum ausgebildet ... Nanu, eine Krabbe, die böse wird.»
Eine große Krabbe steht hoch aufgerichtet auf ihren Beinen mit vorgestreckten Scheren in Angriffsposition. Am Ende ihrer Stengel bewegen sich die Augen wütend in alle Richtungen. Dieser ganze Lärm und diese Schlammlawine haben sie aus ihrem Loch gescheucht.
«Geschafft. Wir sind wieder frei», sagt de Froberville ruhig.
Der Pilot, der die Begeisterung von Le Pichon für diese Situation, die ihm äußerst unangenehm war, überhaupt nicht teilte, hat es geschafft, sich mit Hilfe der Seitenschraube von der Felswand zu lösen, endgültig, wie er hofft, Auf einmal steigt die *Archimède* in die Höhe, und die Steilwand gerät langsam aus dem Blickfeld.
13.47 Uhr. Die *Archimède* befindet sich erneut über einer Abflachung. Meerestiefe: 2500 Meter. Sie zieht mit westlichem Kurs fünf oder sechs Meter über dem Boden dahin. Auf dem Meeresgrund liegen dicke, kugelige und mit Rissen überzogene Kissen, die mehrere Meter Durchmesser erreichen können. Im Licht der Scheinwerfer ähneln sie riesigen Schildkröten, die unter einer Schneedecke schlafen. Diese kugeligen Kissen sind «Cousteaux»

getauft worden, da sie im Verlauf einer Expedition der *Calypso,* dem Forschungsschiff von J.-Y. Cousteau, das eine Kamera am Ende eines Kabels abgesenkt hatte, zum ersten Mal fotografiert worden sind. Die Amerikaner, welche die französische Nomenklatur übernehmen wollten, um uns eine Freude zu machen, haben irrtümlich die Namen vertauscht und nennen das «Cousteaux», was wir «Phalli» nennen! Nach einem Hin und Her von drei Monaten war auf allgemeinen Wunsch beschlossen worden, darauf zu verzichten, den vulkanischen Formen die Namen von berühmten Forschern zu geben. Auf dem Grund der Grabensenke wird es keine Cousteaux', Tazieffs oder Victors geben! Jedenfalls, ob sie nun nach Cousteau benannt sind oder nicht, stellen wir fest, daß sie typisch für die Terrassen oder Gipfel sind und häufig untereinander durch Röhren verbunden sind. Bisweilen haben sie sich quer über diese Röhren entleert, bevor sie sich verfestigt hatten und auf diese Weise merkwürdige Hohlräume erzeugt, in die Tropfgebilde von erstarrtem Glas hinabhängen, und an denen häufig die verschiedenen Fließschichten der Lava zu erkennen sind.
Plötzlich meldet Michel:
«Boje im Empfang, genau südlich, in 60 Metern Entfernung.»
Die Tauchtiefe beträgt nun 2485 Meter. Die *Archimède* manövriert fünf oder sechs Meter über dem Grund. Sie beschreibt eine weite Kurve nach links, um mit südlichem Kurs diese vielzitierte Boje anzulaufen. Es herrscht eine starke Strömung in Richtung Norden, und das Wasser ist nicht sehr klar, es scheint durch schwebenden Schlamm getrübt. Le Pichon diktiert:
«Wir sind in freiem Wasser. Der Boden unter dem Kiel ist verschwunden. Auf einmal ist es 60 Meter tiefer. Wir befinden uns auf derselben Höhe wie am Anfang.»
In einigen Minuten überquert das Tauchboot in südlicher Richtung die 60 Meter Steilwand, die es gerade eben mit so viel Mühe in westlicher Richtung erklommen hat. Es trifft auf eine Terrasse die mit «Cousteaux» und großen Strömungsrippeln im Sediment bedeckt ist, die ähnlich aussehen wie die am Strand und in nordsüdlicher Richtung verlaufen.
Das Fächerstrahlsonar zeigt, daß diese Terrasse von einer kreisförmigen Felswand mit etwa 30 Meter Durchmesser umgeben ist. Ist es ein Krater? Es ist nur eine Öffnung nach Südosten auszumachen.
«Wir werden da hineinfahren», sagt Froberville.
Die Strömung aber behindert das Manöver und versetzt das Tauchboot dauernd. Michel weist darauf hin, daß nun bei hoher Geschwindigkeit eindeutig eine starke Vibration auszumachen ist. Ist die Schraube vorhin beim Anstoßen beschädigt worden? Froberville horcht auf:
«Das ist nichts Ernstes», sagt er. «Sieh dir das an, Le Pichon, sieh dir diesen Steilabfall an, fügt er sehr aufgeregt hinzu. Warte, ich werde etwas nach links abhalten und dann schweben wir mit der Abtrift langsam darüber weg. Da, jetzt bin ich in der richtigen Richtung. Kurs 185°.»
Es ist wiederum ein senkrechter Steilabfall in nordsüdlicher Richtung, und das Echolot zeigt an, daß auch er wieder auf einen Schlag über mehr als 50 Meter senkrecht abfällt, auf eine dritte Stufe, die bis jetzt die tiefste ist und

bei etwa 2600 Metern liegt. Es ist eine regelrechte Riesentreppe. Plötzlich ruft Froberville aus:
«Verflixt, die Batterie! Sie wird leer. Sie hat nur noch 106 Volt. Und nach den Vorschriften dürfen wir nicht unter 105 Volt gehen. Wir haben höchstens noch eine halbe Stunde. Was sollen wir machen?»
Seit Beginn der Tauchfahrt hat das Tauchboot unaufhörlich manövriert, alle Scheinwerfer waren eingeschaltet, und der Stromverbrauch ist sehr viel höher als erwartet gewesen. Es liegt auf der Hand, daß die unzugängliche Boje nicht mehr erreicht werden kann, die sich dennoch ganz in der Nähe befindet.
Le Pichon zögert einen Augenblick und entscheidet dann:
«Gehen wir hinunter. Ich möchte sehen, womit diese Wand Ähnlichkeit hat. Ich möchte gern wissen, ob es die Stirnseite eines Lavastroms ist.»
Langsam macht sich die *Archimède* noch einmal durch Ablassen von Benzin schwerer und sinkt parallel zur Klippe in die Nacht hinab. Le Pichon diktiert ins Mikrofon:
«Dieser Steilabfall ist phantastisch, absolut phantastisch. Er ist praktisch senkrecht. Ein Abgrund.»
Die *Archimède* sinkt ganz sacht hinab. Ihr Heck bewegt sich langsam von der Steilwand weg. Es ist eine typisch vulkanische Topographie. Keine Spur von Verwerfungen. Auch keine Spur von Tektonik.
Die Stimme von Le Pichon ertönt abgehackt in der Tauchkugel:
«Geh weiter weg, Froberville, geh weiter weg, sonst eckst du an!»
Der Bug der *Archimède* streicht im Vorbeisinken dicht am Felsen entlang, berührt ihn aber nicht.
Le Pichon fährt mit seiner Beschreibung fort:
«Auf dem Bildschirm des Flächenstrahlsonars ist sehr gut der Umriß des Lavastroms zu erkennen, der in zwei aufeinanderfolgenden Stufen etwa 100 Meter Höhenunterschied aufweist ...»
Eine Pause, dann:
«Wir nähern uns dem Grund, man sieht schon die Schutthalden, der Abhang ist aber immer noch sehr steil ... Du wirst dort nie und nimmer aufsetzen können, Froberville, das ist zu steil!»
«Aber doch, bitte sehr», antwortet Froberville, der die Schraube für einige Umdrehungen nach vorn eingeschaltet hat.
Die *Archimède* hält sich mit dem Bug auf dem Schuttabhang fest und hängt mit dem Heck im freien Wasser ... Der Schuttabhang ähnelt dem, der zu Beginn der Tauchfahrt angetroffen wurde, dem Eisenbahnschotter aus einem Kissen, das in regelmäßige Bruchstücke zerfallen ist. Warum haben diese Steine alle dieselbe Größe? Wie sind sie auf diese Weise zerfallen? Fragen, die vorerst unbeantwortet bleiben.
Michel hat sich von seinen Apparaten abgewandt und bewegt den ferngesteuerten Greiferarm im Licht eines einzigen Scheinwerfers. Die anderen sind abgeschaltet worden, um Strom zu sparen. Er tastet eine Zeitlang herum, und es glückt ihm schließlich, ein schönes Bruchstück von einem Kissen in den Korb zu legen.

«102 Volt auf dem Voltmeter», meldet Froberville, «wir sind unterhalb der Sicherheitsgrenze und müssen auftauchen.»
Le Pichon brummt irgend etwas. Er würde gern weitermachen, aber er muß auf die Stimme der Vernunft des Piloten hören. Dieser ist erschöpft.
Es ist 14.13 Uhr. Froberville ruft die Oberfläche:
«*Archimède* an *Le-Bihan,* unsere Batterien sind erschöpft. Wir bitten um Erlaubnis zum Auftauchen.»
Die Antwort kommt sofort:
«Einverstanden. Alles ist klar an der Meeresoberfläche, kein störendes Schiff ist in Nähe der *Marcel-Le-Bihan.*»
Froberville läßt ein wenig Ballast ab, genausoviel wie nötig ist, um langsam entlang des Lavastroms aufzusteigen, von dem Le Pichon noch einmal Aufnahmen schießt. Das Magnetband ist fast am Ende. Er registriert noch: «Junge Lavaergüsse, sehr junge mit nahezu senkrechten Stirnseiten. Am unteren Teil der Ergüsse Schutthalden, die ...»
Es ist Schluß, die Spule ist abgelaufen. Es lohnt sich nicht mehr.
Es ist 14.56 Uhr, Froberville läßt eine große Menge Ballast ab. Der Meeresboden wird undeutlich und verschwindet. Auf dem Bildschirm des Sonars ist der Lichtpunkt der Boje das einzige Band, das sie noch mit der phantastischen Landschaft verknüpft, die sie soeben entdeckt haben. Die drei Aquanauten sind müde. Sie sind in Schweiß gebadet, und auf ihren Gesichtern zeichnen sich die Spuren der Schweißtropfen ab. Während der ersten Minuten des Wiederauftauchens wechseln sie kein einziges Wort. Sie haben noch die Bilder dieses Reliefs vor Augen, das vor ihnen kein Mensch gesehen hat. Michel bricht den Bann, indem er aus seinem unter dem Gehäuse des Echolots verborgenen Beutel belegte Brote mit Leberwurst und eine Flasche Beaujolais hervorzieht.

Freilich, nicht alle Tauchfahrten endeten ohne oder mit nur relativ harmlosen Zwischenfällen. Es liegt in der Natur der Sache, daß erst die Praxis bis dahin nicht beachtete oder unvorstellbare Unzulänglichkeiten enthüllte. Zu den Dutzenden von Beinahe-Unfällen, mehr oder minder leichten Havarien und anderen Vorkommnissen gesellten sich auch ernste Ereignisse:
Im Januar 1965 verschwand das mit zwei Personen bemannte Kleinsttauchboot ***Tigerhai*** *spurlos im Lago Maggiore. Es wurde erst ein halbes Jahr später 100 Meter von der Abtauchstelle entfernt, mit dem Bug im Schlamm steckend, aufgefunden. Den zum Abwurf des Notballasts notwendigen Schlüssel und Rettungstauchergeräte hatte man nicht mit an Bord gehabt.*
Im Sept. 1965 ereignete sich in einem anderen deutschen Kleinsttauchboottyp im Hafen von Monaco eine Explosion. Der Pilot des Einmannfahrzeugs konnte trotz sofortiger Hilfe nur noch tot geborgen werden.
1970 assistierten die ***Nekton Alpha*** *und* ***Nekton Beta*** *bei der Bergung eines Kajütkreuzers aus 80 Meter Tiefe. Beim Anheben der Jacht riß ein Seil. Das Schiff sackte ab und stieß auf die* ***Nekton Beta.*** *Ein Fenster zersprang. Das Tauchboot lief voll Wasser. Ein Insasse konnte sich in freiem Aufstieg retten, der andere ertrank.*
Im Juni 1973 verhakte sich die ***Johnson-Sea-Link I*** *vor Florida in 120 Meter Tiefe in den Streben eines als künstliches Riff versenkten Zerstörers und kam nicht mehr frei. Das Fahrzeug konnte erst nach 36 Stunden gehoben werden. Die Insassen der Pilotenkabine überlebten. C. Link, der Sohn des Tauchbootkonstrukteurs, und der Taucher A. Stover waren jedoch in der Taucherkammer erstickt.*
Anfang der siebziger Jahre waren also noch immer nicht alle Lücken in den Sicherheitsvorschriften geschlossen. So galt ein für ein bis zwei Tage konzipiertes Lebenserhaltungssystem als ausreichend. Rund drei Viertel aller damaligen Tauchfahrzeuge gewährten ihren Insassen nur diese Frist. In den ***Pisces****-Tauchbooten waren bereits zu dieser Zeit die Sauerstoffvorräte und Kohlendioxid-Absorberkapazitäten glücklicherweise etwas großzügiger bemessen. Diesem Umstand, und einer internationalen Rettungsaktion, war es zu verdanken, daß*

Roger Chapman

die Havarie der ***Pisces III*** *überlebte.*
Der 1945 in England geborene ehemalige Marineoffizier trat 1963 in die Royal Navy ein. Danach trat er den Dienst auf einer Fregatte als Navigator an und besuchte die U-Boot-Schule ***HMS Dolphin.*** *Chapman diente vier Jahre auf U-Booten als Navigator. 1972 verließ er aus gesundheitlichen Gründen die Royal Navy und wurde Tauchfahrzeugpilot bei der Firma Vickers Oceanics.*
Am Mittwoch, den 29. August 1973, kehrte so gegen acht Uhr die ***Pisces III*** *mit Mallison und Chapman an Bord vom Grund des Atlantiks zurück. Die Männer hatten dort, etwa 280 Kilometer südwestlich Irlands, in 500 Meter Tiefe am Grund Teile des transatlantischen Telefonkabels «Cantate» eingespült, d.h. sicher vor den Schleppnetzen der Fischer im Grund vergraben. Um 9.15 Uhr befestigten Taucher ein Schleppseil an der* ***Pisces III.*** *Die Winde des Mutterschiffes lief an. In der unruhigen See verfing sich das Seil am Lukendekkel des achterlichen Druckkörpers und riß ihn auf. Die als Maschinenraum dienende Kugel lief voll Wasser. Die* ***Pisces III*** *sackte sofort ab, hing aber noch wenige Minuten am Schleppseil. Bereits schon in diesem Augenblick begann der*

Wettlauf mit dem Tod

Die nächsten Minuten waren hektisch. In 53 Meter Tiefe gab es einen unerwarteten Ruck. Dann begannen wir uns ungestüm zu drehen. Eine Sekunde war das Tauchboot waagerecht, in der nächsten stand es auf seinem Heck oder schaute hinab zum Grund. Das geflochtene Nylonschleppseil hielt uns im Moment noch unter dem Mutterschiff aufgehängt, obwohl es nicht für eine solche Belastung bestimmt war.
«Was zum Teufel ist los?» schrie ich beinahe zu Roger, wußte aber bereits, was es war. Der hintere Druckkörper hatte sich aus irgendeinem Grund vollständig mit Meerwasser gefüllt. Deshalb war das Tauchboot über eine Tonne schwerer, als es im Wasser sein sollte. Jede Sekunde konnte das Schleppseil reißen.
Aus den Sekunden wurden allmählich Minuten, und wir hingen immer noch. Das Tauchboot bewegte sich so stark, daß lose Ausrüstungsteile im Innern des Druckkörpers herumgeschleudert wurden.
Wir schalteten das Unterwasser-Telefon an, und erstaunlicherweise hörten wir, wie eine verzerrte Stimme sagte: «Bleibt hängen, wir schicken einen Taucher mit einem anderen Seil für euch herab.» Die Stimme konnte nicht wissen, daß ein solcher Versuch für den Taucher fast einem Selbstmord gleichgekommen wäre. Aber die bloße Tatsache, eine Stimme von außen zu hören, hatte die Wirkung, uns wieder zu Sinnen zu bringen.

«Die abwerfbare Ballastmasse muß gelöst werden», sagte Roger. Irgendwie fand er den Auslösehebel, der sich hinter seinem Sitz befand. Auf keinen Fall war dies eine einfache Aufgabe, selbst unter günstigeren Umständen nicht, aber es erleichterte das Tauchboot um 180 Kilogramm. Es war das einzig Positive, das wir tun konnten, während sonst alle Bemühungen von der Oberfläche aus geschahen.

Aus dem Unterwasser-Telefon kamen laute Geräusche: die gegen das Mutterschiff brechenden Wellen, sein Propellerlärm, unsere Bewegungen und, als «Krönung» von alledem, eine Stimme, die uns zum Ausharren ermutigte. Roger machte die letzte Umdrehung, und die Abwurfmasse war ausgelöst, während ich über das Unterwasser-Telefon eine Verbindungsaufnahme versuchte. Nur zwei oder drei Minuten waren vergangen, seitdem der achterliche Druckkörper geflutet war; aber es erschien uns wie eine Ewigkeit. Wir wünschten uns, daß die schrecklichen sprunghaften Bewegungen enden würden. Wir wußten aber, wenn dies geschähe, dann wäre unser letztes physisches Verbindungsglied zur Oberfläche zerbrochen.

Plötzlich gab es einen gut hörbaren Knall. Die Bewegungen endeten jäh. Das Schleppseil war zerrissen.

Das Tauchboot drehte sich in eine senkrechte Lage – mit dem Heck nach unten – und begann sehr schnell zum Meeresgrund abzusinken. Der Tiefenmesser passierte die 75-Meter-Marke und fing an zu rasen, als es dunkel wurde. Schlagartig ließ uns dies aktiv werden. Das große Sonargerät hing außerhalb des Gestells an seinen elektrischen Kabeln und war eine unverkennbare Gefahr. Sofort zogen wir die Stecker aus und setzten es vor unseren Füßen ab. Nun standen wir auf den Kabeldurchführungen der Druckkörperrückseite. Automatisch griff Roger nach dem Unterwasser-Telefon und begann, die Tiefe an die Oberfläche durchzugeben: 90 Meter ... 105 Meter ... 120 Meter. Abgesehen von der rasenden Tiefenmessernadel konnten wir an nichts erkennen, wie rasch wir in Richtung Meeresgrund reisten.

«Das wär's dann», sagte ich zu Roger, als mein Gehirn wieder zu arbeiten anfing. Aber ich wußte nicht recht, was ich damit meinte. Automatisch begannen wir die Notfallmaßnahmen durchzugehen, obwohl an diese Art eines Unfalls niemand je gedacht hatte. Die Stromquellen (120-, 24- und 12-Volt-Systeme) wurden einzeln ausgeschaltet, um einem Feuer beim Aufprall vorzubeugen. Schnell schoben wir Sitzpolster, Kissen und verschiedene andere weiche Gegenstände hinter uns auf die Rückseite des Druckkörpers. Dann warteten wir.

«245 Meter ... 275 Meter ... 305 Meter ...» Wir sahen den leuchtenden Tiefenmesser über uns, der gleich einer kaputten Uhr still unseren Abstieg registrierte. Waren wir während unseres Aufstiegs in Richtung West in viel tieferes Wasser abgetrieben? Würde das Tauchboot dem Aufprall widerstehen? Diese und andere Gedanken jagten durch meinen Kopf angesichts der rasenden Geschwindigkeit.

«365 Meter ... 395 Meter ... 427 Meter.»

«Wir müssen bald da sein», sagte ich zu Roger.

«Beiß auf einen Lumpen, bevor wir auf den Grund stoßen», erwiderte er. Aber ich tat es nicht.
Bei genau 480 Meter prallte das Tauchboot mit dem Heck voran auf den Grund. Es gab einen heftigen Stoß. Der Zeiger des Tiefenmessers kam abrupt zur Ruhe. Dann war es ganz still.
Eine Sekunde lang traute sich keiner von uns sich zu bewegen. Würden wir rückwärts überkippen oder vorwärts rollen? Im Innern der Kabine war es pechschwarz. Noch in der Dunkelheit schrieb ich instinktiv die Worte «am Grund» in mein Notizbuch – aber mit geschätzter Zeit, da meine Uhr nicht leuchtete.
Langsam und vorsichtig wechselten wir unsere Lage. Bedächtig langte Roger hoch zum 120-Volt-Hauptschalter. Falls beim Schalten nichts geschah, dann wäre unsere Hauptbatterie beschädigt und die Lage kritischer denn je.
«Klick» machte der Schalter in der Dunkelheit, sofort gingen die kleinen, halbkugelförmigen Leuchten an. Erleichtert entspannten wir uns eine Sekunde. Elektroenergie war also noch verfügbar.
Kurz darauf führte uns ein lautes Zischen im Innern des Druckkörpers schroff zurück zu unseren Überlegungen. «Was ist das?» Aber wir wußten sofort, daß die Hauptsauerstoffflasche leckte. Unser für die Erhaltung des Lebens unentbehrlicher Sauerstoffvorrat überflutete die Atmosphäre.
Wir waren vollständig disorientiert durch die um 90 Grad rückwärts geneigte Lage des Tauchbootes und den fast kugelförmigen Innenraum des Druckkörpers. Eine Armlehnenpolsterung hing nun irgendwo über unserem Kopf. Das Innere des Druckkörpers glich einem Schlachtfeld. Die Erfahrung kam uns einmal mehr zugute, als Roger unter die Kissen zu seiner Linken tauchte und nach der Hauptsauerstoffflasche tastete, das rechte Ende fand und die Flasche zudrehte. Das Zischen verstummte.
Wir hatten keine Zeit, uns darüber zu ärgern, wie viel wir verschwendet hatten. Unverzüglich begannen wir mit einer detaillierten Suche nach all unserer Lebenserhaltungs-Ausrüstung. Nichts anderes war von Bedeutung, als daß wir Strom hatten und der Druckkörper beim Aufprall dicht geblieben war. Jetzt war klar, daß wir vermutlich eine lange Zeit auf dem Meeresgrund bleiben mußten, obwohl das in diesem Stadium keiner von uns erwähnte.
Unsere nächste Sorge betraf den Notstrom. Irgendwo in dem Schlachtfeld befanden sich kleine 12-Volt-Trockenbatterien. Sie waren an das Kommunikationssystem angeschlossen und konnten, wenn die Akkumulatoren ausfielen, das Unterwasser-Telefon mit Elektroenergie versorgen. Als letztes Hilfsmittel konnten sie sogar eine kurze Zeitlang den Ventilator des Kohlendioxidabsorbers antreiben. Die Batterie wurde gefunden. Sie schien unbeschädigt zu sein, obwohl sie auf der Seite lag und in Drähte verstrickt war. Der Absorber, mit Kanister, befand sich wegen unserer Lage in der Horizontalen. Ihn sicherte aber noch seine Halterung. Die Luftumwälzanlage war ebenfalls hier angebracht. Wenn dieses unentbehrliche Ausrüstungsteil nicht funktionierte, wenn es irreparable Beschädigungen aufwies, dann besäßen wir nur eine sehr kurze Überlebenszeit. Behutsam richtete ich den Ventilatormotor auf, entsicherte den Absorberkanister und nickte Roger zu. «Ver-

such es.» Der Schalter klickte, und zu meinem Erstaunen begann der Motor zu brummen.
Es waren nur wenige Minuten vergangen, seitdem das Tauchboot auf den Grund gestoßen war; aber ich fühlte mich plötzlich sehr müde. Wir waren am gestrigen Tag und in der Nacht meist aufgewesen; und noch vor kurzer Zeit waren ein Bad, das Frühstück und die willkommene Ruhe so nahe gewesen. Nun dies. Noch war es fast unmöglich, unsere Lage zu verstehen. Aber mein Körper verlor die Selbstkontrolle: Ich begann zu zittern wie ein Blatt, und es überlief mich heiß.
Als nächstes galt es, eine Verbindungsaufnahme zur Oberfläche zu versuchen. Ich erwartete kein großes Ergebnis, aber eine schlechte Verbindung war besser als gar keine. Die Unterwasser-Telefonschalter befanden sich über meinem Kopf. Als ich den Schalter anknipste, tönte – laut und klar und mit geringen Überlagerungen – eine ängstliche Stimme aus dem Lautsprecher: «*Pisces, Pisces.* Hier ist *Voyager.* Hören Sie uns? Kommen.»
Wir wählten den unteren Schallwandler, der in unserer Lage mehr oben als unten war, und antworteten: «Hier ist *Pisces.* Wir hören Sie laut und klar. Kommen.»
«Ah, *Pisces,* wir hören laut und klar. Wie ist Ihre Position da unten?» Die Stimme hatte sich nach unserer Antwort verändert. Vermutlich hatten sie ständig versucht, mit uns Kontakt aufzunehmen, seitdem das Schleppseil gerissen war. Die Stimme klang nun laut und vertrauenerweckend und ermutigte uns. Dies konnten wir auch gut gebrauchen. Wir wollten nicht viel Zeit für eine lange Beschreibung unserer Situation auf dem Meeresgrund verlieren. Deshalb antwortete ich, wir müßten erst überlegen und würden in etwa zehn Minuten zurückrufen.
Eines war uns klar: Wir mußten uns so schnell wie möglich einrichten und dann niederlassen, um mit unserem unentbehrlichen Energievorrat und dem Lebenserhaltungssystem zu sparen. Das Aufstehen, Suchen nach Ausrüstung und Sprechen verbrauchte viel zu viel Sauerstoff. Zum Glück hatten sich die normalerweise von vorn nach achtern angeordneten Bänke, auf denen der Pilot und der Beobachter lagen und hinaussahen, beim Aufprall gelöst. Deshalb war es relativ einfach, sie auf jeder Seite des Druckkörpers neu anzuordnen; aber man mußte dies sorgfältig tun, denn sie ruhten mit einem Ende auf den Kabeldurchführungen und mit dem anderen auf Hydraulikventilen. Der Zweck war folgender: In der pechschwarzen Dunkelheit sollte von diesen Bänken aus alles zur Hand sein.
Es folgten noch viele kleine Modifikationen zum Überstehen der nächsten dreieinhalb Tage, aber binnen zehn Minuten hatten wir im Prinzip das Innere des Tauchboots entsprechend der neuen Lage umgeordnet. Das Mikrophon des Unterwasser-Telefons besaß ein genügend langes Kabel, um uns gegenüber hängen zu können, und sein Bedienungsteil befand sich in Reichweite. Der Hauptsauerstoffvorrat war unter Rogers Bank vergraben. Deshalb griffen wir auf die acht Zentimeter von meinem Kopf entfernte Reserveflasche zurück. Während der ersten 24-Stunden-Periode konnte ich unseren Verbrauch aus dieser Flasche exakt beobachten, da ihr Druckmesser mir

genau ins Gesicht starrte. Der einzige Gegenstand, der nicht aus der liegenden Position bedient werden konnte, war der Schalter des Kohlendioxidabsorbers auf dem Pilotenschaltbrett. Er befand sich über unseren Füßen auf der anderen Seite des Druckkörpers. Um den Kohlendioxidanteil auf einem akzeptablen Niveau zu halten, mußte der Ventilator des Absorbers schließlich alle dreiviertel Stunden für zehn Minuten laufen. Manchmal wachte jedoch keiner von uns auf, um den Schalter zu bedienen, wie es die Ausführungen über die nächsten Tage zeigen werden.

Als wir uns eingerichtet und wieder niedergelegt hatten, nahmen wir Verbindung zum Mutterschiff auf und gaben eine umfassendere Schilderung durch. Die Hauptsorge betraf unseren Gesundheitszustand und die uns verbleibende Kapazität des Lebenserhaltungssystems. Wir waren beim Aufprall nicht verletzt worden. Das Tauchboot und seine Systeme arbeiteten noch genau; selbst unter 90 Grad zur Horizontalen. Ebenso enthielt unser Bericht eine detaillierte Darstellung des verbliebenen Sauerstoffvorrats und des Zustandes der Absorberkanister.

Die von uns durchgegebenen Daten zum Lebenserhaltungssystem wurden später nach Barrow-in Furness gefunkt. Dort errechnete man den letzten Zeitpunkt, zu dem die Rettungsoperation abgeschlossen sein mußte …

Die Kalkulationen schienen sehr genau zu sein, obgleich man zu dieser Zeit einen wichtigen Faktor noch nicht kannte. Als die Hauptsauerstoffflasche unter den Sachen verschwunden war, vermuteten wir einen Inhalt von 2400 Liter, entsprechend der Kontrolle, die 15 Minuten vor dem Erreichen der Oberfläche erfolgt war. Als zwei Tage später die Reserveflasche leer war, stellten wir in Wirklichkeit aber nur einen Vorrat von 1900 Liter in der Hauptflasche fest. Wir hatten doch tatsächlich 16-Mann-Stunden an Sauerstoff auf dem Weg zum Meeresgrund verbraucht.

Essen war nicht sehr wichtig. Wir besassen praktisch auch keines. Es gab aber genügend zu trinken. In den nächsten zwei Stunden versicherten wir uns, ob alle Dinge so günstig wie möglich angeordnet waren und begannen uns in eine Routine einzuleben. Die Temperatur im Innern des Druckkörpers war mit ungefähr zehn Grad Celsius nicht kalt. Die hohe Luftfeuchtigkeit von 95 Prozent bewirkte aber, daß man es als kühler empfand. Mein Pullover lag 480 Meter höher im Mutterschiff. Deshalb zog ich eine Rettungsweste unter den Overall an und hüllte meine Brust mit Stoffetzen ein, um warm zu bleiben. Roger war so vernünftig gewesen, seinen dicken roten Pullover mitzunehmen.

Das Zittern in unseren Körpern erstarb. Wir entspannten uns in der pechschwarzen Dunkelheit und diskutierten über die Situation. Vickers Oceanics und ihr Personal kannten uns und auch den Aufenthaltsort unserer anderen Tauchboote. Wir begannen uns vorzustellen, welche Schritte man für eine Rettung unternähme; aber wir hatten keine Ahnung, welch umfassende Vorbereitungen und tatkräftigen Anstrengungen in nur einer Stunde nach dem Unfall bereits erfolgt waren.

Die Schleppleine war am Mittwochmorgen um 9.22 Uhr gerissen. Um 10.00 hatte die *Voyager* mit folgendem Funkspruch die Verbindung zu Vickers

Oceanics in Barrow aufgenommen: «Achterlicher Druckkörper der *Pisces III* geflutet. Das Tauchboot liegt am Grund in 480 m, 50° 09'. 15 N, 11° 07'. 7 W, ungefähr 280 km SW von Cork.»
Von diesem Augenblick an geriet eine erstaunliche Organisation in Bewegung, in Barrow, in Cork und auf dem Meer.
Die Ausgangslage geeigneter Tauchfahrzeuge zur Rettung der *Pisces III* aus unserer Tiefe stellte sich sehr schnell heraus:
Die *Pisces II* befand sich an Bord der im Nordseeraum operierenden *Vickers Venturer,* 280 Kilometer von Aberdeen, dem nächsten Hafen, entfernt.
Die *Pisces IV* und *Pisces V* operierten an der Ost- bzw. Westküste Kanadas.
Die *Pisces I* wurde in einer Flottenbasis überholt und war nicht verfügbar.
Das nächste verfügbare Boot war deshalb die *Pisces II* in der Nordsee. Sofort wurde sie kontaktiert und zum nächsten Hafen beordert. Zur selben Zeit war die Royal Naval Submarine Base in Helensburgh (Schottland) informiert worden; eingeleitet wurde die Meldung mit *Subsmash* – das bei jedem Tauchfahrzeugunfall verwendete Codewort. Auch die International Hydrodynamics Ltd. (HYCO) in Kanada, Eigner der *Pisces IV* und *V,* war um Unterstützung gebeten worden ...
Die mittäglichen Ereignisse an der Küste waren schnell vonstatten gegangen. Wir, fernab auf dem Meeresgrund und in pechschwarzer Finsternis, fühlten uns entspannter. Wir sprachen etwa alle 30 Minuten mit dem Mutterschiff, obgleich die Verbindung manchmal schlecht war. Unsere eigene Unterhaltung reduzierten wir aber auf das Notwendigste, um Sauerstoff zu sparen.
Nun waren zwölf Stunden vergangen, seitdem die *Pisces III* bei Beginn der Tauchfahrt die Oberfläche verlassen hatte. Unsere größte Sorge zu diesem Zeitpunkt betraf das Tauchboot selbst. Wenn wir nicht redeten, kreisten unsere Gedanken um die verschiedenen Systeme, die zur Lebenserhaltung notwendig waren. Öfters sprachen wir zugleich über das eine oder andere Ausrüstungsteil, das eine Überprüfung erforderte. Der Druckkörper schien intakt zu sein; trotzdem war es innen schon recht feucht. Alle paar Minuten fiel ein Wassertropfen auf meinen Kopf. Auch Kondenswasser rann an den Seiten des Druckkörpers herab. Die Taschenlampe ging an und eine rasche Kontrolle der Kabeldurchführungen ergab, daß alle in Ordnung waren und nicht leckten. Zuerst war das irritierend; denn immer, wenn wir Tropfen sahen, testeten wir ihren Geschmack. Sie waren salzig. Aber im Lauf der nächsten drei Tage lieferte die Kondensation Erfrischungen für den Mund und das Gesicht.
Die beiden Hauptakkukästen befanden sich an den Seiten und enthielten 120-Volt-, 12-Volt- und 24-Volt-Akkumulatoren. In der ersten Zeit kontrollierten wir die Spannung aller drei Systeme fast kontinuierlich, um Energieverluste zu erkennen. Die Säure konnte zum Boden der Behälter hin auslaufen. Daraus ergab sich die Möglichkeit eines Säurelecks oder eines Spannungsabfalls, denn die Akkumulatorenkästen konnten beim Aufprall beschädigt worden sein. Wir wären vermutlich nicht in der Lage gewesen, etwas dagegen zu unternehmen, wenn die Spannung zu sinken begonnen hätte. Aber während dieser ersten Stunden schien alles in Ordnung zu sein.

Um 12.47 Uhr erstatteten wir erneut Bericht über den Zustand unseres Lebenserhaltungssystems über das Unterwasser-Telefon. Uns war aufgefallen, daß es nach dem Einschalten des Ventilators länger als üblich dauerte, den Kohlendioxidgehalt auf den akzeptablen Wert von 0,5 Prozent zu senken. Die Ursache: Der Absorberkanister war bereits bei der vorigen Tauchfahrt neun Stunden benutzt worden, so daß die Absorptionsmittelkörner sich schon stark mit Kondensaten gesättigt hatten und daher weniger effektiv arbeiteten. Das war ärgerlich. Es standen zwei Ersatzkanister zur Verfügung. Aber es wäre nicht sehr klug, zu rasch einen neuen Kanister einzusetzen. Er wäre der gleichen hohen Luftfeuchtigkeit ausgesetzt gewesen. Alles, was getan werden konnte, war, den alten Kanister während des Ventilatorenlaufes zu schütteln und zu hoffen, daß er weiterhin Kohlendioxid aus der Atmosphäre entfernte. Wir billigten folglich auch einen leichten Anstieg des Kohlendioxidspiegels, dessen Wirkung in den nächsten Tagen sichtbarer wurde ...

Freitag, 31. August 1973

Das Wetter war schlecht. Selbst unter dem Druck harter Charterbedingungen würde kein Einsatzleiter das Aussetzen eines Tauchbootes bei dem Seegang erlauben, wie er in dieser Nacht herrschte: Die Dünungswellen waren zu hoch und der Wind zu stark. Jeder verantwortliche Mann, vom Kapitän Len Edwards bis zum Einsatzleiter, den Piloten und Tauchern, kannte die Gefahren dieses Wetters. Dennoch dachte niemand an eine Verschiebung des ersten Starts der *Pisces II.*

Beim ganzen Vorhaben war vermutlich die *Gemini* am verwundbarsten; sowohl durch das Wetter als auch durch mechanische Fehler. Die *Gemini,* ein aufblasbares Gummischlauchboot, wurde zur Beförderung der Taucher und der Markierungsbojen-Ausrüstung bei den Wasserungs- und Bergungsmanövern eingesetzt. Trotz seiner unglaublichen Robustheit neigte es zum Überschlagen, wenn ein starker Wind über hohe Wellen blies. Die Außenbordmotoren waren ständig der Gischt, dem Regen und heftigen Bewegungen ausgesetzt. Obwohl sie gut gewartet wurden, konnten sie dennoch gerade dann aussetzen, wenn man sie am meisten brauchte. Deshalb standen während der ganzen Zeit der Tauchbooteinsätze zwei komplette *Geminis* mit Außenbordmotoren bereit.

Eine Stunde nach Mitternacht, um 1.07 Uhr, um genau zu sein, war alles bereit zum Wassern der *Pisces II.* Mit ihrem Manipulator hielt sie ein Gelenkhebelsystem, einen speziell konstruierten Greifer, der in die achterliche Lukenöffnung der *Pisces III* gesenkt werden konnte; einmal eingesetzt und geöffnet, ließ er sich unmöglich lösen. Am Gelenkhebel und an der Seite der *Pisces II* war ein schwimmendes Seil mit einem Umfang von 20 Zentimeter befestigt.

Die *Voyager* bewegte sich behutsam in eine Position neben den Bojen, die unseren Standort markierten. Dort erteilte der Kapitän die Anweisung, die *Gemini* auszusetzen, was bei Wasserungsvorgängen der erste Schritt ist.

Der Vorhang war auf. Ein wichtiger Schauspieler weigerte sich aber, seine kleine, doch unentbehrliche Rolle zu spielen; denn nichts auf der Welt konnte den ersten Außenbordmotor der *Gemini* zum Start bewegen. Einige Minuten waren für seine Launen eigentlich akzeptabel. Doch in dem rauhen Seegang fiel es der *Voyager* äußerst schwer, genau in der vorgesehenen Position zu bleiben.

Der Eigensinn des Motors schien anzustecken. Zwei weitere Außenborder sprangen ebenfalls nicht an. Das lange Warten ließ Enttäuschung aufkommen. Während einer Stunde drehten sich alle Bemühungen nicht mehr um das Tauchboot, sondern um ein kleines Gummiboot und seine Maschinen. Der erste Zwischenfall bei der Rettungsoperation zeigte mit grausamer Härte, daß nichts dem Zufall überlassen werden konnte. Es wurde ein langer und gefährlicher Einsatz.

Schließlich – es war nun schon nach 2 Uhr – sprang ein Außenborder an. Die *Voyager* fuhr noch einmal in ihre Position.

Die beiden Piloten waren in ihrem Tauchboot gesessen und hatten so geduldig gewartet, wie sie konnten, und alle Systeme zum wiederholten Male kontrolliert. Des D'Arcy und Roy Browne waren bei Vickers Oceanics die in Einsätzen erfahrensten Piloten. Sie hatten gelernt, nichts dem Zufall zu überlassen.

Auch wir in der *Pisces III* warteten, doch der Zeitverlust von einer Stunde verging für uns vielleicht schneller als für sie. Wir sandten eine Nachricht zur Oberfläche. Sie enthielt unsere mutmaßliche Position im Verhältnis zum Pinger. Wir kannten die genaue Wassertiefe, die wir schließlich erreicht hatten: 495 Meter. Der Tiefenmesser der *Pisces III* zeigt 480 Meter an. Wenn die Tiefe in Richtung West langsam zunahm, wie wir während unserer Tauchfahrt festgestellt hatten, dann mußten wir uns einer groben Kalkulation nach irgendwo (möglicherweise genau) östlich des Pingers befinden und in der Nähe des Kabels, an dem wir gearbeitet hatten.

Wir besaßen keinerlei Möglichkeit, die Richtung des Pingers einzuschätzen, denn wir waren so gut wie unbeweglich. Wären wir dazu in der Lage gewesen, fände uns ein Rettungstauchboot leicht. Es könnte mit seinem Peilgerät den Pinger aufspüren, hinfahren und sich dann in die entgegengesetzte Richtung unserer Ortung des Pingers bewegen. Zwei Tage lang hatten Roger und ich nun schon nahezu ständig dem Pinger zugehört. Er klang, als säßen wir fast auf seiner Oberseite. Der Schall mag zwar nicht in der Lage sein, große Entfernungen im Wasser zu überwinden, doch kann er aus der Nähe für das menschliche Ohr laut und klar ertönen.

Zweifellos minderten die schlechten Bedingungen in der *Pisces* die Urteilskraft und unsere Fähigkeit, logisch zu denken. Nachdem wir unsere lange Nachricht über den Pinger durchgegeben hatten, horchten wir angespannt nach jenem Geräusch, das beim Ins-Wassersetzen der *Pisces II* entsteht. Diese Konzentration kostete uns eine ganze Menge Sauerstoff. Da ich von Natur aus bequemer bin als Roger, legte ich eine Hand auf seine Schulter, damit er sich wenigstens ausstreckte, während er angespannt nach den Lichtern des auf seiner ersten Fahrt befindlichen Rettungstauchbootes ausspähte.

Am Freitag morgen um 2.14 Uhr verließ die *Pisces II* das Aufschleppdeck der *Voyager* und tauchte ins Wasser. Sechzehn Minuten später, als die Schleppleine gelöst worden war und sie mit dem Abstieg begonnen hatte, hörten wir mit Erleichterung den ersten Kontrollruf zwischen der *Pisces II* und dem Mutterschiff. «*Voyager, Voyager,* hier ist *Pisces II.* Kommunikationskontrolle. Kommen.»

Da gab es für uns kein Halten mehr. Wir lagen im Dunkeln auf dem Rücken und warteten begierig auf den Anschluß, um in einen Drei-Weg-Sprechverkehr zwischen der *Voyager, Pisces II* und *Pisces III* einzutreten.

Die *Pisces II* war ungefähr 450 Meter in Richtung Meeresgrund gefahren. Sie hielt sorgfältig ihr Gelenkhebelsystem mit dem Seil umklammert, das sich langsam vom Deck der *Voyager* aus entrollte.

«30 Meter ... 45 Meter ... 60 Meter.» Wir hörten, wie Des D'Arcy die Tiefe der *Pisces II* an die *Voyager* durchgab. Seine Stimme wurde klarer, als er die stürmische Wasseroberfläche verließ. Roger setzte sich wieder auf, um nach den Lichtern zu spähen. Ich lag noch. Meine Hand umklammerte das Mikrophon des Unterwasser-Telefons. «90 Meter ... 120 Meter ... 150 Meter.» Alles klang gut, und die Stimme wurde lauter, obwohl sie entfernt war.

Unsere erste Wahrnehmung der Gegenwart des Rettungstauchfahrzeugs von der *Pisces III* aus wäre ein schwaches Schimmern von dessen Scheinwerfern, etwa wie man ein entferntes Auto sieht, das sich bei Nacht auf einer kurvigen Bergstraße nähert. Unsere Augen hatten sich vollständig der Dunkelheit angepaßt. Abgesehen von der Benutzung stets abgeblendeter Taschenlampen zur Kontrolle der Druckmesser und zum Auffinden von Ausrüstungsteilen genügte das Licht der Tiefenmesserleuchtskalen über unseren Köpfen, um schwache Umrisse in der *Pisces III* zu erkennen. Wir waren also in der Lage, die Lichter der *Pisces II* schon von weitem zu sehen.

«275 Meter ... 305 Meter.» Die *Pisces II* erreichte den Grund. Sie hatte nun aber Schwierigkeiten mit der Unterwasser-Telefonverbindung zur Oberfläche. Mehrere Male bat die *Voyager* sie um Wiederholung ihrer Tiefenangabe. Ironischerweise waren derzeit die Verbindungen der *Pisces III* mit der *Voyager* besser, so daß ich entschied, mich einzuschalten.

«*Voyager,* hier ist *Pisces III. Pisces II* meldet, ihre Tiefe betrage 305 Meter. Kommen.» «Verstanden, *Pisces III.* Danke.» Und dann führten Des D'Arcy und ich unser erstes, wenn auch sehr gestörtes Gespräch.

«... hören ... Stimme gut ... werden Sie in Kürze ...» Es war nicht schwierig, die fehlenden Wörter der Nachricht zu erraten. Doch wir ahnten bereits zu diesem Zeitpunkt, daß die *Pisces II* vermutlich ziemlich weit von uns entfernt war und unvermeidbar mit den unter der Oberfläche herrschenden Strömungen emportrieb. Als einzige Anzeichen besaßen wir aber nur: Des D'Arcys Stimme klang klar, aber nicht nah, und Roger hatte keine Spur von Licht in dem Wasser da draußen gesehen.

«335 Meter ... 365 Meter.» Die Drei-Weg-Konversation setzte sich fort. Dann hörten wir mehrere Minuten lang nichts mehr.

In der *Pisces II,* 380 Meter tief, vernahmen Des D'Arcy und Roy Browne

den widerwärtigen Laut abbrechender Laschings – jener Laschings, die an der *Pisces II*-Seite das Hebeseil hielten. Das Seil hatte bei der bis in jene Tiefe reichende Länge einen ganz beträchtlichen Auftrieb. Jedes zusätzliche Dutzend Meter des schwimmenden Seiles drängte zur Oberfläche und verstärkte so den aufwärtsgerichteten Zug. Zwar wurde genug zusätzliches Seil von der *Voyager* ausgeschossen, doch sein Ende neigte dazu, die *Pisces II* zurück zur Oberfläche zu ziehen. Die Leine war nur leicht an das Rettungsfahrzeug angeschlagen gewesen. Wenn der Gelenkhebel einmal in exakter Lage eingeführt war, konnte die *Pisces II* zurückfahren, dabei die Laschings abbrechen und so das Seil an uns befestigt zurücklassen. Nun waren diese Laschings durch den Auftrieb des Seiles abgerissen worden, bevor sie den Grund erreicht hatte.
Des D'Arcy wußte, daß er dies sofort an die Oberfläche weiterleiten sollte. Er wußte aber auch, daß wir genau auf jedes Wort lauschten und konnte sich vorstellen, wie enttäuscht wir darüber sein würden.
Hielten die letzten paar Laschings? Des D'Arcy und Roy glaubten ziemlich sicher, daß sie es nicht tun würden. Einige Sekunden später war der Ausgang entschieden: Der Zug des schwimmenden Seiles verbog den Metallarm des Manipulators, der den Gelenkhebel hielt.
Die *Pisces II* war nun vorläufig nutzlos als Retter. Ihre eigene Situation wurde sogar gefährlich, doch Des teilte in ruhigem Ton der Oberfläche mit: «*Voyager, Voyager,* hier *Pisces II.* Die Laschings sind abgebrochen ... Tiefe 380 Meter. Kommen». Das war alles.
Ich hörte das. Die Mitteilung und der Klang der Stimme aus der *Pisces II* ließen keine Besorgnis oder Enttäuschung erkennen. Solche Empfindungen wurden auch nicht auf uns übertragen. In Ordnung, dachte ich. Die Laschings sind abgebrochen. Aber glücklicherweise besaßen wir keine klare Vorstellung von dem, was die Laschings hielten, noch wie heikel die Situation war.
Die *Voyager* kam sofort zurück, als ob sie die Situation fühlte. «In Ordnung, *Pisces II.* Bleibt am Grund und wartet Instruktionen ab. Ende.» Das war großartig. Sie kamen weiter herunter und würden uns bald finden. Das Problem der abgebrochenen Laschings schwand rasch aus unseren Gedanken. Für die Piloten der *Pisces II* war es aber natürlich eine bittere Pille. Ihr Ziel, den Gelenkhebel in unserem achterlichen Druckkörper zu plazieren und uns mit einem daran befestigten Seil vom Grund zu heben, ließ sich nun nicht mehr erreichen.
«425 Meter ... 460 Meter.» Die *Pisces II* kam weiter herab. Die Sprechverbindung zwischen der *Pisces II* und der *Voyager* hatte sich geringfügig verbessert. Irgendwie fühlte ich, es wäre nun besser, ruhig zu bleiben und das Drei-Weg-Gespräch abzubrechen.
Wir waren beide ziemlich erschöpft. Wegen der Aufregung hatte der Kohlendioxidanteil in der Atmosphäre stark zugenommen. Damit wir das Unterwasser-Telefon besser verstehen konnten, war der Absorberventilator in den letzten 45 Minuten nicht mehr gelaufen. Wir hatten wieder einmal unsere vorrangige Aufgabe vergessen: entspannen, sich still verhalten, wenig Sauerstoff verbrauchen und geduldig warten.

Die *Pisces II* benötigte über eine Stunde, um den Grund zu erreichen. Um 3.40 Uhr war sie aber unten und setzte ihre Sonar-Ausrüstung ein, um uns zu finden. Wir besaßen eine kleine, auf der Außenseite der *Pisces* befestigte Vorrichtung, einen Transponder. Wenn ihn ein Schallkegel oder Ton einer bestimmten Frequenz und Rhythmik traf, antwortete er mit einem eigenen Signal. Dies konnte, wenn das Tauchboot sein Sonar betrieb, auf einem kleinen Bildschirm sichtbar gemacht werden.

Die *Pisces II* schien noch ziemlich weit von uns entfernt zu sein. Wir konnten in der *Pisces III* nur die schwachen Ausstrahlungen ihres Sonars hören, als sie auf der Suche nach dem Ziel über den Meeresgrund strich: tick ... tick ... tick. Die Laute glichen dem Ticken einer Uhr.

Des D'Arcy und Roy führten die Manöver mit großer Sorgfalt durch, während wir dem schwachen «tick ... tick ... tick» zuhörten. Die *Voyager* wartete 480 Meter weiter oben, von der rauhen See geschüttelt und umgeben von anderen Fahrzeugen. Es war ungeheuer wichtig, daß man uns so bald wie möglich fände. Schließlich empfing das Sonar der *Pisces II* in der Betriebsart «Transponder» ein ganz schwaches Echo aus 1 852 Meter Entfernung – eine Seemeile, das ist ein weiter Weg für ein Tauchboot.

Noch bevor man damit irgend etwas anfangen konnte, zwang ein anderer Rückschlag zum sofortigen Handeln. Die *Pisces II* hatte zu dieser Zeit ein Leck. Wasser drang in den Hauptdruckkörper, das heißt in die Pilotenkabine. Wenn es sich in ein großes Leck verwandelte, wäre die *Pisces II* viel schlechter dran als wir. Glücklicherweise handelte es sich aber nur um ein schwaches Leck. Seewasser drang durch eine ihrer Kabeldurchführungen, die nicht mehr vollständig dichtete. Doch man kann sich in 460 Meter Tiefe nicht auf sein Glück verlassen. Deshalb leitete der Pilot sofort den Aufstieg zur Oberfläche ein, um den Fehler zu beheben.

Es war ganz gut, daß wir die zwischen der *Pisces II* und der *Voyager* ausgetauschten Nachrichten über diesen Zwischenfall nicht erfaßten. Entweder waren die Kommunikationsverbindungen schlecht, oder die Piloten der *Pisces II* hatten wieder einmal ihre Befürchtungen nicht in den Stimmen mitklingen lassen.

Die *Pisces II* bekam sehr schnell positiven Auftrieb und verließ den Bereich des Meeresgrundes in Richtung der rauhen Wasseroberfläche. Des D'Arcys Mitteilung lautete nur: «Vom Grund weg.» Bange lauschten wir den ausgerufenen Tiefenangaben: «210 Meter ... 180 Meter ... 150 Meter.» Dann schwand die Stimme. Wir hörten nur noch die Töne des nahen Pingers und die Hintergrundgeräusche der Wellen und der Meerestiere, die ihren üblichen Beschäftigungen nachgingen.

Um 4.18 Uhr erreichte die *Pisces II* die Oberfläche – zwei Stunden und zwanzig Minuten nach dem Beginn des Abstiegs. Die vertrauten Stimmen schwiegen. Wir waren in den Tiefen nun wieder uns selbst überlassen. Glücklicherweise schienen aber unsere Sinne empfindungsloser geworden zu sein. Alles wurde irgendwie etwas irreal. Wir hofften, ein wenig Ruhe zu finden.

Unser zweiter Absorptionskanister gab auch seinen Geist auf. 29 Stunden (oder insgesamt 58-Mann-Stunden, da wir zwei waren, die ausatmeten) in Verbindung mit einer Luftfeuchtigkeit von fast 100 Prozent hatten die Lithium-Hydroxid-Körner derart gesättigt, daß sie kein Kohlendioxid mehr absorbierten. Die *Pisces II* hatte uns verlassen, der Kopf schmerzte, und der Kohlendioxidgehalt war hoch. Die einfachste Lösung wäre, alles zu ignorieren und schlafen zu gehen.

Wieder einmal schienen die Retter in der *Voyager* die Situation zu erahnen. «*Pisces III,* hier ist *Voyager.* Wir haben etwas Ärger mit dem Manipulatorarm der *Pisces II.* Nichts Ernstes. Wir werden in Kürze die *Pisces V* aussetzen. Halten Sie sich in fünfzehn Minuten bereit zur Verbindungsaufnahme. Antworten Sie durch zweimaliges Einschalten Ihres Schallwandlers.»

Diese Anweisungen kamen genau zum richtigen Zeitpunkt. Unsere Lebensgeister erwachten durch die Nachricht über die *Pisces V,* und die in fünfzehn Minuten angesetzten Verbindungskontrollen hielten uns munter. Mit dem bloßen Einschalten des Schallwandlers sparten wir Sauerstoff. Das Knacken konnten die an der Bordwand der *Voyager* montierten empfindlichen Horchanlagen empfangen.

Die *Pisces II* wurde unter wirklich schwierigen Bedingungen geborgen. Als das Tauchboot sicher auf dem Deck der *Voyager* befestigt war, stiegen Ingenieure und Techniker zu dem beschädigten Manipulator hinunter und untersuchten die leckende Durchführung. Es gab auch ernste Diskussionen über die Schwierigkeiten des Transports eines schwimmenden Seiles in Tiefen über 305 Meter.

Inzwischen waren die Probleme und Ziele klar definiert: Das Rettungstauchfahrzeug mußte die Tauchfahrt direkt über der Position der *Pisces III* beginnen. Es mußte so schnell wie möglich zum Meeresgrund hinabsteigen und ein Seil mit einer Hebevorrichtung mitführen. Das Seil durfte nicht seine Manövrierfähigkeit beeinflussen oder das Tauchboot vom Grund abhalten. Am Meeresboden mußte das Rettungsfahrzeug die *Pisces III* auffinden, das Seil befestigen und dann in der Lage sein, das Seil sicher angeschlagen zu verlassen und wegzufahren.

Peter Messervy und Bob Eastaugh, der Einsatzleiter, hatten durch den Abstieg der *Pisces II* immerhin wertvolle Informationen erhalten. Als die *Pisces V* fast fertig zum Tauchen war, hatten sie die Enttäuschungen schon überwunden.

Um 4.30 Uhr war das Unterwasser-Telefon für die fünfzehn-Minuten-Kontrolle aufgedreht. Die Beharrlichkeit der zu lauten Pingertöne ging uns auf die Nerven. Durften wir den Schallpegel etwas mindern? Oder sollte das Unterwasser-Telefon zwischen den Kontrollen ganz ausgeschaltet bleiben? Dann aber würde vollständige Stille und Dunkelheit herrschen ... und Schlaf. Wir stellten es leiser – und verpaßten die nächste Kommunikationskontrolle.

«Aufwachen ... aufwachen, *Pisces III*», rief eine fröhliche Stimme eine halbe Stunde später. Wir spielten nicht mehr so recht die uns zugedachte Rolle in der Rettungsoperation, da unsere Sinne und Gedanken immer häufiger die Realität verließen.

Die *Pisces V* wurde um 5.45 Uhr ausgesetzt. Ihr Grundentwurf war jenem der *Pisces II* und *III* sehr ähnlich, aber das Auftriebsregelsystem differierte geringfügig. Das bedeutete in der Praxis: Nach dem Lösen von der Schleppleine des Mutterschiffes benötigte die *Pisces V* mehr Zeit, um die Oberfläche zu verlassen und mit dem Abstieg zu beginnen; ein offensichtlicher Nachteil, da unruhiger Seegang und Dünungswellen sie aus der Position treiben könnten.

Len Edwards, der Kapitän der *Voyager,* erreichte wieder einmal die Bojen, mit denen die Lage der *Pisces III* gekennzeichnet war. Sein Instinkt sagte ihm, an welcher Stelle wir uns da unter den Wellen befanden, obwohl zur Zeit das Sonar der *Voyager* einen etwas anderen Ort anzeigte. Er hatte seit über zwei Tagen kaum die Brücke seines Schiffes verlassen, während seine Offiziere und die Besatzung die Vorbereitungen für das Aussetzen der Tauchboote beobachtet oder unterstützt hatten. Niemand kümmerte sich um die jeweilige Tageszeit. Sie wußten alle, daß eine Verzögerung oder Panne die Operation um Minuten oder Stunden verlängerte. Die Zeit war auf niemandes Seite.

Als die *Pisces V* die Oberfläche verließ und ihrem Weg unter den Wellen folgte, echote eine unbekannte Stimme mit einem kanadischen Akzent aus unserem Lautsprecher. «Hier *Pisces V,* verließ die Oberfläche ohne besondere Vorkommnisse. Tiefe 50 Meter.»

Tiefe 50 «Meter»? (Zuvor erfolgten alle Tiefenangaben in der englischen Maßeinheit «Foot».) Diese Worte führten uns langsam in die Wirklichkeit zurück: Ein zweites Tauchboot, das sich vor nur 36 Stunden auf der anderen Seite des Ozeans befunden hatte, war nun über uns und auf dem Weg nach unten. Wir wußten nicht, daß es mit seinem Manipulator einen Spezialschnapphaken festhielt. Er war das genaue Ebenbild jenes bei der vorherigen *Pisces III*-Rettung vor Kanada benutzten Hakens. Der jetzige Plan sah vor, die Vorrichtung an unserem Hebegeschirr zu befestigen.

«Tiefe 200 Meter ... Alles in Ordnung.»

Wie viele «feet» hatte ein Meter? Wenigstens ungefähr wollte ich das schon gerne wissen. Diese einfache Rechenaufgabe erwies sich als eine ziemliche Anstrengung, obgleich drei mal 200 zu nehmen und einige «feet» hinzuzählen alles war, was das Gehirn zu rechnen hatte. Wir hörten, wie langsam die *Pisces V* abstieg. Es dauerte ungefähr 30 Minuten.

Die Kohlendioxidanreicherung erfolgte nun wieder schneller durch die Aufregung, da sich ein Tauchboot erneut auf dem Weg nach unten befand. Diesmal bemühten wir uns wirklich, Ruhe zu behalten. Wir verschoben auch das Auswechseln des letzten Absorptionskanisters, denn es war unbedingt notwendig, unsere Vorräte bis zu dem kalkulierten Zeitlimit zu strecken.

Um 6.15 Uhr erreichte die *Pisces V* den Grund. Wir wechselten einige Worte mit ihr. Von der Landeposition aus begann die Rundumsuche mit dem Sonar. Binnen zehn Minuten empfing die *Pisces V* ein schwaches, aber nahegelegenes Transponderecho. Sie fuhr in Schleichfahrt los, um es zu erkunden. Sehr schnell stellte sich heraus: Es war nicht die *Pisces III.* Deshalb stoppte sie wieder, um mit dem Sonar weiterzusuchen.

Die *Pisces V* suchte sechs Stunden lang – vergeblich.
Es war fast unglaublich für alle, daß sie uns nicht finden konnte. Nicht einer wußte, daß wir durch einen Zufall von 1:1000 mit dem Heck voran in einer leichten Vertiefung gelandet waren. Somit blieben wir dem Sonar verborgen, außer auf kurze Entfernungen. Das Problem war also, die Nadel im Heuhaufen zu finden oder zu versuchen, einen Penny auf der Oberseite einer Six-Pence-Münze auf dem tiefen Grund eines Schwimmbades landen zu lassen.
Die *Pisces V* suchte den Meeresgrund kreuz und quer ab und erkundete jedes mögliche Ziel. Die Tauchbootpiloten wandten alle bekannten Tricks an. Einmal fragte ich, in welcher Tiefe sie suchten. «460 Meter», lautete die Antwort. Dann bat der Pilot uns, lange zu zählen, während sie westlich ins tiefere Wasser abdrehten.
«Bis 50 zählen. Wir werden suchen und eine Peilung aufnehmen», lauteten die Instruktionen in dem nun schon bekannten kanadischen Akzent.
Ich zählte über das Unterwasser-Telefon, während die *Pisces V* sich langsam auf ihrer Position drehte und die Piloten intensiv in die Kopfhörer ihrer Unterwasser-Horchanlage lauschten. Die *Pisces III* agierte gleich einem Pinger und sandte ein ständiges Signal aus, so daß man in dem Rettungsfahrzeug hören konnte, wo das Signal am lautesten klang. Das zeigte ihr unsere ungefähre Richtung. Eine Stimme wird jedoch, im Gegensatz zum Pinger, im Meer gedämpft und abgeschwächt. Deshalb ist es fast unmöglich festzustellen, wann das Signal am lautesten ist. Sie versuchten es immer wieder. Wir zählten und kamen rasch außer Atem. Dieses Gespräch und unsere Anstrengungen kosteten viel Sauerstoff, aber der Versuch war es sicher wert. Bedauerlicherweise mißlang er. Die *Pisces V* war nicht in der Lage, irgendeinen weiteren Hinweis zu bekommen, wo wir uns befanden.
Um 7.30 Uhr, nach Rücksprache mit der *Voyager,* wandte sich die *Pisces V* in Richtung des am Seekabel befindlichen Pingers. Sie hörte ihn klar und laut. Roger und ich versuchten, uns auf die Ereignisse zu konzentrieren. Dennoch entglitt uns das Geschehen. Alle Bemühungen der *Voyager* waren auf die *Pisces V* und ihre Suche gerichtet, und wir in der *Pisces III* versanken – nun nicht mehr durch Kommunikationskontrollen unterbrochen – in den Schlaf. Einmal wachte ich auf und war überzeugt, die *Pisces V* ganz in der Nähe zu hören. Ein anderes Mal lauschten wir einer entfernten Unterhaltung zwischen der *Pisces V* und der Oberfläche über zwei Pinger, die nun am Meeresgrund zu hören waren, wovon einer sehr entfernt war.
So gegen 8.00 Uhr erreichte die *Pisces V* unseren eigenen Pinger, den wir vor zwei Tagen neben dem Kabel gelassen hatten, an dem wir gearbeitet hatten.
Das Meer spielte alle Tricks gegen uns aus; oben mit hohen und stürmischen Wellen. Unten lagen wir in einer kleinen Senke verborgen, während ein verwirrtes Tauchboot verzweifelt den Echos und Geräuschen von Zielen folgte, die bei der Annäherung verschwanden.
Unbarmherzig verrann die Zeit.
Während die Suche am Grund weiterging, hatte die *Voyager* ihr eigenes Sonar eingesetzt und wußte – dank dem Instinkt des Kapitäns und anderer – genau, wo unter ihnen wir steckten. Um 9.47 entschied man auf der *Voyager,*

daß die *Pisces V* die Suche abbrechen und sie zur Oberfläche zurückkehren sollte. Hier oben, so der Plan, sollte das Tauchboot in die genaue Position geschleppt werden.
Die *Pisces V* verließ den Meeresboden. Wieder waren einige Stunden vergangen. Der Kohlendioxidabsorber gab nur noch den Anschein, als hielte er den Kohlendioxidspiegel in der *Pisces III* auf einem akzeptablen Limit. Wir schoben das Auswechseln noch auf, fürchteten die physischen Anstrengungen, die dies erforderte, und haßten den Gedanken, beim letzten Kanister angelangt zu sein.

Ein Lied zum Überleben

Als die *Pisces V* am Freitag morgen die Oberfläche erreichte, wurde es für die Taucher problematisch, bei der rauhen See die Schleppseile zu befestigen. An ihrem Manipulator klemmte noch der Schnapphaken, und an der Oberfläche trieb das Hebeseil, das sich während des Abstiegs entrollt hatte. Dieses Seil mußte um jeden Preis lose bleiben; andernfalls riß es aus dem Greifer der *Pisces V,* wenn sie zurück zur *Voyager* geschleppt wurde.
Inzwischen hatte sich die Weltpresse versammelt, um herauszufinden, was los war. Um die *Voyager,* die *USS Aeolus* und die *HMS Hecate* kreuzten mehrere kleinere Fahrzeuge, hauptsächlich Fischtrawler, mit Vertretern der Presse an Bord.
Die Trawler, besonders einer, schlichen sich näher und näher, begierig, den Sachverhalt auszukundschaften. Der Lärm der hochtourigen Maschinen und drehenden Propeller störte ernstlich unsere Kommunikationsverbindungen, und die Schiffe schienen nicht zu ahnen, daß sich Seile und Bojen an der Oberfläche über unserer Position befanden. Mehrmals forderte Len Edwards den Trawler über Sprechfunk auf, Abstand zu halten. Seine Forderungen wurden ignoriert. Deshalb gab er seinen höflichen Ton auf und ging zu einer mehr seemännischen Sprache über. Auch diese wurde überhört. Selbst nachdem von der *Hecate* ein Hubschrauber aufgestiegen war, der eine Wandtafel mit der einfachen Anweisung, Distanz zu halten, gezeigt hatte, behielt der Trawler seine Position bei: in und um den Schauplatz der Einsätze.
Ein zusätzliches Porblem tauchte auf, als der Kreiselkompaß der *Pisces V* aus mehreren Gründen abzuweichen begann und deshalb den kanadischen Piloten nicht mehr die wahre Richtung anzeigte. Es hätte wertvolle Zeit gekostet, das Tauchfahrzeug zu bergen und den Kompaß zu justieren, aber auch schon das Bergen und Wiederaussetzen vom Aufschleppdeck der *Voyager* aus war eine gefährliche Operation. Deshalb war es sicherer, das Boot über die geschätzte Position der *Pisces III* zu schleppen und das Beste zu hoffen.
Am Freitag morgen um 11 Uhr – 50 Stunden nach dem Unfall – war die *Pisces V* wieder auf ihrem Weg hinab, ungeachtet des Wetters und der störenden Trawler; immer noch hielt ihr Manipulator den Schnapphaken und das Seil fest umklammert. Alle warteten, nervös und überreizt, während das Tauchboot langsam abstieg.
In der *Pisces III* hatten wir die Schaltuhren zur Verbindungskontrolle

Abb. 40: Eine PISCES bereit zum Wassern. Die PISCES II und PISCES III sind fast identische Schwesterschiffe. Länge 6,0 Meter, Tauchtiefe 800 bzw. 1100 Meter

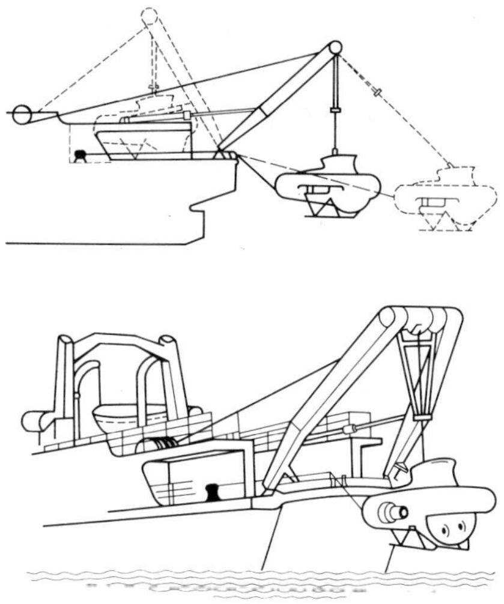

Abb. 41: Das Aussetzen der PISCES erfolgt mit einem hydraulisch nach achtern schwenkbaren Kran

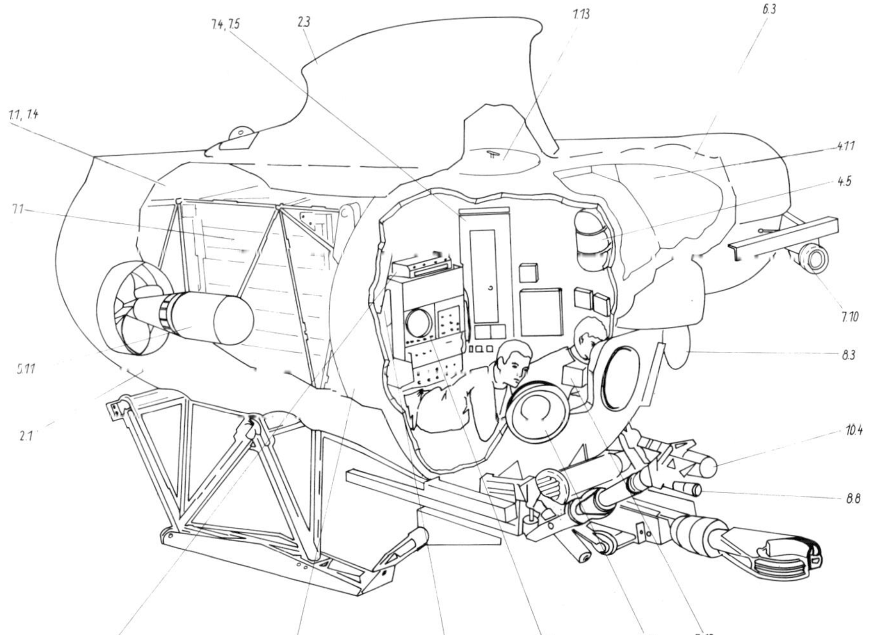

Abb. 42: Einblick in das «Innenleben» einer PISCES: 1.1 Druckkörper, 1.4 Maschinenanlagen, 1.13 Luke, 1.14 Fenster, 2.1 Hüllkörper, 2.3 Turm (drucklos), 4.5 Sauerstoffbehälter, 5.11 Antriebsgondel, 6.1 Tauchzelle, 6.3 Trimmzelle, 7.1 Hauptbatterie, 7.4 Elektroanschluß und Verteiler, 7.5 Schaltbrett, 7.10 Außenscheinwerfer, 7.12 Fahrschalter, 7.15 Elektronik, 8.3 Sonar, 8.8 Fernsehkamera, 8.12 Videorekorder, 10.4 Filmkamera, 11.5 Kohlendioxidabsorber

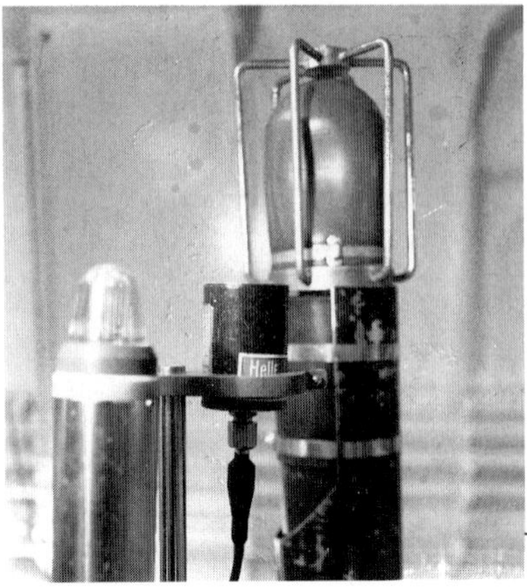

Abb. 44: Transponder (links), Schallwandler des UW-Telefons und rechts eine Blitzlampen-Rundumleuchte zum Erkennen des aufgetauchten Bootes bei Dunkelheit

Abb. 43: Aufbau und Ausstattung eines für den E Tauchfahrzeugs. Es trägt die Bezeichnung PC-1202, e und ist 9,4 Meter lang. Maximale Tauchtiefe 305 Met

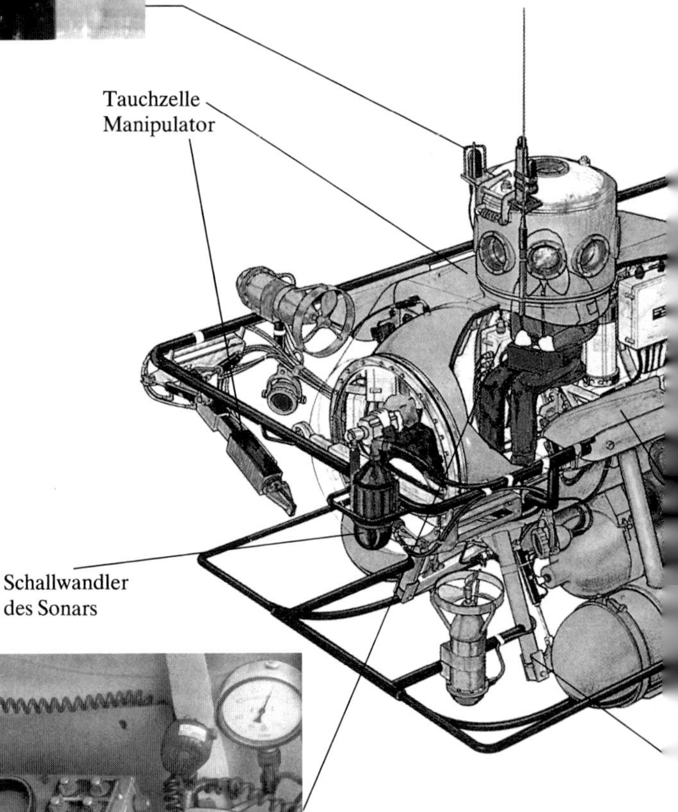

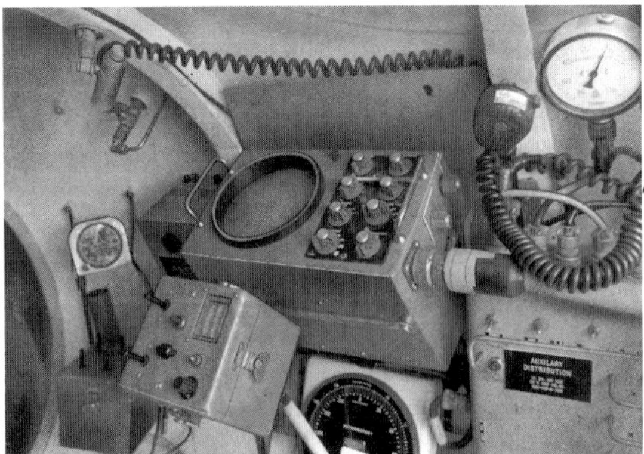

Abb. 46: Fahrstand mit beweglichem (wird auf dem Schoß des Piloten plaziert) und festem Steuerpult. Rechts davon die Kompaßanzeige, darüber das Sonargerät. Rechts oben das Mikrophon des UW-Telephons

Abb. 45: Die Taucherkammer aus der Blickrichtung von achtern zum Bug

Offshore-Industrie gebauten in den Werkstätten von Perry

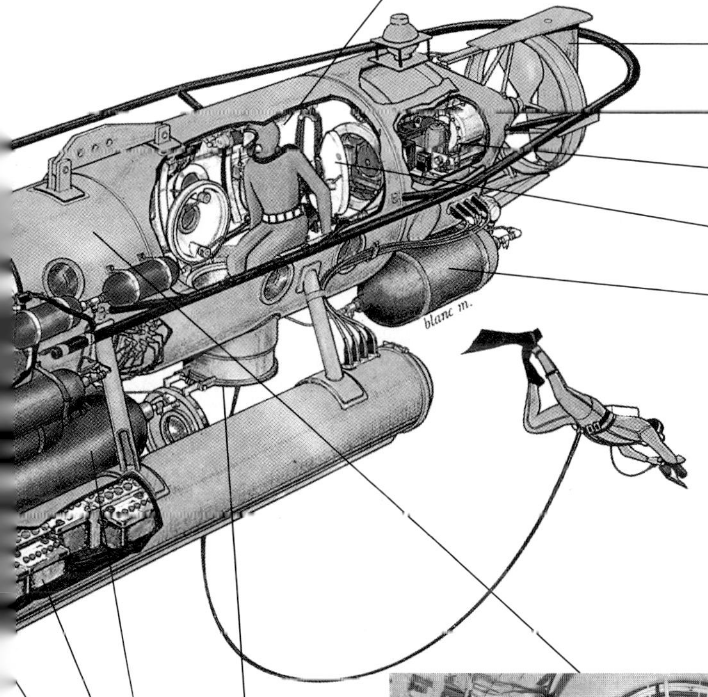

Abb. 47: Piloten- und Arbeitsraum, vorne der Fahrstand

Abb. 48: Das französische Bathyskaph ARCHIMÈDE ist 22 Meter lang, besitzt eine Eigenmasse von 22 Tonnen und kann 11000 Meter tief tauchen

eingestellt. Wir erwachten und hörten, wie eine kanadische Stimme die Tiefen ausrief: «150 Meter ... 200 Meter».
Ich drehte mich zu Roger und grinste: «Jetzt kommen sie wieder. Ich wette, das dritte Mal mit Glück.»
Keine Antwort. Er hatte starke Schmerzen und lag mit dem Gesicht nach unten, obwohl er in den letzten Stunden die Schmerzen nicht erwähnt hatte. Das Kohlendioxid besaß eine üble Wirkung. Ich machte mir Sorgen. Ich probierte es noch einmal. «Rog, die *Pisces V* ist zu einem weiteren Versuch auf dem Weg hinab. Es dauert nicht mehr lange.» Er streckte sich aus und erfaßte meine Hand. Er war okay.
Das Instrument, das die Kohlendioxid-Konzentration in der Atmosphäre anzeigte, stand knapp unter zwei Prozent.
In der *Pisces* befand sich als Teil der Notausrüstung ein kleiner Testsatz zur Bestimmung des Kohlendioxid- und Sauerstoffanteils der Atmosphäre. Ich schaltete meine Taschenlampe an und fand ihn ziemlich leicht, denn er war einer jener Dinge, die wir bald nach dem Erreichen des Grundes umgelagert hatten. Die Taschenlampe war sehr trübe, aber es gelang mir, Luft in eine schlanke Röhre zu saugen. Je nach Kohlendioxidgehalt entfärbte sie deren Substanz im Innern mehr oder weniger. Das Röhrchen zeigte dreieinhalb Prozent an, ein wesentlich schlechterer Wert als die Instrumentenangabe von zwei Prozent, und beträchtlich jenseits des akzeptierten Limits.
Ich entschied, noch ein wenig zu warten; und wenn die *Pisces V* Erfolg hatte und uns fand, würde ich den letzten Kohlendioxid-Absorberkanister auswechseln und die Limonadenflasche öffnen. Keiner von uns hatte sich während der letzten 48 Stunden sehr hungrig gefühlt, sondern nur an einem Glukosebiskuit aus dem Notfallsatz geknabbert. Die kleine, nach der letzten Tauchfahrt getrunkene Kaffeemenge hielt gut vor. Dieser Kaffee und das über die Druckkörperinnenseite hinabrinnende Kondenswasser ließen uns nicht zu durstig werden. Ein Effekt des Kohlendioxidüberschusses war ein trockener Geschmack im Mund, und wir hatten ein- oder zweimal mit dem Öffnen der Limonade geliebäugelt. Doch diese war unser «Champagner» und reserviert für eine besondere Gelegenheit.
Eine kanadische Stimme auf der *Voyager* sprach zur *Pisces V* über ihren Weg hinab und bestätigte die Tiefenangaben. Ich lauschte den verzerrten Stimmen über den Lautsprecher. «Hier ist *Pisces V*. Tiefe nun 300 Meter. Alles in Ordnung. Kommen.» ... «Verstanden *Pisces V*. Ende.»
Einige Minuten lang spürte ich ein Gefühl von Verlassenheit und Feindschaft gegen diese Stimmen. Warum sprach nicht einer aus der Oceanics-Mannschaft zu uns? War die *Voyager* fortgefahren? Die *Pisces II* sollte mit Des und Roy herunterkommen. Sie würden uns finden. Ärgerlich und hastig drehte ich mich um und stieß eine der wertvollen Schaltuhren von der Liege hinab in die Bilge. Dies brachte mich schlagartig wieder zum Verstand.
Mit der Taschenlampe begann ich nach der Schaltuhr zu suchen. Am Grund des Druckkörpers hatten sich über zwei Zentimeter Wasser angesammelt, und es herrschte ein schmutziges Durcheinander von zerbrochener Ausrüstung, losen Drähten und Nahrungsresten. Die Schaltuhr war darin ver-

schwunden. Als ich mich hinabbeugte, um nach ihr zu suchen, bemerkte ich, daß die Luft am Boden des Druckkörpers besonders schlecht war, da sich hier die Hauptmasse des Kohlendioxids sammelte. Ich suchte einige Zeit und fand die Schaltuhr schließlich in den paar Zentimetern Wasser nahe der Luke. Die Suche war äußerst unerfreulich gewesen und hatte mir rasende Kopfschmerzen verursacht. Ich band die Uhr mit einem Stück Draht an meinem Handgelenk fest und probierte sie aus. Glücklicherweise arbeitete das Läutwerk mit seinem rauhen, rasselnden Klang noch.
Um 10.45 Uhr hatte die *Pisces V* den Meeresgrund erreicht und begann ihr Sonar wieder einzusetzen. Es war schwierig zu entscheiden, ob es näher klang als das letzte Mal; und während der ersten sorgfältigen Rundum-Abtastung waren von den kanadischen Piloten auf ihrem Sonar keine gleich klingenden Echos aufgefangen worden. Die Stimmen der beiden Piloten klangen jedoch erwartungsvoll und zuversichtlich.
«*Pisces III,* hier ist *Pisces V,* hören Sie mich? ... Kommen.»
Ja, wir hörten ihn deutlich.
«Probiert lange zu zählen oder singt ein Lied. Wir werden versuchen, eine Ortung zu erhalten. Kommen.»
Also alles noch einmal, dachte ich. Verärgert griff ich nach dem Mikrophon. Die Kopfschmerzen von meinem Ausflug in die Bilge hielten an. Singt ein Lied. Begannen wir nun Spiele auf dem Meeresgrund zu spielen? Aber, wieder heller wach, begann mir klar zu werden, daß seine Forderung einen bestimmten Zweck hatte. Ein Lied, besonders in einer hochansteigenden Stimme, böte klarere Geräusche als die normale Sprache und möglicherweise ein besseres Ortungsziel. Mein letztes langes Zählen war ein dumpfer, ständiger Lärm geworden, der über den Meeresgrund echote und sich für niemanden als nützlich erwiesen hatte.
Was für ein Lied? Mir fiel kein Titel ein. Ich wußte, wo wir uns auf dem Meeresboden befanden. Ich war überzeugt, daß wir irgendwo fast genau östlich des Pingers und in der Nähe des Kabels waren. Deshalb brauchten wir den Tauchbootpiloten nur noch einmal unsern Standort anzugeben, und sie würden uns finden.
Ich begann zu singen, wo wir uns befanden, ohne eine besondere Melodie. Ich sang und sang und kam außer Atem. «Hier sind wir. Hier sind wir. Irgendwo in der Nähe des Kabels. Es muß in der Nähe des Pingers sein. Die Tiefe ist vierhundertachtzig Meter ... Kommt und findet uns. Kommt und findet uns.»
Versteckspiel am Meeresgrund. Für die Fische und anderen Meerestiere muß es wie ein seltsames Spiel geklungen haben.
Ich hielt inne, um ein wenig Luft zu schöpfen, und wollte gerade weitersingen, als uns die Ereignisse überfielen. Bevor ich wieder anfangen konnte, kam die *Pisces V* noch einmal über den Lautsprecher. «Hallo *Pisces III.* Das ist wunderbar. Wir haben eine vage Richtung. Dranbleiben.»
Eine vage Richtung. Konnte dies in Ordnung sein? Schließlich schienen die Sucher die Fährte zu haben. Die Laute des Sonars echoten über den Meeresboden. Tick ... tick ... tick ... *Tick* ... *Tick* ... tick ... tick. Ich

konnte hören, wie die Sonarwellen uns streiften und zurückgeworfen wurden. Die lauten Ticks bedeuteten, daß wir ein Echo zurücksendeten. Ich wollte es nicht glauben.

Das Ticken des Sonars kam wieder näher. «Jetzt», schrie ich, als uns die lauten Ticks überquerten. Die *Pisces V* verstand. Die Piloten stellten schnell die Richtung des Schallkegels zurück. Er strich erneut über uns. Tick ... tick ... *Tick* ... *Tick* ... «Jetzt!» Tick ... tick. Sie waren schließlich über uns, aber wurde das Ziel auf dem Bildschirm der *Pisces V* angezeigt? Sie fuhren langsam vorwärts, schwenkten zurück und wieder vor, in der näheren Umgebung über uns.

In genau 244 Meter Entfernung erreichte die *Pisces V* das Zielobjekt ihres Sonars. Sofort stellten wir eine Veränderung der Meßfolge fest, als das Sonar auf uns herabstrahlte. Es tickte viel schneller. Roger und ich saßen aufrecht – noch immer in pechschwarzer Dunkelheit. Wir wagten kaum zu atmen, obwohl wir außer Atem waren. War es möglich, daß wir nach all dieser Zeit entdeckt worden waren?

Dann, ganz plötzlich und außerhalb des eigentlichen Blickfeldes, sahen wir einen schwachen Lichtschimmer im Wasser. Er wurde heller und heller. Für unsere Augen war er gleich strahlendem Sonnenschein um uns herum, als wenn jemand eine Tür zu einem dunklen Raum geöffnet und ihn mit Licht überflutet hätte.

Rogers Gefühle waren unverkennbar. Tränen strömten über sein Gesicht, und er verbarg seinen Kopf an meiner Schulter, als sei er beschämt. Wir teilten einen Moment die große Freude und Erleichterung. Ich werde diesen Augenblick niemals vergessen.

Es war Freitag, 12.44 Uhr, als die *Pisces V* uns mit dem Heck voran auf dem Grund des Atlantiks liegen sah.

«Hallo, *Pisces III*. Wir sehen Sie nun», sagte eine freundliche kanadische Stimme. «Bleiben Sie dran, wir werden herummanövrieren.»

Wir saßen aufrecht im Licht, das von draußen herein schien, und wurden uns klar über unsere Situation. Es gab nichts Positives, das wir unternehmen konnten, um der *Pisces V* zu helfen, den Schnapphaken an unserer Hebevorrichtung zu befestigen. Aber wir hörten mit großem Interesse zu, als sie einen Bericht an die Oberfläche durchgaben. «*Pisces III* liegt 80 bis 85 Grad zur Vertikalen im weichen Schlick. Wenig äußere Beschädigungen. Hintere Lukenöffnung ist sichtbar.»

Die Zeit war gekommen, mit der Limonade zu feiern. Sie schmeckte köstlich, aber wir tranken nur wenige kleine Schlucke, bevor wir die Flasche wieder sorgsam wegstellten. Unsere Moral hatte sich wesentlich gebessert, aber ich bemerkte, daß sich Roger mit Schmerzen zurücklegte, nachdem er seine Limonade geschlürft hatte. Das Auswechseln des letzten Kohlendioxid-Absorberkanisters konnte nicht mehr länger aufgeschoben werden. Also begann ich wieder mit der mühseligen Aufgabe, den oberen und den unteren Deckel abzunehmen. Das ließ mir klar werden, wie schwach und unkoordiniert ich war nach der 60stündigen Gefangenschaft in einem engen Raum. Wir kämpften zusammen über 45 Minuten, um eine normalerweise fünf Minuten dauernde Arbeit zu erledigen, bis sich der letzte uns gebliebene Behälter in seiner Position befand.

Dann dachte ich über die Situation unseres Lebenserhaltungssystems nach. Der Druck in der zweiten Sauerstoffflasche, die wir nun benutzten, betrug 12,4 Megapascal (124 Bar). Wenn unser Verbrauch gleich blieb, reichte dies für ungefähr 24 Stunden oder bis zum Mittag des nächsten Tages, dem Sonnabend. Beim vorigen Absorberkanister hatten wir auch das letzte Molekül ausgenutzt. Er hatte für 40,5 Stunden oder 81-Mann-Stunden ausgereicht.

Der letzte Kanister würde ebensogut halten. Deshalb war der kritische Faktor unser Sauerstoffvorrat.

Wir waren 51 Stunden nach dem Unfall gefunden worden, und im günstigsten Fall blieben noch 24 Stunden, um die *Pisces III* zur Oberfläche zurückzubringen. Die Hauptbatterien hielten bemerkenswert gut durch, selbst unter unserem neuen Winkel. Als der Absorberventilator lief, zeigte das Voltmeter des 120-Volt-Systems 100 Volt an; was niedrig war gegenüber dem normalen Standard, aber ausreichend für unseren Bedarf. All diese Zahlen wurden zur Oberfläche durchgegeben, während sich die *Pisces V* in eine Position hinter uns manövrierte, um ihren Schnapphaken zu befestigen. Ihr Licht verdunkelte sich ein wenig, als sie hinter der *Pisces III* verschwand. Aber ihre Gegenwart war sehr nah: Sie lief vorwärts und stieß leicht gegen uns. Die Konturen des Meeresbodens, der zu unserer Senke hin abfiel, bereitete den Piloten Schwierigkeiten. Sie versuchten nämlich durch Verstellen der Trimmung die gleiche Lage einzunehmen wie die *Pisces III,* da sich unsere Liftöse ausreichend weit über dem Meeresgrund befand. Die Lichter der *Pisces V* wurden von den Wolken im Wasser reflektiert. Sie waren durch die Bewegungen der *Pisces V* aufgerührt worden und hingen um uns herum, da kaum Strömungen herrschten, die sie wegtreiben konnten.

Genau 20 Minuten nach dem Auffinden befestigte die *Pisces V* den Schnapphaken an unserer Liftöse – eine kunstfertige Geduldsarbeit ihrer Besatzung. Endlich gab es eine positive Verbindung zwischen der *Pisces III* und der Oberfläche: durch ein Seil, das uns vom Meeresgrund heben konnte. Alles was die *Pisces V* zu unternehmen hatte, war, vorsichtig zurückzufahren. Das würde die Befestigungen brechen, die das Seil am Tauchboot festhielten. Sanft fuhr sie zurück. Die Befestigungen brachen. Sie war fast klar, als der Schnapphaken ganz langsam von unserer Hebevorrichtung abrutschte. Mit Schrecken sahen die Piloten, wie der Haken herabglitt und dann in das dunklere Wasser abtrieb; dabei hob ihn das schwimmende Seil ungeachtet seiner Masse vom Meeresboden empor. Vielleicht war der Schnapphaken nicht vollständig geschlossen gewesen. Auf jeden Fall: Die so kompliziert gewonnene Verbindung war verloren.

Die Aktionsfähigkeit eines Tauchfahrzeugpiloten ist begrenzt durch die Geschwindigkeit seiner Manipulatoren und Hauptmotoren. Der Pilot der *Pisces V* wendete sofort sein Fahrzeug – das versetzte der *Pisces III* einen harten Stoß, und mit seinem Manipulator gelang es ihm, gerade noch das Ende des Hakens zu packen, bevor dieser außer Sicht geriet. Irgendwie

schafften sie es auch noch, den Haken in den nächsten Vorsprung unseres Bootes einzuklinken.
All dies hatte nur einige hektische Sekunden gedauert. Dann herrschte Stille. Die Piloten spähten ängstlich aus ihren Fenstern in den Schlamm, den sie durch die schnellen Bewegungen ihrer Kufen aufgerührt hatten. Sie sahen lediglich einen schwachen Umriß der *Pisces III.* Als das Wasser ein bißchen klarer wurde, konnte man die Leine fest an unserem Propellerschutzgitter angehakt sehen. Wenigstens war eine feste Verbindung zur Oberfläche wiederhergestellt worden, aber die Propellerverkleidung war selbst bei ruhigstem Wasser viel zu schwach, um unser Gewicht zu tragen.
Mit bitterer Enttäuschung wurde den Piloten klar: Sie mußten zur Oberfläche berichten, daß ihre Mission fehlgeschlagen war. Sie hatten uns gefunden, das Seil angehakt und hatten es abgleiten sehen – gerade, als man den Erfolg in der Tasche zu haben glaubte. Roger und ich wußten nichts von dieser Katastrophe. Auch Bob Eastaugh und viele seines Einsatzteams warteten auf der Kommandobrücke der *Voyager* geduldig auf Nachrichten. Erleichterung zeigte sich auf all den übermüdeten Gesichtern, da schließlich die *Pisces III* 480 Meter unter ihnen gefunden worden war.
Die freundliche kanadische Stimme, von unserem auf Empfang geschalteten Lautsprecher aufgenommen, echote laut und verzerrt in unserer engen Kugel, als käme sie nur aus einem oder zwei Meter Entfernung. «*Voyager,* hier ist *Pisces V.* Es gab ... Schwierigkeiten ... Seil zum Heben ... nun gesichert an der Steuerbord-Propellerverkleidung. Wir werden ... es wieder versuchen. Ende.»
Es war schwer verständlich, was da schief gelaufen war. All die Bewegungen, Lichter und die Kommunikation um die *Pisces III* hatten unsere Moral wesentlich verändert. Aber es war unmöglich, nach der verstümmelten Mitteilung keine weitere Beklommenheit aufkommen zu lassen. Auch den Männern auf der Brücke war nicht ganz klar, was geschehen war. Jeder wartete angstvoll auf Nachrichten. Ihre übermüdeten Gedanken widerstrebten, die wahre Bedeutung jener Mitteilung zu glauben. Die Zeit verkroch. Alle wußten, daß Peter Messervy und Bob Eastaugh nicht eher mit dem Heben beginnen könnten, bis endlich zwei starke Seile an stabilen Punkten der *Pisces III* befestigt waren. Einen zweiten Aufprall auf dem Grund würde sie kaum überstehen. Deshalb wären die Risiken mit nur einem Seil zu groß. Wenn der Versuch der *Pisces V* wirklich fehlgeschlagen war, mußten zwei weitere Tauchfahrten unternommen werden. Anzeichen einer Wetterverbesserung gab es jedoch keine. Die Männer im Hangardeck der *Voyager* arbeiteten fieberhaft an der *Pisces II,* ohne Wissen um die Probleme da unten, während das Schiff stampfte und rollte in der sich auftürmenden See. Nach fast 60 Stunden ohne Schlaf waren einige vollkommen erschöpft. Doch sie blieben hartnäckig bei der komplizierten Arbeit, die zur Reparatur des Manipulators erforderlich war. Auf dem Deck neben dem Tauchboot abgelegte Werkzeuge und Ausrüstungsteile schlitterten jedesmal außer Reichweite, wenn das Schiff schlingerte.
Die nächste Nachricht, die wir hörten, kam von der *Voyager.*

«*Pisces V,* verstanden, daß es Ihnen nicht gelungen ist, den Haken am Hebepunkt zu befestigen. Bei der *Pisces III* bleiben und versuchen, die Verbindung erneut zu befestigen.»
Nun war also die Lage jedermann außer Roger und mir klar. Ich wußte es jedoch zu schätzen, daß die *Pisces V* bei uns bliebe und versuchte, den Schnapphaken erneut an unserem Hebepunkt zu befestigen, und daß die *Pisces II* für die nächste Tauchfahrt vorbereitet würde.
Auf einmal schien es im Druckkörper viel kälter zu sein. Die Dinge verwirrten sich nach der Anspannung der letzten Stunden, mit den sichtbaren Lichtern und der gierigen Hoffnung auf Erfolg. Wir schienen von den Ereignissen abgeschnitten zu sein, als Mitteilungen zwischen der *Pisces V* und der *Voyager* ausgetauscht wurden. Die Stimmen vom Meeresgrund neben uns waren so laut, daß man sie unmöglich verstehen konnte. Zuerst war es ermutigend zu hören, wie die *Pisces V* hinter uns arbeitete, und die gelegentlichen Stöße zu fühlen, als sie manövrierte. Aber bald wurde dies zu einem Teil der Umwelt und wenig interessant, da wir keine Vorstellung besaßen, was vor sich ging.
Wieder einmal fielen wir zurück in unseren gewohnten Rhythmus von Schlaf und Schaltuhren-Stellen.
Über eine Stunde versuchte die *Pisces V* erfolglos, den Schnapphaken am Hebepunkt zu befestigen. Vermutlich war die Aufgabe unlösbar, das Seil besaß zu viel Auftrieb im Wasser, und die Lage der *Pisces III* auf dem Meeresgrund war ein zu großes Handikap. Die Tauchfahrt der *Pisces V* hatte am Freitag morgen um sechs Uhr begonnen. Jetzt, um 14.30 Uhr, waren ihre Hauptbatterien fast leer. Die Piloten berichteten der *Voyager,* sie besäßen nur noch wenig Elektroenergie und der jüngste Versuch sei fehlgeschlagen.
Die auf der *Voyager* harrenden Männer hatten diese Nachricht erwartet; aber als sie kam, war sie doch ein harter Schlag. Die Bemühungen, die *Pisces II* für ihre nächste Tauchfahrt vorzubereiten, waren inzwischen verzweifelt fortgesetzt worden. Unterdessen waren die Ingenieure und Techniker am überlegen, was nun mit dem Schnapphaken geschehen solle, der an der Steuerbord-Propellerverkleidung saß. Sicher ließ sich einiges erreichen mit dem Seil, das so sorgfältig zum Meeresgrund gebracht und schließlich an dem schwergeprüften Tauchboot angehakt worden war. Endlich fanden sie eine Möglichkeit. Es wurde eine Vorrichtung mit einem kurzen Seil gebaut, die stark genug war, um die *Pisces III* zu heben. Diese Vorrichtung sollte an dem Seil herabgleiten, das nun an der Propellerverkleidung saß. War sie unten angekommen, konnte das freie Seilende an unserem Hebepunkt befestigt werden. So wäre praktisch wieder ein ununterbrochenes, starkes Seil zur Oberfläche hergestellt.
Das dürfte funktionieren. Aber die *Pisces II* war noch nicht bereit zum Tauchen. Deshalb wurde entschieden, daß die *Pisces V* neben uns bleiben sollte. Man hoffte, daß sich ihre Akkumulatoren genügend erholen würden und es ihr erlaubten, den Schnapphaken an unserem Hebepunkt zu befestigen, wenn die Vorrichtung den Meeresgrund erreicht hatte.
Freitag nachmittag, 16 Uhr. Unbarmherzig verstrich die Zeit, während die

beiden Tauchboote bewegungslos am Meeresgrund verharrten. Die *Pisces V* lag mit fast leeren Akkumulatoren (und allen Lichtern ausgeschaltet, um Energie zu sparen) neben der umgestürzten *Pisces III,* die sich nun schon seit 55 Stunden dort unten befand.
Rogers Zustand beunruhigte mich, denn es war unübersehbar, daß er beträchtliche Schmerzen hatte. Ich griff nach dem Mikrophon und sandte eine kurze Mitteilung an die *Voyager:* «Rogers Zustand hat sich leicht verschlechtert. Ich bin ein bißchen besorgt. Er hält sich jedoch gut.»

Ein neuer Notfall
Auf dem Meer verblaßte das Licht über dem aufgewühlten Wasser. Die *Pisces II* war immer noch nicht bereit zu ihrem nächsten Versuch. Die dritte Nacht der Rettungsmission begann. Sie brachte Enttäuschungen, Pannen und Strapazen. Die Rettungsschiffe scharten sich um die Markierungsbojen, die man von Zeit zu Zeit in der wogenden See erblickte. Der Einsatzleiter wußte, daß sein Team eine weitere lange Nacht vor sich hatte; und Einsätze bei Nacht sind zweimal so schwierig wie bei Tag. Sie erfordern mehr Menschen und Maschinen und bergen zusätzliche Gefahren. Zum Beispiel verliert man sehr leicht einen Taucher aus den Augen, oder es versagt ein Außenborder auf einem *Gemini*-Motorboot. Schon eines von beiden führt durch Suche und Bergung zum Verlust wertvoller Stunden. Bereits bei normalem Betrieb werden Einsätze bei Dunkelheit abgesagt und bis zum Tagesanbruch verschoben, wenn die Wetterbedingungen zweifelhaft sind.
Dies war jedoch kein normaler Einsatz. Ein Rettungstauchfahrzeug lag bereits 480 Meter unter der Oberfläche und wartete geduldig neben der *Pisces III,* während seine Akkumulatoren ruhten und vielleicht genug Energie zurückgewannen für einen weiteren Versuch mit dem Schnapphaken. Die *Pisces V* konnte aber auch als Ortungsziel für ein anderes Rettungstauchfahrzeug agieren. Sie war nämlich mit einem Pinger ausgerüstet, den sie selbst an- und abschalten konnte. Das ermöglichte eine brauchbare Peilung und vereinfachte die Suche.
Die Arbeit am Manipulator der *Pisces II* ging weiter. Sie war umfangreicher als zuerst angenommen. Es stellte sich heraus, daß der Manipulator während des ersten Tauchgangs so schwer beschädigt worden war, daß man ihn praktisch neu aufbauen mußte. Glücklicherweise waren am Freitag nachmittag neue Techniker und Ingenieure mit dem Helikopter aus Cork angekommen. Die Männer stammten aus Barrow. Sie hatten Urlaub gehabt oder waren zur Zeit des Unfalls zu Hause gewesen. Sobald sie aber die Nachricht erfuhren, boten sie freiwillig ihre Unterstützung an. Seit Mittwoch nacht standen sie in enger Verbindung mit der Basis und waren bereit, sogleich mit hinauszufliegen. Dann kam der Aufruf. Einige waren noch nie zuvor in einem Hubschrauber geflogen, und nun wurden sie sogar von einem hinuntergelassen auf das wogende Deck eines Schiffes weit draußen im Meer.
Ich begann den Kontakt mit den Ereignissen zu verlieren. Jedesmal, wenn ich aufwachte, dauerte es einige Minuten, bevor ich verstand, was los war. Am Freitag abend schien sich Roger ein wenig besser zu fühlen. Er hatte

geschlafen. Mit dem neuen, das Kohlendioxid reduzierenden Absorber nutzten wir die Gelegenheit, mehr Sauerstoff ausströmen lassen, um die Atmosphäre zu verbessern. Kommunikationskontrollen wurden noch ausgeführt. Aber sie schienen uns ziemlich unregelmäßig zu sein. Die kanadische Stimme, die von der *Voyager* zur *Pisces V* sprach, kannten wir nicht. In der Kabine war es immer noch kalt, und sicher beeinflußte mich auch das wachsende Gefühl der Hilflosigkeit.

Zu oft kontrollierte ich den Sauerstoffgehalt, wenn ich wach war. Zudem befürchtete ich, daß Salzwasser in den Druckkörper eindringen könnte. Deshalb untersuchte ich ständig die Wassertropfen am kalten Stahl der Seitenwandung. Wie spät war es? Glücklicherweise war meine Uhr eine Automatik, so daß sie noch lief. Da sie aber nicht selbst leuchtete, konnte ich sie nicht ablesen.

Die Nacht kam. Roger erzählte später, er sei an einem Morgen in der Lage gewesen, einen sehr schwachen Lichtschein im Wasser zu entdecken, als – knapp einen Kilometer über ihnen – der Tag anbrach. Für mich war es immer pechschwarz. Ich verschlief die Perioden mehrerer halber Stunden. Roger bediente den Schalter des Absorberventilators und ließ Sauerstoff aus dem kostbaren Vorrat strömen.

Plötzlich schreckte mich ein scheußliches Jaulen auf. Es schien aus dem Lautsprecher zu kommen und auch durch die Wandung. Roger und ich starrten einander an. Wir begriffen nicht, was das war. Nach einigen Sekunden hörte es auf und überließ uns wieder den Geräuschen des fernen Pingers, der jeden Laut begleitet hatte, seit wir zum Grund herabgetaucht waren.

Noch bevor wir Zeit fanden, über die Art dieses Lärms nachzudenken, hörten wir ihn wieder. Das erste Mal hatte es uns verwirrt. Aber nun wußten wir sofort, was es war: Die *Pisces V* testete in nur wenigen Metern Entfernung ihren Pinger.

Es war geplant gewesen, daß die *Pisces V* am Freitag um 17.45 Uhr eine weitere Aktion starten sollte. Wir konnten ihre Lichter hinter uns sehen. Beim Versuch, den Schnapphaken zu befestigen, setzten sie den letzten hier unten verfügbaren Rest der Energie ihrer Akkumulatoren ein. Elektroenergie wurde gebraucht, um das Tauchboot in Position zu manövrieren, die Lampen zu betreiben und den Manipulator zu steuern. Die geringe Stromreserve schwand sehr schnell dahin. Die *Pisces V* gab aber erst auf, als die Gefahr bestand, daß für die lange Reise zur Oberfläche und für die abschließende Bergung zu wenig Energie übrigblieb.

Während die Bemühungen auf dem Meeresgrund andauerten, erreichte ein anderes Rettungsschiff die Szene; der Kabelleger *John Cabot,* der in Cork geblieben war, um die auf dem Luftweg aus Amerika eintreffende *Curv III* abzuwarten. *Curv* ist ein unbemanntes Tauchfahrzeug, welches zur Bergung von Objekten vom Meeresgrund schon häufig eingesetzt wurde. Vor mehreren Jahren erhielt *Curv I* große Anerkennung, als es eine nach einem Flugzeugzusammenstoß vor der spanischen Küste verlorene Atombombe barg. *Curv III* bedeutete eine wertvolle Ergänzung des Rettungsteams. Deshalb stieg sofort nach der Ankunft der *John Cabot* (nach ihrem 240-km-

Törn unter Höchstgeschwindigkeit von Cork) ein Hubschrauber über die *Voyager* empor, damit die Experten einen Überblick zur Ausarbeitung von Plänen erhielten.
In der Zwischenzeit sollte die *John Cabot* die kleinen Boote in der Umgebung überwachen, weil die *Pisces II* zu ihrem zweiten Tauchgang bereit war, sobald man den Gelenkhebel und das geflochtene Nylonseil angelascht hatte. Die *Aeolus* hatte der *Voyager* weitere 550 Meter eines Spezialseiles angeboten. Funksprüche wurden im Eiltempo zwischen den Schiffen übermittelt, und der kleine Hubschrauber stieg noch einmal auf, um das Seil herüberzutransportieren. Die Flugbedingungen waren gefährlich. Das Log der *John Cabot* registrierte zu dieser Zeit einen stürmischen Südwest-Wind (Stärke 7), rauhe See und eine schwere Dünung.
Der Hubschrauber schwebte im Sturm über dem Deck der *Aeolus* und versuchte, die gewaltige Seilrolle aufzunehmen. Jedoch war in der Hast der Nachrichtenübermittlung ein Fehler bei der Gewichtsangabe des Seiles unterlaufen. Deshalb stürzte der Pilot mit der schweren Ladung beinahe in die See. Er warf sie gerade noch rechtzeitig ab, womit das Seil natürlich verloren war. Auch kostbare Zeit ging dadurch verloren. Als der Pilot endlich ein anderes Seil erfolgreich herübergebracht hatte, war es bereits 19 Uhr. Doch Tage später wurde der Pilot für seine mutigen Flüge während der Rettungsmission zu Recht gelobt.
Der Himmel war bewölkt. Kurz nach 19.30 Uhr schwand der Rest des Tageslichts. Aber die Wartezeit war nun vorüber. Die Rettungsaktionen begannen mit der *Pisces II* wieder anzulaufen. Sie stand komplett bereit zum Aussetzen.
Die Piloten der *Pisces V* befanden sich noch am Meeresgrund in ihrem Tauchfahrzeug, in dem sie bereits seit 13 Stunden ausharrten. Sie warteten geduldig neben uns, und auch sie fühlten sich übermüdet.
Roger und ich verloren vollständig das Gefühl für die Zeit und die Reihenfolge der Ereignisse. Das halbstündige Läuten der Schaltuhren vermochte uns nicht mehr vollständig zu wecken.
Der Betrieb des Absorberventilators und das Ausströmenlassen von Sauerstoff erfolgte automatisch und wie unter einer schwachen Betäubung. Ich erinnere mich kaum an jene wenigen Stunden; außer, daß es sehr kalt war. Im Laufe des Abends passierte mir in diesem Zustand ein äußerst ärgerliches Mißgeschick; und zwar beim einzigen Mal, als ich mich zur Verrichtung der Notdurft niedergekauert hatte. Ich benutzte dabei, wie zuvor auch Roger, eine Plastiktüte. Unachtsamkeit, Kälte und ein schwirrender Kopf hatten mich aber so ungeschickt werden lassen, daß das Mißgeschick passierte. Ich berichte dies, um ein wahres Bild zu zeichnen; und nicht etwa, um auch einen teils komischen Zwischenfall in unserer Geschichte unterzubringen. Noch Stunden später war die Luft ungewöhnlich schlecht, da die Körner zur Feuchtigkeitsbindung in der Absorbereinheit kaum eine Wirkung auf die Absorption des Geruchs hatten.
Um 19.50 setzte die *Voyager* die *Pisces II* aus unter den stürmischsten Bedingungen, die in den zwei Jahren je geherrscht hatten, in denen sie

Tauchfahrzeuge für Arbeiten betrieb. Wir bekamen ja von der ganzen Sache nichts mit. Es herrschte wirklich eine schwere Dünung. All jene, die in kleinen Booten auf See gewesen sind, werden wissen, daß Wellen bei Nacht zweimal so hoch aussehen. In einem kleinen Gummiboot wie der *Gemini* war es ohnehin schon schwer genug, die Taucher nach dem Aussetzen wieder aufzunehmen. Nun kam noch die Sorge dazu, sich zu überschlagen.

Dann schlug das Unglück erneut zu. Die *Pisces II* war nur gerade unter der Oberfläche, als der Wasseralarm ertönte. Den beiden Piloten erklang es wie ein Aufkreischen.

Des D'Arcy und Roy erschien es ganz unglaubhaft, daß dies ein echter Alarm sein sollte. Sie fühlten, daß sich der achterliche Druckkörper nicht wirklich mit Wasser gefüllt haben konnte, nachdem alles so sorgfältig kontrolliert worden war. Auch wußten sie, daß der Alarm bei den geringsten Anzeichen von Feuchtigkeit oder Wasser schon zum Losgehen neigte; denn er war auf hohe Empfindlichkeit hin konstruiert. Jedoch basierte der ganze Rettungseinsatz auf dem Fluten des hinteren Druckkörpers der *Pisces III* – und vielleicht passierte das auch ihnen.

Auf jeden Fall waren sie verpflichtet, sofort zu handeln; und das bedeutete, sie mußten auftauchen, das Fahrzeug bergen und als Notfall untersuchen lassen. Doch sie nahmen sich nicht einmal die Zeit, über das Unterwasser-Telefon zu berichten, was geschehen war. Deshalb war das erste, was jeder auf der *Voyager* erfuhr, daß man die *Pisces II* wieder an die Oberfläche auftauchen gesehen habe.

Hier konnte das Funksprechgerät wieder benutzt werden. Bob Eastaugh, der noch auf dem Heck der *Voyager* stand, von wo aus er das Aussetzen beaufsichtigt hatte, hörte tief beunruhigt ihren Bericht. Auch er konnte kaum glauben, daß sich noch ein anderes Tauchboot mit Wasser gefüllt hatte. Jetzt war die See so stürmisch, daß einige Sekunden später das Heck der *Pisces II* in den hohen Wellen erschien und wieder zurück in Richtung Meeresgrund tauchte. Das war schrecklich; irgendwie mußte das Tauchboot an der Oberfläche gehalten werden, wieviel Wasser auch immer in den Druckkörper rann, bis das schwere Hebeseil zur Bergung befestigt war.

Die *Voyager* wendete noch einmal und bereitete das Emporhieven vor. Inzwischen orderte Bob seine Männer zum Heck, um eine schwere «Minentasche» zu holen. Diese konnte durch integrierte Kohlendioxid-Flaschen aufgeblasen werden, etwa wie sich Rettungswesten durch ihre Druckgasflaschen füllen ließen. Wenn die «Minentasche» erst befestigt war, hielte sie das Heck der *Pisces II* schwimmfähig, bis man das Tauchboot geborgen hatte.

So waren die Männer in der *Voyager* mit einem komplett neuen Notfall konfrontiert. Die *Pisces III* und *Pisces V* mußten vergessen werden, bis die *Pisces II* in dem jämmerlichen Wetter zurück an Bord geholt war. Es muß eine alptraumhafte Situation gewesen sein für all die für den Einsatz Verantwortlichen an Bord der *Voyager*.

Angehakt

Bob schleuderte die «Minentasche» ins Wasser. Glücklicherweise brauchte man sie aber nicht. Nach 25 Minuten verzweifelter Bemühungen war die *Pisces II* zurück an Bord. Die hintere Druckkörperluke wurde entfernt. Die Techniker umschwärmten wieder einmal das Tauchboot. Jedes System mußte kontrolliert werden. Deshalb begann der langwierige Prozeß des Vorbereitens für die nächste Tauchfahrt noch einmal. Selbst wenn die Uhr ungern tickte, die lebenswichtigen Stunden schwanden dahin.

Übermüdung stand in jedem Gesicht, und es zeigt sich auch Enttäuschung. Von denen, die das Rettungsvorhaben leiteten, wurden Entscheidungen gefordert. Um 20.15 Uhr dieses Freitagabends war das *Curv*-System fertig zum Einsatz. Aber die wichtigsten der mit der *Curv* arbeitenden Männer befanden sich noch auf der *Voyager*. Deshalb wurde die *Gemini* noch einmal ausgesetzt, um sie hinüber zur *John Cabot* zu befördern. Der Hubschrauber konnte nicht fliegen, denn er besaß keine Nachtflugausrüstung; außerdem war ohnehin der Treibstoff knapp.

Das elende Wetter ließ nicht nach. Die beiden Männer, die – durchnäßt trotz komplett aufblasbarer Schlechtwetterbekleidung – die *Gemini* fast Non-stop bedient hatten, erledigten ihre Aufgaben wie Zombis. Nichts würde sie stoppen, selbst wenn ein Hurrikan bliese. Bill Ransom und Ernie Foggin hatten jenes Stadium passiert, in dem man sich müde und kalt fühlte; wie alle andern hatten auch sie das Wetter besiegt. Einer der *Curv*-Männer fuhr mit einem Gelenkhebel in der *Gemini* hinüber zur *John Cabot*. Um 21.30 Uhr kam ein anderer Hubschrauber mit ausgeruhten Männern aus Cork an.

Noch vor 23.30 Uhr wurden auch die beiden noch verbliebenen *Curv*-Leute sicher zu ihrem Schiff hinübergebracht. Genau um Mitternacht entdeckte man bereits einen anderen bedeutsamen Rückschlag: Eine Steckverbindung des *Curv*-Kabels enthielt Salz-Wasser. Die Reinigung und Reparatur – so schätzte man – würde drei oder vier Stunden beanspruchen.

Anstatt eines Fortschritts liefen die Ereignisse zurück. Sicher, das Pech konnte nicht immer so weitergehen. Deshalb mußte irgendwann der Durchbruch kommen. Aber käme er rechtzeitig?

Am Freitag um Mitternacht waren es 71 Stunden her, seitdem sich die Luke der *Pisces III* geschlossen und unsere Tauchfahrt begonnen hatte. Somit war in einer Stunde unsere Zeit abgelaufen, da das Lebenserhaltungssystem der *Pisces III* für ein Maximum von 72 Stunden konstruiert war. Die *Pisces V* lag immer noch neben uns am Meeresgrund. Die *Pisces II* ließ sich nicht einsetzen, und der Betrieb der *Curv* war um drei oder vier Stunden verschoben.

Ich kontrollierte unsere mageren Sauerstoffvorräte. Der Druckmesser zeigte knapp sieben Megapascal (70 Bar) an. Daß dies im besten Fall nur noch für weitere zwölf Stunden genügte, begriff ich nicht, sondern setzte bedenkenlos voraus, es würde für immer reichen.

Tatsache war jedoch: Wir hatten zusätzliche zwölf Stunden. So begann sich während der letzten zwei Tage das Glück ganz langsam zu unsren Gunsten zu wenden. Unbeachtet von uns beiden, die wir die Vorräte des Lebenserhaltungssystems aufbrauchten, hatte die Sauerstoff- und die Kohlendioxid-Absorptionseinheit nicht einmal versagt. Selbst die kleinen elektrischen Schaltuhren funktionierten zu fast jeder Zeit, die wir eingestellt hatten. (Ich habe meine noch, zu Hause in einer kleinen Kiste unter der Treppe verborgen.) Das Wichtigste: Unsere Akkumulatoren lieferten noch Energie. Die Spannung war die ganze Zeit über gefallen, aber das entsprach so ziemlich unserem elementaren Verbrauch: Kommunikation mit der Oberfläche und Laufen des Absorberventilators.

Weder Roger noch ich erinnern sich sehr klar, was in den nächsten zehn Stunden passierte. Bis Freitag nacht konnten wir den Ereignissen ungefähr folgen. Dann ereigneten sich die Dinge wie in einem Traum – einem Alptraum. Die Zeit zwischen den Ereignissen schien vollständig ausgelöscht. Wir mußten ziemlich lange geschlafen haben, aber dennoch hatten wir jede halbe Stunde das Lebenserhaltungssystem eingeschaltet – oder wenigstens fast jede. Wer es wann tat, weiß keiner von uns mehr.

Ich erinnere mich an die gemischten Gefühle meinem Kameraden gegenüber, an meinen Ärger, daß immer ich es war, der hinüber zum Schalter des Ventilators langte oder Sauerstoff ausströmen ließ. Den üblen Geruch und den mörderischen Schmerz im Kopf hätte ich nicht bemerkt, wenn ich nicht die ganze Zeit über noch hätte aufstehen müssen, um diese Dinge zu erledigen. Aber in Wirklichkeit habe ich die Schalter nicht allein bedient. Ich konnte mich ja nur an die Zeiten erinnern, wo ich wach war. Eine Erinnerung blieb: Es war verdammt kalt.

Wir kamen wieder zu uns, als die *Pisces V* vom Meeresgrund zur Oberfläche abfuhr. Nachdem die *Voyager* die Neuigkeiten über die *Curv* gehört hatte und daß es drei bis vier Stunden dauerte, wurde eine Entscheidung getroffen: Die *Pisces V* sollte zurückkehren, bevor ihre Akkumulatoren gänzlich leer waren. Übrigens müßte ihre Tauchfahrt mit 18 Stunden eines der längsten aufgezeichneten Unternehmen eines Tauchboots ihres Typs gewesen sein. Kurz bevor sie uns verließ, erinnere ich mich, Fregattenkapitän Messervys Stimme gehört zu haben. Mir wurde aber nicht klar, ob er zu uns oder zur *Pisces V* sprach. Tatsächlich war es eine Mitteilung an die *Pisces III*, welche uns ermutigen und die neuesten Nachrichten übermitteln sollte.

Ein Wort, das wir bei der Unterhaltung registrierten, war *Curv*. *Curv* kam herab und unternähme dies und jenes. *Curv* würde es schaffen. Mich packte eindeutig ein bißchen Panik. Ich war über Tauchfahrzeuge, besonders über die *Pisces V* und die *Pisces II*, im Bilde; und darüber, was sie zu tun versuchten. Okay, sie hatten Probleme. Aber wir konnten schlafen. Wir brauchten keine großen Anstrengungen zu machen, um zu helfen; und sie würden schließlich einen Weg finden. Es war nur eine Frage der Zeit. Bloß versuchen, zusammengerollt zu bleiben, die Kälte, schlechte Luft und den Gestank verdrängen, und schlafen. Schlafen war etwas Großartiges, denn im Schlaf ging nichts schief. Man brauchte lediglich an das Stellen der Schaltuhren und an das Aufwachen zu denken.

Aber was war *Curv*? Ich hatte absolut keine Vorstellung, und dann verdrängte Ignoranz die Besorgnis. *Curv* kam in Kürze herab. Sehr vage glaubte

ich mich zu erinnern, daß *Curv* möglicherweise ein bestimmtes unbemanntes Tauchfahrzeug war. Aber dann war ich nicht mehr sicher.
Zum Teufel, hatten sie nun wirklich Schwierigkeiten? Wir wünschten bestimmt nicht, daß sich ein Tauchroboter einmischte. Er konnte nicht arbeiten, wo schon bemannte Maschinen versagt hatten.
Dann verabschiedete sich die *Pisces V*. Es klang sehr endgültig. «Danke», bemerkte ich, «und bis bald wieder hier unten.» Die Antwort hatte sich fest in meine Erinnerungen eingeprägt. Obwohl die *Pisces V* recht nah und ihre Mitteilungen zeitweise laut und gestört waren, klang diese sehr klar.
«Ich denke nicht, daß wir wieder nach unten kommen. *Curv* ist großartig und wird euch oben haben, bevor wir zurück sein können. Macht's gut.» Sie waren recht zuversichtlich. Ich war es nicht.
Das Licht verglomm, als sie den Grund verließen. Es gäbe keine herabkommenden Tauchboote mehr, keine Gespräche über das Unterwasser-Telefon. Zum Teufel, was ging da oben vor? Ich verlor das Interesse und war niedergeschlagen, weil wir die freundliche, kanadische Stimme nicht wieder hören sollten.
Dann war ich überzeugt, es sei Sonnabend mittag. Wir hatten die ganze Nacht hindurch geruht, und ich fühlte mich plötzlich hellwach. Roger schlief noch. Er mußte erschöpft sein. Ich wollte den Absorberventilator nicht laufen lassen, denn es würde ihn aufwecken. So lag ich dort, die Augen offen, starrte in die pechschwarze Dunkelheit, war verärgert und niedergeschlagen, aber nicht müde. Es mag sein, daß ich auch kurz geschlafen habe. Dann war ich wieder wach bei der nächsten Ventilatorlaufzeit. Ist die Schaltuhr gestellt? Roger wird es schon getan haben, aber ich werde meine auch stellen.
«Hier ist *Voyager*. Kommunikationskontrolle. Kommen.» Ich wachte auf. Wer rief uns? Wie spät ist es? «Verstanden, *Voyager*. Sie sprachen laut und klar. Tiefe nun zehn Meter. Alles in Ordnung.»
Das klang wieder wie Des D'Arcys Stimme. Abermals hellwach, wartete ich auf die nächste Nachricht aus dem Lautsprecher. Konnte es sein, daß schließlich ein anderes Tauchboot bereits herunterkam, und war es die *Pisces II*? Es schienen Tage vergangen zu sein, seitdem wir von der *Pisces II* gehört hatten, aber nur Minuten, seitdem die *Pisces V* uns verlassen hatte. Tatsächlich waren es aber vier Stunden, und es war 4.10 Uhr. Die Männer auf der *Voyager* waren sich jedoch der Zeit vollkommen bewußt. Sie arbeiteten wieder einmal mit Hochdruck, um die *Pisces V* zu bergen. Zur gleichen Zeit setzten sie die Manöver mit der *Pisces II* fort, so daß alles in bester Ordnung vor sich ging. Die *Pisces II* war mit einem anderen Gelenkhebel ausgerüstet, der am Ende eines neun Zentimeter dicken Polypropylen-Seiles saß; wieder fest angelascht, aber nicht zu fest. Obwohl Hände und Gedanken kalt und übermüdet waren, wurde die Arbeit mit peinlichst genauer Sorgfalt ausgeführt. Die Männer standen auf dem Deck der *Voyager,* und ihr neuester Schützling verschwand unter den Wellen. Die Hände schlossen sich in den Taschen öliger Overalls, mit der Bitte, daß alles gut gehe. Daumen wurden gedrückt, oder die Finger hielten eine schwelende

Zigarette. Eine kurze, geistige Entspannung in dieser langen, dunklen Nacht.

Sie konnte wirklich nur kurz sein. Die *Pisces V* war zurück an Deck. Sie mußte für eine weitere Tauchfahrt vorbereitet werden, ein sich ständig wiederholender Prozeß: ein Boot aussetzen, das andere bergen. Kontrolle davor und danach, Untersuchung, Reparatur. Eine Zigarette und warmen Kaffee aus einer Plastiktasse.

«*Voyager.* Hier ist *Pisces II,* Tiefe nun 75 Meter ... Kommen.» Roger und ich hörten dies. Es war Wirklichkeit: Die *Pisces II* kam wieder herab. Es schien unfaßbar. Alles ereignete sich so schnell.

Die Zeit verging rasch. Es war berauschend. Lange bevor die *Pisces II* den Grund erreichte, sahen wir ihre Lichter. Sie mußte in der Nähe sein und kam gerade über uns herab. «Tiefe nun 305 Meter. Alles okay.» «In Ordnung, *Pisces II.* Ende.»

Im Innern der *Pisces III* lagen Roger und ich ausgestreckt. Unsere kleine Welt füllt sich wieder einmal mit Licht, als wir dösend unserer Phantasie freien Lauf ließen. Wir waren zur Einsicht gekommen, daß es nicht gut war aufzustehen und hinauszuschauen. Gab es noch irgendeinen anderen Punkt? Vielleicht war es bloß eine weitere Tauchfahrt, vielleicht ein bißchen Schlaf. Hinab ist es ein weiter Weg.

Tick ... tick ... tick ... tick ... *Tick* ... *Tick* ... tick. Ich erwachte mit einem Ruck. Die *Pisces II* war Realität. Sie war bereits auf dem Grund und suchte nach uns. In weniger als 40 Minuten nach dem Verlassen der Oberfläche war die *Pisces II* an unserer Seite – eine ungeheure Leistung. Sie manövrierte mit geringer Geschwindigkeit behutsam hinter die *Pisces III.* Dabei vergingen weitere zehn Minuten.

Kommunikationskontrollen wurden nicht mehr unternommen, da die Männer an der Oberfläche nicht die Konzentration der *Pisces II*-Piloten stören wollten. Sie schätzten die Leistung, wagten sich aber nicht zu viel zu erhoffen. Jedermann wußte, daß zum jetzigen Zeitpunkt nichts mehr schiefgehen durfte.

Um uns herum herrschte Hochspannung. Nur Roger und ich waren Meilen entfernt. Wir schliefen wieder.

«... *Voyager,* hier ist *Pisces II.* Wir haben den Gelenkhebel in die Öffnung der hinteren Luke gesetzt und bestätigen positiven Schluß. Wir warten auf Sichtverbesserung zum Klarkommen.»

Nach Tagen der Anstrengung, nach Pech und Pannen, war die *Pisces II* frei zum Meeresgrund herabgetaucht, zur Rückseite der *Pisces III* herumgefahren und hatte sanft einen Gelenkhebel mit Seil in den offenen Druckkörper geschoben. Dieser Gelenkhebel öffnete sich dann gleich einem Regenschirm und konnte so keinesfalls wieder herausrutschen. Das 9-cm-Polypropylen-Seil war stark genug, um uns vom Meeresgrund abzuheben. All dies hatte weniger als 45 Minuten gedauert. Unglaublich.

Es klingt wie ein einfacher Vorgang, und er war es tatsächlich; denn die Unterstützung für die Retter war enorm. Und deshalb endete die Aktion auch mit einem Erfolg.

Für uns am Meeresgrund in der *Pisces III* geschah dieses dramatische Ereignis fast unbemerkt. Ich bekam die Nachrichten der *Pisces II* über den Gelenkhebel nur halb mit, bevor ich wieder das Bewußtsein verlor. Es war gut, die *Pisces II* zurückzuhaben. Ihre Scheinwerfer wirkten beruhigend auf mich. Sie konnte mit der Oberfläche sprechen. Wir konnten schlafen. Auch schlafen war gut. Kalt war das allerdings, mein Gott.
Das einzige Wort, das ich mitbekam, lautete: Gelenkhebel. Das war ein weiteres Problem, etwa gleich dem Verstehen von *Curv*. Soweit ich mich erinnern konnte, was ein Gelenkhebel wohl sei, war es vermutlich eine Art großer Haken, der sich in der starken Stahlumrandung der achterlichen Lukenöffnung verfing.
«Ich hoffe, wir werden nicht herumgeschüttelt, wenn man uns anhebt. Wir könnten den Halt verlieren. Aber das macht nichts. Die *Pisces II* ist ja bei uns.» An diese Gedanken erinnere ich mich noch gut.
Tatsächlich war der Gelenkhebel ein zusammenklappbarer, zweiarmiger Haken. Wenn er erst einmal in der achterlichen Lukenöffnung saß, klappte er auseinander; und nichts Vorhersehbares würde ihm ein Herausgleiten ermöglichen.
Die Gesamtmaße der *Pisces III* wurde mit 0,95 bis 1,5 Tonnen veranschlagt. Den Gelenkhebel hatte man für eine Hebekapazität von drei Tonnen (mit einem großen Sicherheitskoeffizienten) konstruiert, um auch die dynamischen Kräfte während der Hebung mit einzuschließen. Er war speziell von den Schiffsbauern in Barrow entworfen worden, als diese von dem Unfall erfuhren ...
Die *Pisces II* war noch geschäftig. Die Sicht hatte sich geklärt. In der *Pisces II* konnte man sich überzeugen, daß der Gelenkhebel noch sicher im Druckkörper saß. Aus irgendeinem Grund, vermutlich wieder einmal wegen der Aufwärtsstellung der *Pisces-III*-Nase, war unsere Verbindung zur Oberfläche besser als die der *Pisces II*.
«Sagen Sie es noch einmal, *Pisces II*», tönte eine Stimme von der *Voyager* aus dem Lautsprecher. Das Weiterleiten von Mitteilungen war das einzige, was wir unternehmen konnten, um zu helfen. Aber um Himmels willen, worüber sprachen sie nun? Ich mußte unbedingt wachbleiben und zuhören.
«Habe die Softschlinge im Manipulator. Ich werde sie am Lifthaken zu befestigen versuchen.»
«Sagen Sie es noch einmal langsam, *Pisces II*. Mitteilung nicht verstanden.» Ich hatte diese Mitteilung gehört und leitete den zusammenhangslosen Satz an die *Voyager* weiter. «Softschlinge?» Ich besaß keine Vorstellung, worauf sich diese Mitteilung bezog. Sie klang aber interessant.
Was die *Pisces II* nun zu unternehmen versuchte, war das Anziehen jenes Seiles, das die *Pisces V* aus ihrem Greifer verloren und dann aber am Propellerlaufschutz befestigt hatte. Sie tastete nach jener Vorrichtung mit dem kurzen Seil, nun Softschlinge genannt, wie es Stunden zuvor die *Pisces V* versucht hatte. Die Softschlinge war inzwischen am ersten Hebeseil herabgeglitten. Wenn es nun gelänge, das Seil zu sichern, hätten sie dadurch ein zweites Hebeseil zur Oberfläche.

Zwei Hebeseile? Schließlich wurden zwei gebraucht, und glücklicherweise ließen sich die Retter nicht zur Entscheidung verleiten, uns bloß mit einem Seil vom Grund zu heben. Die Belastung wäre ungeheuer, wenn das Tauchboot in der Nähe der Oberfläche herumgeschüttelt würde. Falls der erste Bergungsversuch fehlschlug, bliebe für einen zweiten keine Zeit mehr. Also war es sicherer, zwei Seile zu haben.

Von der Oberfläche aus gesehen war die *Pisces II* am Meeresgrund beschäftigt, und das war gut. Die Piloten in der *Pisces III* schienen in leidlicher Form zu sein. Okay. Aber was war nun mit *Curv?*

Die Leute von der *Voyager* schauten auf und hinüber zur *John Cabot.* Du lieber Himmel! Es war bereits Tag. Und was war das, eine blasse Sonne? Natürlich nicht. Der Eintrag im Logbuch der *John Cabot* am Samstag morgen um 7.05 lautete: «Starker West-Südwest-Wind, rauhe See und schwere Dünung, bewölkt, zeitweilig Regenschauer.»

Um 7 Uhr war die *Curv* bereit zum Aussetzen. Befand sich das an der *Pisces II* befestigte Seil wieder am Meeresgrund? Eine schnelle Rückfrage ergab, daß die *Pisces II* die gleichen Schwierigkeiten hatte wie zuvor. Die Strömung war gering. Dennoch komplizierte das halbschwimmende Seil die Sache. Es war unwahrscheinlich, daß die *Pisces II* es handhaben konnte.

Nach einigen weiteren Versuchen erhielt die *Pisces II* die Erlaubnis, den Grund zu verlassen und zur Oberfläche zurückzukehren. Immer noch war der Feind die Zeit, und dies durften die Retter keinen Augenblick vergessen. Unter den gegebenen Umständen war es das beste, die *Pisces II* zu bergen und mit *Curv* einen Versuch zu unternehmen, den zweiten Gelenkhebel im hinteren Druckkörper einzusetzen. Ein bedeutsamer Faktor begünstigte übrigens die *Curv:* Wenn sie erfolgreich gewassert war, konnte sie unter Benutzung ihres eigenen Sonars dem 9-cm-Seil hinab folgen bis direkt zum achterlichen Druckkörper. Deshalb konnte sie – wie es gerade die *Pisces II* getan hatte – dicht neben uns am Meeresgrund landen.

Die *Pisces II* wurde ohne Schwierigkeiten geborgen, da sich nun endlich das Wetter ein wenig gebessert hatte. Die *John Cabot* erhielt die Order, in der Nähe der *Voyager* auf Station zu gehen.

Kurz nach 8 Uhr kletterte Des D'Arcy nach seiner erfolgreichen Tauchfahrt aus der *Pisces II;* ganz undramatisch, denn es gab noch viel zu tun. Man entschied sofort, daß er mit Bob Eastaugh zur *John Cabot* übersetzen und einen Blick auf die Bilder werfen sollte, die über das Fernsehen zurückgesandt wurden, wenn *Curv* ihren Tauchversuch unternahm. Über die Bedingungen besaß er Wissen aus erster Hand und kannte die Stellung der *Pisces III* auf dem Meeresgrund genau.

Den Gefühlen, die wir in der *Pisces III* hatten, kann ich keinen verbalen Ausdruck geben. Vom Zeitpunkt an, da die *Pisces II* uns verließ, bis zu jenem Moment, da das Heben begann, besteht eine Lücke in meinem Gedächtnis. Es handelt sich dabei um vier Stunden. Wir betrieben unser Lebenserhaltungssystem und bedienten die Schaltuhren. Lediglich an mehrere kurze Augenblicke kann ich mich erinnern. Ich will versuchen, diese in der Geschichte an den geeigneten Stellen zu erzählen.

Curv wurde um 9.40 Uhr zu Wasser gelassen. An ihrem Manipulator klemmte ein zweiter Gelenkhebel; und an diesem war ein 15 Zentimeter dickes, geflochtenes Nylonseil befestigt. Die *Curv* besaß ähnliche Systeme wie ein *Pisces*-Tauchboot, aber keine Besatzung. Sie ähnelte mehr einer schwimmenden Bettstelle, die ihre Befehle von einem Operator erhielt, der jede ihrer Bewegungen auf einem winzigen Bildschirm beobachtete.
Curv folgte dem von der *Pisces II* hinterlassenen Seil hinab. Nach den letzten drei Tagen der Versuche und Mißgeschicke reihten sich die Ereignisse so problemlos aneinander, daß es fast unglaublich war.
Auf dem Deck hatten Bob und Des im mobilen *Curv*-Kontrollraum die Aktion fasziniert beobachtet. *Curv* landete sehr dicht neben der *Pisces III,* so daß der Sonarkontakt sofort hergestellt war. Als sie sich näherte und Sichtkontakt gewann, konnte Des Ratschläge über die örtlichen Bedingungen geben und dem Operator helfen, das Roboterfahrzeug exakt in die richtige Position zum Einsetzen des Gelenkhebels zu führen.
In sechseinhalb Stunden hatte sich die Situation von einer nahezu hoffnungslosen zu einer sehr hoffnungsvollen Position gewandelt. Zwei starke Seile waren bereit, uns zu heben.

Ende gut, alles gut
Von der Ankunft der *Curv* am Meeresgrund und dem erfolgreichen Setzen des Gelenkhebels wußte ich nichts. Ich erinnerte mich nur an ein lautes, schwirrendes Geräusch, das stundenlang anzuhalten schien. Dann eine verstümmelte Nachricht: «... was immer geschieht, wir heben um 11.30 Uhr ...» Ich nahm diese nicht richtig auf und versank wieder in Schlaf.
Nun begann die letzte Etappe der Rettung; mit all ihren Risiken und Unsicherheiten für jene, die den Befehl an Deck hatten und die keinen Aufschub mehr wagten, da unser Sauerstoff nahezu verbraucht war. Sie besaßen jedoch die große Hoffnung, uns lebend zur Oberfläche zurückzubekommen.
Meine Gefü le da unten am Meeresgrund waren von ganz untersc iedlic er Art, aber mein sehnlichster Wunsch war, allein gelassen zu werden. Wirklich, für mich wurde das Emporheben der letzte und quälendste Alptraum. Es war nun nicht mehr länger möglich, zu schlafen und die Ereignisse zu ignorieren. Das erwies sich als die schrecklichste Erfahrung meines Lebens.
Als Bob Eastaugh an Bord der *John Cabot* ankam, fühlte er sogleich, daß ihr Hebezeug für die Bergung der *Pisces III* besonders geeignet war. Er hatte sich nicht eine Minute Ruhe gegönnt, seitdem er am Mittwoch die Nachrichten vom Unfall erhalten hatte und auf die Nordsee hinausgefahren war; dennoch erwies sich sein Urteil als perfekt. Er rief sofort die *Voyager* an und bat Peter Messervys um Erlaubnis, die Hebung von der *John Cabot* aus zu unternehmen und nicht von der *Voyager,* wie ursprünglich geplant.
Der Kapitän der *John Cabot* war mit einer heiklen Entscheidung konfrontiert worden. Sie bedeutete eine schwere Verantwortung, und die Rettungsaktion, welche ohnehin unter äußerst schwierigen Bedingungen vonstatten ging, erreichte nun das kritischste Stadium. Auch das Wetter spielte noch

seine übliche störende Rolle. Die starke Dünung ließ die *John Cabot* schwer auf und ab stampfen, so daß das Emporhieven eines großen Objekts aus jener Tiefe schwierig war. Aber die Entscheidung des Kapitäns war unverzüglich gefallen, und er nahm die Verantwortung auf sich. Deshalb verdanken wir ihm – wie all den anderen Rettern – unser Leben. Als alles vorüber war, fuhr sein Schiff – wie das vieler anderer Mitbeteiligter aus aller Welt – fort, bevor wir ihm persönlich danken konnten. Wir hoffen aber, das eines Tages noch nachholen zu können.

Am Samstag morgen um 10.50 Uhr, ein bißchen früher als geplant, rief uns die *Voyager* wieder mehrmals über das Unterwasser-Telefon an. Schließlich gelang ihr die Verbindungsaufnahme. «*Pisces III,* Sie werden nun gehoben. Kommen.» «In Ordnung», antworteten wir. Was gab es da noch zu sagen? Man würde uns heben.

Wir hievten uns aus der komatösen Welt, in der wir so viele Stunden gelebt hatten. Wir schalteten die kleinen Kugelleuchten ein und starrten einander an. Der Sauerstoffdruckmesser stand knapp unter 5,5 Megapascal (55 Bar). Vielleicht würde die nächste Bergungsetappe unsere Empfindungen zurückbringen, und wir spürten die stechenden Kopfschmerzen, die in unseren Häuptern rumorten? Der Absorberventilator war bereits eingeschaltet und lief. Wir ließen einen großen Schwall Sauerstoff in den Druckkörper strömen. Die *Pisces III* wurde gehoben, deshalb konnten wir uns etwas Verschwendung leisten. Aber die Tatsache, daß *wir* uns wirklich vor dem Emporhieven befanden, hatte mein Gehirn noch nicht voll registriert. Anstelle des Gedankens, daß die Rettung nun quasi vor der Tür stehen dürfte, herrschte nur Ärger über die Störung.

Als sich unsere Augen dem eingeschalteten Licht angepaßt hatten, erblickten wir das Schlachtfeld, in dem wir die letzten Tage gelebt hatten. Ich erinnere mich an die Befürchtung, daß Bob Eastaugh sehr ärgerlich wäre, wenn er den Raum so sähe. Seine Maßstäbe waren immer hoch, und sein Einfluß berührte uns indirekt sogar noch auf dem Meeresgrund. Deshalb verstauten wir – mehr kriechend als bewegend – alle losen Ausrüstungsstücke auf dem Boden des Druckkörpers; soweit das überhaupt möglich war. Dann zwängten wir uns in halb sitzender Stellung in die gegenüberliegende Ecke der Kabine. Ich sah zu Roger. Wir warteten. Der Absorberventilator arbeitete noch. Die verbesserte Atmosphäre begann zu wirken, so daß unsere Gedanken zu funktionieren anfingen, anstatt lediglich gewohnten Reaktionen zu folgen. Somit waren wir aber auch wieder fähig, Furcht zu verspüren.

Nun würde man uns also anheben. Mein Gott, was geschähe, wenn die Tauchbootmasse die Seile zu sehr belastete? Waren die Schiffe genau über uns stationiert oder zöge man uns umgekippt über den Meeresgrund? Furcht und Aufregung breiteten sich aus. Wir begannen, wesentlich mehr Sauerstoff zu verbrauchen.

Nach einer Zeitspanne, die uns ein Menschenalter zu sein schien, aber in Wirklichkeit nur wenige Minuten dauerte, veränderte sich die Lage der *Pisces III* langsam. Wir wurden am Heck angehoben, so daß der Bug der

Pisces vornüber fiel. Es war ein langsamer Beginn, und der Tiefenmesser zeigte auch keine Spur von Veränderung, als ob wir uns noch am Grund befänden.

Wir verschoben unsere Position, als sich die verschiedenen Winkel einstellten. Keiner sagte etwas. Dann gab es einen dumpfen Schlag, und die *Pisces III* begann über den Meeresboden zu schleifen. 50 Grad ... 45 Grad ... 40 Grad ... Immer noch auf dem Grund und – wumm ... wumm. Ich griff nach dem Mikrophon des Unterwasser-Telefons; etwas, an dem ich mich festhalten konnte. Ich sollte ihnen lieber sagen, daß sie mit dem Heben stoppen, wenn es so aussieht, als ob wir überschlagen, dachte ich.

«*Voyager* ... *Voyager* ... hier *Pisces III.* Kommen.» Meine Stimme war fast ein Schrei. Aber die Verbindung war nicht gut. Über den Lautsprecher kam nur ein schwirrendes Geräusch. 40 Grad ... 30 Grad ... und dann begann der Tiefenmesseranzeiger zum erstenmal zu zittern. Wir verließen den Grund des Atlantiks.

Ich wäre glücklich gewesen, nun lieber aufrecht die 280 Kilometer bis zur Küste und an den Strand geschleift zu werden als den Grund zu verlassen; denn sobald wir vom Grund freikamen, begannen die Pendelbewegungen wieder. Zuerst schwangen wir ganz sanft vor und zurück. Es war nun zu spät, um unsere Position zu ändern. Wir hingen frei an den Seilen.

Die lose Ausrüstung um uns herum rutschte hin und her. Der Tiefenmesserzeiger wanderte die ganze Zeit über langsam aufwärts. 425 Meter, das bedeutete, etwa 50 Meter über dem Grund. Nun waren wir wirklich im Schwingen, eine Minute horizontal, und die nächste wieder vertikal – eine verrückte Auf-und-nieder-Welt voller Lärm, Stößen, Gestank und Furcht ... Zurück und vor. Alpträume über den Haken. Ich war überzeugt, daß der Gelenkhebel ein Haken sei, der plötzlich seinen Griff öffnete und uns zurück zum Grund fallen ließe. Warum war er nicht aufgegangen, als wir uns noch in der Nähe des Grundes befanden? Das wäre nicht so weit gewesen. Nun aber betrug die Tiefe 275 Meter – zu viel, um ohne Zerstörungen zurückzufallen. Ein Geräusch von Wasser im Druckkörper. Ein Leck? O Gott, nicht jetzt! Doch es war nur der eine, sorgfältig gesicherte Plastikbeutel (was er enthielt, läßt sich erraten) und die volle Urinflasche. Beide waren geplatzt. Es ist erstaunlich, wieviel zwei Menschen im Laufe von dreieinhalb Tagen ausscheiden können, selbst ohne viel zu trinken.

Das Hebemanöver begann ungefähr um 10.55 Uhr. Um 11.37 Uhr – die Gelenkhebel hielten immer noch – betrug die Tiefe 200 Meter. Noch einmal versuchte ich erfolglos, mit der Oberfläche zu sprechen. Die Bewegungen wurden immer heftiger, je kürzer die Leinen.

Ein neuer Lärm brach über uns herein; ausströmende Luft, und zwar im Innern des Druckkörpers. Das war schlecht. Wir konnten ein Ansteigen des Innendrucks nicht zulassen. Roger wußte sofort, wo die Schwierigkeit lag. Die Luft entwich am Pilotensteuerpult durch die Ventile des Hauptdruckluftvorrats. Die andauernden Stöße begannen ihre Auswirkungen zu zeigen. Glücklicherweise konnten wir, ohne den Halt zu verlieren, die Ventile erreichen und zudrehen. Der zischende Lärm verstummte.

Um 11.42 Uhr erreichte der Tiefenmesser die 105-Meter-Marke und stoppte. Ich hatte den Tiefenmesser wie ein Sperber beobachtet. Deshalb bemerkte ich seinen Stillstand sofort. Sprechverbindungen gab es noch immer nicht. Aber gelegentlich schnappten wir eine verstümmelte Mitteilung auf, und wir gaben turnusgemäß unsere Tiefe zur Oberfläche durch.

Über 15 Minuten lang blieb die *Pisces III* in 105 Meter Tiefe und schlug auf und ab. Ich versuchte alle paar Sekunden Kontakt zur Oberfläche aufzunehmen. Dann probierte Roger weiter.

Das Rollen hielt nun schon fast eine Stunde an. Dennoch glaubten wir, daß jede Minute die Seile reißen würden, genau wie unser Schleppseil, bevor wir auf den Meeresgrund gesunken waren. Bruchstücke von Instruktionen kamen über den Lautsprecher:

«... Heben ... bald. Ärger mit ... bestätigt, daß ... befestigt. Kommen.»

Wir gerieten in Verzweiflung.

«Oberfläche, um Gottes willen hebt weiter ... Sind im Begriff abzustürzen. Der Lukendeckel ist nicht befestigt. Bitte heben.»

Geschehen war aber folgendes: Das Steuerkabel der *Curv* und das Hebeseil hatten sich ineinander verheddert.

Schließlich waren die Seile wieder frei, und wir begannen uns erneut aufwärtszubewegen. 90 Meter ... 60 Meter ... Tageslicht. Wirkliches Tageslicht strömte ein. Wir konnten jedesmal flüchtige Blicke auf die zur Oberfläche emportreibenden Seile werfen, wenn sich das Tauchboot selbst herabneigte. Auf und ab. Das Pendel war nun viel kürzer, die Bewegung schneller und heftiger.

In fünf Minuten zeigte der Tiefenmesser 20 Meter an: von 480 Meter hoch bis 20 Meter in 80 Minuten. Wie lange noch? Ich war vor Schrecken starr, aber das Tageslicht gab uns Hoffnung.

Als ich das nächste Mal auf den Tiefenmesser sah, zeigte er 30 Meter an. Sanken wir von neuem? Nein, wir stiegen – unter dem Schiff hängend – mit den Wogen wieder zwölf Meter empor; soviel, wie wir gerade zuvor in Richtung Meeresgrund getaucht waren.

Dieser letzte Schrecken spielte sich in Tiefen zwischen 20 und 30 Meter ab. Er dauerte weitere 75 Minuten – siebzig und fünf Minuten, in der jede von ihnen schließlich ein Leben lang zu dauern schien. Die schreckliche Bewegung hielt an und wurde sogar noch schlimmer ...

Als nächste kamen die Taucher an die Reihe. Sie hatten die bei Nacht unmögliche Aufgabe, an der *Pisces III* Hebeseile zu befestigen, die stark genug waren, um sie aus dem Meer zu heben: Denn wenn sie erst aus dem Wasser kam, bedeutete sie eine zehnmal größere Last. Mehrere Taucher stiegen herab, aber es gelang ihnen nicht, sich dem Tauchboot zu nähern. Wir hörten sie über den Lautsprecher atmen, und einen sahen wir tatsächlich für einen kurzen Moment.

Erst Bob Hanley, jener Stabsoffizier, der von Ralph zur Unterstützung für unsere Charter eingesetzt worden war und der nun tauchte, gelang es, auf der *Pisces III* zu reiten wie auf einem ungezähmten, bockenden Pferd. Irgendwie wurde ein 15-Tonnen-Schäkel am Hebepunkt befestigt. Bob zog

das Nylonseil durch und schwamm weg. Dann holte man alle Seile mittschiffs an Bord der *John Cabot*.
Schließlich kam das letzte Anheben. Am Samstag, den 1. September 1973, kurz nach 13 Uhr, durchstieß die *Pisces III* die Oberfläche. Selbst jetzt wurden keine Chancen vergeben: Sicherung durch weitere Hebeseile, und am unteren Schäkel des achterlichen Druckkörpers wurde eine 1,2-m^3-Minentasche befestigt.
Roger und ich hörten all die Schläge und den Lärm über uns. Zuvor waren wir instruiert worden, unsere Luke von der Innenseite zu entriegeln, so daß die Taucher sie öffnen konnten, wenn sie fertig waren. Wir konnten ja noch während des Hebens verletzt oder bewußtlos geschlagen werden und wären folglich nicht mehr in der Lage, uns selbst zu helfen. Irgendwie war es mir während der letzten Stunden gelungen, die Leute an der Oberfläche nach dem atmosphärischen Druck zu fragen. Man hatte uns berichtet, daß er 102,44 Hektopascal (768,35 Torr) betrüge, und wir hatten den Innendruck durch den Gebrauch von Luft und Sauerstoff angepaßt.
Ich erinnere mich, auf den Sauerstoffdruckmesser geschaut zu haben, kurz bevor die Luke geöffnet wurde. Ich las 1,38 Megapascal (13,8 Bar) ab. Während der «Behandlung» durch das Heben, unter der wir zwei Stunden gelitten hatten, war der Sauerstoffdruck um 4,13 Megapascal (41,3 Bar) gesunken. Wenn wir bei dieser Verbrauchsrate 20 Minuten länger in den verwickelten Seilen gehangen hätten, wäre unser Sauerstoffvorrat in der Druckgasflasche auf Null gesunken.
Sie schafften es jedoch. Und als wir aus dem Wasser tauchten, fielen wir uns in die Arme. Die bockende Bewegung hatte aufgehört, und das Tauchboot neigte sich vorwärts, als schaute es in die Tiefe des Meeres hinab.
«Du zuerst», sagte ich grinsend. «Nein, ich bin der Pilot und gehe als zweiter.» Roger konnte nicht schwimmen, so daß wir uns schließlich einigten, er solle den Pilotenraum zuerst verlassen. Es gab einen lauten Knall, die Luke war offen, und Sonnenlicht strömte von oben herein. Das Sprechen von wirklichen Stimmen, und Hände langten herab.
Roger stieg durch die Luke empor und war verschwunden. Ich krabbelte heraus. Mike Bond, einer unserer Taucher, war da und grinste über beide Ohren, als er mich an seinen Taucheranzug drückte. Eine *Gemini* kam heran, und ich stolperte hinein. Wir lebten, und wir waren draußen in der frischen Luft. Und es war Wirklichkeit.

*Die Auswertung der **Johnson-Sea-Link**-Tragödie und der **Pisces III**-Havarie verdeutlichte, daß Hilfeleistungen selbst in relativ geringen Tiefen von allerlei nicht voraussehbaren technischen und ozeanographischen Faktoren abhängen. Diese sind größtenteils in den Griff zu bekommen. Jede Rettung kostet aber trotz aller Eile auch viel Zeit. Hersteller und Eigner der **Pisces**-Typen erhöhten in der Folge die Laufzeit der Lebenserhaltungssysteme auf sieben Tage. Viele andere Firmen zogen nach.*
Die teils bitteren Erfahrungen der Anfangsjahre begannen sich auszuzahlen. 1974 erschien in der U.S.-Staatsdruckerei in Washington der erste Leitfaden für den sicheren Einsatz von Tauchfahrzeugen, die «Safety and operational guidelines for undersea vehicles».
Irgendwann und irgendwo ertönt bestimmt ein neues SOS aus der Tiefe. Es gibt kein Leben ohne Risiko. Doch die meisten Tauchfahrzeuge, Piloten und Betreiber sind inzwischen gewappnet. Das Risiko ist kalkulierbarer geworden.

Epilog

Seit Mitte der siebziger Jahre existieren genügend bewährte Konstruktionsprinzipien, Einsatzrichtlinien und Sicherheitsbestimmungen für zivile Tauchfahrzeuge. Wie in vielen Bereichen der Technik und unseres Lebens breitet sich die Elektronik in den Fahrständen der Tauchboote immer weiter aus. Mit ihrer Hilfe übertrifft manchmal schon ein Neuling nach wenigen Anweisungen die Meisterleistungen des einst nur nach Sicht, Tiefenmesser und Gefühl navigierenden Albert Falco, des legendären Chefpiloten der Tauchenden Untertasse. Ellenlange Checklisten, technische Perfektion und klar umrissene Arbeitsaufträge nehmen den Tauchvorbereitungen und Unterwasserfahrten den Hauch modernen Abenteuers. Die meisten Tauchboote operieren ohnehin nur zwischen Strukturen aus Stahl und Beton; nüchternen, rein rational gestalteten Elementen. Sie führen auch den größten Romantiker rasch auf den (Erdöl-)Boden der Realität zurück. Handfester Kommerz beherrscht den Einsatz der meisten unbewaffneten Tauchfahrzeuge. Bevorzugtes Operationsgebiet: Nordsee und nördlicher Atlantik von den britischen Inseln bis vor die Küsten Norwegens.

Neuentwickelte Navigationssysteme in Verbindung mit der Oberflächen-Navigation des Mutterschiffs erlauben nun die exakte Einordnung des untersuchten Areals in geographische Karten oder die präzise Ansteuerung und Vermessung eines mit akustischen Baken (Transponder) abgesteckten Gebietes. Mit dem beispielsweise von der InterSub eingesetzten «Long base navigation system» lassen sich bei Einsatz von Circular-Oberflächen-Navigationssystemen die Transponder mit einer Genauigkeit von ±5 m am Meeresgrund installieren. Das Tauchboot wiederum kann innerhalb der bis zu drei Kilometer entfernten Transponder mit einer Genauigkeit von ±1 bis 2 m seine jeweilige Position bestimmen.

Nationale und internationale Kooperationen – etwa 1974 und 1975 beim Unternehmen *Famous,* über das hier als eine der gelungensten Gemeinschaftsarbeiten berichtet wurde – halten die finanziellen Aufwendungen im allgemeinen in akzeptablen Grenzen. Tauchboote beginnen sogar zunehmend in Binnengewässern zu operieren; erwähnt seien hier die sowjetischen Forschungen im Baikalsee mit den Tauchbooten *Pisces VII* und *Pisces XI.* Jacques Piccards PX-28 erhielt wiederum den Großauftrag, eine 100 Kilometer lange, durch den Genfer See führende Pipeline zu überprüfen. 1979/80 war dieses Boot übrigens 240 mal im Einsatz, meist in Schweizer Seen.

Doch für die kommerziellen Tauchbootbetreiber aber beginnt die zweite Hälfte der siebziger Jahre mit schlechten Nachrichten. Im Nordseeraum sinkt die Suche nach den begehrten Kohlenwasserstoffen spürbar. Viele Fundstellen sind nun aufgeschlossen. Es genügt den Konzernen, Öl und Gas am Fließen zu halten. Deshalb werden auch weniger Aufträge für Tauchfahrten vergeben. Allein schon diese Tatsache bereitet den Besitzern stolzer Tauchbootflottillen genügend schlaflose Nächte. Aber damit nicht genug. Verschiedene meerestechnisch spezialisierte Firmen versuchen immer stärker mit zweckmäßigeren Sonderkonstruktionen Marktlücken zwischen dem bei großen Tiefen heikel und teuer werdenden Taucherelnsatz und dem kostspieligen Betrieb der Tauchboote für sich zu erschließen. Diese neuen Geräte sind vor allem Panzertauchgeräte, unbemannte, ferngesteuerte Tauchfahrzeuge und spezielle Unterwasser-Arbeitssysteme. Der Multi-Millionen-Markt der Erdöl- und Erdgasindustrie war und ist hart umkämpft. Wenn ein Service-Konzern nun ein zweckmäßigeres Gerät erwirbt, muß die Konkurrenz sich dieses wohl oder übel bald auch anschaffen, um im Geschäft zu bleiben. Ein Hasardspiel mit immer mehr Investitionen. Für manche endete es mit dem Zusammenbruch.

Seit Ende der siebziger Jahre beginnen nun die alternativen Systeme die kommerziellen Tauchfahrzeuge zu verdrängen. Auf dem Grund der Nordsee ruhen nun genügend Förderanlagen, die es bloß zu unterhalten gilt. Inspektionen und zerstörungsfreie Werkstoffprüfungen rücken mehr in den Vordergrund, begünstigt durch neue britische und norwegische Gesetze. Wozu aber beispielsweise ein teures tonnenschweres Boot auf Kurs schicken, wenn ein von einem 150 Kilogramm schweren unbemannten Tauchfahrzeug aufgenommenes Video zur Begutachtung ausreicht? Ist also das Ende der zivilen Tauchfahrzeuge schon abzusehen?

Mit Booten für die Unterwasserforschung begann die neuere Geschichte unbewaffneter Tauchfahrzeuge. Es folgte eine Zeit des Staunens über die Wunder der Unterwasserwelt, die Möglichkeiten moderner Technologien, ein Rausch phantastischer Zukunftsvisionen und enthusiastischer Bewertungen mariner Ressourcen. Der Offshoreboom drängte dann die Forschungsfahrzeuge etwas an den Rand der Geschichte. Nun scheint es, als schwinge das Pendel wieder zurück.

Es ist nicht zu übersehen: Die Prophezeiungen der frühen sechziger Jahre, daß das Meer eine fast unerschöpfliche Schatzkammer sei, haben sich nicht erfüllt. Die traditionellen Fischgründe werden immer leerer. Industrialisierung, Versenkung von Abfällen, Tourismus, der Abbau mariner Mineralien und Unfälle wie Tankerhavarien zerstören die gepriesenen Schönheiten der Unterwasserwelt und verschmutzen die Meere. Anstatt immer stärker das Meer in unseren engsten Lebensraum einzubeziehen, müssen wegen gesundheitsgefährdender Verunreinigungen immer mehr Strände gesperrt werden, muß sich der Mensch also vom Meer fernhalten. Auch die Wertschätzung von Wissenschaft und Technik hat sich heute angesichts ihrer beklemmender denn je empfundenen Janusköpfigkeit gewandelt. Bei manchem ist sie gar in eine Technikfeindlichkeit umgeschlagen, in eine Sehnsucht nach einer einfachen, durchschaubaren Lebensführung. Wir beginnen zu erkennen, daß Eingriffe in die Natur und die technologische Revolution nicht nur Wohlstand bedeuten, sondern auch schwerwiegende Nachteile: schlechte Luft, sterbende Wälder, verschmutzte Meere. Und wir beginnen zu begreifen, daß die Reichtümer der Erde sorgsamer und durchdachter denn je verwaltet werden müssen.

Noch ist das Meer nicht in dem Maße geschädigt wie das Festland. Es bedarf vieler Sorgfalt und noch mehr Wissen, um die uns an Land unterlaufenen Fehler nicht zu wiederholen und um nicht auch das letzte große Reservat der Erde ebenso stark zu zerstören. Deshalb werden künftige Aufgaben für Tauchfahrzeuge nicht in der Unterstützung der Ausbeutung mariner Ressourcen liegen müssen; vielmehr sollen sie zu ihrer Erhaltung beitragen, also Grundlagenforschung und Überwachung.

Auch wenn alle erreichbaren Ölfelder aufgeschlossen sind: Über das Meer, seine Geschichte und Strukturen, über meereskundliche Vorgänge und deren Problematik können wir wohl nie zuviel wissen; und werden wir vielleicht auch nie genug erfahren. Es besteht also kaum die Gefahr, daß eines Tages das Meer als erledigt abgehakt wird und all die interessanten Tauchfahrzeuge wie vorsintflutliche, den sich verändernden Umweltbedingungen nicht mehr angepaßte Saurier aussterben.

Quellennachweis

Texte

Die Texte wurden – mit freundlicher Genehmigung ihrer Verlage – folgenden Werken entnommen:

Beebe, William: Auf Entdeckungsfahrt mit Beebe. Leipzig: F.A. Brockhaus, 1936. S. 175–207. Übers. a.d. Engl.: M. Müller
Chapman, Roger: No time on our side. New York: W.W. Norton & Co., 1975. S. 60–70, 90–111, 119–149. Übers. a.d. Engl.: N. Gierschner
Cousteau, Jacques-Yves: Das lebende Meer. Köln: Kiepenheuer & Witsch, 1964. S. 232–260. Übers. a.d. Franz.: I. Kolbenhoff
Houot, Georges und Willm, Pierre: 4000 Meter tief. Wiesbaden: F.A. Brockhaus, 1955. S. 19–28, 36–42, 179–199. Übers. a.d. Franz.: U. Steiger
Link, Marion C.: Windows in the sea. Washington: Smithsonian Institution Press, 1973. S. 87–103, 174–183. Übers. a.d. Engl.: N. Gierschner
Piccard, Auguste: Über den Wolken – unter den Wellen. Wiesbaden: F.A. Brockhaus, 1954, S. 56–58, 114–122, 124–133, 250–261
Piccard, Jacques: 11 000 Meter unter dem Meeresspiegel. Wiesbaden: F.A. Brockhaus, 1961. S. 103–113, 135–153. Übers. a. d. Engl.: M. Auer
Piccard, Jacques: Logbuch aus der Meerestiefe. Stuttgart: Deutsche Verlags-Anstalt, 1975. S. 75–76, 78–88, 91–92, 101–124. Übers. a. d. Franz.: H. Leuenberger
Riffaud, Claude und Le Pichon Xavier: Expedition «Famous». Köln: Kiepenheuer & Witsch, 1977. S. 128–148. Übers. a.d. Franz.: G. Seib

Bilder

CNEXO: 27; Cris: 1; Harbor Branch Foundation: 33, 34, Horton Maritime Exploration Ltd.: 37; Houot, P./Willm, P.: 25; InterSub S. A.: 19, 43–47; Ingenieurkontor Lübeck: 20; Knudsen, D.: 21; KSB: 48; Nowosti: 16; Perry Submarine Builders: 31; Piccard, A.: 22, 23, 28, 29; Piccard, J.: 35, 36; Reynolds Submarine Services: 18; Sammlung Gierschner: 2–14, 24, 26, 32, 38, 39, 42; U.S. Navy: 15, 17, 30; Vickers Oceanics: 40, 41.

Da die Rechtsnachfolge bei einigen nicht im Lande lebenden oder verstorbenen Text- und Bildautoren ungeklärt ist und einige Adressen nicht zu ermitteln waren, war es in wenigen Fällen nicht möglich, die Nachdrucksgenehmigung einzuholen. Honoraransprüche der Autoren, resp. ihrer Erben bleiben gewahrt.

Zeittafel zur Geschichte der Tauchfahrzeuge

Eine auch nur streiflichtartig zusammengestellte Chronik zur Geschichte der Tauchfahrzeuge erfordert mindestens den Umfang eines mehrere hundert Seiten umfassenden Buches. Deshalb seien hier nur in Form einer Zeittafel wichtige Namen und Ereignisse aufgeführt. Sie mögen verdeutlichen, daß die Entwicklungen und Abenteuer der in dem vorliegenden Band zu Wort gekommenen Berichterstatter nur Glieder einer Kette sind, deren Anfang bis in das 13. Jahrhundert zurückreicht.

13. Jhd.	In London soll ein fast untergetaucht fahrendes Wasserfahrzeug erprobt worden sein
1460	Der italienische Militärtechniker R. Valturio skizziert ein geschlossenes, stromlinienförmiges Boot mit Schaufelradantrieb
1578	Der Engländer W. Bourne beschreibt ein Tauchfahrzeug mit mechanisch zu lenkenden Tauchzellen und einem Belüftungsmast
1620/24	Der holländische Naturwissenschaftler C. von Drebbel baut in London mehrere Tauchfahrzeuge, von denen eines (mit mechanischer Belüftung und von Riemen getrieben) auch wirklich UW operierte
1634/48	Die Geistlichen Mersenne, Fournier und Wilkins publizieren wichtige Anregungen für den künftigen Bau und Einsatz von Tauchfahrzeugen
1653	Der Franzose De Son baut in Rotterdam ein 22m langes funktionsuntüchtiges Tauchboot mit Federmotor, Schaufelrad und Rammsporn
1692	D. Papin, ein französischer Arzt und Naturforscher, erprobt ein faßähnliches Tauchfahrzeug in der Fulda. Es besitzt eine Regelzelle, Tiefenmesser, Schleuse, Zentrifugalluftpumpe und Belüftungsrohre mit Ventilen
1729	Der Zimmermann Symons erprobt in England ein hölzernes Tauchfahrzeug, dessen Auftrieb sich durch Auseinanderziehen des Bootskörpers mit Spindeln verändern läßt. Er bleibt 45 Minuten UW
1774	Der Amerikaner J. Day rüstet sein Boot mit abwerfbarem Ballast (Steine) und aufschwimmbaren Signalbojen aus. Er verliert bei einem Tieftauchversuch sein Leben
1775	Erster überlieferter Angriff eines Tauchfahrzeuges durch die vom Amerikaner D. Bushnell entworfene *Turtle*. Sie besitzt Archimedische Schrauben und eine Mine mit Zeitzünder
1800	Die *Nautilus* des amerikanischen Erfinders R. Fulton läuft in Rouen vom Stapel. Besonderheiten: metallener Druckkörper, Tiefenruder und Segel
1801	R. Fulton sprengt mit der verbesserten *Nautilus* (Belüftung mit Druckluft, vierflügeliger Propeller) in einer Versuchsvorführung mit der nachgeschleppten Mine eine 12-m-Schaluppe
um 1812	Der Spanier Ca(s)tera baut das erste «Meeresboden-» oder Tauchfahrzeug mit Rädern und Taucherschleuse

1829	Der russische Admiral P.D. Basen schlägt den Einbau des Lomonossowschen «Polemoskops» (eine Art Sehrohr) in ein Tauchboot vor
1834	Der ehemals preußische Baubeamte und spätere Physiker M. Jacobi entwickelt in Petersburg den ersten praktisch verwendbaren Elektromotor
1844	Payerne, ein Franzose, baut eine schiffsförmige Taucherglocke für Bergungen und UW-Arbeiten in französischen Häfen
1851	Der bayerische Korporal W. Bauer und seine Begleiter retten sich im freien Aufstieg aus der in 15 m Tiefe liegenden havarierten *Brandtaucher.*
	Der amerikanische Schuhmacher Ph. Lodner bleibt im Michigan-See mit seinem Tauchfahrzeug 10 Stunden UW
1856	Spiridonow, ein russischer Erfinder, schlägt die Benutzung von Tiefenrudern an Bug und Heck vor
1863	Stapellauf der französischen *Le Plongeur,* dem für lange Zeit größten Tauchboot. Novitäten: Druckluftmotor, Rettungsfahrzeug, Motor-Ballastwasserpumpen.
	Der Amerikaner Alstitt erfindet den Dualantrieb: bei Überwasserfahrt Verwendung einer Wärmekraftmaschine (hier eine Dampfmaschine), unter Wasser einen Elektromotor
1864	Die *H.L. Hunly* versenkt im nordamerikanischen Bürgerkrieg die *USS Housatonic*
1878	In New Yersey entsteht das erste Dampf-U-Boot *Holland I,* eine Konstruktion des in Amerika lebenden irischen Erfinders J. Holland
1883	Der schwedische Ingenieur G. de Laval erfindet die Dampfturbine
1884	Der Amerikaner S. Lake baut ein hölzernes Meeresbodenfahrzeug
1886	Peral, ein spanischer Konstrukteur, stellt das erste «Elektro-U-Boot» vor, ein ausschließlich mit Akkumulatoren und Elektromotoren ausgerüstetes Fahrzeug
1895	J. Holland entwickelt die *Plunger,* das erste U-Boot mit Dampf- und Elektroantriebsmotoren
1897	Der Italiener P. del Pozzo taucht mit der hölzernen Beobachtungskugel *La France* bis in 50 m Tiefe
	Der deutsche Ingenieur R. Diesel konstruiert den Schwerölmotor
	S. Lakes *Argonaut,* das erste relativ moderne Tauchboot für kommerzielle Zwecke, läuft vom Stapel
1898	J. Holland löst mit seiner 16,4 m langen *Holland* erstmals zufriedenstellend die Stabilitäts- und Manövrierprobleme. Das U-Boot besitzt einen Otto- und einen Elektromotor und ist mit einem Torpedo bewaffnet
1899/1901	S. Lake setzt die *Argonaut* für kommerzielle Zwecke ein. In Tunis wird ein Tauchfahrzeug namens *Bou-Korn* zur Bergung von Schwämmen gebaut
1904/05	Die von dem französischen Konstrukteur Laubeauf entwickelten Boote der französischen *Aigrette*-Klasse sind mit dieselelektrischem Antrieb ausgerüstet
1916	Das Handels-U-Boot *Deutschland* durchbricht den Blockadering, fährt nach den USA und kehrt mit kriegswichtigen Rohstoffen an Bord heil zurück
1928/30	Die USA führt das Schweißen von U-Boot-Druckkörpern ein
1929	Der Japaner Nishimura baut ein Forschungs-U-Boot

1930	Der amerikanische Polarforscher J. Wilkins versucht mit der *Nautilus* (ehemaliges USS 0 12) den Nordpol UW zu erreichen
1934	W. Beebe und O. Barton erreichen in ihrer *Bathysphere* eine Tiefe von 923 m
1948	A. Piccards Bathyskaph FNRS 2 taucht von Dakar unbemannt in 1380 m Tiefe
1951	Indienststellung der japanischen Beobachtungskammer *Kuroshio I*
1953	Indienststellung des dieselelektrischen, hydrodynamischen Test-U-Bootes der USA *Albacore*. Sie ist mit 61km/h UW einige Jahre das schnellste U-Boot der Welt.
	A. Piccards *Trieste* erreicht im Tyrrhenischen Meer eine Tiefe von 3150 m
1954	Stapellauf des ersten Kernkraft-U-Bootes der Welt, der amerikanischen *Nautilus*
1958	Das erste sowjetische Forschungs-U-Boot *Severyanka* läuft zur Jungfernfahrt aus
1959	Eine japanische Bergungsgesellschaft stellt das erste Arbeits-Tauchboot, die *Hakugei,* in Dienst
	Erste Tauchtests, mit J.-Y. Cousteaus «Tauchender Untertasse»
1960	Das Kernkraft-U-Boot *Triton* umrundet UW die Erde in 83 Tagen
	J. Piccard und der U.S. Marineoffizier D. Walsh tauchen mit der an die U.S. Navy verkauften *Trieste* bis auf 10916 m
1962	Der amerikanische Tauchboothersteller J. Perry baut in Florida seine erste erfolgreiche PC (Perry Cubmarine), ein relativ einfaches Tauchfahrzeug
1963	In der Littauischen SSR entsteht der erste Bathyplan, das Fischereiforschungsgerät *Atlant-1.* Bathyplane besitzen keinen Eigenantrieb, sondern werden vom Mutterschiff nachgeschleppt
1964	Stapellauf von J. Piccards PX-8 (das erste Touristen-U-Boot).
	Versuchsbetrieb mit einer Hydrazin-Sauerstoff-Brennstoff-Zelle im Einmann-Tauchboot *Star I*
	Fotogrammetrische Stereoaufnahmen eines byzantinischen Wracks durch das Tauchboot *Asherah*
	Indienststellung der *Moray TV-1A,* des ersten Tauchfahrzeugs mit Druckkörpern aus Aluminium
1965	Die International Hydrodynamics Co. (HYCO) entwickelt ihr erstes Tauchboot des *Pisces*-Typs
1967	Initialtauchtests der mit einem Acrylglasdruckkörper und Flügelradpropeller ausgerüsteten *Hikino*
	J. Perry und E. Link lassen die von ihnen konstruierte PLC-4A *Deep Diver,* das erste moderne Forschungstauchboot mit Taucherkammer, vom Stapel
1968	Stapellauf des ersten speziell für den Offshore-Service gebauten Tauchbootes, der *Beaver MK IV*
1969	Die USS NR-1, das erste unbewaffnete Kernkraft-U-Boot, wird in Dienst gestellt
	Golfstromdrift (14.7.–14.8.) der von J. Piccard und der Grumman Co. konstruierten PX-15
	Einführung der Modultechnik im zivilen Tauchfahrzeugbau durch Perry (PC-8, USA) und die Bruker-Physik (Mermaid I, BRD)

1970	Das erste Rettungstauchboot der U.S. Navy, die DSRV-1, läuft vom Stapel: 1500 m, Druckkörper in Kugelraupenform, Bordcomputer.
	Ein Lübecker U-Boot-Konstruktionsbüro (U. Gabler) baut das erste für Korallenbergungen konstruierte Tauchboot *Tours 64/DGK 300*
1971	Mit der PC-8B stellt Perry das erste «Glasnasen»-Tauchboot vor. Die Akkumulatoren befinden sich in den zugleich als Standbeine ausgebildeten Containern
1972	Die *Alvin* erhält einen Titan-Druckkörper für 3660 m Tiefe
	Vickers gründet in Großbritannien die erste Gesellschaft für den kommerziellen Betrieb von Tauchfahrzeugen (VOL)
	Versuchsweise wird eine Halbkugel aus Mineralglas als Druckkörperbauelement erprobt (*Deep View)*
1973	Havarie der Tauchboote *Johnson-Sea-Link I* und *Pisces III*
	Die *Comex* motorisiert ihre ersten Tauchkammern *(PTC Seal, 300 M)*
1975	Die Vol und Perry bauen das erste Arbeitstauchboot mit einem Druckkörper aus verstärktem Plast (Vol-LR 2)
1983/84	Die Bruker-Meerestechnik erprobt das erste kommerziell gebaute, maßgeschneiderte und mutterschiffunabhängige Forschungs- und Arbeits-U-Boot, die *Seahorse II:* 15,5 m lang, 50 t, 200 m Tauchtiefe, 4–6 Mann Besatzung

Glossar

Absorber, Absorptionskanister: Behälter mit einer Kohlendioxid bindenden Chemikalie.

Abtast-Sonar: vgl. Scanning-Sonar

Achter ...: Hinter ...; achtern: hinten, alles hinter der halben Schiffslänge Liegende.

AGSS: Klassezeichen für Versuchs-U-Boote der U.S. Navy.

anblasen: Einleiten von Druckluft in die ↑ Tauchzellen eines Tauchfahrzeugs.

Antriebsgondel: gondelförmig aus einem Tauchfahrzeug ragende Schubeinheit. Sie ist meist schwenkbar gelagert.

at: vgl. Druckeinheiten

ausblasen: hier Leeren von wassergefüllten Räumen oder Behältern eines Tauchfahrzeugs mit Druckluft.

außenbords: svw. außerhalb der Bordwände eines Schiffes oder des Druckkörpers eines Tauchfahrzeugs.

Außenschiff: äußerer Schiffskörper von U-Booten: auch Gesamtheit aller außerhalb des Druckkörpers eines Tauchfahrzeugs befindlichen Systeme. Die abnehmbare Verkleidung der kleineren Tauchfahrzeuge wird als ↑ Hüllkörper bezeichnet.

Backbord: in Fahrtrichtung (voraus) gesehen, die linke Seite eines Wasserfahrzeugs.

Ballast: hier flüssige (Wasser) oder feste Stoffe (z.B. Barren und Kugeln aus Stahl oder Blei) zur Belastung von Tauchfahrzeugen, um deren Auftriebsverhalten zu verändern oder um ihnen eine größere Stabilität zu verleihen.

Ballasthahn: beim Bathyskaph Schalthebel zum Abwurf von Eisenballast.

Ballastsilo: vgl. Silo

Bar: vgl. Druckeinheiten

Bathyskaph: (griech. bathys = tief, scáphos = Boot) überwiegend vertikal operierendes Tieftauchfahrzeug für extreme Tauchtiefen. Es besitzt einen voluminösen Auftriebskörper, unter dem ein kugeliger Nutzlast-Druckkörper aufgehängt ist. Der Auftriebskörper ist überwiegend mit Benzin gefüllt und kommuniziert mit dem Meer. Manövriert wird durch Abgabe von Benzin (Sinken) oder Ballast (Steigen). Für die horizontale UW-Fahrt besitzt das B. Elektromotore mit Propeller. Das B. wurde 1905 von A. Piccard erfunden und 1948 erstmals erprobt (FNRS 2).

Bathysphere: Tauchkugel: an einem Stahlseil absenkbarer bemannter Druckkörper in Kugelform. Die bekannteste B. konstruierte 1929 O. Barton. Barton und Beebe tauchten 1934 damit 923 Meter tief.

CNEXO: Abk. für die staatliche französische Institution «Centre National pour l'Exploitation des Océans». Sie wurde 1967 gegründet und ist für die Förderung und Koordinierung der französischen Meeresforschung zuständig.

Deckdruckkammer: Abk. DDC (engl. Deck Decompression Chamber): auf dem Deck eines Schiffes, einer Bohrplattform oder Landbase installierte Druckkammer für den Aufenthalt und die Dekompression von Tauchern. Die DDC ist meist Bestandteil eines Tieftauchsystems und immer mit Versorgungseinrichtungen und einem Ankopplungsmechanismus für eine Taucherkammer ausgerüstet.

Dekompression: svw. Druckentlastung; i.e.S. systematische Reduzierung des Umgebungsdrucks eines Tauchers (z.B. durch genau vorgeschriebene Auftauchstops), um den im menschlichen Körper gelösten inerten Atemgasanteilen Zeit zum Entweichen ohne eine gefährliche Blasenbildung zu geben.

Deplacement, Masse-D., Verdrängung: im allgemeinen Masse der von einem Wasserfahrzeug verdrängten Wassermenge bei Sommerfreibord in metrischen t bzw. bei Kriegsschiffen in engl. tons (1 ts = 1016 kg). Bei Tauchfahrzeugen wird zwischen dem *Überwasser-D.* (Masse der vom tauchklaren Fahrzeug verdrängten Wassermenge) und dem *Unterwasser-D.* (Masse der vom getauchten Fahrzeug verdrängten Wassermenge plus der Wassermenge der gefüllten Tauchzellen) unterschieden. Die Formverdrängung ist eine Volumenangabe im m^3. Sie wird von den äußeren Linien eines Fahrzeugs bestimmt.

Diver lockout, Abk. *Lockout:* engl., svw. Taucherausstieg bzw. Ausstieg. Alle mit dem Zusatz «lockout» gekennzeichneten Systeme besitzen Vorrichtungen wie Taucherkammern oder Schleusen, zum Unterwasserausstieg von Tauchern.

Druckausgleich: 1. i.w.S. der Ausgleich von Druckdifferenzen zwischen verschiedenen gegeneinander abgeschlossenen Räumen. 2. Beim Tauchen meist Überströmenlassen von Luft aus den Atemwegen ins Mittelohr durch willkürliches Öffnen (Schlucken, Luft in die zugehaltene Nase pressen) der Verbindungsgänge (Eustachsche Röhren), um die Trommelfelle vor Überdehnungen und Schäden zu bewahren.

Druckeinheiten: 1 at (technische Atmosphäre) = 1 kp/cm^2 = 10 mWS (Meter Wassersäule) = 0,98 bar = 735, 6 Torr = 0,098 MPa (Megapascal). 1 bar = 1,02 kp/cm^2 = 1 at = 750,1 Torr = 10,02 mWS = 0,1 MPa. Die Angaben in Pascal (Pa) mit den entsprechende Vorsätzen wie Kilo (= 1000) oder Mega (= 1 000 000) sind nach dem Internationalen Einheitensystem die heute allein gültigen Druckeinheiten.

Druckkammer: Sammelbegriff aus der Tauchertechnik für druckfeste Behälter zur Herstellung eines Milieus mit erhöhtem Druck. Die D. ist meist zylinder- oder kugelförmig und aus Stahl gefertigt. Sie wird in etlichen Varianten gebaut und, je nach Konstruktion und Einsatzgebiet, u.a. auch als Dekompressionskammer, ↑ Taucherkammer, therapeutische D. oder Testdruckkammer bezeichnet.

Druckkörper: gegen den Wasserdruck druckdicht abgeschlossener Teil eines Tauchfahrzeugs oder anderen UW-Systems. Im D. herrscht ein normaler atmosphärischer Druck. Er ist meist so dimensioniert, daß erst beim 1,5– bis 2fachen der Nenntauchtiefe Zerstörungen zu erwarten sind. Der *Nutzlast-D.* beherbergt die Besatzung, aber auch verschiedene Anlagen wie z.B. die elektronische Ausrüstung.

Der *Auftriebs-D.* dient nur der Erzeugung von Auftrieb.

Drucklufttauchergerät, Preßlufttauchgerät, Abk. DTG: ein von der Oberfläche unabhängiges, mit Druckluft arbeitendes Tauchergerät. Das D. besteht meist aus einer Druckluftflasche, einem Lungenautomaten und einem Traggestell. Über den Lungenautomaten wird die unter einem Druck von 15 bis 20 MPa gespeicherte Luft während der Einatmungsphase, auf den Umgebungsdruck gemindert, dem Taucher zugeführt.

DSL: Abk. für Deep Scattering Layer, (engl. Tiefenstreuschicht).

Echolot: Gerät zur Bestimmung von Wassertiefen oder UW-Hindernissen durch Laufzeitdifferenzmessungen von Schallwellen. Deutsches Pendant zum ↑ Sonar.

foot (Plural = feet): dt. «Fuß», engl.-amerik. Maßeinheit; 1 foot = 30,48 cm.

Freibord: Begriff aus der Schiffahrt: bei Tauchfahrzeugen Abstand zwischen der

Fahrzeugoberseite (ohne Aufbauten des normal beladenen aufgetauchten Fahrzeugs wie etwa Reling oder Turm) und dem Wasserspiegel. Der F. ist ein Maß für die Reserveschwimmfähigkeit – und damit für die Seetüchtigkeit – eines Wasserfahrzeugs.

HMS: Abk. für His/Her Majesty's Ship (engl. = Schiff Ihrer Majestät), d.h. ein Schiff der britischen Regierung.

Hüllkörper: bei Tauchfahrzeugen äußere Hülle aus Metall oder Kunststoff, die den Druckkörper und außenbords installierte Baugruppen teilweise oder ganz stromlinienförmig verkleidet.

Hydroakustik: Wissenschaft, die sich mit den Wirkungen von Schallwellen im Meer beschäftigt, etwa Ausbreitung, Geschwindigkeit, das Auftreten von Echos oder Ablenkungserscheinungen.

Hydrophon: UW-Mikrophon, d.h. Gerät zur Aufnahme von Schallwellen und deren Umwandlung in elektrische Signale. Spezielle Richthydrophone und entspr. Peilgeräte werden auch als Passiv-Sonare bezeichnet.

Knoten: Maßeinheit für die Geschwindigkeit eines Wasserfahrzeugs. Abk. kn. Ihre Anwendung ist überholt, da sie nicht dem Internationalen Einheitensystem entspricht. 1 kn = 1 sm/h (↑ Seemeile je Stunde) = 1,852 km/h.

Kompressibilität , Kompressionsfähigkeit: die Eigenschaft, unter äußerem Druck das Volumen zu vermindern. Wasser gilt praktisch als inkompressibel: dennoch nimmt z.B. die Dichte des Seewassers in 11 000 m Tiefe durch die Kompression um etwa 4,4 % zu.

Kraftstoffventil: beim Bathyskaph Vorrichtung zum Ablassen von Benzin. Das Fahrzeug verliert dadurch an Auftrieb. Es sinkt schneller, oder sein Aufstieg wird gebremst.

Krängungsmesser: Meßgerät, das die seitliche Neigung eines Wasserfahrzeugs anzeigt.

lateral: seitlich, die Seite betreffend.

Lebenserhaltungssystem (Übers. der engl. Bezeichnung «life support system»): I.w.S. alle Einrichtungen in einem hermetisch abgeschlossenen System, die zur Aufrechterhaltung der Lebensfunktion und des Wohlbefindens notwendig sind; i.e.S. gehört dazu vor allem eine Sauerstoffergänzungs- und eine Kohlendioxidabsorptionsanlage.

lenzen: leeren, eingedrungenes oder eingelassenes Wasser aus einem Schiffsraum oder bestimmten Tank entfernen.

Manipulator: Vorrichtung, mit der sich ferngesteuert manuelle Arbeiten erledigen lassen; bei Tauchbooten meist ein am Bug angebrachter mehrgliedriger Arm mit einem Greifmechanismus. Der Greifer kann gewöhnlich gegen andere Werkzeuge ausgewechselt werden.

Mann-Stunden: auf eine Person bezogene Zeiteinheit. Ein Sauerstoffvorrat von beispielsweise 50 Mann-Std. reicht theoretisch 50 Std. für einen, 25 Std. für zwei oder 5 Std. für zehn Mann.

manövrieren: Bewegen eines Wasserfahrzeugs aus dem ursprünglichen Kurs oder der vorher innegehabten Position (Richtungsänderungen, Ablegen, Abtauchen usw.).

Mesoskaph: (griech. mésos = mittel, scáphos = Boot) von A. Piccard geschaffene Bezeichnung für ein Tauchfahrzeug, das bei Forschungen in mittleren Wassertiefen – etwa bis 1000 m – eingesetzt werden kann.

Mischgas: synthetische Atemgasmischung, meist aus Sauerstoff und Helium, für Taucher bei Einsätzen in Tiefen über 50 oder 60 m. Die Verwendung von M. ist vor allem aus physiologischen Gründen notwendig, um einen rauschartigen Zustand (Inertgasnarkose) und Atemschwierigkeiten zu vermeiden.

MPa: Megapascal. ↑ Druckeinheiten.

Mutterschiff: Versorgungs- und Begleitschiff kleinerer Wasserfahrzeuge. Vom M. aus erfolgt meist auch die Leitung des Einsatzes. Im Gegensatz zum Trägerfahrzeug muß das M. die Tochterfahrzeuge nicht unbedingt auch an Bord transportieren.

Nenntauchtiefe: größte zugelassene Tauchtiefe für einen beliebigen Aufenthalt eines Tauchfahrzeugs.

Offshore: (engl.) svw. «vor der Küste».

ONR: Office of Naval Research. Institution der U.S. Navy, die sich zum großen Teil auch mit der Meeresforschung befaßt.

PC: Abk. für Perry Cubmarine.

Perry: 1. John P., ehemaliger Zeitungsbesitzer aus Florida und Gründer der «Perry Submarine Builders Inc.», die um 1960 die ersten PC-Typen entwickelte. 2. Kurzform für die *Perry Ocean Group,* eine unter maßgeblicher Beteiligung J. Perrys gebildeten Gesellschaft für Entwicklung, Bau und Einsatz verschiedener Tauchfahrzeuge, tauchtechnischer Anlagen sowie Dienstleistungen und Meeresforschung. Mehrere Tochtergesellschaften. Die «P. Submarine Builders Division» ist der erfolgreichste Hersteller kommerzieller Tauchfahrzeuge.

Pinger: 1. Gerät zur Bestimmung des Abstandes zum Meeresboden. Der P. strahlt in konstanten Intervallen zwei kurze Schallimpulse aus (sog. Ping oder Bip Laute). Einer ist nach oben, einer zum Meeresgrund gerichtet. Der letztere wird vom Grund reflektiert und läuft dann auch nach oben. Aus der Laufzeitdifferenz beider Impulse läßt sich der Abstand des P. zum Boden ermitteln. 2. Markierungsgerät, das durch eine kontinuierliche Ausstrahlung von Schallimpulsen das Orten, Identifizieren und Vermessen der mit diesem P. ausgerüsteten Objekte oder eines mit mehreren P.n abgesteckten Areals gestattet. Die Pingersignale können z.B. vom Sonar eines Tauchbootes empfangen werden.

Querstrahlruder: vgl. Strahlruder

Regelzelle: gegenüber dem äußeren Wasserdruck hermetisch abgeschlossener Behälter eines Tauchfahrzeugs, mit dessen Hilfe sich seine Masse (durch Fluten oder Lenzen) und damit das hydrostatische Gleichgewicht des Tauchfahrzeugs, verändern läßt.

Rollachse: in Längsrichtung eines Wasserfahrzeugs führende Achse. Bewegt sich ein Schiff um die R., indem es sich z.B. von Backbord nach Steuerbord und dann wieder zurück neigt, so *rollt* oder *schlingert* es.

Sas: eine Art Schleuse bzw. ein Verbindungsgang. Beim Bathyskaphen führt er durch den Auftriebskörper und verbindet den Druckkörper mit dem Kiosk.

Scanning-Sonar, Abtastsonar: ↑ Sonar, bei dem durch bewegliche Schallwandler oder durch eine elektronische Auslenkung des Schallkegels der Ortungsbereich systematisch mit Schallwellen bestrichen wird.

Schallkanal: eine bestimmte durch hydrophysikalische Gegebenheiten, wie unterschiedliche Temperaturen oder Salzkonzentrationen, gebildete stabile Wasserschicht, in der sich Schallwellen durch Reflexion an den Grenzschichten wie in einem Kanal ausbreiten. Bei Ausnutzung von Schallkanälen lassen sich überweite UW-Kommunikationsverbindungen herstellen oder Geräusche über große Entfernungen orten.

Schallwandler: mit dem freien Wasser in Kontakt stehendes elektro-akustisches Bauelement – z.B. von Pingern, Sonaren und UW-Telefonen –, das elektrische Impulse in Schallwellen, und umgekehrt, verwandeln kann.

Schiffslängsachse: vgl. Rollachse

Schiffsquerachse: vgl. Stampfachse

Schleppseil: unter einem Tauchfahrzeug hängendes Stahlseil oder eine Kette zur Verminderung des Auftriebs bei Grundannäherung bzw. zum Einhalten eines konstanten Abstandes über dem Meeresboden. Durch Auflegen des Schleppseils auf den Grund wird das Fahrzeug leichter, durch Abheben schwerer, so daß es schließlich je nach Tarierung und S.masse ein bestimmte Position über dem Meeresgrund einnimmt.

Schnorchel: 1. 30–50 cm langes Atemrohr, mit dessen Hilfe ein an der Oberfläche schwimmender Taucher Atem zu holen vermag, ohne den Kopf aus dem Wasser nehmen zu müssen. 2. Belüftungsmast von U-Booten, durch den im getauchten Zustand (auf «Schnorcheltiefe») Luft für den Betrieb der Dieselmotoren und das Borddruckluftsystem angesaugt wird. – Auch die verbesserte Trieste besaß einen S. zur Belüftung des Druckkörpers, während das Bathyskaph noch an der Oberfläche schwamm.

Schubeinheit: Anlage zum Vortrieb von Tauchfahrzeugen. Die S. besteht vor allem aus dem Antriebsmotor (meist einem wasserdicht gekapselten Elektromotor) und einem Propeller. Ein zylindrisches Gehäuse mit einem Propellerschutzgitter oder einer Düse faßt beide Elemente zu einer Baugruppe zusammen. Die S. wird gewöhnlich an der Außenseite des Tauchfahrzeuges installiert.

Seemeile, Abk. sm: nautisches Längenmaß, entspr. i. allg. 1/60 des Äquatorialgrads = 1,852 km. Die engl. und amerik. «Nautical mile» mißt 1,853 km.

Seitenruder, Vertikalruder: vertikal angeordnete, blattartige Fläche zum Steuern von Tauchfahrzeugen in horizontaler Ebene. Das S. ist bei Tauchfahrzeugen immer am Heck und teilweise auch zur Verstärkung der Ruderkraft im Propellerstrahl angeordnet.

Sicherheitsballast: bei Notfällen abwerfbare Ballastmasse.

Sicherheitskoeffizient: Verhältnis zwischen der möglichen Zerstörungskraft und der für den beabsichtigten Zweck erforderlichen Festigkeit eines Werkstoffs oder Bauteils.

Silo: beim Bathyskaphen Bezeichnung für einen zur Aufnahme von Eisenschrot vorgesehenen Ballastbehälter.

Sonar, Abk. für Sound Navigation and Ranging (engl. = Schallnavigation und Entfernungsmessung): ursprünglich nur Bez. für ein amerik. Schallortungsgerät zur U-Boot-Ortung. Heute Sammelbegriff für diverse UW-Schallmeßverfahren. Der von einem Schallgeber ausgesandte Schallimpuls oder Dauerton trifft auf ein Objekt und wird reflektiert. Ein Empfänger nimmt die zurückkehrenden Signale (Echos) auf. Aus der Laufzeitdifferenz zwischen dem Absenden und dem Empfang unter Berücksichtigung der Schallgeschwindigkeit des Wassers, aus der Signaldämpfung, Überlagerung und der Schallrichtung kann das Objekt geortet, gemessen und ggf. seine Konturen auf einem Bildschirm sichtbar gemacht werden. Bau und Anwendung des Sonars variiert vom taschenlampengroßen Handsonar für Taucher zur Orientierung und Entfernungsmessung in trübem Wasser bis hin zur modernen Navigationsausrüstung (z.B. Doppler-Navigations-System).

Stampfachse, Schiffsquerachse: waagerechte Querachse eines Wasserfahrzeugs. Bewegt sich ein Schiff um die S., heben und senken sich Bug und Heck abwechselnd, so stampft es.

SS: Klassezeichen der U.S. Navy für U-Boote.

SSN: Klassezeichen der U.S. Navy für kernkraftgetriebene U-Boote.

Stabilisator: Flosse zur Erhöhung der Kursstabilität oder der Steuerbarkeit, die sich am Heck, an Rudern und Ruderdüsen befindet.

Steuerbord: in Fahrtrichtung (voraus) gesehen, die rechte Seite eines Wasserfahrzeugs. Gedankenstütze: Zwei «r»s = rechts.

Strahlruder: eine nach dem Rückstoßprinzip arbeitende Rudereinrichtung. Das S. besteht meist aus einem stromlinienförmig verkleideten E-Motor mit Propeller, der in einem Tunnel läuft. Das S. kann parallel zur Schiffsquerachse als sog. *Querstrahlruder* oder auch vertikal installiert sein.

Tauchboot: hier bemanntes und speziell für UW-Forschungen oder den kommerziellen Betrieb konstruiertes kleineres Tauchfahrzeug. Es besitzt stets einen Druckkörper und Eigenantrieb. Akkumulatoren, Elektromotoren und Propeller bilden seine wichtigste Antriebsform. Tauchboote haben nur selten eine Verdrängung über 20 oder 30 t und tauchen meist nur für wenige Stunden.

Taucherausstiegsluke, Taucherluke: Luke für den Ausstieg von Tauchern ins freie Wasser. Die T. ist oft doppelt ausgelegt: eine dichtet gegen den inneren, die andere gegen den äußeren Überdruck. Die äußere T. befindet sich meist am Ende eines kurzen zylindrischen Schachts, der geringe Niveauänderungen zwischen dem Ausstiegsraum und dem Wasserspiegel gestattet, ohne daß gleich Wasser ins Kammerinnere fließt.

Taucherkammer, Abk. SDC (engl. Submersible Diving/Decompression Chamber): meist zylindrisches oder kugelförmiges Gerät für den Transfer und Einsatz von Tauchern. In der T. läßt sich der Innendruck unabhängig vom Außendruck regeln. Für den Taucherausstieg besitzt die T. eine spezielle Luke. T.n haben fast immer die Möglichkeit zu einer druckdichten Koppelung an andere Druckkammern.

Tauchfahrzeug: allg. Bez. für alle im freien Wasser fahrenden UW-Gerätesysteme.

Tauchzelle, Tauchtank: an der Oberfläche leere, UW geflutete tankförmige Baugruppe eines Tauchfahrzeugs, die ihm bei Überwasserfahrt zusätzlichen Auftrieb und damit mehr Reserveverdrängung und Seetüchtigkeit gibt. Die T. ist nicht druckfest ausgelegt und steht immer mit dem freien Wasser in Verbindung. T.n werden meist mit Druckluft gelenzt und auch zur Beschleunigung des Aufstiegs eingesetzt. Manche Tauchfahrzeuge, wie die *Deepstar*-Serie (Cousteau/Westinghouse), sind anstelle von starren T.n. mit flexiblen aufblasbaren Luftkammern ausgerüstet, die ringförmig um die Einstiegsluke liegen.

Tiefenruder, Horizontalruder, Tauchruder: horizontal angeordnete blattartige Fläche, mit der sich ein Tauchfahrzeug in vertikaler Ebene steuern läßt. T. sind oft zweiteilig gebaut und können am Heck oder Bug installiert sein.

Tiefenstreuschicht: eine dichte, schichtförmige Ansammlung verschiedener schwebender Organismen im Meer. Die T. vermag Schallwellen zu reflektieren oder zu streuen und führt teils zu falschen Echolotanzeigen. Die T. kommt, u.a. in Abhängigkeit vom Tag-Nacht-Rhythmus, in Tiefen zwischen 180 und 700 m vor, manchmal auch ganz dicht unter der Oberfläche.

Tiefseetauchboot: i.e.S. umgangssprachliche Bez. für ein ↑ Bathyskaph; i.w.S. Bez. für alle Tauchboote, die 3000 m und tiefer tauchen können.

Transponder, Responder: automatisch «antwortender» Schallsender. Der T. arbeitet als aktiver Reflektor, erlaubt Richtungsbestimmungen, Entfernungsmessungen und Identifizierungen. Er besitzt neben dem Schallgeber gewöhnlich auch einen selektiven Empfänger, der erst nach dem Eintreffen eines bestimmten Schallsignals (Frequenz- oder Impulskennung) das Senden von Schallimpulsen oder Impulsserien auslöst.

traversieren: Bewegung eines Wasserfahrzeugs in Querrichtung und parallel zur ↑ Rollachse (Schiffslängsachse).

Trimm, Trimmlage: Schwimmlage eines Wasserfahrzeugs. Bei Gleichlastigkeit und ruhigem Wasser liegt seine Rollachse bzw. Konstruktionswasserlinie genau horizontal: anderenfalls ist das Fahrzeug *vorderlastig* oder *achterlastig.*

trimmen: das Einregeln einer gewünschten Schwimmlage durch Verteilen der Ladung, des Ballasts oder durch Füllen bzw. Leeren von Trimm- und Ballastzellen.

Trimmsystem: Anlage auf Tauchfahrzeugen zur Regelung des ↑ Trimms. Im einfachsten Fall besteht es aus einer in der Rollachse verschiebbaren Masse, z.B. einem Bleiklotz oder den Akkumulatoren. Oft besteht das T. aus mehreren *Trimmzellen,* d.h. an das T. angeschlossene und gewöhnlich druckfeste oder im Druckkörper angeordnete Behälter, zwischen denen je nach Bedarf Ballast (Wasser, Öl oder Quecksilber) hin- und hergepumpt wird.

Trimmzelle: vgl. Trimmsystem

TV: Abk. für Television

U-Boot, Abk. für Unterseeboot: gewöhnlich ein militärisches Tauchfahrzeug mit dieselelektrischem oder Kernkraft-Antrieb, ausgerüstet mit Waffensystemen wie Torpedos oder Raketen. Kennzeichnend für das U-Boot ist ferner eine lange, gestreckte Schiffs- oder Tropfenform, relativ große Abmessungen und eine hohe Seeausdauer.

Unterwasser-Telefon: drahtloses Sprechgerät für die Kommunikation zwischen Tauchern, Tauchfahrzeugen und Begleitschiffen. Da Wasser elektromagnetische Wellen sehr stark dämpft, benutzt man für die Signalübertragung Schallwellen, meist in einem Bereich zwischen 8 und 10 kHz. Die Frequenzumsetzung und Modulation ähnelt den üblichen Verfahren der Nachrichtentechnik.

UQC: Kurzbezeichnung der U.S.Navy für ein Unterwasser-Telefon, Spitzname: «Gertrude».

USS: Abk. für United States Ship (engl. = Schiff der Vereinigten Staaten).

UW: Abk. für unter Wasser.

WS: Abk. für Wassersäule. ↑ Druckeinheiten.

Zerstörungstauchtiefe: Tiefe, bei welcher der Druckkörper eines Tauchfahrzeugs durch den Wasserdruck zerstört wird.